全国污染源普查
China Pollution Source Census

第一次全国污染源普查资料文集（之四）

# 污染源普查技术报告

（上册）

第一次全国污染源普查资料编纂委员会 编

中国环境科学出版社·北京

**图书在版编目（CIP）数据**

污染源普查技术报告．上 / 第一次全国污染源普查资料编纂委员会编．-- 北京 ：中国环境科学出版社，2011.9

（第一次全国污染源普查资料文集）

ISBN 978-7-5111-0669-8

Ⅰ．①污… Ⅱ．①第… Ⅲ．①污染源调查－调查报告－中国 Ⅳ．①X508.2

中国版本图书馆CIP数据核字（2011）第159915号

**责任编辑** 张 杰 俞光旭
**责任校对** 扣志红
**封面设计** 张 杰 金 喆

---

**出版发行** 中国环境科学出版社
（100062 北京东城区广渠门内大街 16 号）
网 址：http://www.cesp.com.cn
联系电话：010-67112765（总编室）
发行热线：010-67125803，010-67113405（传真）

**印 刷** 北京中科印刷有限公司
**经 销** 各地新华书店
**版 次** 2011 年 9 月第 1 版
**印 次** 2011 年 9 月第 1 次印刷
**开 本** 889 × 1194 1/16
**印 张** 16.5
**字 数** 390 千字
**定 价** 162.00 元

---

# 序　　言

## 应用第一次全国污染源普查成果<br>积极探索中国环境保护新道路

污染源普查是关系环保事业长远发展的重要基础性工作。“求木之长者，必固其根本；欲流之远者，必浚其泉源”。第一次全国污染源普查从2006年10月开始，历时三年多，圆满完成各项预定任务，获得大量翔实数据，为全面判断我国环境形势、提高环保监管水平打下坚实基础。要开发应用好普查成果，进一步加强环境保护和污染治理工作，探索走出一条代价小、效益好、排放低、可持续的环境保护新道路，促进经济社会全面协调可持续发展。

### 一、第一次污染源普查取得丰硕成果

全国污染源普查是新时期一项重大的国情调查。在党中央、国务院的领导下，各级普查机构从环保、农业系统及有关单位抽调精兵强将和业务骨干，组成有57万多名普查员和普查指导员的普查队伍，对157.6万家工业源、289.9万家农业源、144.6万家生活源和4790家集中式污染治理设施，进行规模空前的入户登记、调查、核实，获得各类污染源第一手环境污染数据11亿个，总信息量310万兆字节，建立全国污染源普查数据库，形成以数据为主、文字为辅、形象图表三位一体的普查技术报告，综合反映各类污染源的污染现状和污染防治情况。

经国务院批准，2010年2月，环境保护部、国家统计局、农业部联合发布第一次全国污染源普查公报，得到社会各界的关注和认可。污染源普查取得的成果，主要体现在以下五个方面。

（一）全面掌握了我国污染源排放的基本情况。查清了全国工业、农业、生活以及集

中式污染处理设施四大类污染源的数量、行业和地区分布，主要污染物种类及其排放量、排放去向、污染治理等情况，较为全面准确地反映了现阶段我国环境污染状况、污染对环境影响范围和程度、污染变化趋势，以及污染的治理能力和现状。

（二）初步建立了统一的全国污染源信息数据库。全国590多万家有污染源的单位和个体经营户与环境保护有关的基本数据，已录入污染源普查信息数据库，建立起全国污染源基本单位台账和国家、省、市、县四级数据库。可根据需求，按行业、地区、指标等不同类型分组，进行数据检索和查询。这是目前全国污染源最全面、最准确、最权威的信息数据。

（三）逐步完善了环境统计方式方法。普查的组织方式、技术方法以及新编制的产排污系数，有助于更加客观真实地反映各类污染源主要污染物排放的实际情况。普查获得的污染源信息，弥补了以往常规抽样调查的不足。这些为改革原有环境统计调查体系、建立新的环境统计制度、提高环境统计数据质量提供了难得契机。

（四）培养锻炼了人才队伍。普查工作者通过系统的实用培训、经历普查现场的实际操作，在把握环境政策、掌握监管手段、熟悉监测技术规范、了解主要产污生产工艺以及获取污染源信息方法等方面，得到全面学习和提高。普查工作培养了一批有高度责任心、熟悉政策、精通业务的综合型人才。

（五）进一步提高了全民环境意识。通过各类媒体、多种方式的普查宣传，广泛动员社会各界关心、参与普查和环境保护，全社会的环境意识大大提高，创造了更好的社会氛围。

## 二、第一次污染源普查的经验十分宝贵

这次污染源普查规模之大、调查项目之多、涉及范围之广、组织之复杂、工作难度之大前所未有，且无任何经验可以借鉴。这项工作既是检验能力的挑战，更是探索创新的过程。第一次全国污染源普查积累了许多宝贵经验。

（一）党中央、国务院的正确领导，是引领普查工作顺利开展的根本指针。开展污染源普查，是党中央、国务院立足我国经济社会发展全局作出的一项重大决策。温家宝总理签署第508号国务院令，公布施行《全国污染源普查条例》，国务院办公厅印发《第一次全国污染源普查方案》。国务院成立了普查领导小组，李克强副总理、曾培炎副总理担任组长，领导普查的组织和实施工作。普查实施期间，国务院多次召开会议进行研究部署。2010年1月，温家宝总理主持召开国务院第99次常务会议，专门听取第一次

全国污染源普查情况汇报，对普查工作和成果给予充分肯定。党中央、国务院的正确领导，始终为普查工作顺利有序开展指明了方向。

（二）坚持统一领导、共同参与的原则，是推动普查任务全面完成的重要保障。按照“全国统一领导、部门分工协作、地方分级负责、各方共同参与”的原则，各部门各地方主动开展工作，群策群力，通力协作。各级环保部门担当了普查工作的主力军，有效发挥日常组织和综合协调的作用；财政、发展改革等部门在财力和物力上给予保障；统计、工商部门提供大量的基础信息和经验；农业、军队、公安、住房建设等部门很好地完成了本部门、本单位的普查任务；宣传部门和新闻单位广泛深入开展社会宣传动员。地方各级党政领导高度重视，纷纷成立普查工作领导机构和协调办事机构，结合本地实际，抓紧制定本地区普查工作方案。一些分管负责同志深入一线，现场调研、指导，及时解决实际问题，保证了污染源普查的顺利实施。

（三）推行尊重科学、求真务实的工作方法，是确保普查取得实效的基本要求。这次普查在方案设计上，立足中国国情，借鉴国际经验，广泛征求各部门、地方的意见，经过专家严密论证，并在试点检验的基础上加以修改完善。在普查实施过程中，结合地方实践，建立了五级数据审核与逐级质量核查制度；各地也结合实际从组织动员、入户普查、质量把关等方面建章立制，将严格执行规章制度贯穿整个普查过程。在普查手段上，运用现代信息技术，统一开发数据处理软件，对数据录入、审核、汇总、传输和存储，全部进行电子化处理。普查工作体现的科学性，应当成为今后各项环保工作的立足之本。

（四）强化精益求精、注重质量的扎实作风，是普查成功的关键所在。数据质量是污染源普查的生命，是衡量普查成功与否的标准。各级普查机构始终把质量控制贯穿于全过程。建立健全普查数据质量控制的岗位责任制，对每个阶段和每个环节，实行严格的质量控制和检查验收，层层审核把关，确保普查数据真实可靠、经得起实践和历史检验。广大普查人员坚持质量第一的方针，严格执行普查技术规范，依照法律法规的规定和普查的具体要求，按时、如实填报普查数据，不虚报、不瞒报、不拒报、不迟报，不伪造、不篡改，保证了普查数据的质量。

（五）弘扬中国环保精神，是凝聚力量攻坚克难的强大动力。人是要有一点精神的。在妥善应对处置2005年松花江重大水环境污染事件中，环保系统广大干部职工形成了“忠于职守、造福人民，科学严谨、求实创新，不畏艰难、无私奉献，团结协作、众志成城”的中国环保精神，一直激励着环保人迎接各种挑战。

这次污染源普查，环保和有关部门广泛动员各方力量，组建了一支经过系统培训、熟悉业务、有战斗力的队伍，走过了不平凡历程。特别是2008年，广大普查工作人员克服年初雨雪冰冻灾害对普查工作的影响，经历了5•12汶川大地震的洗礼，勇敢面对各种挑战与考验，主动出击，迎难而上，兢兢业业，始终奋战在普查第一线，做了大量卓有成效的工作，出色地完成了普查任务。正是有这样一支队伍作为坚强后盾，正是有这样一股精神作为力量源泉，才赢得了污染源普查任务的圆满完成。

## 三、进一步做好污染源普查成果开发转化应用工作

污染源普查成果来之不易，凝聚着几十万参与人员的智慧和心血，是全社会共同的宝贵财富。要切实把普查成果开发好、转化好、应用好，全面掌握环境污染的新情况和新特征，准确把握环境状况的新变化和新趋势，统筹处理好经济发展与环境保护、全面推进与重点突破的关系，探寻新思路，谋划新举措，积极探索中国环境保护新道路，不断开创环保工作新局面。

第一，全面分析普查数据，综合判断我国面临的环境形势。这次污染源普查，对全国污染源的数量和区域分布情况进行了全面摸底，有利于准确把握环境形势。我们不能满足于对污染源数据的简单汇总，不能停留在对数据的感性认识，要对普查数据进行认真梳理、全面分析、深入研究，从经济社会全面协调可持续发展的战略高度，分析后金融危机时代面临的环境形势，分析各地环境承载力和目前的环境质量，分析各类产业、企业对环境状况的影响，在新的起点上进一步推进环保工作。

第二，牢牢抓住普查反映的突出问题，集中力量加以解决。污染源普查更加清晰地凸显当前我国突出的环境问题，要出台一批有针对性的污染防治措施，切实有效地加以解决，赢得人民群众的理解、信任与支持。一是集中整治重金属污染。目前全国重金属（镉、总铬、砷、汞、铅）排放量0.09万吨，绝大部分为工业源排放，主要集中在湖南、浙江等10个省区，占排放总量的74.4%。要把防治重金属污染摆上环境保护的突出位置，确定重金属污染的行业、重点企业和地区，制定重金属污染综合防治规划，有计划、分步骤地推动解决。二是深化农业源污染防治。目前全国主要水污染物排放量已有4成以上来自农业污染源。从根本上解决水污染问题，必须把农业源污染防治列入环境保护的重要议程。要加大畜禽、水产养殖污染控制力度，加强对农业生产的环境监管和土壤污染防治。落实好“以奖促治”、“以奖代补”政策措施，推进农村环境综合整治。三是加

强饮用水水源地环境保护。结合污染源普查成果地理信息系统的应用和各地水源地保护区划定以及核查工作，对各地特别是城市的集中式饮用水水源地，进行污染源及污染物排放情况的排查，确保人民群众的饮水安全。四是研究潜在环境风险防范预案。根据部分污染物的区域和行业分布特点，研究提出潜在环境风险的应对方案，更加自觉主动地化解一些突发环境事件。

第三，深入研究运用普查成果反映出的客观规律，谋划好“十二五”环保工作。今年是“十一五”环保规划的收官之年，也是谋划“十二五”环保思路的关键之年。必须以解决影响可持续发展和危害群众健康的突出环境问题为重点，再接再厉，常抓不懈，确保全面完成“十一五”环保任务，确保年初全国环保工作会议确定的十项重点任务全面完成。在实现“两个确保”的基础上，要充分吸收利用普查成果，扎实谋划好“十二五”环境保护规划，进一步完善、强化环境保护政策和措施。重点包括：科学评估节能减排潜力，适当增加实施总量控制的污染因子，制定可行的节能减排方案，合理确定区域减排目标与排污总量控制计划；分析当前污染排放和污染治理设施运行状况及污染治理水平，加快转变经济发展方式，加大环保基础设施建设力度，推进工程减排、结构减排和管理减排；正确判断主要行业产能与能耗水平，制定完善有利于推动绿色发展、清洁生产、关停淘汰落后工艺的政策和产业准入制度。

周生贤

2010 年 11 月 2 日

# 第一次全国污染源普查资料编纂委员会

主 任 委 员：周生贤

副主任委员：张力军　周　建　李干杰　王玉庆　胡保林

委　　　员：舒　庆　陈　亮　赵英民　赵华林　魏山峰　翟　青

庄国泰　刘　华　邹首民　陶德田　陈　斌　孟　伟

罗　毅　田佳树　洪亚雄　宋铁栋

# 第一次全国污染源普查资料文集编写人员名单

**主　编：** 王玉庆

**副主编：** 陈　斌　赵建中　陈善荣　朱建平

**编　委：**（按姓氏笔划排序）

马晓溪　孔益民　王利强　叶　琛　刘艳青　安海蓉

佟　羽　吴彩霞　张　珺　张治忠　张战胜　沈　鹏

周　涛　罗建军　高　嵘　曹　东　隋筱婵　景立新

潘　文

# 第一次全国污染源普查组织领导和工作机构

## 国务院第一次全国污染源普查领导小组人员名单

（国发［2006］36号文，2006年10月12日）

**组　长：** 曾培炎　国务院副总理

**副组长：** 张　平　国务院副秘书长

周生贤　国家环保总局局长

谢伏瞻　国家统计局局长

**成　员：** 李东生　中宣部副部长

姜伟新　国家发展改革委副主任

朱志刚　财政部副部长

仇保兴　建设部副部长

危朝安　农业部副部长

刘玉亭　国家工商总局副局长

王玉庆　国家环保总局副局长兼领导小组办公室主任

李买富　总后勤部副部长

# 国务院第一次全国污染源普查领导小组组成人员

（国办函［2008］41号文，2008年4月17日）

**组　长**：李克强　国务院副总理

**副组长**：周生贤　环境保护部部长

张　勇　国务院副秘书长

谢伏瞻　国家统计局局长

**成　员**：李东生　中央宣传部副部长

解振华　国家发展改革委副主任

刘金国　公安部副部长

张少春　财政部副部长

仇保兴　住房和城乡建设部副部长

危朝安　农业部副部长

刘玉亭　国家工商总局副局长

王玉庆　原国家环保总局副局长兼领导小组办公室主任

李买富　总后勤部副部长

## 国务院第一次全国污染源普查领导小组办公室成员及联络员名单

**主　任：** 王玉庆　原国家环境保护总局副局长

**副主任：** 舒　庆　环境保护部规财司司长

马京奎　国家统计局社科司司长

（联络员：李锁强处长）

**成　员：** 葛　玮　中宣部新闻局副局长

（联络员：唐献文副处长）

王善成　国家发展改革委环资司副司长

（联络员：陆冬森副处长）

李江平　公安部交管局副局长

（联络员：李晓东处长）

李敬辉　财政部经建司副司长

（联络员：姚劲松处长）

张　悦　住房和城乡建设部城建司副司长

（联络员：章林伟处长）

杨雄年　农业部科教司副司长

（联络员：方放副处长）

王树燕　国家工商总局企业注册局副局长

（联络员：吴力明调研员）

黄开荣　中国人民解放军环保局局长

（联络员：刘彪助理）

陈　斌　环境保护部第一次全国污染源普查工作办公室主任

## 环境保护部第一次全国污染源普查
## 协调小组人员名单

**组　长：** 周生贤　环境保护部部长

**副组长：** 张力军　环境保护部副部长（2009 年 1 月至今）
周　建　环境保护部副部长（2007 年 7 月至 2008 年 12 月）
李干杰　环境保护部副部长（2007 年 2 月至 2007 年 7 月）
王玉庆　国务院第一次全国污染源普查领导小组办公室主任

**成　员：** 胡保林　办公厅主任
舒　庆　规财司司长
赵英民　科技司司长
樊元生　污防司司长（2007 年 2 月至 2009 年 2 月）
翟　青　污防司司长（2009 年 3 月至今）
万本太　生态司司长（2007 年 2 月至 2008 年 8 月）
庄国泰　生态司司长（2008 年 9 月至今）
刘　华　核安全司司长
陆新元　环监局局长（2007 年 2 月至 2009 年 6 月）
邹首民　环监局局长（2009 年 6 月至今）
陶德田　宣教司司长
陈　斌　第一次全国污染源普查工作办公室主任
孟　伟　中国环境科学研究院院长
魏山峰　中国环境监测总站站长（2007 年 2 月至 2008 年 8 月）
罗　毅　中国环境监测总站站长（2008 年 9 月至今）
陈金元　核安全中心主任（2007 年 2 月至 2009 年 2 月）
田佳树　核安全中心主任（2009 年 2 月至今）
邹首民　环境规划院院长（2007 年 2 月至 2009 年 6 月）
洪亚雄　环境规划院院长（2009 年 6 月至今）
宋铁栋　信息中心主任

# 第一次全国污染源普查工作办公室人员名单

**主　　任：** 陈　斌

**副 主 任：** 赵建中　陈善荣　朱建平

**综合协调组：** 佟　羽　张治忠　周　涛　姬　钢　高　嵘　吴彩霞　刘艳青　林　红

**监测与技术组：** 景立新　毛玉如　罗建军　安海蓉　骆　红　付军华　谢依民　陈志良

**现场调查组：** 隋筱婵　马晓溪　张　珺　叶　琛

**数据处理组：** 曹　东　孔益民　潘　文　沈　鹏　王利强　张战胜

**农 业 组：** 刘宏斌　李　峰　江希流　成振华　刘东生　高月香　黄宏坤　陈永杏

# 污染源普查
# 技术报告

# 目 录

## （上 册）

## （下 册）

# 前　言

环境保护部门于1980年开始建立环境统计制度，开展了以重点调查（抽样调查）为主、科学测算为辅的年度环境统计工作，并会同有关部门每年发布环境状况公报和环境统计年报。随着环保工作进展，环境统计工作多次改革，增加统计指标，扩大覆盖面，工业污染源的统计日渐完善，为我国环境保护工作做出了重大贡献。但是，近年来一方面随着我国经济持续快速发展，资源能源消耗大幅增加，经济结构和布局调整步伐加快，工业企业数量急速增加，且企业变动频繁，原确定的重点调查企业面偏窄，需及时更新。另一方面，随着城市化进程的加快和城市人口的增加，城市生活污染呈增加趋势，有关城市“三产”污染底数和环境基础设施建设情况，也需要进一步摸清。再者，农业面源污染日益凸显，农村环境问题越来越引起关注，但其基本未纳入环境统计范畴。此外，我国伴生放射性矿物资源开发利用、核技术应用等活动产生的放射性污染，大型电磁辐射设施带来的辐射污染等很多方面，环境统计工作尚未开展，无法提供比较全面的数据。污染源及其排污情况从整体看底数不清，严重影响对环境形势的把握、环保规划及政策的制定，成为环保工作不断深入的重要制约因素。

为此，2006年10月17日，国务院印发了《关于开展第一次全国污染源普查的通知》（国发[2006] 36号），决定于2008年初开展第一次全国污染源普查。

全国污染源普查是重大的国情调查，是全面掌握我国环境状况的重要手段。开展污染源普查是为了了解各类企事业单位与环境有关的基本信息，建立健全各类重点污染源档案和各级污染源信息数据库，为制定经济社会政策提供依据。搞好全国污染源普查，准确了解污染物的排放情况，有利于正确判断环境形势，科学制定环境保护政策和规划；有利于有效实施主要污染物排放总量控制计划，切实改善环境质量；有利于提高环境监管和执法水平，保障国家环境安全；有利于加强和改善宏观调控，促进经济结构调整，推进资源节约型、环境友好型社会建设。

第一次全国污染源普查的工作目标为：全面掌握各类污染源的数量、行业和地区分布，主要污染物及其排放量、排放去向、污染治理设施运行状况、污染治理水平和治理费用等情况，为污染治理和产业结构调整提供依据。建立国家与地方各类重点污染源档案和各级污染源信息数据库，促进污染源信息共享机制的建立，为污染源的管理奠定基础。掌握污染源的总体样本，为建立科学的环境统计制度、改革环境统计调查体系、提高统计数据质量创造条件；根据普查结果，建立新的“十二五”环境统计平台。提高各级环境保护主管部门，尤其是基层环保部门的管理能力，健全各级环境统计、监测、监督和执法体系。通过普查工作的宣传与实施，动员社会各界力量广泛参与污染源普查，提高全民环境保护意识。

在国务院的统一领导和部署下，经过各地区、各有关部门的共同努力，第一次全国污染源普查历时三年，先后完成了重点污染源现场监测、普查方案及技术规范制定、产排污系数编制、污染源普查试点、清查摸底、普查表填报与审核、质量核查和数据审核汇总等工作。全国污染源普查共组织动员57万多人，对工业源、农业源、生活源和集中式污染治理设施4大类592万多个普查对象进行了调查。共获得各类污染源填报的基本数据11亿个，总信息量310万兆字节，完成了国务院确定的普查任务。

本书较详细地介绍了本次普查的对象和范围、普查的内容及污染物种类、普查的技术路线和方法、普查的质量保证工作，并分别按四大类污染源对普查成果进行了分析，旨在为政府及其相关部门了解普查工作、加强环境管理及今后开展污染源普查提供参考。

本书内容较多，普查结果分析涉及领域宽，不当之处，敬请指正。

第一次全国污染源普查工作办公室

二〇一一年六月

# 第1章　第一次全国污染源普查的对象和内容

## 1.1　普查时点

普查时点：2007年12月31日。

时期资料：2007年度。

## 1.2　普查对象与范围

根据《国务院办公厅关于印发第一次全国污染源普查方案的通知》（国办发［2007］37号，以下简称《普查方案》）要求，第一次全国污染源普查对象为中华人民共和国境内所有排放污染物的工业源、农业源、生活源和集中式污染治理设施。

### 1.2.1　工业源普查对象与范围

#### 1.2.1.1　工业源普查对象

（一）普查对象

工业源的普查对象为《国民经济行业分类》（GB/T 4754—2002）中采矿业，制造业，电力、燃气及水的生产和供应业3个门类39个行业的所有产业活动单位。产业活动单位包括：(1) 经各级工商行政管理部门核准登记，领取《营业执照》的各类工业企业生产单位；(2) 未经有关部门批准但实际从事工业生产经营活动、有或可能有污染物产生的产业活动单位。

（二）普查对象的确定

(1) 工业源按照属地原则确定普查对象。以县级行政区划为划分属地的基本区域。其中：大型联合企业所属二级单位，一律纳入该二级单位所在地的普查；同一企业分布在不同区域的厂区，纳入各厂区所在区域普查；大型公共供暖企业按照企业各生产场所或生产设施（锅炉等）所在区域，纳入区域普查。

(2) 至2007年12月31日以前新建已验收的企业纳入本次普查；投入试生产、试运行，已造成事实排污累计30天及以上未验收的新建项目，纳入本次普查；投入试生产、试运行，事实排污累计不足30天未验收的新建项目，不纳入本次普查。

(3) 在2007年度停产的产业活动单位，纳入本次普查。

(4) 2007年12月31日以前关闭的产业活动单位不纳入本次普查。

#### 1.2.1.2　工业源普查范围

按照全面普查、突出重点的原则，根据工业源的规模、排污特点和排污量，本次普查将工业源划分为重点污染源和一般污染源，分别进行详细调查和简要调查。

重点污染源范围详见表1-2-1。一般污染源是指工业源普查对象中除重点污染源以外其他工业行业的所有产业活动单位。

**表 1-2-1　重点污染源行业分类**

| ①有重金属、危险废物或放射性物质产生的所有产业活动单位 | |
|---|---|
| ②以下工业行业中所有产业活动单位 | |
| 食品制造业（C14） | 石油加工、炼焦及核燃料加工业（C25） |
| 化学原料及化学制品制造业（C26） | 黑色金属冶炼及压延加工业（C32） |
| 有色金属冶炼及压延加工业（C33） | |
| 农副食品加工业（C13） | |
| 食用植物油加工（1331） | 非食用植物油加工（1332） |
| 制糖（1340） | 畜禽屠宰（1351） |
| 肉制品及副产品加工（1352） | 水产品冷冻加工（1361） |
| 鱼糜制品及水产品干腌制加工（1362） | 水产饲料制造（1363） |
| 鱼油提取及制品的制造（1364） | 其他水产品加工（1369） |
| 淀粉及淀粉制品的制造（1391） | 豆制品制造（1392） |
| 蛋品加工（1393） | 其他未列明的农副食品加工（1399） |
| 纺织业（C17） | |
| 棉、化纤印染精加工（1712） | 毛条加工（1721） |
| 毛纺织（1722） | 毛染整精加工（1723） |
| 麻纺织（1730） | 缫丝加工（1741） |
| 丝印染精加工（1743） | 毛制品制造（1752） |
| 无纺布制造（1757） | 其他纺织制成品制造（1759） |
| 皮革、毛皮、羽毛（绒）及其制品业（C19） | |
| 皮革鞣制加工（1910） | 毛皮鞣制加工（1931） |
| 羽毛（绒）加工（1941） | |
| 造纸及纸制品业（C22） | |
| 纸浆制造（2210） | 机制纸及纸板制造（2221） |
| 手工纸制造（2222） | 纸和纸板容器的制造（2231） |
| 其他纸制品制造（2239） | |
| 非金属矿物制品业（C31） | |
| 水泥制造（3111） | 石灰和石膏制造（3112） |
| 石棉水泥制品制造（3123） | 黏土砖瓦及建筑砌块制造（3131） |
| 建筑陶瓷制品制造（3132） | 建筑用石加工（3133） |
| 防水建筑材料制造（3134） | 隔热和隔音材料制造（3135） |
| 其他建筑材料制造（3139） | 平板玻璃制造（3141） |
| 日用玻璃制品及玻璃包装容器制造（3145） | 玻璃纤维及制品制造（3147） |
| 玻璃纤维增强塑料制品制造（3148） | 卫生陶瓷制品制造（3151） |
| 特种陶瓷制品制造（3152） | 日用陶瓷制品制造（3153） |
| 园林、陈设艺术及其他陶瓷制品制造（3159） | 石棉制品制造（3161） |
| 云母制品制造（3162） | 耐火陶瓷制品及其他耐火材料制造（3169） |
| 石墨及碳素制品制造（3191） | 其他非金属矿物制品制造（3199） |
| 电力、热力的生产和供应业（D44） | |
| 火力发电（4411） | 核力发电（4413） |
| 热力生产和供应（4430） | |

| ③以下工业行业中规模以上的产业活动单位 | |
|---|---|
| 煤炭开采和洗选业（B06） | 黑色金属矿采选业（B08） |
| 有色金属矿采选业（B09） | 非金属矿采选业（B10） |
| 医药制造业（C27） | 化学纤维制造业（C28） |
| 石油和天然气开采业（B07） | |
| 天然原油和天然气开采（0710） | |
| 饮料制造业（C15） | |
| 酒精制造（1510） | 白酒制造（1521） |
| 啤酒制造（1522） | 黄酒制造（1523） |
| 葡萄酒制造（1524） | 其他酒制造（1529） |
| 果菜汁及果菜汁饮料制造（1533） | 含乳饮料和植物蛋白饮料制造（1534） |
| 固体饮料制造（1535） | 茶饮料及其他软饮料制造（1539） |
| 木材加工及木、竹、藤、棕、草制品业（C20） | |
| 胶合板制造（2021） | 纤维板制造（2022） |
| 刨花板制造（2023） | 其他人造板、材制造（2029） |
| 通用设备、计算机及其他电子设备制造业（C40） | |
| 广播电视节目制作及发射设备制造（4031） | 电子真空器件制造（4051） |
| 半导体分立器件制造（4052） | 集成电路制造（4053） |
| 光电子器件及其他电子器件制造（4059） | 电子元件及组件制造（4061） |
| 印制电路板制造（4062） | |
| 水的生产和供应业（D46） | |
| 污水处理及其再生利用（4620） | |
| ④以下行业中有电镀、熔炼、喷漆工艺规模以上的产业活动单位 | |
| 金属制品业（C34） | 专用设备制造业（C36） |
| 通用设备制造业（C35） | 交通运输设备制造业（C37） |

注：规模以上企业为全部国有工业企业和全部年产品销售收入500万元及以上的非国有工业企业。

### 1.2.2 农业源普查对象与范围

#### 1.2.2.1 农业源普查对象

（一）普查对象

农业源普查对象包括：种植业污染源、畜禽养殖业污染源、水产养殖业污染源和重点流域农村生活污染源（以下简称农村生活源）。

种植业普查对象为所有乡镇和规模化农场。种植业污染源普查以乡镇或规模化农场为基本单位（即普查对象）组织实施，以地块为基本单元抽样调查。

畜禽养殖业普查对象为具有一定规模的养殖场、养殖小区和养殖专业户。

水产养殖业普查对象为规模化水产养殖场和具有一定规模的水产养殖专业户。

农村生活源调查对象为太湖、巢湖、滇池流域和三峡库区共68个县（区、市）的所有行政村。考虑到农村生活源调查的内容与生活源调查的相近，本书将农村生活源调查的分析列入生活源的一节来进行。

（二）普查对象的确定

（1）依据养殖组织模式的不同，将畜禽养殖业普查对象分为规模化养殖场、养殖小区和养殖专业户三类。规模化养殖场是指饲养数量达到一定规模的养殖场，其中：生猪≥500头（出栏）、奶牛≥100头（存栏）、肉牛≥200头（出栏）、蛋鸡≥20000羽（存栏）、肉鸡≥50000羽（出栏）；养殖小区是指在统一规划的区域内，由多个养殖业主共同组成、按照统一操作规程进行养殖、管理的养殖单元；养殖专业户是指畜禽饲养数量达到一定规模的养殖户：生猪≥50头（出栏）、奶牛≥5头（存栏）、肉牛≥10头（出栏）、蛋鸡≥500羽（存栏）、肉鸡≥2000羽（出栏）。

（2）规模化水产养殖场全部进行普查。水产养殖专业户符合以下标准的进行普查：

1）池塘养殖：养殖面积≥ 5亩；

2）工厂化养殖：养殖水体体积≥ 1500米$^3$；

3）网箱养殖：养殖面积≥100米$^2$；

4）围栏养殖：养殖面积≥2亩①；

5）浅海筏式养殖：养殖面积≥10亩；

6）滩涂增养殖：养殖面积≥100亩。

（3）农村生活源太湖、巢湖、滇池流域和三峡库区农户抽样比例分别为1%、1%、3%和2%。

#### 1.2.2.2　农业源普查范围

种植业污染源主要针对粮食作物（包括谷类、豆类和薯类）、经济作物（包括棉花、麻类、桑类、油料、糖料、烟草、茶、花卉、药材、果树等）和蔬菜作物（包括根茎叶类、瓜果类、水生类）的主产区开展肥料、农药、农膜和秸秆污染普查。

畜禽养殖业污染源以舍饲、半舍饲规模化养殖单元为对象，针对猪、奶牛、肉牛、蛋鸡和肉鸡养殖过程中产生的畜禽粪便和污水开展普查。

水产养殖业污染源以池塘养殖、网箱养殖、围栏养殖、工厂化养殖以及浅海筏式养殖、滩涂增养殖等有饲料、渔药、肥料投入的规模化养殖单元为对象，针对鱼、虾、贝、蟹等养殖过程中产生的污染开展普查。

农村生活源主要针对重点流域（太湖、巢湖、滇池流域和三峡库区）农村生活过程中产生的生活垃圾和生活污水开展调查。

### 1.2.3　生活源普查对象与范围

#### 1.2.3.1　生活源普查对象

（一）普查对象

生活源普查对象包括：第三产业中具有一定规模的住宿业、餐饮业、居民服务和其他服务业（包括洗染服务业、理发及美容保健服务业、洗浴服务业、摄影扩印服务业、汽车摩托车维护与保养业）、医院，有独立燃烧设施的单位（除第二产业中纳入工业源普查对象的外）和机动车；城镇居民生活污染源普查对象为设区城市的区、县城（县级市）、建制镇（不包括村庄和集镇）。

（二）普查对象的确定

（1）对设区城市的区、县城（县级市）、建制镇进行城镇居民生活污染源普查。设区城市的区是指区本级行政管辖的城市地域；县城（县级市）是指县政府机关和公共服务机构所在的地域；建制镇是指国家按行政建制设立的镇政府机关和公共服务机构所在的地域。

（2）为突出重点，合理确定普查工作量，第三产业普查对象规模要求见表1-2-2，达到规模低限

---

① 1亩=666.7米$^2$。

以上的纳入普查。

表 1-2-2　第三产业普查对象规模要求

| 普查对象 | 划分单位 | 规模低限 |
|---|---|---|
| 住宿业 | 床位数 | ≥ 30 张 |
| 餐饮业 | 餐位数 | ≥ 30 个 |
| 洗染服务业 | 设备总容量 | ≥ 20 千克 |
| 理发及美容保健服务业 | 理发座位数 | ≥ 3 个 |
| | 美容和保健床位总数 | ≥ 3 张 |
| 洗浴服务业 | 澡堂（桑拿）衣柜数 | ≥ 20 个 |
| | 沐足座位数 | |
| 摄影扩印服务业 | 设备容量 | 有扩印设备 |
| 汽车、摩托车维护与保养业（洗车业） | 专业洗车设备<br>或经营面积 | 有专业洗车设备或<br>经营面积≥ 20 米 $^2$ |
| 医院 | 床位数 | ≥ 20 张 |
| 独立燃烧设施 | 锅炉额定出力 | ≥ 0.7 兆瓦（1 蒸吨 / 时） |

#### 1.2.3.2　生活源普查范围

（一）住宿业、餐饮业、居民服务和其他服务业、医院普查对象拥有的锅炉，不论额定出力大小，一律全部填报。

（二）机关、企事业单位和社会团体、相对集中的居民区，非生产性的企业单位办公区、机务段和客运段等，有额定出力大于等于 0.7 兆瓦（1 蒸吨 / 时）的供暖锅炉、热水锅炉，包括燃煤、燃油和燃气锅炉，均纳入普查。没有标明额定出力的土锅炉、型煤锅炉或者铭牌不清的锅炉，全部填报。茶炉、电锅炉不纳入普查范围。

（三）包含两种或两种以上生活源的普查对象，都达到相应规模低限的，分别填报相应的表格或指标；部分达到相应规模低限的，只选择达到规模低限的项目填报相应的表格或指标。

（四）大型超市、农贸市场中租赁经营的餐饮业、洗染服务业、理发及美容保健服务业、摄影扩印服务业等，达到相应规模低限的，分别填报相应的表格或指标；大型超市、农贸市场等不单独作为普查对象。

（五）汽车、摩托车维护与保养业只普查其中有专业洗车设备或经营面积大于等于 20 米 $^2$ 的洗车业。专业洗车设备包括高压冲洗、水蜡清洗与产生自动泡沫的设备，不包括高压水喷枪。

（六）无锅炉或餐饮炉灶的茶楼（馆）、酒吧、咖啡馆、会所等经营场所不纳入普查范围。

（七）设区城市的区、县城（县级市）、建制镇城镇居民生活污染源均纳入普查范围。乡村、集镇的居民生活污染源不纳入本次普查范围。

（八）机关、企事业单位、大中专院校拥有的不对外经营的食堂不纳入普查范围；如果对外经营，满足普查规模要求的均纳入普查范围。

### 1.2.4　集中式污染治理设施普查对象与范围

#### 1.2.4.1　集中式污染治理设施普查对象

（一）普查对象

集中式污染治理设施普查对象包括：污水处理厂、垃圾处理厂（场）、危险废物处置厂和医疗废物处置厂等。

（二）普查对象的确定

（1）集中式污染治理设施一律按照属地原则确定普查对象。以县级行政区划为划分属地的基本区域。

（2）至2007年12月31日以前投入运行、试运行，包括新建尚未验收的建设项目，均纳入本次普查。

（3）医疗废物与其他危险废物共同处置的处置厂归入危险废物处置厂普查。

#### 1.2.4.2 集中式污染治理设施普查范围

（一）污水处理厂

污水处理厂普查范围包括：城镇污水处理厂、工业废（污）水集中处理设施和其他污水处理设施。城镇污水处理厂：指在城市（镇）或工业区中，城市污水（生活污水、工业废水）通过排水管道集中于一个或几个场所，并利用由各种处理单元组成的污水处理系统进行净化处理，最终使处理后的污水和污泥达到规定要求后排放或再利用的设施。

工业废（污）水集中处理设施：指提供社会化有偿服务，专门或兼顾从事为工业园区、联片工业企业或周边企业处理工业废水（包括一并处理周边地区生活污水）的集中设施或独立运营的单位。不包括企业内部自用的污水处理设施。其他污水处理设施：指对不能纳入城市污水收集系统的居民区、风景旅游区、度假村、疗养院、机场、铁路车站以及其他人群聚集地排放的污水进行就地集中处理的设施。

污水处理厂普查中，不包括氧化塘、渗水井、化粪池、改良化粪池、无动力地埋式污水处理装置和土地处理系统有关设施。

（二）垃圾处理厂（场）

垃圾处理厂（场）普查范围包括：垃圾填埋厂（场）、堆肥厂（场）和焚烧厂（场），垃圾发电厂按垃圾焚烧厂纳入普查。已经使用完成，完全封场的垃圾处理厂（场）不纳入普查范围。正在运行的垃圾处理厂（场）中已封场的部分仍要进行统计普查。

（三）危险废物处置厂

危险废物处置厂：指提供社会化有偿服务，将多个工业企业或事业单位、第三产业或居民生活产生的危险废物集中起来进行焚烧、填埋等处置的场所或单位。不包括企业内部自建自用的危险废物处置装置。

（四）医疗废物处置厂

医疗废物处置厂：将医疗废物集中起来进行处置的场所或单位。医疗废物处置厂普查范围不包括医院自建自用的医疗废物处置设施。医疗废物：指各类医疗卫生机构在医疗、预防、保健、教学、科研以及其他相关活动中产生的具有直接或间接感染性、毒性以及其他危害性的废物，包括感染性废物、病理性废物、损伤性废物、药物性废物、化学性废物以及其他危险废物。

## 1.3 普查内容

### 1.3.1 工业源普查内容及污染物种类

#### 1.3.1.1 工业源普查内容

（一）重点工业污染源普查内容

（1）工业企业的基本情况，包括单位名称、代码、位置信息、联系方式、经济规模、登记注册类型、行业分类等；

（2）主要产品、主要原辅材料消耗量、能源结构和消耗量、与污染物排放相关的燃料含硫量、灰分等；

（3）用水、排水情况，包括排水去向；

（4）各类产生污染的设施情况，以及各类污染处理设施建设、运行情况等；

（5）废水和废气的产、排量，以及其中各类污染物的产、排量和综合利用情况；

（6）固体废物（包括危险废物）的产生、利用、处置、贮存及倾倒丢弃情况；

（7）污染源监测结果；

（8）电磁辐射设备和放射性同位素与射线装置情况；

（9）稀土、铌 / 钽、锆石和氧化锆、锡、铅 / 锌矿、铜、铁、磷酸盐、煤、铝和钒等 11 类矿产资源的采选、冶炼和加工企业，其采选的矿石或冶炼加工的主要原材料及主要废物，经初测达到下列条件之一的，纳入伴生放射性污染源普查：①矿石或主要原材料（如精矿）中 U、Th 系核素的含量大于 0.1Bq/g；②矿石或主要原材料（如精矿）表面 1m 处的 γ 剂量率超出“当地本底水平”+50nGy/h；③主要废物（如尾矿、尾渣）表面 1m 处的 γ 剂量率超出“当地本底水平”+50nGy/h。对纳入伴生放射性污染源普查的企业，普查内容增加伴生放射性矿产品开采量或冶炼加工原料的使用量、含有放射性核素的固体废物、废水、废气的产生量，以及其中的放射性活度浓度。

（二）一般工业污染源普查内容

（1）工业企业的基本情况，包括单位名称、代码、位置信息、联系方式、经济规模、登记注册类型、行业类别等；

（2）主要产品、主要原辅材料消耗量、能源结构和消耗量、与污染物排放相关的燃料含硫量、灰分等；

（3）用水、排水情况，包括排水去向；

（4）各类产生污染的设施情况，以及各类污染处理设施建设、运行情况等；

（5）废水和废气的产、排量，以及其中各类污染物的产、排量和综合利用情况；

（6）固体废物的产生、利用、处置、贮存及倾倒丢弃情况；

（7）污染源监测结果；

（8）电磁辐射设备和放射性同位素与射线装置情况。具体指标项及内容比重点污染源内容要简单。

（三）持久性有机污染物和消耗臭氧层物质普查内容

（1）持久性有机污染物普查内容

化学原料及化学品制造业（C26）企业，普查内容增加持久性有机污染物（氯丹、灭蚁灵、全氟辛基磺酰类化合物、多溴二苯醚、多溴联苯、氯化石蜡 42、氯化石蜡 52、氯化石蜡 70、滴滴涕）的生产或使用情况。纺织业（C17）、造纸及纸制品业（C22）、黑色金属冶炼及压延加工业（C32）、有色金属冶炼及压延加工业（C33）、电气机械及器材制造业（C39）、电力、热力的生产和供应业（D44）中，有在用、报废含多氯联苯的电容器、变压器的企业，普查内容增加含多氯联苯电容器（变压器）的使用情况。

（2）消耗臭氧层物质普查内容

化学原料及化学制品制造业（C26）中，生产四氯化碳、甲基溴、含氢氯氟烃的企业，普查内容增加消耗臭氧层物质（四氯化碳、甲基溴、含氢氯氟烃）生产的情况。化学原料及化学制品制造业（C26）、医药制造业（C27）、塑料制品业（C30）、电气机械及器材制造业（C39）中，使用四氯化碳、甲基溴、含氢氯氟烃的企业，普查内容增加消耗臭氧层物质（四氯化碳、甲基溴、含氢氯氟烃）使用的情况。

#### 1.3.1.2 工业源普查污染物种类

（一）废水污染物种类

工业源废水污染物种类包括：废水排放量、化学需氧量、氨氮、石油类（或动植物油）、挥发酚、汞、镉、铅、砷、总铬（或六价铬）、氰化物、五日生化需氧量等。

普查污染物种类确定的原则为：1）废水排放量、化学需氧量、氨氮、石油类（或动植物油）为普查主要指标；2）其他污染物种类可根据普查对象的原辅材料使用情况、产品的生产情况和生产工艺过程中物料存在情况进行填报，有就填，没有的不填。

（二）废气污染物种类

工业源废气污染物种类包括：废气排放量、烟尘、工业粉尘、二氧化硫、氮氧化物、氟化物等。

普查污染物种类确定的原则为：1）废气排放量、烟尘、二氧化硫、氮氧化物为普查主要指标；2）工业粉尘、氟化物等污染物指标可根据普查对象的原辅材料使用情况、产品的生产情况和生产工艺过程中物料存在情况进行填报，有就填，没有的不填。

（三）固体废物普查种类

固体废物普查种类包括：冶炼废渣、粉煤灰、炉渣、煤矸石、尾矿、脱硫设施产生的石膏、污水处理设施产生的污泥、放射性废物、危险废物及其他工业固体废物。

危险废物按照国家危险废物名录分类普查。

普查对象根据实际情况选择填报，有就填，没有的不填。

（四）伴生放射性污染源普查种类

伴生放射性矿普查种类包括：伴生放射性矿产品开采量或冶炼加工量、含有放射性核素的固体废物、废水、废气的产生量；γ 辐射空气吸收剂量率、总铀、钍-232、镭-226、总 α、总 β。

普查对象根据实际情况选择填报，有就填，没有的不填。

### 1.3.2 农业源普查内容及污染物种类

#### 1.3.2.1 农业源普查内容

（一）种植业污染源普查内容

（1）地块基本情况：包括地块面积、类型、坡度、种植方向、耕作方式、排水去向等。

（2）肥料：化肥包括氮肥、磷肥、钾肥、复合肥；有机肥包括商品有机肥、畜禽粪便等。调查内容包括肥料名称、有效成分及其含量、施用量、施用方法和流失情况等。

（3）农药：污染重、难降解、用量大、未禁用的农药，包括毒死蜱、阿特拉津、氟虫腈、吡虫啉、克百威、2,4-D 丁酯、涕灭威、丁草胺、乙草胺等（以下所指农药均相同），施药目的、农药名称、有效成分及其含量、施用量、施用方法和流失情况等。

（4）农膜：地膜使用量、回收状况等。

（5）秸秆：粮食作物（谷类和豆类）和经济作物（棉花和油菜）秸秆的产生量、丢弃量、田间焚烧量、还田量、饲料利用量、燃料利用量、堆肥利用量、原料利用量等。

（二）畜禽养殖业污染源普查内容

（1）畜禽养殖基本情况：包括饲养目的、畜禽种类、存栏量、出栏量、饲养阶段、各阶段存栏量、饲养周期等。

（2）污染物产生和排放情况：包括污水产生量、清粪方式、粪便和污水处理利用方式、粪便和污水处理利用量、排放去向等。

（三）水产养殖业污染源普查内容

（1）养殖基本情况：包括养殖品种、养殖模式、养殖水体、养殖类型、养殖面积 / 体积、养殖品的投放量及产量、废水排放量及去向、水体交换情况、换水频率、换水比例等。

（2）投入品使用情况：包括饲料名称、主要成分及含量、使用量，肥料名称、主要成分及含量、施用量、施用方法，渔药名称、主要成分及含量、施用量、施用方法等。

（四）农村生活污染源调查内容

不同经济条件、不同生活方式下的农村常住人口数量，生活污水和生活垃圾的产生、处理、利用、排放情况。

#### 1.3.2.2 农业源普查污染物种类

农业源污染物普查指标见表 1-3-1。

**表 1-3-1 农业源污染物普查指标**

| 普查对象 | 普查污染物指标 | |
|---|---|---|
| 种植业 | 地表径流 | 硝态氮、铵态氮、总氮、总磷以及 1～2 种农药 |
| | 地下淋溶 | 硝态氮、铵态氮、总氮以及 1～2 种农药 |
| 畜禽养殖业 | 污水 | 化学需氧量、铵态氮、总氮、总磷、铜、锌 |
| | 固体废物 | 总氮、总磷、铜、锌 |
| 水产养殖业 | 进入自然水体中的化学需氧量、总氮、总磷、铜、锌 | |
| 农村生活污染源 | 污水 | 化学需氧量、氨氮、总氮、总磷 |
| | 固体废物 | 总氮、总磷 |

注：表中农村生活污染源中“固体废物”指生活垃圾中有机垃圾部分。

### 1.3.3 生活源普查内容及污染物种类

#### 1.3.3.1 生活源普查内容

（一）城镇居民生活污染源普查内容

（1）能源消费情况，包括生活用能源结构、能源消费量、平均硫分、平均灰分等；

（2）用水、排水情况，包括生活用水总量、居民家庭用水总量、排放去向和受纳水体等；

（3）生活垃圾情况，包括生活垃圾清运量、生活垃圾处置方式及处置量等。

（二）第三产业污染源普查内容

（1）住宿业与餐饮业：包括企业基本情况（行业类别、开业时间、经营天数、生活垃圾收集方式），用水、污水处理与排水情况（包括用水总量、污水处理设施处理能力、污水实际处理量、污水处理工艺、排水去向等），锅炉基本情况（包括锅炉额定出力、锅炉燃料类型、燃料消费量、废气处理设施套数、废气处理设施处理总能力、废气实际处理量等）。住宿业须另填报宾馆饭店等级代码、床位数和年平均入住率；餐饮业须另填报经营面积、餐位数、固定灶头数与油烟净化器数。

（2）居民服务和其他服务业：包括企业基本情况（行业类别、开业时间、经营天数、经营面积、生活垃圾收集方式），用水、污水处理与排水情况（包括用水总量、污水处理设施处理能力、污水实际处理量、污水处理工艺、排水去向等），锅炉基本情况（包括锅炉额定出力、锅炉燃料类型、燃料消费量、废气处理设施套数、废气处理设施处理总能力、废气实际处理量等）。洗染服务业须另填报设备总容量；理发及美容保健服务业须另填报理发座位数、美容和保健床位总数；洗浴服务业须另填报澡堂（桑拿）衣柜数、沐足座位数；摄影扩印服务业须另填报扩印设备总能力、日平均扩印照片数；汽车、摩托车维护与保养业（洗车业）须另填报车位数、专业洗车设备情况等。

（3）医院：包括单位基本情况（行业类别、开业时间、床位数），用水、污水处理与排水情况（包括用水总量、污水处理设施处理能力、污水实际处理量、污水处理工艺、排水去向等），锅炉基本情况（包括锅炉额定出力、锅炉燃料类型、燃料消费量、废气处理设施套数、废气处理设施处理总能力、废气实际处理量等），固体废物基本情况（包括生活垃圾收集方式、医疗垃圾的产生量、处置方式及处置量）。医用电磁辐射设备（频率大于500赫兹且功率大于5千瓦）和放射源与射线装置等。

（三）独立燃烧设施普查内容

锅炉及运行情况、废气处理设施套数、废气处理设施处理总能力、废气实际处理量、燃料种类、消费量、硫分与灰分等。

（四）机动车污染源普查内容

按直辖市、地区（市、州、盟）为单位填报机动车分类、分时段登记的在用车数量。

#### 1.3.3.2 生活源普查污染物种类

生活源污染物普查指标见表1-3-2。

**表1-3-2 生活源污染物普查指标**

<table>
<tr><th colspan="2">普查对象</th><th colspan="2">普查污染物指标</th></tr>
<tr><td colspan="2" rowspan="3">住宿业、餐饮业</td><td>污水</td><td>污水量、化学需氧量、总磷、动植物油、氨氮、总氮</td></tr>
<tr><td>废气</td><td>废气量、烟尘、二氧化硫、氮氧化物</td></tr>
<tr><td>固体废物</td><td>生活垃圾、粉煤灰和炉渣</td></tr>
<tr><td rowspan="10">居民服务和其他服务业</td><td rowspan="3">洗染服务业</td><td>污水</td><td>污水量、化学需氧量、总磷、总氮</td></tr>
<tr><td>废气</td><td>废气量、烟尘、二氧化硫、氮氧化物</td></tr>
<tr><td>固体废物</td><td>粉煤灰和炉渣</td></tr>
<tr><td>理发及美容保健服务业</td><td>污水</td><td>污水量、化学需氧量、总磷、总氮、铅、汞</td></tr>
<tr><td rowspan="3">洗浴服务业</td><td>污水</td><td>污水量、化学需氧量、总磷、总氮</td></tr>
<tr><td>废气</td><td>废气量、烟尘、二氧化硫、氮氧化物</td></tr>
<tr><td>固体废物</td><td>粉煤灰和炉渣</td></tr>
<tr><td>摄影扩印服务业</td><td>污水</td><td>污水量、化学需氧量、氰化物、六价铬、总铬</td></tr>
<tr><td>汽车、摩托车维护与保养业（洗车业）</td><td>污水</td><td>污水量、化学需氧量、石油类、总磷</td></tr>
<tr><td colspan="0" style="display:none"></td></tr>
<tr><td colspan="2" rowspan="3">医院</td><td>污水</td><td>污水量、化学需氧量、五日生化需氧量、总氮、总磷、氨氮、汞</td></tr>
<tr><td>废气</td><td>废气量、烟尘、氮氧化物、二氧化硫</td></tr>
<tr><td>固体废物</td><td>医疗废物、粉煤灰和炉渣</td></tr>
<tr><td colspan="2" rowspan="2">独立燃烧设施</td><td>废气</td><td>废气量、二氧化硫、氮氧化物、烟尘</td></tr>
<tr><td>固体废物</td><td>粉煤灰和炉渣</td></tr>
<tr><td colspan="2" rowspan="3">城镇居民生活</td><td>污水</td><td>生活污水量、化学需氧量、氨氮、总氮、总磷、五日生化需氧量、动植物油</td></tr>
<tr><td>废气</td><td>废气量、二氧化硫、氮氧化物、烟尘</td></tr>
<tr><td>固体废物</td><td>生活垃圾、粉煤灰和炉渣</td></tr>
<tr><td colspan="2">机动车</td><td>废气</td><td>总颗粒物、氮氧化物、一氧化碳、碳氢化合物</td></tr>
</table>

#### 1.3.4 集中式污染治理设施普查内容及污染物种类

##### 1.3.4.1 集中式污染治理设施普查内容

（一）单位基本情况，包括单位名称、代码、位置信息、联系方式等；

（二）污染治理设施建设与运行情况；

（三）能源消耗、污染物处理、处置和综合利用情况；

（四）二次污染的产生、治理、排放情况；

（五）污染物排放量和监测数据等。

##### 1.3.4.2 集中式污染治理设施普查污染物种类

（一）普查废水污染物种类

废水排放量、化学需氧量、氨氮、石油类（或动植物油）、挥发酚、汞、镉、铅、砷、铬、氰化物、总磷、总氮、五日生化需氧量等。

（二）普查废气污染物种类

废气排放量、烟尘、二氧化硫、氮氧化物等。

### 1.4 普查的组织实施

#### 1.4.1 基本原则

第一次全国污染源普查的组织实施遵循“全国统一领导，部门分工协作，地方分级负责，各方共同参与”的基本原则。

#### 1.4.2 组织机构

根据国务院办公厅印发的《普查方案》的要求，国务院第一次全国污染源普查领导小组（以下简称国务院普查领导小组）负责普查的组织和实施工作。国务院普查领导小组办公室设在环境保护部（原国家环保总局），负责普查工作的业务指导和督促检查。国务院普查领导小组办公室由环境保护部、国家统计局、中宣部、发改委、财政部、建设部、农业部、公安部、工商总局、总后勤部等十个部门组成。普查工作在国务院普查领导小组统一领导下，加强部门分工协作。环保部牵头会同有关部门开展全国污染源普查工作，负责拟定全国污染源普查方案和不同阶段的工作方案，制订有关技术规范，组织普查工作试点和培训，负责污染源的监测，对普查数据进行汇总、分析和结果发布，组织普查工作的验收。领导小组其他成员单位参与编制和审议污染源普查方案及各阶段工作方案，并按照部门职责分工，负责指导和督促检查地方污染源普查工作，推动本系统参与污染源普查工作，协调落实相关事项。

地方县及以上人民政府设立行政区域污染源普查领导小组及其办公室，按照国务院普查领导小组及其办公室的统一规定和要求，负责组织实施本地区的污染源普查工作。

在全国范围内开展污染源普查，涉及范围广、参与部门多、普查任务重、技术要求高、工作难度大。为协调国务院普查领导小组各成员单位按照各自职责落实普查的相关工作，环保总局组建了国务院普查领导小组办公室由国务院普查领导小组各成员单位派司局级领导参加，并设立其工作机构——第一次全国污染源普查工作办公室（以下简称“全国普查办”），具体组织开展普查工作。全国普查办下设综合协调组、监测技术组、现场调查组、数据处理组和农业组等 5 个工作组。

2006 年 11 月 1 日，国家环保总局向各省、自治区、直辖市环保局（厅），计划单列市环保局，解放军环保局，新疆生产建设兵团环保局转发了《国务院关于开展第一次全国污染源普查的通知》（国发［2006］36 号，以下简称《通知》），要求各地区根据国务院通知精神，认真组织、抓紧开展前期准备工作，组建普查工作机构，编制普查经费预算，制订普查工作方案和选择试点单位等工作。按照国务院通知要求，全国31个省（自治区、直辖市）和新疆生产建设兵团陆续成立了污染源普查领导小组，组建了污染源普查工作机构。

### 1.4.3 普查的实施步骤

第一次全国污染源普查采取“先行试点、再全面普查”的方式，分三个阶段进行。

（一）准备试点阶段（2006.10—2007.12）：成立机构，落实经费，开展宣传，进行组织动员；制订普查方案和各类技术规范，编制普查表，开发相应的软件和数据库；组织普查试点；招聘普查员及普查指导员，开展普查培训。

（二）全面普查阶段（2008.1—2008.12）：对排污企业和单位进行调查，组织填报普查表，完成审核录入工作，建立污染源档案，省级进行审核验收等。省级普查领导小组办公室负责将本地区污染源普查数据汇总，报国务院普查领导小组办公室，国务院普查领导小组办公室组织完成全国污染源普查数据的审核和汇总。

（三）总结发布阶段（2009.1—2009.12）：建立全国污染源数据库，上报和发布普查数据，开发利用普查成果，总结验收普查工作。

上面计划的三个工作阶段的时间进度在实际执行过程中，由于第二阶段数据审核为确保质量上下反复多次，时间顺延了半年多。国家正式发布普查数据时间为2010年2月。

# 第 2 章　第一次全国污染源普查的技术路线和方法

## 2.1　普查的技术路线

第一次全国污染源普查工作技术路线见图 2-1-1。

按照现场监测与物料衡算及排污系数计算相结合，技术手段与统计手段相结合，国家指导、地方调查和企业自报相结合的原则确定普查的技术路线。

（一）对工业源中排污量之和占各省（自治区、直辖市）污染物排放量 65% 的污染源、集中污染治理设施，同时采用现场监测和物料衡算与排污系数等方法，并按照规定程序核定污染源排放量。

对其他工业源，采用分类抽样监测的方式，核对物料衡算与排污系数测算的污染物排放量。对污染物排放量小、排放形式简单的，也可以用排污系数法直接计算排污量。

（二）对农业源，采取面上调查和分类抽样实地监测以及排放（流失）系数测算相结合的方式，结合全国农业普查结果和有关农业统计资料，测算全国的农业污染源污染情况。

（三）对生活源，第三产业中的调查单位采取面上对基本情况进行调查，结合分类抽样监测与排污系数测算的方法核定污染物排放量。

居民生活污染调查根据统计人口、生活用水量、能源结构和消耗量，通过排污系数测算污染物的排放量。

机动车污染物排放根据不同类别、不同车型、不同年代车的数量通过排污系数法测算得到。

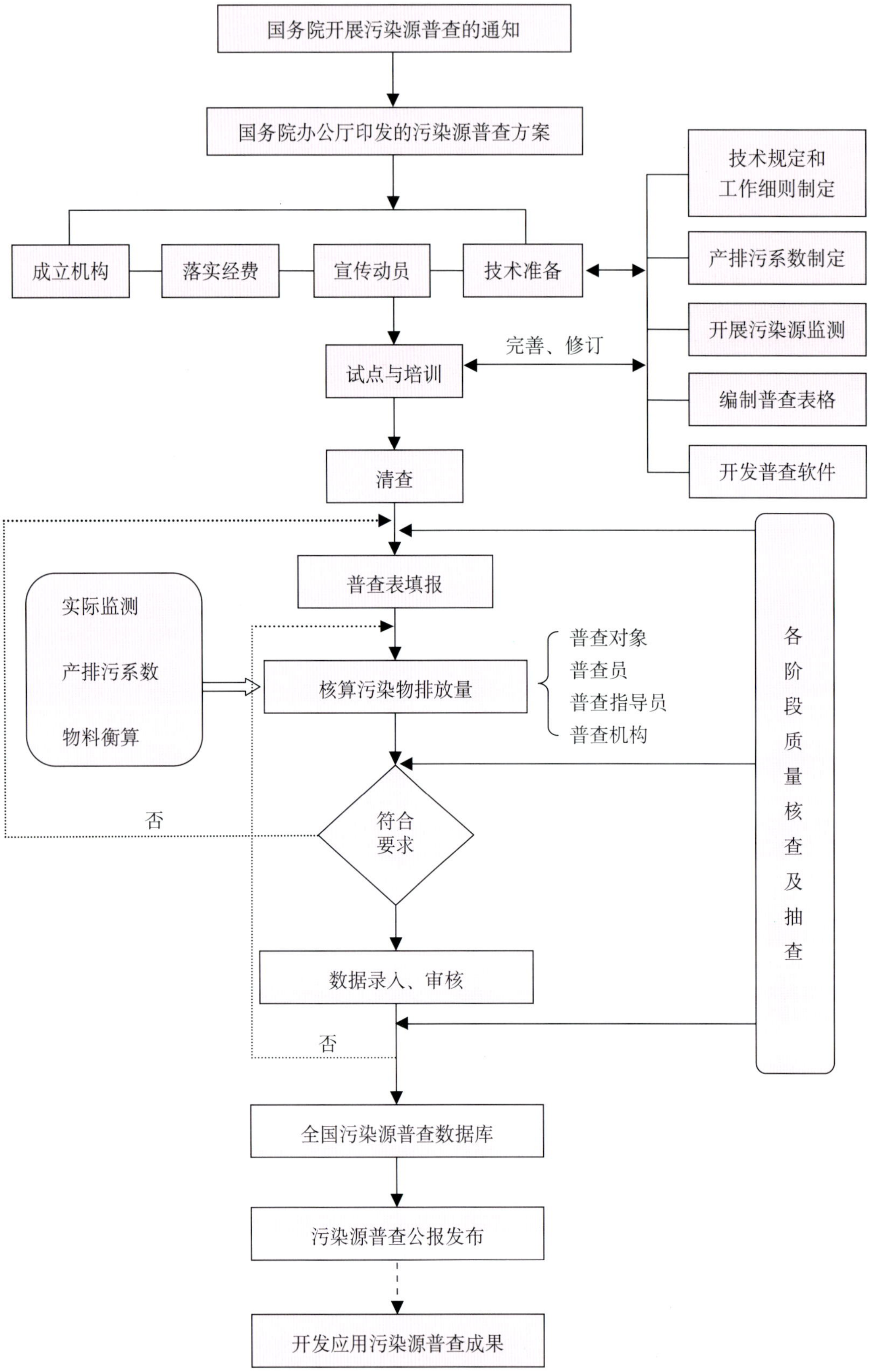


图 2-1-1　第一次全国污染源普查技术路线图

## 2.2 普查的技术准备

### 2.2.1 制定技术规定

按照国务院办公厅印发的《普查方案》的要求，全国普查办在反复征求意见和专家评审的基础上，制定了包括工业污染源及集中式污染治理设施监测、放射性污染源普查监测、工业源及集中式污染治理设施普查、农业源普查、重点流域农村生活源调查、生活源普查、质量管理、数据审核、数据录入与传输方法等9项技术规定，以及普查员管理、普查对象清查、数据处理、质量核查、评比表彰等5项工作细则。使得普查工作各个步骤、各个环节都有技术规范和程序规定可供遵循，提高了普查的科学性和规范性。

其中，工业源及集中式污染治理设施、放射性污染源普查监测两项技术规定主要内容为工业源及集中式污染治理设施和放射性污染源普查的监测对象与范围、监测项目、监测频次、监测布点与采样、分析方法和质量保证措施等。工业源及集中式污染治理设施、农业源、生活源普查以及重点流域农村生活源调查等四项技术规定则对于各类污染源的普查对象、普查范围、普查内容、普查污染物种类、技术路线、普查表填报、现场核查及污染物排放量核算方法及程序等内容做了明确规定。普查质量管理技术规定对于普查准备阶段、实施阶段、污染源普查质量抽查与验收阶段的质量管理工作进行了规范。数据审核技术规定主要内容为污染源普查数据审核程序、数据审核方法、数据审核结果处理等。数据录入与传输技术规定对数据录入、数据上报与接收和数据安全等方面提出了技术要求。

### 2.2.2 编制产排污系数

产排污系数是计算各类污染源污染物产生量和排放量的基本方法之一，也是环境统计的重要技术手段。“七五”、“八五”期间，我国开展了多次若干行业产排污系数的研究工作，为开展环境规划、环境统计、环境监督、排污收费和排污申报登记以及污染过程控制等各项工作提供了支持。随着经济快速增长，产业结构、企业规模、产业布局等变化巨大，特别是技术水平进步，原有的产排污系数从系数覆盖面、粗细程度、依托的技术工艺水平等方面，已不能满足当前环境管理的需求。

制定新的产排污系数，是第一次全国污染源普查工作的有机组成部分和重要内容，也是决定普查成果质量的关键因素之一。为确保普查任务的顺利完成，全国普查办会同农业部科教司，在财政部的支持下，组织了由30家国家级科研单位和全国行业协会（联合会）牵头，450多家科研、监测单位参与的工业源、农业源、生活源及集中式污染治理设施产排污系数测算工作。共制定4万多个产排污系数，基本涵盖了有污染物排放的一、二、三产业中的400多个小类行业。

第一次全国污染源普查工业污染源产排污系数核算工作由中国环境科学研究院牵头，26家行业协会、科研院所和高校等单位承担，共制定了32个大类行业362个小类行业的产污系数1.10万个、排污系数1.34万个，涉及1380种原料、1087种工艺。

生活源和集中式污染治理设施产排污系数由环境保护部华南环境科学研究所牵头，组织环保监测、市政设计、高等院校、科研机构、行业协会及有关专业公司144家单位数千人，在全国17个省（自治区、直辖市）40多个城市（镇）进行了四期实测，共研究制定生活源产排污系数2431个；在17个省（自治区、直辖市）选取97个污水处理厂、70家生活垃圾与危废处理厂进行大样本实测，研究制定了1527个集中式污染治理设施产排污系数。

农业源产排污系数由农业部科教司组织中国农科院、农业部环境保护科研监测所、中国水产科学研究院、环境保护部南京环境科学研究所及各省级农业环保站等相关单位研究制定，共制定农业污染源产排污（流失）系数1.39万个，其中种植业1776个，畜禽养殖业3330个，水产养殖业7790个，农村生活源972个。

### 2.2.3 开展污染源监测工作

根据国务院办公厅印发的《普查方案》要求，依据监测与物料衡算及排污系数计算相结合、技术手段与统计手段相结合的普查技术路线，为及时掌握普查时期2007年工业重点污染源和集中式污染治理设施的监测资料，全国普查办于2007年2月14日召开了第一次全国污染源普查监测及有关工作视频会议，印发了《工业污染源及集中式污染治理设施监测技术规定》和《放射性污染源普查监测技术规定》，对第一次全国污染源普查监测工作进行了周密的部署。为保证工作落实，由国家财政对困难地区的监测工作给予资金补助。

根据汇总结果，实际进行了普查监测的工业源普查对象共有152143家，实际采用普查监测数据核算并填报污染物排放量的工业源普查对象为42640家。各省、自治区、直辖市还开展了对11000多家伴生放射性污染源的初测和对1897家伴生放射性污染源的取样监测工作，认定伴生放射性污染源1100多家。

#### 2.2.3.1 工业源及集中式污染治理设施监测范围、项目及频次

（一）监测范围

（1）国控重点污染源：国家环保总局公布的《国家重点监控企业名单》（环办函［2007］93号）中的所有企业；

（2）集中式污染治理设施：所有城市及建制镇的污水处理厂、生活垃圾处理厂（场）、危险废物处置厂；

（3）主要污染物排放量之和占各省（自治区、直辖市）排放量65%的省控重点污染源（以2005年环境统计的排放量数据筛选）。

（4）2005年度以来国家、省、市（地）、县级管理的新投产的项目（已通过验收或试生产，造成事实排污1个月以上）中，主要污染物排放量与占省控重点污染源排放量低限相当的排污单位。

各地区根据本地区产业结构特点、污染源普查的需要和实际能力，可确定其他需要监测的污染源。

（二）监测项目

（1）基本监测项目

《普查方案》确定的工业污染源的各类污染物：

废水：废水流量、pH、化学需氧量、氨氮、石油类、挥发酚、汞、镉、铅、砷、总铬（或六价铬）、氰化物、总磷。

废气：废气流量、烟尘、粉尘、二氧化硫、氮氧化物。

对各类污染源，上述污染物在其对应的国家行业排放标准中有规定的，或污染物综合排放标准中相应的控制项目指明规定了工艺过程和行业的，进行监测；未明确规定的，根据污染源特点和排污情况从上述项目中确定需监测的污染因子。

重金属类（汞、镉、铅）和砷、磷监测项目，是指未过滤水样中的总浓度。汞、镉、铅包括无机的和有机结合的、可溶的和悬浮的浓度总量；砷和磷是指单质态、无机态和有机结合的浓度总量。不论在排放标准中规定的控制项目是何种类价态、形态，均监测其总浓度。铬（或六价铬）、总氰化物（或氰化物）按照排放标准规定的控制项目分别监测。

（2）其他需增加监测的项目

1）火电厂及集中供热厂：燃料中灰分和含硫量；除尘效率、脱硫效率；

2）电解铝、水泥、陶瓷、平板玻璃制造行业：废气中氟化物；

3）城镇污水处理厂：$BOD_5$（五日生化需氧量）、总氮；

4）造纸（221 纸浆制造、222 造纸）、农副食品加工（132 饲料加工、133 植物油加工、134 制糖、135 屠宰及肉类加工、136 水产品加工、139 其他农副产品加工）、食品制造（143 方便食品制造、144 液体乳及乳制品制造、145 罐头食品制造、146 调味品、发酵制品制造）、饮料制造业（151 酒精制造、152 酒的制造、1533 果菜汁及果菜汁饮料制造、1534 含乳饮料和植物蛋白饮料制造）：$BOD_5$（五日生化需氧量）（有关行业名称前的数字为该行业国民经济行业分类代码）。

各地可根据本地区产业结构特点和污染源普查的需要，按照污染源行业和工艺特点，适当增加工艺性特征污染物。废水项目按照《地表水和污水监测技术规范（HJ/T 91—2002）》选择；废气项目参照《建设项目环境保护设施竣工验收监测技术要求（试行）》（国家环保总局环发［2000］38 号文附件）选择。

（三）监测频次

国控重点污染源、省控重点污染源及集中式污染治理设施：从 2007 年第一季度起，废水污染源每季度至少监测 1 次；废气污染源每半年至少监测 1 次；用于供暖的集中供热设施仅采暖期监测 1 次。

#### 2.2.3.2　放射性污染源普查监测范围、项目及频率

（一）监测的对象和范围

监测对象是全国伴生放射性矿物资源开采、冶炼和加工过程中的污染源，即伴生矿原料及产生的废气（气溶胶）、废液（废水）、固体废物（尾矿、废渣）中放射性核素含量；其中伴生矿原料包括伴生矿原矿、精矿。伴生矿监测对象和范围参考表 2-2-1。

**表 2-2-1　伴生放射性矿监测范围及对象**

| 序号 | 行业部门 | 相　关　企　业 |
|---|---|---|
| 1 | 有色金属 | 铜、锆、钛、锡、钼、铝、铅、锌、镍的开采、冶炼及加工 |
| 2 | 稀　土 | 铈、镧、钕、钽、铌的开采、冶炼及加工 |
| 3 | 黑色金属 | 铁矿开采、冶炼 |
| 4 | 化学工业 | 硫酸、磷酸、磷肥、颜料、氟石生产、加工及制造 |
| 5 | 建　材 | 天然石材、耐火材料、黏土、陶瓷、玻璃的加工与制造 |
| 6 | 燃　料 | 石油、天然气、煤矿开采及燃煤电厂 |
| 7 | 水　务 | 污水处理、给水处理、地热开发利用 |
| 8 | 进出口贸易 | 进口伴生矿 |

注：表中所列出的行业和范围是有可能伴生放射性的，各监测单位在确定监测范围和对象之前，应先进行初测和调查，以确定需要开展监测工作的对象。

（二）监测的项目

大气：γ 辐射空气吸收剂量率、氡（或钍）浓度；

废气（气溶胶）：总 α 、总 β 的放射性比活度；

废液（废水）：总 U、$^{232}$Th、$^{226}$Ra，总 α 、总 β 放射性比活度；

原料：总 U、$^{232}$Th、$^{226}$Ra，总 α 、总 β 的放射性比活度；

固体废物（尾矿、废渣）：总 U、$^{232}$Th、$^{226}$Ra，总 α 、总 β 放射性比活度。

（三）监测频率

一年两次，异常点加大监测频率。

### 2.2.4 编制第一次全国污染源普查表格

为了组织实施第一次全国污染源普查，根据国务院《通知》精神和《普查方案》，全国普查办编制了《第一次全国污染源普查表式与指标解释和填报说明》，规定了普查指标及界定、填报要求。

#### 2.2.4.1 普查表格编制原则

第一次全国污染源普查表式的编制，以国务院《通知》及《普查方案》为指导和依据，全面反映普查方案规定的普查内容，满足普查方案规定的目标要求。

分类设计，突出重点。根据《普查方案》规定的范围和对象，以及工业源、农业源、生活源、集中式污染治理设施的产、排污特点，按照全面普查、突出重点的原则，分类编制普查表格的内容和指标。

借鉴经济普查、环境统计报表等表格设计，根据污染源普查的特点，按照统计法规和统计制度有关规定，规范设计普查表的格式和内容。各类污染源普查表格式既反映各自的特点，又尽量相对一致。

按照实用、易于操作的原则，将指标分类、归整，同类指标或相互关联的指标，尽量归并集中，便于填报和数据审核。

污染源普查表制度实行全国统一的统计分类标准和编码。优先采用相关国家标准，吸收经济普查及环境统计、排污申报登记等环保系统有关信息系统已采用的分类和编码，以及地方环保部门编制的分类与编码。

#### 2.2.4.2 普查表格的分类

根据《普查方案》确定的普查范围和对象，普查表分为工业源、农业源、生活源和集中式污染治理设施 4 大类。其中，工业源按照重点调查污染源和一般污染源，分为工业源普查详表和简表，共编制污染源普查表 67 张。不同的普查对象，按规定填报不同类别的普查表。

#### 2.2.4.3 普查表格数量及指标数

第一次全国污染源普查共有全套 67 张普查表式及指标解释，其中工业源详表 20 张，工业源简表 10 张，农业源普查表 15 张，生活源普查表 7 张，集中式污染治理设施普查表 15 张，设计普查指标数 1435 个，各类普查表格名称及指标数量见表 2-2-2。

表 2-2-2　污染源普查表格名称及指标数

| 类　别 | 表　号 | 表　　名 | 指标数 / 个 |
|---|---|---|---|
| 一、工业源普查详表 | | | |
| 1 | G101 | 工业企业基本情况表 | 14 |
| 2 | G102 | 主要产品、原辅材料及能源消费情况普查表 | 8 |
| 3 | G103 | 工业用水、排水情况普查表 | 17 |
| 4 | G104 | 废水处理设施普查表 | 22 |
| 5 | G105 | 废水污染物产生量、排放量普查表 | 26 |
| 6 | G105-1 | 废水污染物产排污系数测算表 | 14 |
| 7 | G105-2 | 废水污染物监测表 | 26 |
| 8 | G106 | 锅炉及废气处理设施普查表 | 24 |
| 9 | G107 | 窑炉及废气处理设施普查表 | 26 |
| 10 | G108 | 生产工艺废气处理设施普查表 | 29 |
| 11 | G109 | 废气污染物产生量、排放量普查表 | 18 |
| 12 | G109-1 | 废气污染物产排污系数测算表 | 14 |
| 13 | G109-2 | 废气污染物监测表 | 16 |
| 14 | G110 | 工业固体废物普查表 | 21 |
| 15 | G111 | 危险废物普查表 | 21 |
| 16 | G112 | 电磁辐射设备和放射性同位素与射线装置普查表 | 19 |
| 17 | G113 | 伴生放射性污染源普查表 | 10 |
| 18 | G114 | 持久性有机污染物普查表 | 5 |
| 19 | G115 | 含多氯联苯电容器（变压器）普查表 | 7 |
| 20 | G116 | 消耗臭氧层物质普查表 | 6 |
| 小计 | | | 343 |
| 二、工业源普查简表 | | | |
| 21 | G201 | 工业企业基本情况表 | 14 |
| 22 | G202 | 主要产品、原辅材料及能源消费情况普查表 | 19 |
| 23 | G203 | 工业用水及废水处理、排放情况普查表 | 32 |
| 24 | G203-1 | 废水监测表 | 16 |
| 25 | G204 | 废气污染物产生及处理、排放情况普查表 | 22 |
| 26 | G204-1 | 废气监测表 | 16 |
| 27 | G205 | 工业固体废物普查表 | 21 |
| 28 | G206 | 电磁辐射设备和放射性同位素与射线装置普查表 | 19 |
| 29 | G207 | 含多氯联苯电容器（变压器）普查表 | 7 |
| 30 | G208 | 消耗臭氧层物质普查表 | 6 |
| 小计 | | | 172 |
| 三、农业源普查表 | | | |
| 31 | N301 | 乡镇种植业基本情况普查表 | 13 |
| 32 | N302-1 | 农户典型地块基本情况调查表 | 44 |
| 33 | N302-2 | 农户典型地块肥料施用情况调查表 | 7 |
| 34 | N302-3 | 农户典型地块农药施用情况调查表 | 7 |
| 35 | N303 | 规模化农场种植业基本情况普查表 | 15 |
| 36 | N304-1 | 规模化农场典型地块基本情况调查表 | 43 |

| 类别 | 表号 | 表名 | 指标数/个 |
| --- | --- | --- | --- |
| 37 | N304-2 | 规模化农场典型地块肥料施用情况调查表 | 7 |
| 38 | N304-3 | 规模化农场典型地块农药施用情况调查表 | 7 |
| 39 | N305 | 畜禽养殖业污染源普查表 | 20 |
| 40 | N306-1 | 水产养殖基本情况普查表<br>（池塘养殖/工厂化养殖） | 24 |
| 41 | N306-2 | 水产养殖投入品使用情况普查表<br>（池塘养殖/工厂化养殖） | 15 |
| 42 | N307-1 | 水产养殖基本情况普查表<br>（网箱养殖/围栏养殖/浅海筏式养殖/滩涂增养殖/其他） | 18 |
| 43 | N307-2 | 水产养殖投入品使用情况普查表<br>（网箱养殖/围栏养殖/浅海筏式养殖/滩涂增养殖/其他） | 15 |
| 44 | N308 | 农村生活污染源行政村调查表 | 19 |
| 45 | N309 | 农村生活污染源农户调查表 | 17 |
| 小计 | | | 271 |
| 四、生活源普查表 | | | |
| 46 | S401 | 住宿业、餐饮业污染源普查表 | 49 |
| 47 | S402 | 居民服务和其他服务业污染源普查表 | 49 |
| 48 | S403 | 医院污染源普查表 | 45 |
| 49 | S403-1 | 医用电磁辐射设备和放射性同位素与射线装置普查表 | 19 |
| 50 | S404 | 独立燃烧设施普查表 | 23 |
| 51 | S405 | 城镇居民生活污染源普查表 | 23 |
| 52 | S406 | 机动车污染源普查表 | 7 |
| 小计 | | | 215 |
| 五、集中式污染治理设施普查表 | | | |
| 53 | J501 | 污水处理厂基本情况表 | 38 |
| 54 | J501-1 | 污水处理厂污染物排放量普查表 | 31 |
| 55 | J501-2 | 污水处理厂污水监测表 | 32 |
| 56 | J502 | 垃圾处理厂（场）基本情况表 | 56 |
| 57 | J502-1 | 垃圾处理厂（场）污染物排放量普查表 | 14 |
| 58 | J502-2 | 垃圾处理厂（场）渗滤液监测表 | 25 |
| 59 | J502-3 | 垃圾处理厂（场）焚烧废气监测表 | 14 |
| 60 | J503 | 危险废物处置厂基本情况表 | 66 |
| 61 | J503-1 | 危险废物处置厂污染物排放量普查表 | 14 |
| 62 | J503-2 | 危险废物处置厂废水监测表 | 25 |
| 63 | J503-3 | 危险废物处置厂焚烧废气监测表 | 14 |
| 64 | J504 | 医疗废物处置厂基本情况表 | 52 |
| 65 | J504-1 | 医疗废物处置厂污染物排放量普查表 | 14 |
| 66 | J504-2 | 医疗废物处置厂废水监测表 | 25 |
| 67 | J504-3 | 医疗废物处置厂焚烧废气监测表 | 14 |
| 小计 | | | 434 |
| 指标数总计 | | | 1435 |

### 2.2.5 开发第一次全国污染源普查软件

为满足普查数据录入、编辑、审核、查询、上报、汇总等工作需要，全国普查办采用公开招标方式，组织开发了普查数据处理软件。

#### 2.2.5.1 软件开发目标与原则

（一）总体目标

普查数据处理软件开发的总体目标是：采用信息技术手段，开发建设满足第一次全国污染源普查数据处理需求、适合污染源普查数据处理特点、技术先进实用、功能齐全、使用方便、安全可靠的网络版和单机版数据处理软件，保证各级普查机构圆满完成各项数据处理任务，并为普查数据的进一步开发利用奠定基础。

（二）开发原则

普查数据处理软件的开发遵循下列原则：

（1）灵活性：第一次全国污染源普查数据处理软件分别在县、地（市）、省、国家四级普查机构运行，各级软、硬件环境相差很大，因此需要建立可重用的、一致的应用系统架构，保证数据处理软件在各级运行环境下均能顺利完成普查数据处理工作。数据处理软件适应不同的个性化需求，具有较强的扩展能力，能支持未来的应用集成。

（2）易用性：软件提供友好、实用、方便、符合数据处理操作模式的用户界面，有上下文相关的帮助信息。

（3）可靠性：软件具备数据备份与恢复功能，并具备良好的系统稳定性，确保软件稳定可靠运行。在进行海量数据处理情况下，不降低系统效率且不间断服务。

（4）安全性：严格界定用户身份及权限，实现功能和数据的安全控制、身份信息的安全传递以及数据加密，对于关键业务操作提供日志记录功能。从物理、网络、信息、系统层面保证系统安全运行。

（5）开放性：软件设计开发采用开放的技术和标准，软件具备跨平台运行支持能力，可以运行在多种硬件平台和操作系统平台。支持多平台操作系统（Windows、Unix 等）及多种数据库（Oracle、SQL Server、MySQL 等）。开放应用程序接口。

（6）标准性：软件设计、开发与项目实施管理遵循相关国家标准、行业标准、成熟的技术标准以及环保系统标准规范。

（三）基本要求

普查数据处理软件开发的基本要求为：软件设计开发采用开放的技术和标准，具备跨平台运行支持能力，可运行于多种硬件平台和操作系统平台，支持多种数据库；网络版与单机版软件的功能、界面和操作方式应保持一致；各级数据处理软件用户界面一致；保证软件方便、可靠地安装、迁移及卸载。

#### 2.2.5.2 软件体系架构与功能

（一）普查数据处理软件的体系架构

普查数据处理软件为 J2EE 体系架构，采用客户端、应用服务器、数据库的多层 C/S 模式，支持跨平台操作；组件化形式独立部署，支持业务的扩展；提供上报接收平台，对上下级之间的制度下发、数据上报、数据反馈等功能，提供数据交换服务。

（二）普查数据处理软件的功能

数据处理软件由制度管理子系统、数据处理子系统、系统管理子系统组成，其主要功能包括：

（1）制度管理：可分别完成（区县、地市、省和国家）普查表式、审核公式、普查指标、汇总表式的管理工作。本次普查制度由国家统一管理，省级及以下污染源普查机构从上一级污染源普查机构接收数据处理制度，按照制度要求完成数据处理工作。

（2）普查数据处理：包括普查数据的录入、编辑和审核，普查数据的灵活查询，普查数据的汇总，普查数据的导入导出，普查数据的上报与接收等。

（3）系统管理：提供项目管理、权限管理、制度装载、备份与恢复、系统日志等功能。

普查数据处理软件用户涵盖国家、省（自治区、直辖市）、地（市）、县（区）四级普查机构。

## 2.3 清查及普查对象的确定

单位清查是污染源普查的重要基础性工作，开展污染源普查清查工作的目的在于查清普查区域范围内各类单位（包括法人单位、产业活动单位以及个体经营户）的基本信息，以确定是否纳入普查、是详细普查还是简要普查，为科学制定普查工作实施方案提供依据。

为规范做好清查工作，普查领导小组办公室印发了《第一次全国污染源普查清查工作细则》，对清查内容、清查原则、清查阶段和方法、清查结果的审核、清查工作的组织提出明确要求，规定了各类源的清查表样，同时下发了清查表指标解释与填报说明。各省（自治区、直辖市）根据《第一次全国污染源普查清查工作细则》的要求认真开展清查工作。有的省级普查机构还根据“不重、不漏、不错”的原则，制订了清查工作方案，对清查的方法、工作程序、普查对象界定、质量控制、组织实施等提出了具体要求，确保清查工作有序、有效地开展。

### 2.3.1 清查内容

清查是对法人单位、产业活动单位、个体经营户的清理登记。清查的主要内容包括：单位名称、单位地址、联系人、行业类别、经济（生产）规模等。农业源种植业的清查以乡镇（或国营农场）为单位填写清查表，了解农作物种植情况和农药、化肥的使用情况。

### 2.3.2 清查原则

（一）所有法人单位、产业活动单位、个体经营户一律按经营所在地原则进行清查，即按照属地原则进行清查登记。

（二）参考工商企业名录、经济普查产业活动单位名录、中小企业名录、本地污染源监管等信息，按行政区域逐户登记清查。

（三）农业源种植业的清查以乡为单位，规模化农场以农场为单位登记。重点流域农村生活源的清查以村为单位登记。

清查工作由普查机构负责。通过了解法人单位、产业活动单位、个体经营户和乡镇的相关信息，按照污染源类型分别填写清查表格。

### 2.3.3 清查阶段与方法

#### 2.3.3.1 清查基础资料准备阶段

清查基础资料由各地普查机构中相关成员单位（工商局、统计局、发改委、环保局、农业厅、公安厅等）共同提供，以各地2007年基本单位名录库为基础，经各地普查办公室进行整理和核对，形成各地第一次全国污染源普查“清查基础资料册（库）”，作为开展单位清查工作的依据。

#### 2.3.3.2 走访清查登记阶段

按街道（社区）、村（镇）划分清查区域。普查员进入清查区域后，与区域行政管理部门取得联系，在其配合下开展清查。首先明确该清查区地域的范围和界限。在相邻的清查区，普查员要按照清查区示意图沿交界处实地勘察，明确相邻的清查区之间界限和各自清查的范围。其次，要熟悉环境，明确自己负责区域内的街道名称、门牌起止号码，对清查区域内的各类产业活动单位、机关、事业单位、学校等清查对象，用“清查基础资料册”逐一核对。最后走访清查对象，按要求填写清查表。

#### 2.3.3.3 数据处理、审核阶段

各地普查机构，对各类清查表采取交叉作业的方式进行审核、登记，剔除重复。

#### 2.3.3.4 单位增补、结果上报阶段

根据核查结果，对清查时遗漏的单位进行增补清查。清查结果逐级上报，作为各地区确定普查对象和筛选工业源中详细普查、简要普查对象的依据。

#### 2.3.3.5 事后质量抽查阶段

登记和核查工作结束后，各市、县（区）普查机构组织力量进行事后质量抽查工作。

### 2.3.4 清查单位及普查对象数量

普查清查单位数为11671126个，其中：工业源1971270个，农业源7330053个，生活源2364094个，集中式污染治理设施5709个。

通过实际清查，按照普查对象标准要求，确定工业源普查对象数为1575504个，农业源普查对象数为2899638个，生活源普查对象数为1445644个，集中式污染治理设施为4790个。

## 2.4 污染物产生、排放量的核算方法

根据第一次全国污染源普查技术规定的要求，污染源普查污染物产生、排放量的核算方法中包括了现场监测法、物料衡算法、产排污系数法。其中工业污染源和集中式污染治理设施具体普查对象的污染物核算包括了上述三种方法，由普查对象按统一规定核算并填报；生活源与农业源的污染物核算是根据每一普查对象填报的相关数据，由普查机构通过污染源普查软件用产排污系数法核算而得。

### 2.4.1 实际监测法

实际监测法是依据实际监测普查对象产生和外排废水、废气（流）量及其污染物浓度，计算出废气、废水排放量及各种污染物的产生量和排放量。

监测数据包括普查监测数据、历史监测数据和在线监测数据。其中历史监测数据包括环保部门对该企业进行监督性监测数据（以下简称监督监测数据）、建设项目环保竣工验收监测数据（以下简称验收监测数据）、企业委托监测数据和企业自测数据。普查监测数据、监督监测数据由当地普查机构提供给普查对象。各种实际监测法获得的数据必须符合《工业污染源及集中式污染治理设施监测技术规定》及《关于污染源普查重点源监测工作的补充通知》和《放射性污染源普查监测技术规定》及《伴生放射性污染源普查监测有关问题的说明》规定的要求，才能作为有效数据，用于核算污染物的产生量、排放量。

监测数据的优先采用顺序为：(1) 普查监测 > 历史监测 > 在线监测；(2) 历史监测数据优先采用顺序：监督监测 > 验收监测 > 委托监测 > 企业自测；(3) 近3年内的监测数据：首先采用最近一年的数据，如最近一年没有符合要求的监测数据，可逐年后推，最多推至第3年。

### 2.4.2 产排污系数法

产排污系数法是指根据《产排污系数手册》提供的产排污系数，核算普查对象污染物产生量和排放量的方法。有以下要求：(1) 各级普查办统一采用全国普查办印发的《产排污系数手册》，不得采用其他各类产排污系数或经验系数。(2) 根据产品、生产过程中产排污的主导生产工艺、技术水平、规模等，选用相对应的产排污系数，结合本企业原、辅材料消耗、生产管理水平、污染治理设施运

行情况，确定产排污系数的具体取值，依据本企业2007年度生产产品的实际产量（或原料消耗量），核算产、排污量。(3)《产排污系数手册》中没有涉及的行业，可根据企业生产采用的主导工艺、原辅材料，类比采用相近行业的产排污系数进行核算。

使用产排污系数核算工业污染源污染物产生量和排放量的计算公式为

$$O=PG$$

式中：$O$——污染物产生量或排放量；

$G$——产（排）污系数；

$P$——产品（或原料）总量。

(1) 污染物产生量或排放量：指的是一个工业污染源某一产品在其原料、生产工艺和生产规模（以下简称四同）与该产品产排污系数中规定的条件相同的生产过程中的产生或排放的污染物量。

(2) 产（排）污系数：指某一四同条件下其产品的产污系数或排污系数。

(3) 产品（或原料）总量：指某一个四同条件下的一个工业污染源生产的产品或消耗的原料总量，不同行业可根据其特征或惯用表达方式来表示。单位可根据行业特点来决定，可以是长度、质量、体积、面积、台（套）等，但不能用产值。

第一次全国污染源普查表中与工业污染源产排污系数相关的表格见表2-4-1。

**表2-4-1　第一次全国污染源普查表中与工业污染源产排污系数相关的表格**

| 表格编号 | 表格名称 |
|---|---|
| | 详表 |
| G101 | 工业企业基本情况表 |
| G102 | 主要产品、原辅材料及能源消费情况普查表 |
| G103 | 工业用水、排水情况普查表 |
| G105 | 废水污染物产生量、排放量普查表 |
| G105-1 | 废水污染物产排污系数测算表 |
| G106 | 锅炉及废气治理设施普查表 |
| G107 | 窑炉及废气治理设施普查表 |
| G108 | 生产工艺废气治理设施普查表 |
| G109 | 废气及其污染物排放量普查表 |
| G109-1 | 废气污染物产排污系数测算表 |
| G110 | 工业固体废物普查表 |
| | 简表 |
| G201 | 工业企业基本情况表 |
| G202 | 主要产品、原辅材料及能源消费情况普查表 |
| G203 | 工业用水及废水治理、排水情况普查表 |
| G204 | 废气污染物产生及处理、排放情况普查表 |
| G205 | 工业固体废物普查表 |

产排污系数法在工业源详表中使用流程见图2-4-1、图2-4-2、图2-4-3。

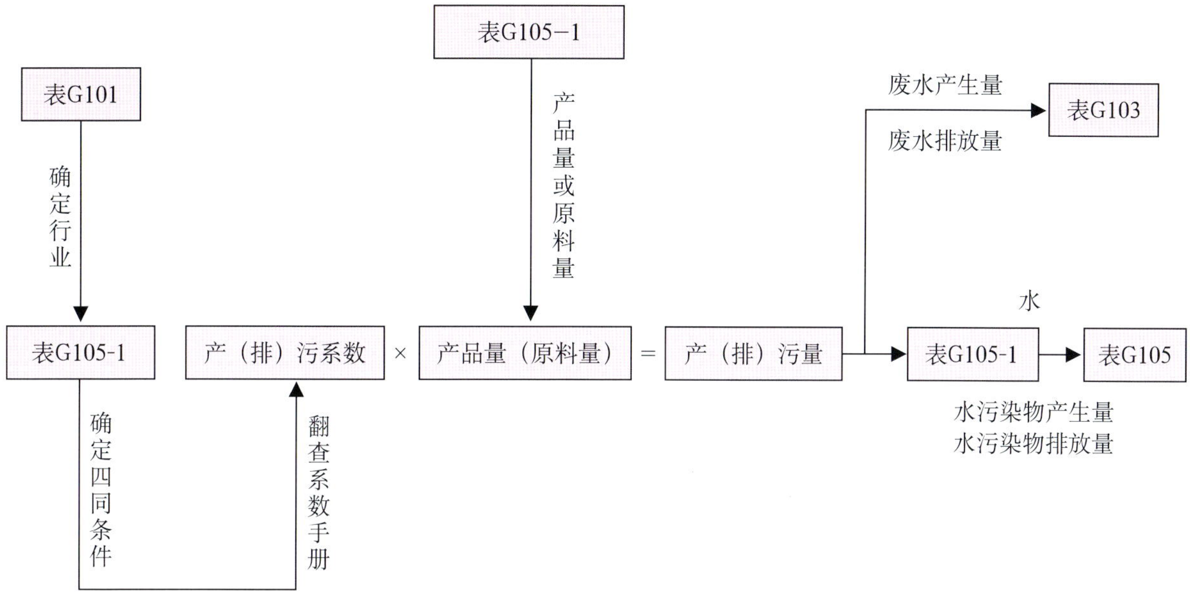


图 2-4-1　产排污系数法在工业源普查详表中的使用流程（水污染物部分）

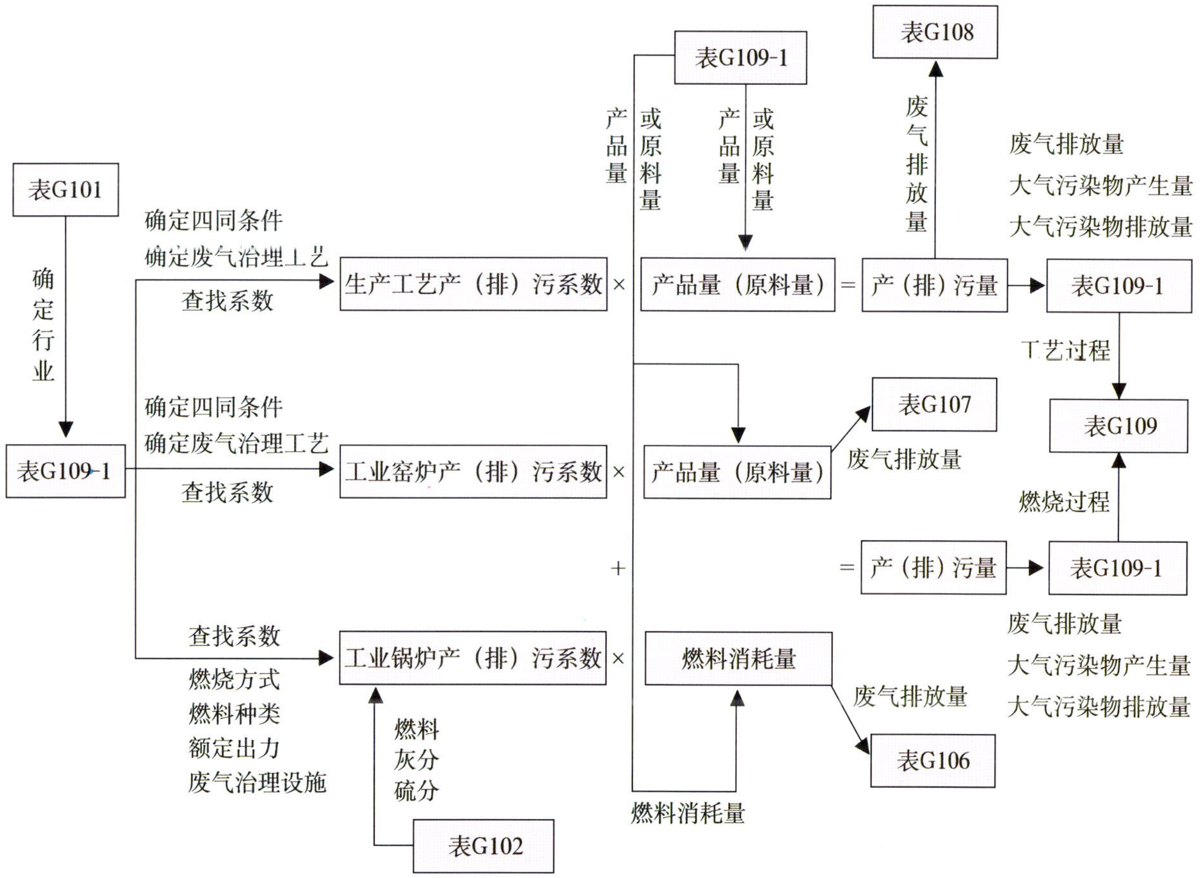


图 2-4-2　产排污系数法在工业源普查详表中的使用流程（大气污染物部分）

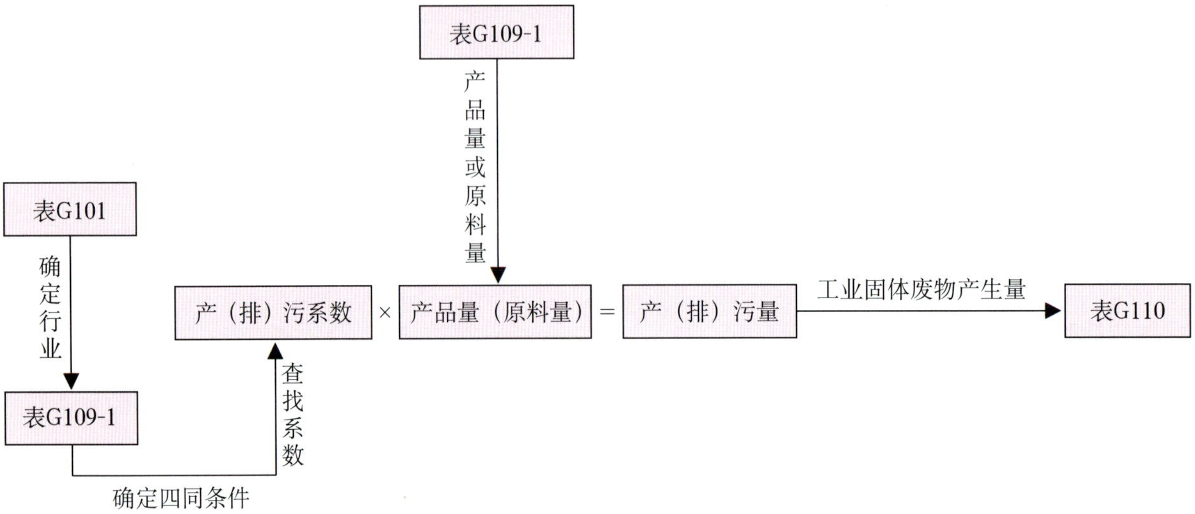


图 2-4-3　产排污系数法在污染源普查详表中的使用流程（工业固体废物部分）

### 2.4.3　物料衡算法

物料衡算法是指根据物质质量守衡原理，对生产过程中使用的物料变化情况进行定量分析的一种方法。即：

投入物料量总和＝产出物料量总和＝主副产品和回收及综合利用的物质量总和＋排出系统外的废物质量（包括可控制与不可控制生产性废物及工艺过程的泄漏等物料流失）

采用物料衡算法核算污染物产生和排放量时，应对企业生产工艺流程和能源、水、物料投入、使用、消耗情况进行充分调查、了解，从物料平衡分析着手，对企业的原材料、辅料、能源、水的消耗量、生产工艺过程进行综合分析，使测算出的污染物产生量和排放量能够比较真实地反映企业在生产过程中的实际情况。

### 2.4.4　三种方法的使用原则

（一）重点污染源以实际监测法和产排污系数法为主核算污染物的产生量和排放量。物料衡算法只在无法采用实际监测法和产排污系数法核算时采用。

（二）一般污染源主要采用产排污系数法核算污染物的产生量和排放量，有符合《工业源及集中式污染治理设施普查技术规定》中“八、(一)”中“监测数据的认定”要求的监测数据的，可采用实际监测法。物料衡算法只在无法采用产排污系数法和实际监测法核算时采用。

（三）集中式污染治理设施：污水处理厂采用实际监测法核算污染物的产生量（或接纳量）和排放量；其他集中式污染治理设施可根据上述原则采用产排污系数法或实际监测法核算污染物的产生量和排放量。

（四）采用实际监测法得到污染物产、排污量，要用产排污系数法进行核算。

（五）若用产排污系数法、实际监测法核算的污染物产、排污量出现差异：

如两种方法核算的污染物产、排污量相对误差小于20%，以实际监测法为准最终核定污染物产、排污量。

如两种方法核算的污染物产、排污量相对误差大于20%，应对实际监测时企业的生产工况及生产工艺等进行核实，如实际监测时企业的生产工况不符合相关监测技术规定要求，则应核准产、排污系数的应用是否正确，并用核准后的产、排污系数核定污染物产、排污量。

如监测时生产工况符合相关监测技术规定要求，同时产、排污系数的应用正确，则取实际监测法和产排污系数法核算结果中污染物排放量大的数据作为认定数据上报。

（六）对于使用监测数据和产、排污系数核算产、排污量并出现差异时，应注意以下情况：

(1) 企业接受委托处理其他企业废水，应扣除接纳其他企业废水中污染物的产、排污量，再比较实际监测法与产排污系数法核算的产、排污量，并按上述原则最终核定企业的产、排污量；如无法扣除其他企业废水中污染物的产、排污量，则以产排污系数法最终核定污染物的产、排污量。

(2) 除水泥、钢铁、电力和焦化行业废气产、排污系数已包括无组织排放外，其他行业均不考虑无组织排放情况。

对于钢铁、水泥、电力和焦化企业，根据产排污系数法核算的废气污染物产、排污量应大于按实际监测法核算的结果。

（七）普查对象应如实核算、并上报产、排污量；普查机构对普查对象核算、上报的产、排污量结果要进行核实，如发现核算方法不正确或产、排污量的核定不符合上述要求的，有权要求普查对象予以改正。

核定的污染物产、排污量必须由普查对象与普查机构共同确认。若双方有分歧，普查机构能提供符合《工业源及集中式污染治理设施普查技术规定》要求的资料，普查对象不予认可时，普查机构要将核定的污染物产、排污量另行填写产生量、排放量普查表，并与企业填报的普查表一同录入普查数据库系统上报，并作出说明。

# 第3章　第一次全国污染源普查质量保证

## 3.1　质量保证

为保证第一次全国污染源普查各个步骤、各个环节的工作质量，确保普查结果的科学性和准确性，全国普查办组织制定了9项技术规定、5项工作细则，以规范普查清查过程、监测过程、入户普查阶段、数据录入、数据汇总审核等各阶段的质量保证工作。各级普查机构在普查过程中高度重视质量控制，严格按照各项技术规定和工作细则的要求开展普查，将质量保证工作贯穿于普查工作始终，努力使普查结果客观准确地反映普查对象的实际情况。

为保证普查工作质量，按照《第一次全国污染源普查质量核查工作细则》要求，针对准备阶段的质量、普查表的填报质量、上报数据质量，国务院普查领导小组办公室组织了全国性的三次质量核查，即普查准备阶段质量核查、入户调查填报阶段质量核查和普查数据录入与汇总阶段质量核查。在核查过程中，及时发现解决问题，督促地方整改，有效地提高了普查工作质量。

2009年2月，全国普查办组织10个重点行业的专家对普查初步数据进行了咨询审议。2009年5月，对普查数据进行了逐省审核确认。通过专家咨询和审核确认，进一步提高了普查数据质量。

### 3.1.1　清查过程的质量保证

按照《第一次全国污染源普查清查工作细则》的要求，各地在清查阶段，通过清查名录审核、现场核查、清查表格审核、清查遗漏单位增补、质量抽查等五个环节，确保污染源普查对象“不重、不漏、不错”。

### 3.1.2　监测过程的质量保证

为保障第一次全国污染源普查重点源监测数据质量，全国普查办印发的《工业源及集中式污染治理设施监测技术规定》和《放射性污染源普查监测技术规定》，对于污染源普查重点源监测质量保证工作作了专门要求。各地普查机构按这些技术规定以及相关的国家和行业标准，组织开展了重点源监测工作，确保了监测质量。

#### 3.1.2.1　工业源及集中式污染治理设施监测质量保证

工况要求：污染源监测应在工况稳定、生产达到设计生产能力75%以上的情况下进行。国家、地方排放标准对生产负荷另有规定的按标准规定执行。总体工况不能达到规定要求的，可根据污染源工艺和生产设施情况，分部分调整工况监测。对确实无法调整达到规定工况要求的，应在生产设施运行稳定的条件下监测。

监测期间应有专人负责监督、记录工况，污染源生产设备、治理设施应处于正常的运行工况。污染源监测的质量保证和质量控制，按国家有关规定、监测技术规范和有关质量控制手册执行。

废水监测：根据监测项目正确选择样品容器、保存方法。采样后，尽快分析测定。每个地市每季度采样应采集不少于监测排污口数量10%的平行样。

废气监测：采样器在进现场前应对废气流量测定设备、采样器流量计、气体分析仪器等进行校核。根据所测得的流速等参数值，及时调节采样流量，保证颗粒物的等速采样条件。废气采样器要有相应的加热和恒温、除湿功能，保证采样效率。

实验室分析：实验室分析过程每季度每个监测项目一般应加不少于10%的平行样；对可以得到标准样品或质量控制样品的项目每季度应做10%的质控样品分析；可进行加标回收测试的项目，条件许可时做10%的加标回收样品分析。

妥善保存好监测采样、分析的原始记录，确保能够复原再现采样监测过程。按国家标准和监测技术规范有关要求进行数据处理和填报，并按有关规定和要求进行三级审核。

各省（自治区、直辖市）环境保护局（厅）通过现场检查、资料审查、随机抽样监测和其他有效的方式，加强对辖区内各地（市）重点污染源监测的技术指导、管理与核查，审核各地污染源监测数据的质量，复核主要污染物排放量。必要时，按一定比例进行抽测。

#### 3.1.2.2　放射性污染源监测质量保证

各监测单位根据《电离辐射质量保证一般规定（GB 8999）》和《辐射环境监测技术规范（HJ/T 61—2001）》，严格按照辐射环境监测质量保证一般程序实施。

主要步骤有：建立监测质量保证机构；辐射监测人员应掌握辐射防护知识，正确熟练地掌握监测中的操作技术和质量控制程序，掌握数理统计方法，获得辐射环境监测合格证，持证上岗；监测仪器检定和检验，应严格按照国家计量法的要求执行；监测方法应严格按照技术规定的要求进行分析测量；采样的质量保证，应严格按照《辐射环境监测技术规范（HJ/T 61—2001）》第六章和技术规定的取样原则要求进行布点、采样和对样品的管理；妥善保存监测采样、分析的原始记录，确保能够复原再现采样监测过程。实验室内、实验室间的质量控制和数据处理、填报按国家相关标准和监测技术规范执行。

### 3.1.3　入户普查阶段的质量保证

在入户调查填表阶段，各地按照《第一次全国污染源普查数据审核技术规定》和《普查指标解释与说明》，对普查表的各项数据实施五级审核，即普查对象内部审核、普查员审核、普查指导员审核、普查机构会审和抽查审核。

（一）普查对象内部审核：工业源、农业源、生活源和集中式污染治理设施的普查对象均对填报的普查表进行内部审核。普查对象内部审核实施三级审核制度，即填表人自审、部门负责人审核和法人代表或单位负责人审核。

填表人按填表规定填写各项普查表格并对填报的表格进行自检，包括普查表的项目、编码、属性标识、各指标的计量单位以及文字表述等。部门负责人自审数据的真实性、合理性和逻辑性，确保数据真实有效。法人代表或单位负责人对普查数据负责，对填报表格进行整体审核，并签字盖章。

（二）普查员审核：普查员审核内容包括但不限于此：(1) 普查表必填项目是否填报齐全；(2) 能源、水、主要原辅材料、主要产品产量、生产（运营）工况、污染处理设施及运行状况等基本情况是否与有关台账、票据和实物相符；(3) 普查表格填报栏目是否准确；(4) 普查对象内部是否进行了内审并加盖印章。

（三）普查指导员审核：普查指导员审核内容包括但不限于此：审核普查数据的合理性和逻辑性；如能源消耗与废气中主要污染物、固废产生量的关系，水平衡，主要产品产量与能源、水、原辅材料消耗量的关系等。

（四）普查机构会审：由普查机构组织污染管理、环境监察、环境监测和有关行业专家组成专家组，对于重点污染源普查数据进行会审；会审内容包括与日常环境监察、环境监测和污染申报数据进行核对，并分析数据相近或差别大的原因，确定普查数据填报的可信度；分析对比环境监测、排污系数或物料衡算结果的代表性，确定普查对象填报的一组数据的合理性。

（五）抽查审核：由上级普查机构对下级普查机构的数据进行逐级随机抽样审核；地市级普查机构对各区县级工业源、农业源（以养殖业为主）和生活源各随机至少抽取 2 个普查对象进行审核。省级普查机构对各地市级普查机构工业源、农业源和生活源分别抽取 4‰、2‰和 2‰的普查对象进行审核；对集中式污染治理设施各随机至少抽取 1 个普查对象进行审核。全国普查办对各省级工业源、农业源和生活源普查数据分别随机抽取 1‰的普查对象进行审核；对集中式污染治理设施各随机至少抽取 1 个普查对象进行审核。审核应从各项基础数据的来源、依据、填报的准确性和合理性、逻辑关系、数据的有效性、质量管理等方面详细审核，提出书面审核意见。

#### 3.1.4 数据录入过程的质量保证

各地按照《第一次全国污染源普查数据处理工作细则》和《全国污染源普查数据录入与传输技术规定》的要求，数据录入阶段重点在下列几个方面对普查数据进行质量控制，保证录入数据的准确：

（一）数据录入：规范数据录入管理，将污染源普查表按类别、区域对应到人，落实岗位职责，建立录入交接制度，数据录入结束后，要核实普查表数量与数据处理软件统计的录入单位数量是否相符，防止漏录、重录。

（二）数据复录与比对：为保证普查数据录入准确，要求普查数据复录率达到 100%；采用交叉复录方式，同一数据的录入与复录不能为同一人；完成复录后，利用软件提供的比对功能将复录数据与原录数据进行比对，发现录入错误及时修正。避免由于人为原因造成录入错误，影响数据质量。

（三）计算机审核：数据录入后，按要求进行计算机审核，尽量避免产生相关指标间逻辑错误。对于计算机审核出的提示信息查明原因，及时处理。

#### 3.1.5 数据汇总审核

数据汇总审核是将污染源普查汇总数据进行综合分析，并与环境统计数据、统计与城建等相关部门社会经济数据进行比对，从不同角度对普查数据质量进行审核验证。

##### 3.1.5.1 各地对汇总数据进行审核

各地高度重视数据汇总审核工作，省级数据汇总前后，各地采取交叉审核、集中会审和专家评审等多种形式，对本辖区普查汇总数据进行了两轮以上的审查核对。主要审核内容包括：普查表中与表间指标的逻辑关系。主要污染指标按区域、按流域、按行业汇总分析。结合 2007 年经济社会发展和产业结构情况、环境统计数据，对普查汇总数据进行综合分析，从统计口径、统计范围、产排污系数的选用、取值范围、普查对象类别、人口数量变化等方面，查找数据差异原因，从而整体评估普查数据的合理性和逻辑性。

##### 3.1.5.2 国家对地方汇总数据的质量进行审核

为提高第一次全国污染源普查汇总数据审核和数据录入工作质量，保证污染源普查上报数据的准确性，2008 年 10 月至 11 月，全国普查办在河北省试点汇总数据审核工作取得经验的基础上，组织 4 个核查组对全国其他 29 个省（自治区、直辖市，西藏除外）和新疆生产建设兵团的数据录入及汇总数据质量进行了核查。各核查组对照汇总表和数据库，对汇总数据进行准确性、一致性和逻辑性综合分析，对有问题的数据，细化到源进行深入审核，各地及时对本次核查反馈的问题或疑似问题认真作了校正。

#### 3.1.5.3 国家组织对重点行业全国汇总数据的审议

为保证重点行业普查数据的逻辑性、合理性，2009 年 2 月，全国普查办组织 10 个重点行业的专家，对普查初步数据进行了咨询审议。此次审议的目的为：

（一）审核指标间（产能、企业规模与产排污量）的逻辑关系，保证重点行业宏观数据的合理性，避免逻辑上的矛盾；

（二）避免遗漏排污量大的重点源；

（三）审核不同源、不同指标间的逻辑关系，防止排污量小的企业因填报错误，排污量排序靠前。

专家们通过查询本行业普查企业数量、主要污染物排放量居前 100 位和后 100 位的企业普查结果，结合专家对本行业排污企业所掌握的情况，认为此次普查企业覆盖面符合要求，无遗漏的重点企业；根据全行业的物料消耗、产品产量和主要污染物排放量宏观数据判断，普查数据基本符合行业实际情况；通过对主要污染物排放量居前 100 位和后 100 位的企业普查结果的分析，各企业的主要污染物排放量与企业的规模、主要产品产量、所采用的工艺相匹配，与行业管理部门所掌握的情况基本吻合；主要污染物排放量的区域分布也比较合理。部分行业的专家还提出了对个别企业进一步核实的建议。根据专家意见，全国普查办对个别企业的情况进行了核实。

#### 3.1.5.4 国家对各省终报数据最终确认

2009 年 5 月，为确保普查数据质量，全国普查办组织对普查数据进行了逐省审核确认，对各省（自治区、直辖市）分别提出需要进一步核实确认的内容。各地区按照全国普查办的要求，逐级对普查数据进行了深入细致的分析、核实和确认，将确认后的最终数据上报。

## 3.2 国家组织质量核查

### 3.2.1 准备阶段及清查工作质量核查

按照统一部署，国务院普查领导小组办公室组织，中宣部、建设部、农业部、环保总局、工商总局、国家统计局等部门同志组成的 10 个普查准备阶段工作质量核查组，于 2008 年 1 月分别赴全国 30 个省、自治区、直辖市和新疆生产建设兵团（西藏自治区自查）的 62 个样本地，对其组织机构、资金落实、宣传工作、普查员和普查指导员的选聘和培训、普查监测、单位清查等工作开展核查。核查结果，大多数地区对污染源普查工作的重视程度较高，按照国家制定计划如期完成了普查准备阶段的各项工作，但仍有部分地方未按国家普查工作的具体部署完成准备阶段工作，进展不平衡。核查之后，国务院普查领导小组办公室随即下发了《关于加快完成第一次全国污染源普查准备阶段工作的通知》，再次强调建立健全普查机构、落实普查经费、加大宣传力度、开展普查人员选调和培训、单位入户清查等工作的重要性；并建立了定时信息报告制度，设立了疑难问题解答专线，从而促进了各地普查准备阶段工作保质、按期完成。

### 3.2.2 普查表数据填报质量核查

2008 年 6 月至 8 月，国务院普查领导小组办公室组织，由环境保护部、国家统计局、国家发展改革委、住房和城乡建设部、农业部、工商总局、全军环办等部门同志组成 18 个核查组，分赴 31 个省（自治区、直辖市）和新疆生产建设兵团对污染源普查表格填报质量进行全面核查。核查采用抽签形式，共随机抽取了 63 个样本地（县、市、区、旗）的 1274 家工业污染源、2946 家生活污染源、166 家集中式污染治理设施和 3871 家农业污染源。通过核查，合格（指标漏填率、差错率均小于 2%）的样本单位共有 7223 家，占核查样本单位总数的 87.47%。核查结束后，全国普查办及时下发了分省（自治区、直辖市）的核查发现问题和核查结果报告单，要求各级普查机构针对核查中发现的问题，落实责任制，进行整改，并结合实际情况举一反三，全面自查。各地按照国家要求，认真修正了核查中发现的问题，使普查表填报质量得到进一步提高。

地方省和地级市普查机构也按照国家核查的统一布置进行普查表数据填报质量核查工作。共抽取样本地（县、市、区、旗）2418个，对总计30.08万家普查对象（样本单位）进行了核查，其中合格样本28.42万个，合格率94.48%。

#### 3.2.3 数据录入质量核查

2008年10—11月，国务院普查领导小组办公室组织对全国30个省（自治区、直辖市，西藏除外）和新疆生产建设兵团的数据录入及汇总数据质量进行核查，随机抽取了31个样本地（县、市、区、旗）的690家工业污染源、1530家生活污染源、82家集中式污染治理设施和1901家农业污染源（含农户典型地块）。核查结果为：31个样本地复录率基本达到100%；指标录入准确率均达到99%以上，其中北京、福建、江西、广东、宁夏的录入准确率达到100%；绝大部分样本地指标漏录率为0%。

地方省及地级市普查机构共抽取样本地（县、市、区、旗）2195个，对总计42.24万个单位进行了录入核查，其中合格单位41.75万个，合格率98.84%。

### 3.3 普查范围完整性、数据质量可靠性整体评价

在历时三年的第一次全国污染源普查过程中，各地对普查的对象、范围和内容都能按照普查方案展开，普查的技术路线和步骤符合全国统一的技术规定要求，各个阶段都认真执行科学的质量保证措施。从对核查和汇总数据结果的综合分析来看，普查成果包括了四大类污染源，覆盖了我国排放污染物的主要污染源，普查结果数据比较合理，未出现明显的逻辑错误，比较客观地反映了我国2007年污染源及污染物排放的基本状况，此次普查数据质量可靠，达到了国务院批准的《普查方案》要求。

# 第 4 章　工业源普查结果分析

## 4.1　工业源普查对象概况

### 4.1.1　分行业概况

按照《第一次全国污染源普查方案》的规定，工业行业（即《国民经济行业分类》（GB/T 4754—2002）中采矿业、制造业、电力燃气及水的生产和供应业 3 个门类 39 个行业）的所有产业活动单位均为第一次全国污染源普查对象。

第一次全国污染源普查覆盖了 39 个大类行业、524 个小类工业行业，共普查工业源 1575504 家。按照工业行业大类划分，非金属矿物制品业 183845 家，居各工业行业首位，占工业源普查对象数的 11.67%；其后依次为通用设备制造业 140222 家、金属制品业 123274 家、纺织业 107673 家、塑料制品业 88087 家、农副食品加工业 82654 家、纺织服装鞋帽制造业 81909 家，分别占普查工业源总数的 8.90%、7.82%、6.83%、5.59%、5.25% 和 5.20%。按照企业规模统计，大型企业占 0.34%，中型企业占 3.21%，小型企业占 96.45%。

造纸及纸制品业、石油加工炼焦及核燃料加工业、化学原料及化学制品制造业、化学纤维制造业、非金属矿物制品业、黑色金属冶炼及压延加工业、有色金属冶炼及压延加工业、电力热力的生产和供应业等“高能耗、高物耗、高污染”行业企业数 34.1 万多家，占全国工业源总数的 21.65%。上述 8 个行业中，大型企业占 0.55%，中型企业占 3.81%，小型企业占 95.64%。其中，石油加工炼焦及核燃料加工业、化学纤维制造业、黑色金属冶炼及压延加工业、有色金属冶炼及压延加工业、电力热力的生产和供应业的大、中型企业比例高于其他工业行业，分别为 2.96% 和 14.09%、1.60% 和 8.80%、2.30% 和 10.42%、1.21% 和 8.41%、2.00% 和 6.01%；造纸及纸制品业、化学原料及化学制品制造业、非金属矿物制品业小型企业比例较高，分别为 96.27%、94.26%、97.88%。

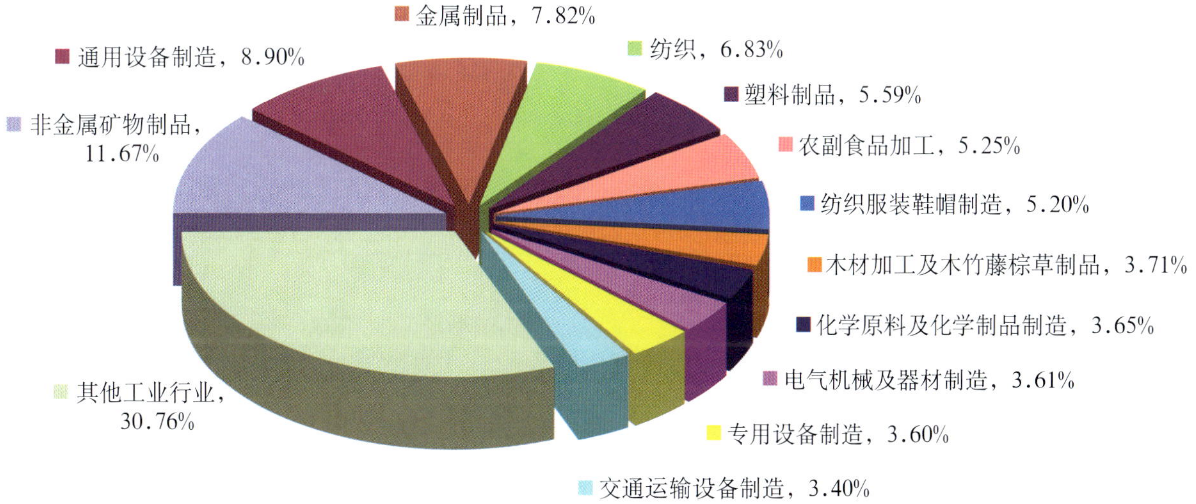


图 4-1-1　全国工业源行业分布比例

表 4-1-1　全国工业源行业分布

| 工　业　行　业 | | 普查对象数 / 家 | 占工业源比例 /% |
|---|---|---|---|
| 总　计 | | 1575504 | — |
| 采矿业 | 煤炭开采和洗选业 | 19199 | 1.22 |
| | 石油和天然气开采业 | 965 | 0.06 |
| | 黑色金属矿采选业 | 12481 | 0.79 |
| | 有色金属矿采选业 | 6539 | 0.42 |
| | 非金属矿采选业 | 35553 | 2.26 |
| | 其他采矿业 | 158 | 0.01 |
| | 小　计 | 74895 | 4.75 |
| 制造业 | 农副食品加工业 | 82654 | 5.25 |
| | 食品制造业 | 25461 | 1.62 |
| | 饮料制造业 | 24986 | 1.59 |
| | 烟草制品业 | 246 | 0.02 |
| | 纺织业 | 107673 | 6.83 |
| | 纺织服装、鞋、帽制造业 | 81909 | 5.20 |
| | 皮革、毛皮、羽毛（绒）及其制品业 | 39357 | 2.50 |
| | 木材加工及木、竹、藤、棕、草制品业 | 58526 | 3.71 |
| | 家具制造业 | 35716 | 2.27 |
| | 造纸及纸制品业 | 38341 | 2.43 |
| | 印刷业和记录媒介的复制 | 34107 | 2.16 |
| | 文教体育用品制造业 | 17652 | 1.12 |
| | 石油加工、炼焦及核燃料加工业 | 4330 | 0.27 |
| | 化学原料及化学制品制造业 | 57505 | 3.65 |
| | 医药制造业 | 8602 | 0.55 |
| | 化学纤维制造业 | 3068 | 0.19 |
| | 橡胶制品业 | 15435 | 0.98 |
| | 塑料制品业 | 88087 | 5.59 |
| | 非金属矿物制品业 | 183845 | 11.67 |
| | 黑色金属冶炼及压延加工业 | 14162 | 0.90 |
| | 有色金属冶炼及压延加工业 | 12186 | 0.77 |
| | 金属制品业 | 123274 | 7.82 |
| | 通用设备制造业 | 140222 | 8.90 |
| | 专用设备制造业 | 56732 | 3.60 |
| | 交通运输设备制造业 | 53492 | 3.40 |
| | 电气机械及器材制造业 | 56896 | 3.61 |
| | 通信设备、计算机及其他电子设备制造业 | 28315 | 1.80 |
| | 仪器仪表及文化、办公用机械制造业 | 12619 | 0.80 |
| | 工艺品及其他制造业 | 39178 | 2.49 |
| | 废弃资源和废旧材料回收加工业 | 17941 | 1.14 |
| | 小　计 | 1462517 | 92.83 |
| 电力、燃气及水的生产和供应业 | 电力、热力的生产和供应业 | 27582 | 1.75 |
| | 燃气生产和供应业 | 914 | 0.06 |
| | 水的生产和供应业 | 7575 | 0.48 |
| | 小　计 | 36071 | 2.29 |
| 农副产品初加工 | | 2021 | 0.13 |

### 4.1.2 分地区概况

全国各地区中，浙江省普查工业源数量居首位，为313445家，占全国工业源总数的19.89%；其次是广东省268968家、江苏省185371家，分别占全国工业源总数的17.07%和11.77%。工业源总体上呈东密西疏的区域分布。东部沿海11个省、直辖市工业源总数为114.9万多家，占全国工业源总数的73%；西部10个地区工业源总数16.4万家，占全国工业源总数的10.4%，其中四川工业源4.9万家，为西部最多，其次为重庆，工业源3万多家；中部10个省26.3万家，占全国工业源总数的16.6%。

广东、浙江、江苏、山东、河北、福建、湖南、河南、四川等省重污染行业企业数较多，分别占全国重污染行业企业数的11.96%、9.55%、9.39%、7.40%、5.88%、5.66%、4.90%、4.43%和4.22%。从全国各地区工业行业结构分析，甘肃、江西、青海、陕西、湖南、内蒙古、宁夏、山西等省、自治区重污染行业企业数占本地区工业源比例较高，分别为48.64%、46.86%、45.66%、43.66%、43.20%、41.63%、38.82%和37.54%。浙江、上海、广东、江苏、天津、重庆、北京等省、市重污染行业企业数占本地区工业源的比例分别为10.39%、14.11%、15.17%、17.27%、20.04%、20.39%和21.11%，低于全国平均水平；但广东、浙江、江苏等省工业企业总数大，重污染行业企业绝对数量依然较大。

## 4.2 工业源废水污染物

### 4.2.1 工业废水产生、治理、排放情况

全国工业源用水总量3039.27亿吨，取水总量837.30亿吨，其中城市自来水90.46亿吨，自备水746.84亿吨；重复用水量2201.97亿吨，重复用水率72.4%。

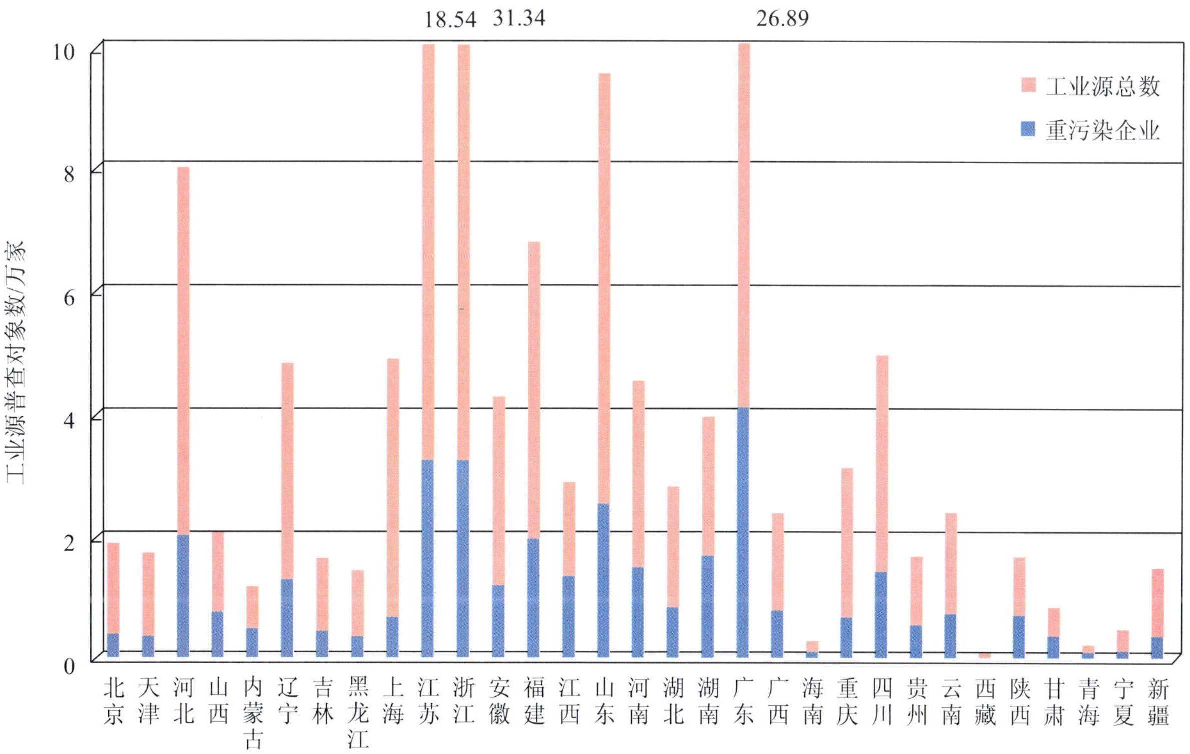


图4-2-1（a） 全国各地区工业源数量

表 4-2-1（a） 全国各地区工业源分布情况

| 地 区 | 普查工业源总数/家 | 占全国工业源比例/% | 重污染行业企业 | | |
|---|---|---|---|---|---|
| | | | 数量/家 | 占地区工业源比例/% | 占全国重污染企业比例/% |
| 北 京 | 18475 | 1.17 | 3900 | 21.11 | 1.14 |
| 天 津 | 16920 | 1.07 | 3391 | 20.04 | 0.99 |
| 河 北 | 79942 | 5.07 | 20057 | 25.09 | 5.88 |
| 山 西 | 20215 | 1.28 | 7589 | 37.54 | 2.23 |
| 内蒙古 | 11416 | 0.72 | 4752 | 41.63 | 1.39 |
| 辽 宁 | 47948 | 3.04 | 12573 | 26.22 | 3.69 |
| 吉 林 | 15873 | 1.01 | 4234 | 26.67 | 1.24 |
| 黑龙江 | 13988 | 0.89 | 3549 | 25.37 | 1.04 |
| 上 海 | 48755 | 3.09 | 6878 | 14.11 | 2.02 |
| 江 苏 | 185371 | 11.77 | 32022 | 17.27 | 9.39 |
| 浙 江 | 313445 | 19.89 | 32565 | 10.39 | 9.55 |
| 安 徽 | 42481 | 2.70 | 11893 | 28.00 | 3.49 |
| 福 建 | 67673 | 4.30 | 19297 | 28.52 | 5.66 |
| 江 西 | 28628 | 1.82 | 13416 | 46.86 | 3.93 |
| 山 东 | 95252 | 6.05 | 25237 | 26.49 | 7.40 |
| 河 南 | 44963 | 2.85 | 15098 | 33.58 | 4.43 |
| 湖 北 | 27533 | 1.75 | 8212 | 29.83 | 2.41 |
| 湖 南 | 38673 | 2.45 | 16707 | 43.20 | 4.90 |
| 广 东 | 268968 | 17.07 | 40791 | 15.17 | 11.96 |
| 广 西 | 23174 | 1.47 | 7889 | 34.04 | 2.31 |
| 海 南 | 2219 | 0.14 | 751 | 33.84 | 0.22 |
| 重 庆 | 30530 | 1.94 | 6225 | 20.39 | 1.83 |
| 四 川 | 49167 | 3.12 | 14406 | 29.30 | 4.22 |
| 贵 州 | 16090 | 1.02 | 5480 | 34.06 | 1.61 |
| 云 南 | 23424 | 1.49 | 6990 | 29.84 | 2.05 |
| 西 藏 | 231 | 0.01 | 61 | 26.41 | 0.02 |
| 陕 西 | 15963 | 1.01 | 6969 | 43.66 | 2.04 |
| 甘 肃 | 7603 | 0.48 | 3698 | 48.64 | 1.08 |
| 青 海 | 1855 | 0.12 | 847 | 45.66 | 0.25 |
| 宁 夏 | 4248 | 0.27 | 1649 | 38.82 | 0.48 |
| 新 疆 | 14481 | 0.92 | 3893 | 26.88 | 1.14 |
| 合 计 | 1575504 | — | 341019 | 21.65 | — |

表 4-2-1（b） 全国工业源用水及废水产生、处理、排放情况

| 指　　标 | 单　位 | 全国工业源汇总量 |
|---|---|---|
| 用水总量 | 万吨 | 30392703.20 |
| 取水总量 | 万吨 | 8372982.64 |
| 其中：城市自来水 | 万吨 | 904572.80 |
| 自备水 | 万吨 | 7468409.84 |
| 重复用水量 | 万吨 | 22019720.56 |
| 废水产生量 | 万吨 | 7383341.40 |
| 废水处理量 | 万吨 | 4584176.94 |
| 废水处理设施数 | 套 | 140652 |
| 处理设施设计处理能力 | 万吨 / 日 | 23453.27 |
| 废水处理设施总投资 | 万元 | 26535895.15 |
| 废水处理设施运行费用 | 万元 / 年 | 5615149.12 |
| 废水排放量 | 万吨 | 2367342.59 |

全国工业废水产生量 738.33 亿吨，废水排放量 236.73 亿吨，其余大部分重复利用。全国工业源中有工业废水产生 / 排放的企业 62.13 万家，其中 12.52 万家企业建设拥有废水处理设施 140652 套，设计处理能力总计 23453.3 万吨 / 日，工业企业废水处理设施总投资 2653.59 亿元，年运行费用 561.51 亿元。全年工业废水处理量（工业企业内部设施处理量）458.42 亿吨，工业废水（企业内部）处理率为 62.1%。按照废水处理设施运行 330 日 / 年计，工业企业废水处理设施运行平均负荷率约 59%。

河北、辽宁、山西、山东、江苏 5 省工业废水产生量大，均在 60 亿吨以上，分别占全国工业废水产生量的 10.98%、10.10%、8.90%、8.83% 和 8.40%，合计占全国工业废水产生量的 47.2%。

河北、山东、江苏、辽宁、湖南、山西等省工业企业废水处理设施总的设计处理能力与工业废水实际处理量均居各省（自治区、直辖市）前列。工业企业废水设计处理能力分别为：河北 3342.4 万吨 / 日、山东 1909.2 万吨 / 日、山西 1538.1 万吨 / 日、广东 1535.0 万吨 / 日、江苏 1468.2 万吨 / 日、河南 1269.9 万吨 / 日、辽宁 1238.6 万吨 / 日、浙江 1153.3 万吨 / 日、湖南 1077.6 万吨 / 日、四川 1015.7 万吨 / 日等，上述 10 个省合计占全国工业企业废水处理设施设计处理能力的 66.3%。工业企业废水处理设施投资较大的省为：山东 405.3 亿元、广东 235.4 亿

元、江苏194.3亿元、浙江157.1亿元、河南151.2亿元、河北140.9亿元、辽宁97.3亿元、山西94.6亿元、四川79.7亿元、湖南75.8亿元，合计占全国工业企业废水处理设施投资总额的61.4%。

工业废水（企业内部设施）处理量大、排在前列的省：河北69.42亿吨、占全国工业企业废水（企业内部设施）处理量的15.14%，山东50.03亿吨、占10.91%，江苏26.53亿吨、占5.79%，辽宁26.40亿吨、占5.76%，湖南26.33亿吨、占5.74%，山西24.84亿吨、占5.42%，河南21.74亿吨、占4.74%，广东21.55亿吨、占4.70%，浙江20.20亿吨、占4.41%，9个省合计占全国工业废水处理量的62.6%。

工业废水产生量排在前10位的省（自治区）的工业废水（企业内部）处理率分别为：河北85.6%、辽宁35.4%、山西37.8%、山东76.8%、江苏42.8%、广东68.7%、湖南84.2%、福建63.8%、浙江71.1%、广西50.3%。

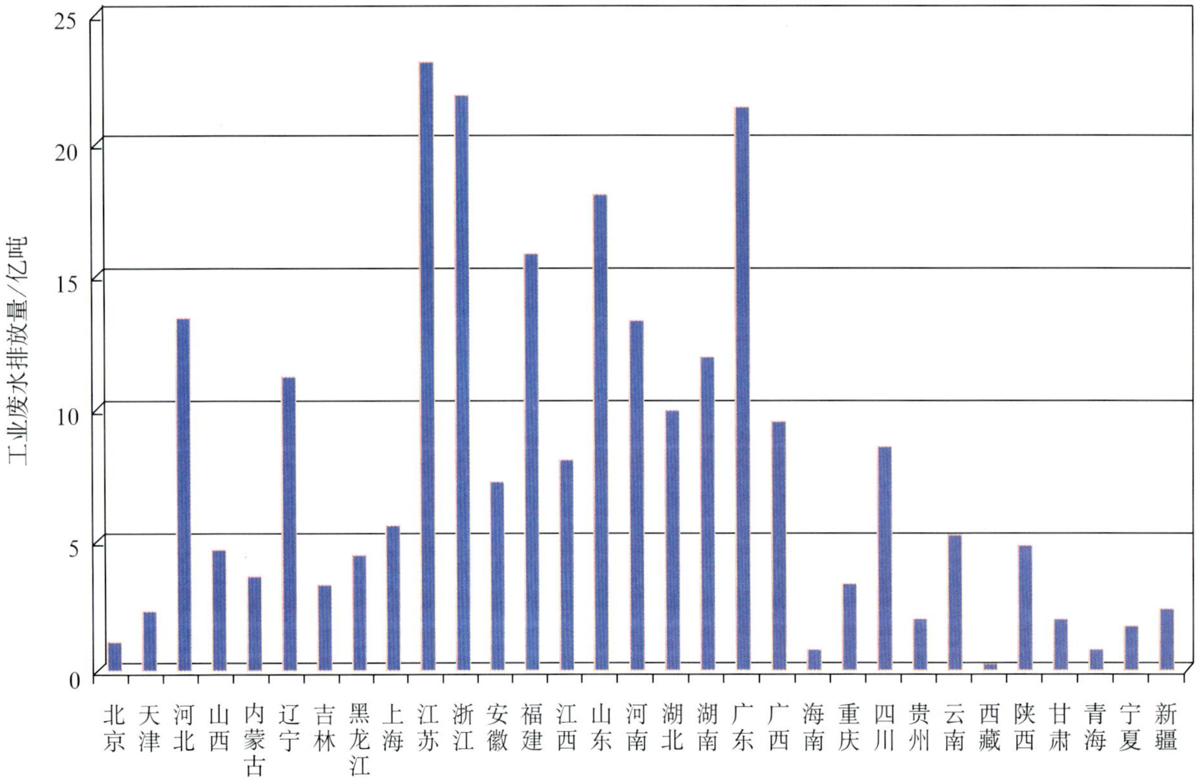


图4-2-1（b） 全国各地区工业废水排放量

工业废水排放量大、排在全国前列的10个省：江苏22.89亿吨、浙江21.62亿吨、广东21.15亿吨、山东17.87亿吨、福建15.64亿吨、河北13.19亿吨、河南13.10亿吨、湖南11.79亿吨、辽宁10.97亿吨、湖北9.79亿吨，分别占全国工业废水排放量的9.67%、9.13%、8.94%、7.55%、6.61%、5.57%、5.53%、4.98%、4.63%和4.14%，合计占全国工业废水排放量的66.75%。

表 4-2-2 全国各地区工业废水产生、处理、排放情况

| 地 区 | 废水产生量 / 万吨 | 废水处理量 / 万吨 | 废水排放量 / 万吨 | 占全国工业源比例 % | | | 处理率 /% |
|---|---|---|---|---|---|---|---|
| | | | | 产生量 | 处理量 | 排放量 | |
| 北 京 | 48234.93 | 43734.39 | 9892.77 | 0.65 | 0.95 | 0.42 | 90.7 |
| 天 津 | 29186.72 | 19511.82 | 21538.94 | 0.40 | 0.43 | 0.91 | 66.9 |
| 河 北 | 810658.18 | 694212.31 | 131930.47 | 10.98 | 15.14 | 5.57 | 85.6 |
| 山 西 | 656987.27 | 248390.70 | 44501.17 | 8.90 | 5.42 | 1.88 | 37.8 |
| 内蒙古 | 151929.52 | 93971.19 | 35036.59 | 2.06 | 2.05 | 1.48 | 61.9 |
| 辽 宁 | 745884.93 | 264030.55 | 109695.78 | 10.10 | 5.76 | 4.63 | 35.4 |
| 吉 林 | 167245.62 | 53272.74 | 31433.60 | 2.27 | 1.16 | 1.33 | 31.9 |
| 黑龙江 | 118215.54 | 95451.22 | 42738.12 | 1.60 | 2.08 | 1.81 | 80.7 |
| 上 海 | 89972.58 | 50275.37 | 53836.57 | 1.22 | 1.10 | 2.27 | 55.9 |
| 江 苏 | 620167.47 | 265305.04 | 228914.24 | 8.40 | 5.79 | 9.67 | 42.8 |
| 浙 江 | 284251.00 | 202047.22 | 216232.19 | 3.85 | 4.41 | 9.13 | 71.1 |
| 安 徽 | 236549.12 | 145379.15 | 70115.59 | 3.20 | 3.17 | 2.96 | 61.5 |
| 福 建 | 287890.86 | 183612.80 | 156380.96 | 3.90 | 4.01 | 6.61 | 63.8 |
| 江 西 | 166677.89 | 123531.75 | 78914.90 | 2.26 | 2.69 | 3.33 | 74.1 |
| 山 东 | 651579.89 | 500315.00 | 178702.73 | 8.83 | 10.91 | 7.55 | 76.8 |
| 河 南 | 251084.69 | 217360.53 | 130990.87 | 3.40 | 4.74 | 5.53 | 86.6 |
| 湖 北 | 250360.32 | 183729.99 | 97926.05 | 3.39 | 4.01 | 4.14 | 73.4 |
| 湖 南 | 312768.48 | 263347.93 | 117922.61 | 4.24 | 5.74 | 4.98 | 84.2 |
| 广 东 | 313867.66 | 215469.48 | 211562.74 | 4.25 | 4.70 | 8.94 | 68.6 |
| 广 西 | 276606.91 | 139193.28 | 93927.48 | 3.75 | 3.04 | 3.97 | 50.3 |
| 海 南 | 9448.91 | 6104.07 | 7556.51 | 0.13 | 0.13 | 0.32 | 64.6 |
| 重 庆 | 111863.48 | 69473.45 | 31430.93 | 1.52 | 1.52 | 1.33 | 62.1 |
| 四 川 | 245383.34 | 178515.42 | 83302.88 | 3.32 | 3.89 | 3.52 | 72.7 |
| 贵 州 | 85709.00 | 53165.19 | 18581.99 | 1.16 | 1.16 | 0.78 | 62.0 |
| 云 南 | 224736.66 | 86887.71 | 49601.06 | 3.04 | 1.90 | 2.10 | 38.7 |
| 西 藏 | 2741.49 | 356.77 | 1675.06 | 0.04 | 0.01 | 0.07 | 13.0 |
| 陕 西 | 94019.95 | 83052.92 | 47538.61 | 1.27 | 1.81 | 2.01 | 88.3 |
| 甘 肃 | 44092.16 | 31117.55 | 19111.99 | 0.60 | 0.68 | 0.81 | 70.6 |
| 青 海 | 11867.20 | 6388.00 | 7209.50 | 0.16 | 0.14 | 0.30 | 53.8 |
| 宁 夏 | 25431.66 | 17629.80 | 16008.13 | 0.34 | 0.38 | 0.68 | 69.3 |
| 新 疆 | 57927.99 | 49343.61 | 23131.56 | 0.78 | 1.08 | 0.98 | 85.2 |
| 合 计 | 7383341.40 | 4584176.94 | 2367342.59 | — | — | — | 62.1 |

工业废水产生量最大的行业为黑色金属冶炼及压延加工业，占全国工业废水产生量的 34.29%；其次为化学原料及化学制品制造业占 11.89%，电力热力生产和供应业占 11.53%；造纸及纸制品业占 7.63%、黑色金属矿采选业占 6.64%、煤炭开采和洗选业占 4.15%、纺织业占 3.83%。上述 7 个工业

行业占工业废水产生量的79.95%。

黑色金属冶炼及压延加工业废水治理设施设计处理能力7172.36万吨/日、为各工业行业最大，占全国工业（企业内部）废水治理设施设计处理能力的30.58%；其次为造纸及纸制品业2750.56万吨/日、占11.73%，化学原料及化学制品制造业2582.62万吨/日、占11.01%，黑色金属矿采选业1802.78万吨/日、占7.69%，电力热力的生产和供应业1418.06万吨/日、占7.69%，煤炭开采和洗选业1267.37万吨/日、占7.69%。

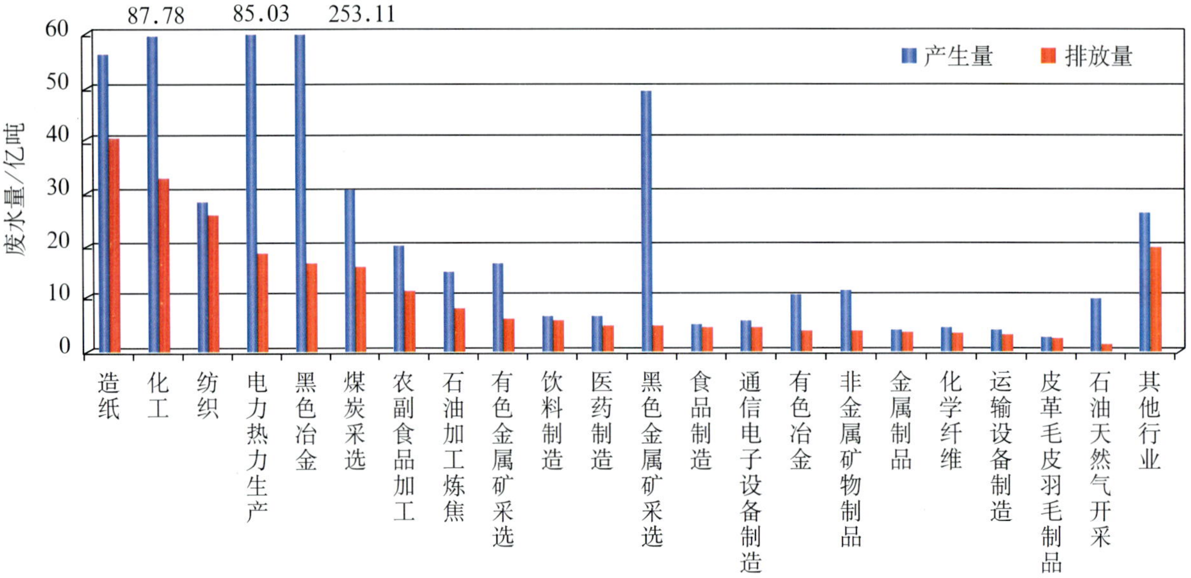


**图4-2-2 全国工业行业废水产生量、排放量**

工业废水产生量大的行业废水处理率分别为：黑色金属冶炼及压延加工业73.1%，化学原料及化学制品制造业51.7%，电力热力的生产和供应业30.1%，造纸及纸制品业83.6%，黑色金属矿采选业78.7%，煤炭开采和洗选业50.8%，纺织业61.4%，农副食品加工业43.8%，有色金属矿采选业67.5%，石油加工炼焦及核燃料加工业57.9%。

工业企业废水处理量最大的是黑色金属冶炼及压延加工业，占工业企业废水处理量的40.38%；其次为造纸及纸制品业占10.27%、化学原料及化学制品制造业占9.90%、黑色金属矿采选业占8.41%、电力热力的生产和供应业占5.59%、纺织业占3.79%、煤炭开采和洗选业占3.39%、有色金属采选业占2.41%。

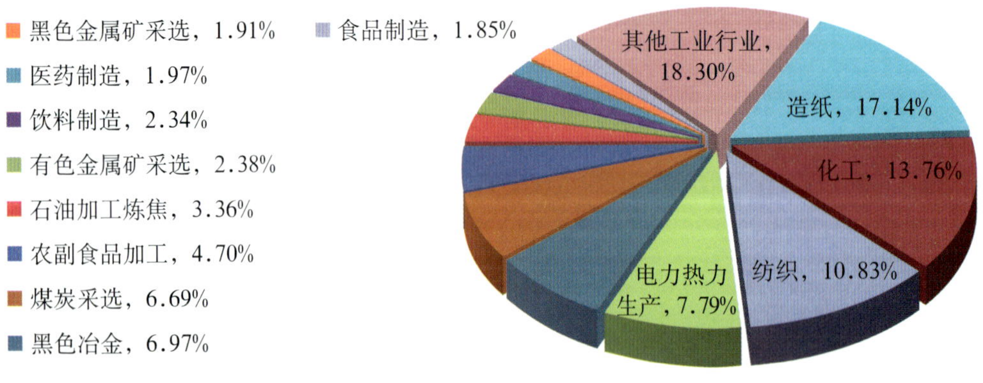


**图4-2-3 全国工业行业废水排放量比例**

造纸及纸制品业废水排放量在工业行业中最大，为40.59亿吨，占全国工业废水排放量的17.14%；其次为化学原料及化学制品制造业32.57亿吨、纺织业25.65亿吨、电力热力的生产和供应业18.35亿吨、黑色金属冶炼及压延加工业16.50亿吨、煤炭开采和洗选业15.84亿吨、农副食品加工业11.13亿吨、石油加工炼焦及核燃料加工业7.95亿吨，分别占全国工业废水排放量的13.76%、10.83%、7.79%、6.97%、6.69%、4.70%和3.36%。上述8个工业行业合计占全国工业废水排放量的71.24%。

表4-2-3　全国工业行业废水产生、处理、排放情况

| 工业行业 | 废水产生量/万吨 | 废水处理量/万吨 | 废水排放量/万吨 | 占工业源比例% | | | 处理率/% |
|---|---|---|---|---|---|---|---|
| | | | | 产生量 | 处理量 | 排放量 | |
| 造纸及纸制品业 | 563072.54 | 470852.66 | 405872.24 | 7.63 | 10.27 | 17.14 | 83.6 |
| 化学原料及化学制品制造业 | 877820.31 | 453734.75 | 325738.69 | 11.89 | 9.90 | 13.76 | 51.7 |
| 纺织业 | 282982.31 | 173757.45 | 256496.90 | 3.83 | 3.79 | 10.83 | 61.4 |
| 电力、热力的生产和供应业 | 851325.63 | 256199.02 | 184504.77 | 11.53 | 5.59 | 7.79 | 30.1 |
| 黑色金属冶炼及压延加工业 | 2531080.59 | 1851091.44 | 165026.68 | 34.28 | 40.38 | 6.97 | 73.1 |
| 煤炭开采和洗选业 | 306584.08 | 155629.77 | 158446.18 | 4.15 | 3.39 | 6.69 | 50.8 |
| 农副食品加工业 | 200393.84 | 87685.17 | 111338.41 | 2.71 | 1.91 | 4.70 | 43.8 |
| 石油加工、炼焦及核燃料加工业 | 151375.63 | 87689.75 | 79491.08 | 2.05 | 1.91 | 3.36 | 57.9 |
| 有色金属矿采选业 | 163741.27 | 110579.80 | 56321.11 | 2.22 | 2.41 | 2.38 | 67.5 |
| 饮料制造业 | 63432.68 | 44501.31 | 55300.99 | 0.86 | 0.97 | 2.34 | 70.2 |
| 医药制造业 | 63731.10 | 29481.46 | 46527.91 | 0.86 | 0.64 | 1.97 | 46.3 |
| 黑色金属矿采选业 | 490051.11 | 385536.05 | 45221.17 | 6.64 | 8.41 | 1.91 | 78.7 |
| 食品制造业 | 51496.09 | 36831.78 | 43891.20 | 0.70 | 0.80 | 1.85 | 71.5 |
| 通信设备、计算机及其他电子设备制造业 | 57325.36 | 32898.19 | 41678.05 | 0.78 | 0.72 | 1.76 | 57.4 |
| 有色金属冶炼及压延加工业 | 107163.00 | 70940.40 | 34779.75 | 1.45 | 1.55 | 1.47 | 66.2 |
| 非金属矿物制品业 | 114357.13 | 68914.62 | 34125.56 | 1.55 | 1.50 | 1.44 | 60.3 |
| 金属制品业 | 38685.37 | 25978.50 | 33597.37 | 0.52 | 0.57 | 1.42 | 67.2 |
| 化学纤维制造业 | 43108.24 | 27677.96 | 32748.07 | 0.58 | 0.60 | 1.38 | 64.2 |
| 交通运输设备制造业 | 39035.26 | 17735.91 | 29991.20 | 0.53 | 0.39 | 1.27 | 45.4 |
| 皮革、毛皮、羽毛（绒）及其制品业 | 25065.92 | 16620.73 | 21351.93 | 0.34 | 0.36 | 0.90 | 66.3 |
| 石油和天然气开采业 | 97664.22 | 84013.67 | 9965.16 | 1.32 | 1.83 | 0.42 | 86.0 |
| 其他工业行业 | 263849.71 | 95826.54 | 194928.18 | 3.57 | 2.09 | 8.23 | 36.3 |
| 全国合计 | 7383341.40 | 4584176.94 | 2367342.59 | — | — | — | 62.1 |

表4-2-4　全国工业废水不同排放去向排放量汇总

| 工业废水排放去向 | 单位 | 排放量 |
|---|---|---|
| 废水排放量 | 万吨 | 2367342.59 |
| 其中：直接排入环境水体量 | 万吨 | 1946296.58 |
| 其中：直接进入海域量 | 万吨 | 130111.13 |
| 其中：进入污水集中处理厂量 | 万吨 | 417832.01 |
| 其中：进入城镇污水处理量 | 万吨 | 244353.80 |
| 其中：集中式工业废水处理设施量 | 万吨 | 173478.21 |
| 其中：排入荒滩、污灌及其他去向 | 万吨 | 3213.99 |

全国工业废水排放量236.66亿吨，其中41.78亿吨废水经企业排口外排后、再进入集中污水处理厂（包括城市污水处理厂和工业废水集中处理设施）处理，占工业废水排放量的17.65%；不进入集中污水处理厂处理、经企业排放口外排（大部分经企业自有废水处理设施处理）后进入环境水体的排放量为194.63亿吨，占工业废水排放量的82.21%；其中，直排入海域量为13.01亿吨，占工业废水排放量的5.5%。

浙江、江苏、山东3省排入集中污水处理厂的工业废水量大，分别为8.62亿吨、6.35亿吨、5.41亿吨，分别占其工业废水排放量的39.86%、27.75%、30.27%；其中：山东排入城镇污水处理厂的工业废水量最大，为4.44亿吨、占其工业废水排放量的24.85%；浙江排入集中式工业废水处理设施的工业废水量最大，为5.20亿吨，占其工业废水排放量的24.06%；江苏排入城镇污水处理厂、集中式工业废水处理设施的工业废水量基本相当，分别为3.32亿吨和3.03亿吨，分别占其工业废水排放量的14.53%和13.26%。上海、北京、天津工业废水排入集中污水处理厂的比例高，上海为66.94%，其中排入城镇污水处理厂、集中式工业废水处理设施的工业废水量分别占其工业废水排放量的34.37%和32.71%；北京排入城镇污水处理厂、集中式工业废水处理设施的工业废水量分别占其工业废水排放量的33.44%和20.27%，合计占53.55%；天津排入城镇污水处理厂、集中式工业废水处理设施的工业废水量分别占其工业废水排放量的28.61%和17.31%，合计占45.87%。

纺织业排入集中污水处理厂的工业废水量最大，为12.11亿吨，占该行业工业废水排放量的47.25%，在各工业行业中比例也是最高的；其中排入城镇污水处理厂的工业废水量5.34亿吨、排入集中式工业废水处理设施6.77亿吨，分别占该行业工业废水排放量的20.86%和26.39%。其次为化学原料及化学制品制造业，排入集中污水处理厂的工业废水量为4.42亿吨，但仅占其工业废水排放量的13.59%；其中排入集中式工业废水处理设施的废水量1.77亿吨，占该行业工业废水排放量的5.44%。通信设备计算机及其他电子设备制造业排入集中污水处理厂的工业废水量占该行业工业废水排放量的比例较高，为45.63%，其中排入城镇污水处理厂的工业废水量的比例为39.81%。石油加工炼焦及核燃料加工业、皮革毛皮羽毛（绒）及其制品业排入集中式工业废水处理设施的工业废水量分别占其工业废水排放量的23.78%和22.72%。交通运输设备制造业、医药制造业、食品制造业、饮料制造业排入城镇污水处理厂的工业废水量分别占其工业废水排放量的34.90%、28.15%、24.12%和22.49%。

### 4.2.2 工业废水中污染物产生、排放情况

全国工业废水污染物产生量：化学需氧量3145.35万吨、氨氮201.67万吨、石油类54.15万吨、挥发酚12.38万吨、氰化物9812吨、砷7731吨、铬9503吨、铅4344吨、镉2671吨、汞20.8吨。工业废水污染物排放量（本章中工业废水污染物排放量均以厂区排放口排放量计，未考虑厂区排放口排出后进入集中式污水处理厂处理后污染物的削减情况）：化学需氧量715.13万吨、氨氮30.36万吨、石油类6.64万吨、挥发酚0.75万吨、氰化物794吨、砷185吨、铬1643吨、铅191吨、镉36.9吨、汞1.4吨。

**表 4-2-5　全国工业源废水污染物产生量、排放量**

| 污染物 | 产生量 / 吨 | 排放量 / 吨 | 排放量大的地区 / 行业 | |
|---|---|---|---|---|
| | | | 地　区 | 行　业 |
| 化学需氧量 | 31453458 | 7151335 | 浙江、江苏、湖南、河北、广西、山东、广东、辽宁 | 造纸及纸制品业、纺织业、农副食品加工业、化学原料及化学制品制造业、饮料制造业、食品制造业、医药制造业 |
| 氨氮 | 2016700 | 303620 | 湖南、浙江、山东、湖北、江苏、江西、河南、河北、广东、甘肃、内蒙古 | 化学原料及化学制品制造业、有色金属冶炼及压延加工业、石油加工炼焦及核燃料加工业、农副食品加工业、纺织业、皮革毛皮羽毛（绒）及其制品业、饮料制造业、食品制造业 |
| 石油类 | 541534 | 66363 | 江苏、广东、浙江、山东、安徽、河北、山西、内蒙古、湖南、湖北、辽宁 | 通用设备制造业、黑色金属冶炼及压延加工业、交通运输设备制造业、化学原料及化学制品制造业、金属制品业、石油加工炼焦及核燃料加工业、煤炭开采和洗选业 |
| 挥发酚 | 123837 | 7492 | 山西、江西、黑龙江、江苏、浙江、山东 | 石油加工炼焦及核燃料加工业、化学原料及化学制品制造业、黑色金属冶炼及压延加工业、造纸及纸制品业、燃气生产和供应业 |
| 氰化物 | 9812 | 794 | 广东、浙江、山西、江西、福建、山东、湖南、江苏 | 金属制品业、化学原料及化学制品制造业、石油加工炼焦及核燃料加工业、黑色金属冶炼及压延加工业 |
| 砷 | 7731 | 185 | 湖南、云南、吉林、湖北、江西、广西、内蒙古、甘肃、陕西、安徽 | 化学原料及化学制品制造业、有色金属冶炼及压延加工业、有色金属矿采选业 |
| 铬 | 9503 | 1643 | 广东、浙江、福建、广西、江苏、河北、河南、湖南 | 金属制品业、皮革毛皮羽毛（绒）及其制品业、交通运输设备制造业 |
| 铅 | 4344 | 191 | 湖南、云南、内蒙古、广东、广西、甘肃、江西 | 有色金属冶炼及压延加工业、有色金属矿采选业、化学原料及化学制品制造业 |
| 镉 | 2671 | 36.9 | 湖南、云南、甘肃、内蒙古、江西、广西 | 有色金属冶炼及压延加工业、化学原料及化学制品制造业、有色金属矿采选业 |
| 汞 | 20.8 | 1.4 | 湖南、辽宁、浙江、甘肃、内蒙古、广西 | 化学原料及化学制品制造业、有色金属矿采选业、有色金属冶炼及压延加工业 |

#### 4.2.2.1　化学需氧量

全国工业废水化学需氧量产生量 3145.35 万吨，排放量 715.13 万吨，平均去除率 77.3%。

工业废水化学需氧量产生量大、排在前列的省：山东 364.15 万吨、浙江 328.77 万吨、河北 281.18 万吨、江苏 248.93 万吨、河南 221.54 万吨、广东 192.77 万吨，分别占全国工业废水化学需氧量产生量的 11.58%、10.45%、8.94%、7.91%、7.04% 和 6.13%，上述 6 省合计占全国工业废水化学需氧量产生量的 52.06%。

重庆、四川、贵州、云南、西藏、陕西、甘肃、青海、宁夏、新疆等西部 10 个省（自治区、直辖市）工业废水化学需氧量产生量合计占全国工业废水化学需氧量产生量的 13.7%。

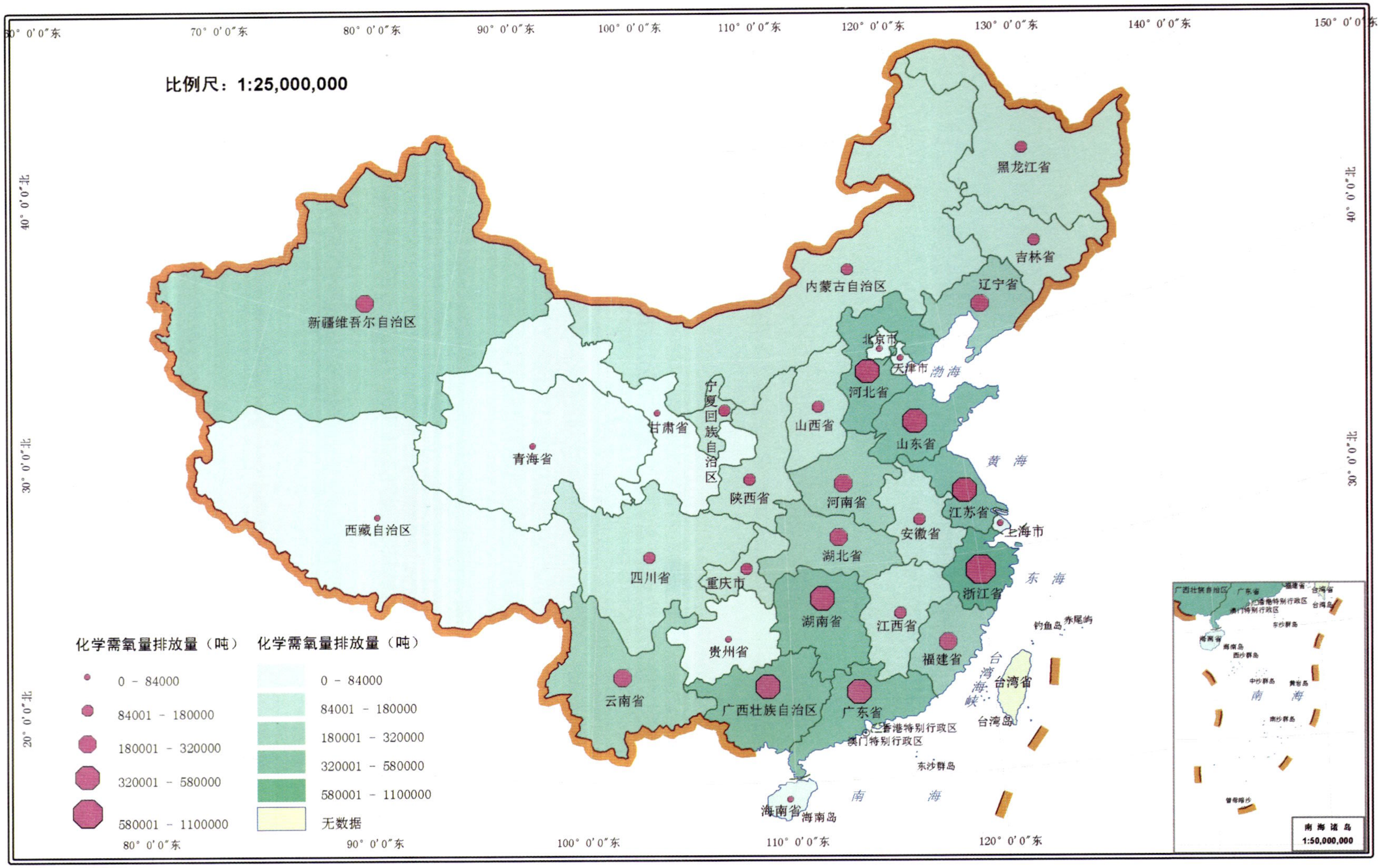


图 4-2-4　全国各地区工业废水化学需氧量排放量分布

表 4-2-6　全国各地区工业废水化学需氧量产生量、排放量

| 地　区 | 产生量 / 吨 | 排放量 / 吨 | 占全国工业源比例 /% | | 去除率 /% |
|---|---|---|---|---|---|
| | | | 产生量 | 排放量 | |
| 北　京 | 119617 | 21225 | 0.38 | 0.30 | 82.3 |
| 天　津 | 233446 | 44331 | 0.74 | 0.62 | 81.0 |
| 河　北 | 2811800 | 466661 | 8.94 | 6.53 | 83.4 |
| 山　西 | 699845 | 107132 | 2.23 | 1.50 | 84.7 |
| 内蒙古 | 675646 | 150712 | 2.15 | 2.11 | 77.7 |
| 辽　宁 | 847506 | 322136 | 2.69 | 4.50 | 62.0 |
| 吉　林 | 1191727 | 168557 | 3.79 | 2.36 | 85.9 |
| 黑龙江 | 944482 | 171881 | 3.00 | 2.40 | 81.8 |
| 上　海 | 450732 | 64238 | 1.43 | 0.90 | 85.7 |
| 江　苏 | 2489333 | 579554 | 7.91 | 8.10 | 76.7 |
| 浙　江 | 3287748 | 1092969 | 10.45 | 15.28 | 66.8 |
| 安　徽 | 992072 | 129028 | 3.15 | 1.80 | 87.0 |
| 福　建 | 1003731 | 250484 | 3.19 | 3.50 | 75.0 |
| 江　西 | 433420 | 158090 | 1.38 | 2.21 | 63.5 |
| 山　东 | 3641473 | 416939 | 11.58 | 5.83 | 88.6 |
| 河　南 | 2215356 | 255926 | 7.04 | 3.58 | 88.4 |
| 湖　北 | 637068 | 217623 | 2.03 | 3.04 | 65.8 |
| 湖　南 | 1257319 | 479507 | 4.00 | 6.71 | 61.9 |
| 广　东 | 1927681 | 369019 | 6.13 | 5.16 | 80.9 |
| 广　西 | 1181352 | 443273 | 3.76 | 6.20 | 62.5 |
| 海　南 | 102690 | 12897 | 0.33 | 0.18 | 87.4 |
| 重　庆 | 229229 | 97683 | 0.73 | 1.37 | 57.4 |
| 四　川 | 1074621 | 184409 | 3.42 | 2.58 | 82.8 |
| 贵　州 | 116400 | 48016 | 0.37 | 0.67 | 58.7 |
| 云　南 | 632795 | 269319 | 2.01 | 3.77 | 57.4 |
| 西　藏 | 2407 | 730 | 0.01 | 0.01 | 69.7 |
| 陕　西 | 880056 | 173848 | 2.80 | 2.43 | 80.2 |
| 甘　肃 | 315935 | 84275 | 1.00 | 1.18 | 73.3 |
| 青　海 | 64432 | 27905 | 0.20 | 0.39 | 56.7 |
| 宁　夏 | 505764 | 122738 | 1.61 | 1.72 | 75.7 |
| 新　疆 | 487776 | 220231 | 1.55 | 3.08 | 54.8 |
| 合　计 | 31453458 | 7151335 | — | — | 77.3 |

工业废水化学需氧量排放量居前列的省（自治区）依次为：浙江 109.30 万吨，占全国工业废水化学需氧量排放量 15.28%；江苏 57.96 万吨，占 8.10%；湖南 47.95 万吨，占 6.71%；河北 46.67 万吨，占 6.53%；广西 44.33 万吨，占 6.20%；山东 41.69 万吨，占 5.83%；广东 36.90 万吨，占 5.16%；辽宁 32.21 万吨，占 4.50%；云南 26.93 万吨，占 3.77%；河南 25.59 万吨，占 3.58%。上述 10 个省（自治区）合计占全国工业废水化学需氧量排放量的 65.66%。

西部的重庆、四川、贵州、云南、西藏、陕西、甘肃、青海、宁夏、新疆等 10 个省（自治区、直辖市）工业废水化学需氧量排放量占全国工业废水化学需氧量的 17.2%。其中，云南工业废水化学需氧量排放量 26.9 万吨，居西部各省（自治区、直辖市）首位。

各工业行业中，造纸及纸制品业工业废水化学需氧量产生量最大，占工业废水化学需氧量产生量的 26.17%；其后依次为饮料制造业占 13.89%、纺织业 11.49%、化学原料及化学制品制造业 9.60%、农副食品加工业 9.23%、食品制造业 6.43%，上述 6 个行业合计占工业废水化学需氧量产生量的 76.81%。

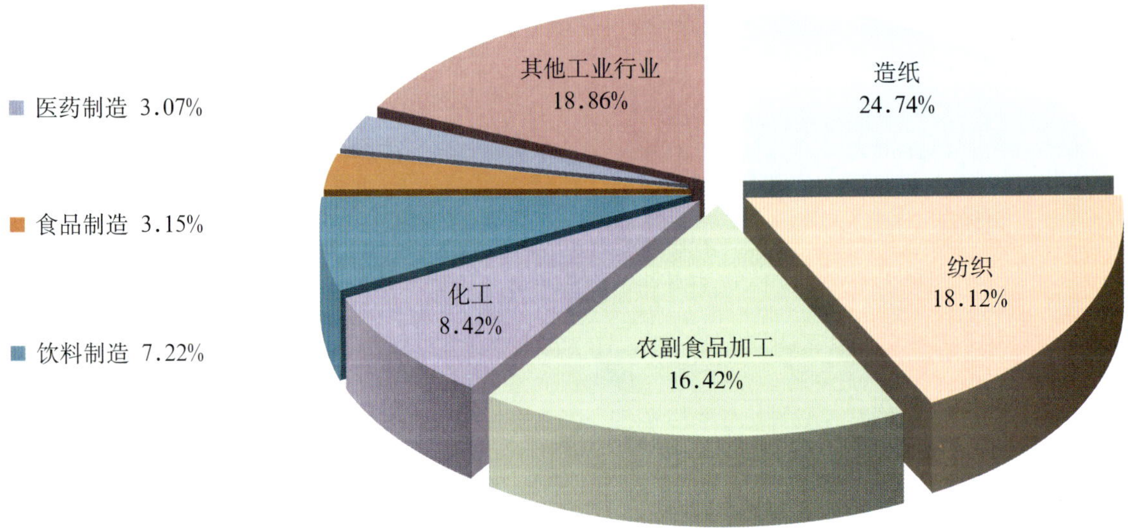


图 4-2-5 全国工业行业废水化学需氧量排放量比例

造纸及纸制品业工业废水化学需氧量排放量大，为 176.9 万吨，占工业源废水化学需氧量排放量的 24.73%，居工业行业首位。其后依次为纺织业 129.6 万吨，占 18.12%；农副食品加工业 117.4 万吨，占 16.42%；化学原料及化学制品制造业 60.2 万吨，占 8.42%；饮料制造业 51.6 万吨，占 7.22%；食品制造业 22.5 万吨，占 3.15%；医药制造业 21.9 万吨，占 3.07%。上述 7 个工业行业合计占工业废水化学需氧量排放量的 81.14%。

表 4-2-7 全国工业行业化学需氧量产生量、排放量

| 工业行业 | 产生量/吨 | 排放量/吨 | 占全国工业源比例/% | | 去除率/% |
|---|---|---|---|---|---|
| | | | 产生量 | 排放量 | |
| 造纸及纸制品业 | 8231645 | 1769114 | 26.17 | 24.74 | 78.5 |
| 纺织业 | 3613877 | 1296004 | 11.49 | 18.12 | 64.1 |
| 农副食品加工业 | 2902110 | 1174227 | 9.23 | 16.42 | 59.5 |
| 化学原料及化学制品制造业 | 3019359 | 602099 | 9.60 | 8.42 | 80.1 |
| 饮料制造业 | 4369686 | 516471 | 13.89 | 7.22 | 88.2 |
| 食品制造业 | 2021820 | 225420 | 6.43 | 3.15 | 88.9 |
| 医药制造业 | 965315 | 219318 | 3.07 | 3.07 | 77.3 |
| 皮革、毛皮、羽毛（绒）及其制品业 | 431195 | 151865 | 1.37 | 2.12 | 64.8 |
| 煤炭开采和洗选业 | 424992 | 149375 | 1.35 | 2.09 | 64.9 |
| 黑色金属冶炼及压延加工业 | 1191314 | 119259 | 3.79 | 1.67 | 90.0 |
| 化学纤维制造业 | 615431 | 113446 | 1.96 | 1.59 | 81.6 |
| 石油加工、炼焦及核燃料加工业 | 898334 | 112830 | 2.86 | 1.58 | 87.4 |
| 金属制品业 | 153872 | 67195 | 0.49 | 0.94 | 56.3 |
| 交通运输设备制造业 | 160486 | 58927 | 0.51 | 0.82 | 63.3 |
| 有色金属矿采选业 | 377603 | 56631 | 1.20 | 0.79 | 85.0 |
| 非金属矿物制品业 | 229421 | 48562 | 0.73 | 0.68 | 78.8 |
| 通用设备制造业 | 89457 | 44375 | 0.28 | 0.62 | 50.4 |
| 电力、热力的生产和供应业 | 183504 | 37723 | 0.58 | 0.53 | 79.4 |
| 木材加工及木、竹、藤、棕、草制品业 | 128539 | 37429 | 0.41 | 0.52 | 70.9 |
| 有色金属冶炼及压延加工业 | 165168 | 36952 | 0.53 | 0.52 | 77.6 |
| 通信设备、计算机及其他电子设备制造业 | 132540 | 36555 | 0.42 | 0.51 | 72.4 |
| 纺织服装、鞋、帽制造业 | 67540 | 33406 | 0.21 | 0.47 | 50.5 |
| 非金属矿采选业 | 103356 | 28526 | 0.33 | 0.40 | 72.4 |
| 黑色金属矿采选业 | 263434 | 20323 | 0.84 | 0.28 | 92.3 |
| 石油和天然气开采业 | 341370 | 20087 | 1.09 | 0.28 | 94.1 |
| 电气机械及器材制造业 | 40208 | 18622 | 0.13 | 0.26 | 53.7 |
| 专用设备制造业 | 37381 | 18014 | 0.12 | 0.25 | 51.8 |
| 塑料制品业 | 34030 | 16868 | 0.11 | 0.24 | 50.4 |
| 橡胶制品业 | 21632 | 13954 | 0.07 | 0.20 | 35.5 |
| 其他工业行业 | 238664 | 107605 | 0.76 | 1.50 | 54.9 |
| 全国工业源合计 | 31453458 | 7151335 | — | — | 77.3 |

#### 4.2.2.2 氨氮

全国工业废水氨氮产生量 201.67 万吨，排放量 30.36 万吨，平均去除率为 84.9%。

工业废水氨氮产生量大、排在前列的省：山东 28.13 万吨、河南 14.73 万吨、山西 14.42 万吨、河北 12.32 万吨、安徽 9.75 万吨、江苏 9.57 万吨、四川 8.24 万吨、黑龙江 7.35 万吨、新疆 7.27 万吨、湖南 7.15 万吨、广东 7.04 万吨，分别占全国工业废水氨氮产生量的 13.95%、7.30%、7.15%、6.11%、4.83%、

4.74%、4.09%、3.64%、3.60%、3.55%、3.49%，合计占全国工业废水氨氮产生量的 62.46%。

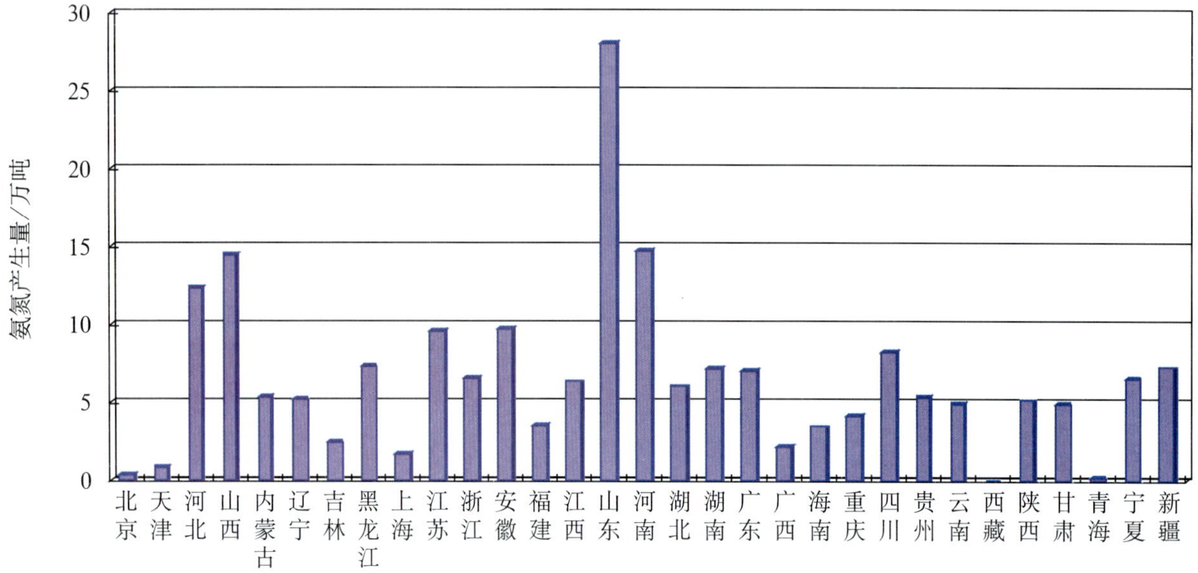


图 4-2-6（a） 全国各地区工业废水氨氮产生量、排放量

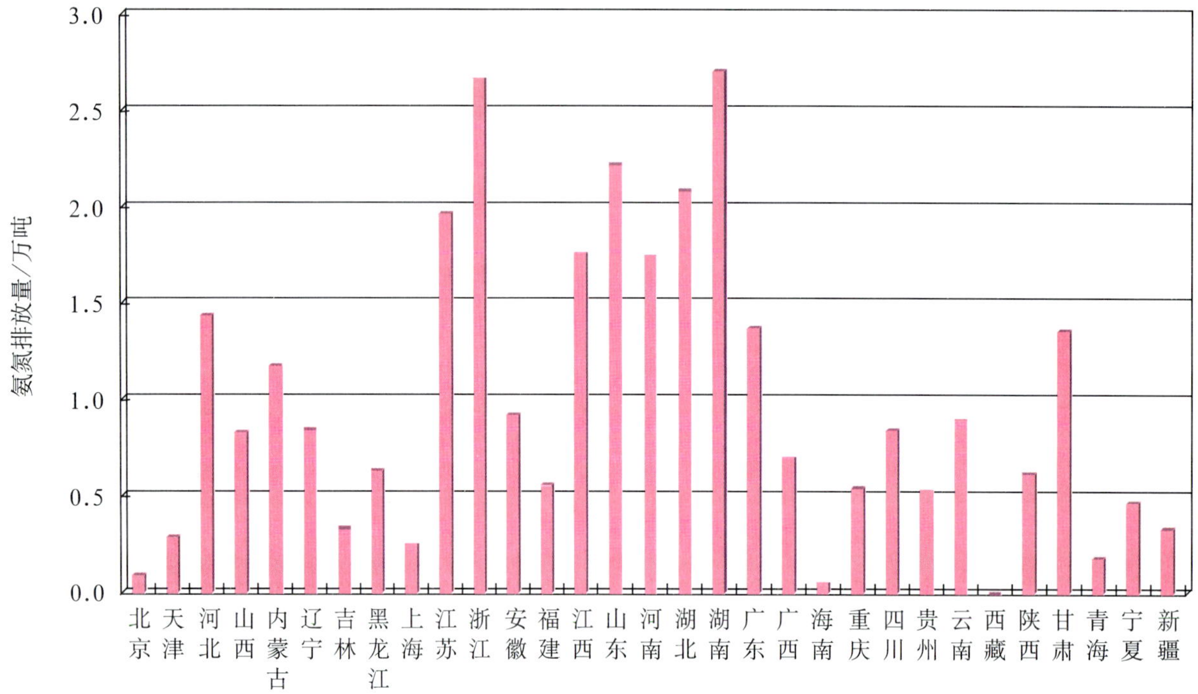


图 4-2-6（b） 全国各地区工业废水氨氮产生量、排放量

工业废水氨氮排放量大的省（自治区）：湖南排放量 2.70 万吨、占全国工业废水氨氮排放量的 8.90%；浙江 2.66 万吨，占 8.77%；山东 2.21 万吨，占 7.29%；湖北 2.08 万吨，占 6.84%；江苏 1.96 万吨，占 6.45%；江西 1.76 万吨，占 5.78%；河南 1.74 万吨，占 5.74%；河北 1.43 万吨，占 4.72%；广东 1.37 万吨，占 4.52%；甘肃 1.36 万吨，占 4.49%；内蒙古 1.17 万吨，占 3.87%。上述 11 个省（自治区）合计占全国工业废水氨氮排放量的 67.37%。

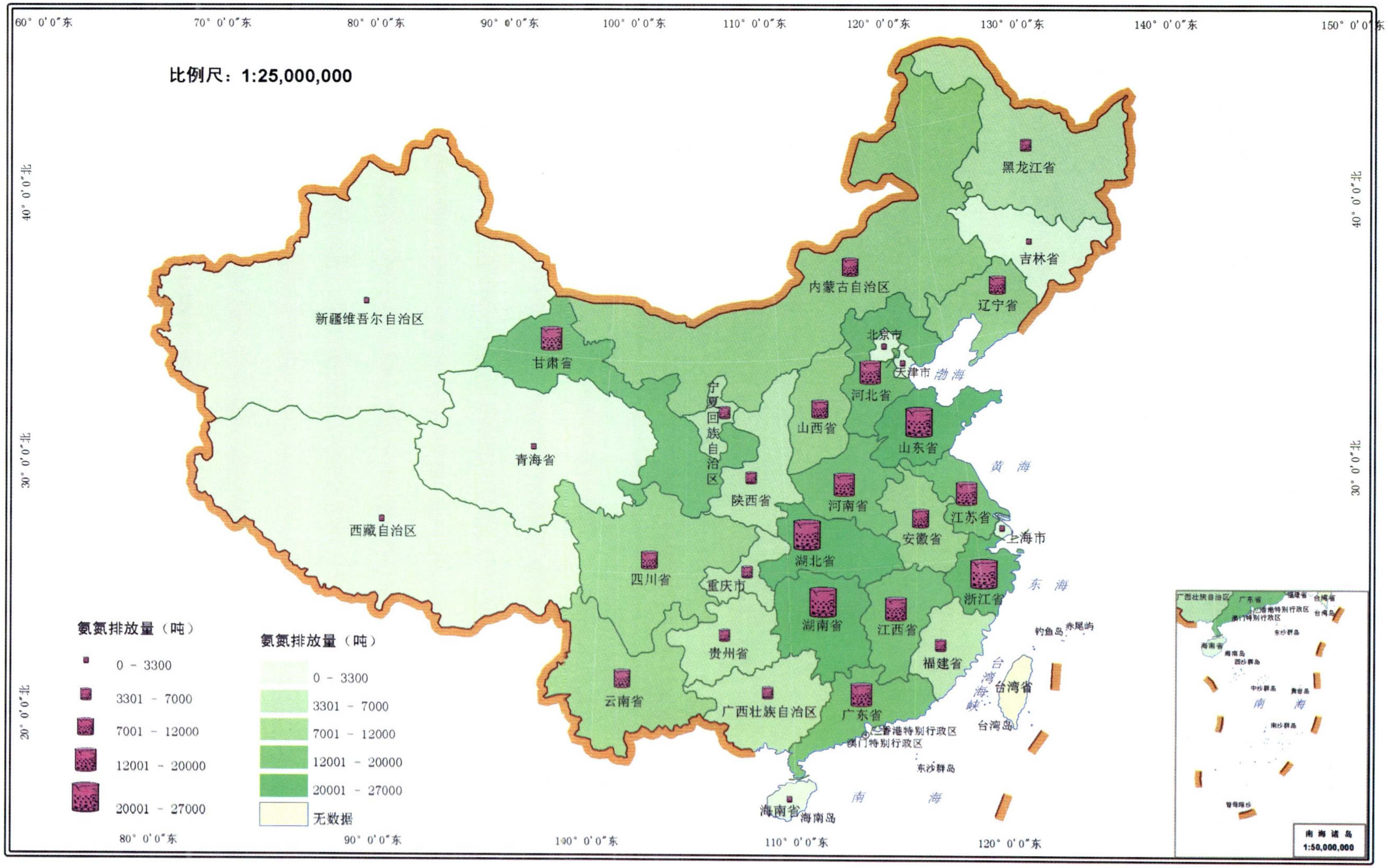


图 4-2-7　全国各地区工业废水氨氮排放量分布

重庆、四川、贵州、云南、西藏、陕西、甘肃、青海、宁夏、新疆等西部10个省（自治区、直辖市）工业废水氨氮排放量合计为5.77万吨，占全国工业废水氨氮排放量的19.02%。

表4-2-8 全国各地区工业废水氨氮产生量、排放量

| 地 区 | 产生量/吨 | 排放量/吨 | 占全国工业源比例/% | | 去除率/% |
|---|---|---|---|---|---|
| | | | 产生量 | 排放量 | |
| 北 京 | 3159 | 949 | 0.16 | 0.31 | 70.0 |
| 天 津 | 8626 | 2810 | 0.43 | 0.93 | 67.4 |
| 河 北 | 123156 | 14332 | 6.11 | 4.72 | 88.4 |
| 山 西 | 144176 | 8319 | 7.15 | 2.74 | 94.2 |
| 内蒙古 | 54372 | 11739 | 2.70 | 3.87 | 78.4 |
| 辽 宁 | 52409 | 8475 | 2.60 | 2.79 | 83.8 |
| 吉 林 | 24428 | 3280 | 1.21 | 1.08 | 86.6 |
| 黑龙江 | 73464 | 6380 | 3.64 | 2.10 | 91.3 |
| 上 海 | 17677 | 2472 | 0.88 | 0.81 | 86.0 |
| 江 苏 | 95682 | 19582 | 4.74 | 6.45 | 79.5 |
| 浙 江 | 66290 | 26631 | 3.29 | 8.77 | 59.8 |
| 安 徽 | 97479 | 9185 | 4.83 | 3.03 | 90.6 |
| 福 建 | 35526 | 5578 | 1.76 | 1.84 | 84.3 |
| 江 西 | 63661 | 17564 | 3.16 | 5.78 | 72.4 |
| 山 东 | 281385 | 22134 | 13.95 | 7.29 | 92.1 |
| 河 南 | 147260 | 17431 | 7.30 | 5.74 | 88.2 |
| 湖 北 | 60621 | 20765 | 3.01 | 6.84 | 65.7 |
| 湖 南 | 71503 | 27031 | 3.55 | 8.90 | 62.2 |
| 广 东 | 70450 | 13730 | 3.49 | 4.52 | 80.5 |
| 广 西 | 22400 | 6987 | 1.11 | 2.30 | 68.8 |
| 海 南 | 34750 | 512 | 1.72 | 0.17 | 98.5 |
| 重 庆 | 41314 | 5404 | 2.05 | 1.78 | 86.9 |
| 四 川 | 82396 | 8415 | 4.09 | 2.77 | 89.8 |
| 贵 州 | 53251 | 5349 | 2.64 | 1.76 | 90.0 |
| 云 南 | 49508 | 8961 | 2.45 | 2.95 | 81.9 |
| 西 藏 | 48 | 17 | … | 0.01 | 64.6 |
| 陕 西 | 51379 | 6191 | 2.55 | 2.04 | 88.0 |
| 甘 肃 | 49563 | 13620 | 2.46 | 4.49 | 72.5 |
| 青 海 | 2310 | 1781 | 0.11 | 0.59 | 22.9 |
| 宁 夏 | 65801 | 4658 | 3.26 | 1.53 | 92.9 |
| 新 疆 | 72657 | 3338 | 3.60 | 1.10 | 95.4 |
| 合 计 | 2016700 | 303620 | — | — | 84.9 |

注：表中“…”表示数值小于汇总数据最低保留位数，但不为“0”。

工业行业中，化学原料及化学制品制造业废水氨氮产生量最大，为120.4万吨，占工业废水氨氮产生量的59.72%；其次为食品制造业9.99%、石油加工炼焦及核燃料加工业9.28%、有色金属冶炼及压延加工业4.80%、燃气生产和供应业2.34%、农副食品加工业2.26%。上述6个工业行业合计占工业废水氨氮产生量的88.39%。

化学原料及化学制品制造业废水氨氮排放量在工业行业中最大，为13.16万吨，占工业源氨氮排放量的43.34%；其后依次为有色金属冶炼及压延加工业3.13万吨，占10.30%；石油加工炼焦及核燃料加工

业 2.57 万吨，占 8.46%；农副食品加工业 1.79 万吨，占 5.90%；纺织业 1.60 万吨，占 5.25%；皮革毛皮羽毛（绒）及其制品业 1.49 万吨，占 4.90%；饮料制造业 1.24 万吨，占 4.08%；食品制造业 1.12 万吨，占 3.69%。上述 8 个行业工业废水氨氮排放量合计为 26.09 万吨，占全国工业废水氨氮排放量的 85.94%。

**表 4-2-9　全国工业行业氨氮产生量、排放量**

| 工业行业 | 产生量 / 吨 | 排放量 / 吨 | 占工业源比例 /% | | 去除率 /% |
|---|---|---|---|---|---|
| | | | 产生量 | 排放量 | |
| 化学原料及化学制品制造业 | 1204358 | 131606 | 59.72 | 43.35 | 89.1 |
| 有色金属冶炼及压延加工业 | 96843 | 31279 | 4.80 | 10.30 | 67.7 |
| 石油加工、炼焦及核燃料加工业 | 187202 | 25684 | 9.28 | 8.46 | 86.3 |
| 农副食品加工业 | 45612 | 17920 | 2.26 | 5.90 | 60.7 |
| 纺织业 | 27893 | 15951 | 1.38 | 5.25 | 42.8 |
| 皮革、毛皮、羽毛（绒）及其制品业 | 32951 | 14883 | 1.63 | 4.90 | 54.8 |
| 饮料制造业 | 39203 | 12392 | 1.94 | 4.08 | 68.4 |
| 食品制造业 | 201453 | 11210 | 9.99 | 3.69 | 94.4 |
| 造纸及纸制品业 | 23109 | 8442 | 1.15 | 2.78 | 63.5 |
| 医药制造业 | 20931 | 8370 | 1.04 | 2.76 | 60.0 |
| 黑色金属冶炼及压延加工业 | 27177 | 6898 | 1.35 | 2.27 | 74.6 |
| 燃气生产和供应业 | 47176 | 2643 | 2.34 | 0.87 | 94.4 |
| 通信设备、计算机及其他电子设备制造业 | 11902 | 1922 | 0.59 | 0.63 | 83.9 |
| 有色金属矿采选业 | 9806 | 1560 | 0.49 | 0.51 | 84.1 |
| 非金属矿物制品业 | 11866 | 1384 | 0.59 | 0.46 | 88.3 |
| 化学纤维制造业 | 2862 | 946 | 0.14 | 0.31 | 67.0 |
| 其他工业行业 | 26358 | 105381 | 1.31 | 3.47 | 60.0 |
| 工业源总计 | 2016700 | 303620 | — | — | 84.9 |

### 4.2.2.3　*石油类*

全国工业废水石油类产生量 54.15 万吨，排放量 6.64 万吨，平均去除率为 87.7%。

新疆、辽宁、河北、山东、浙江、黑龙江、江苏、山西、云南、广东、河南等 11 个省（自治区）的产生量均大于 2 万吨，合计占工业废水石油类产生量的 76.54%。

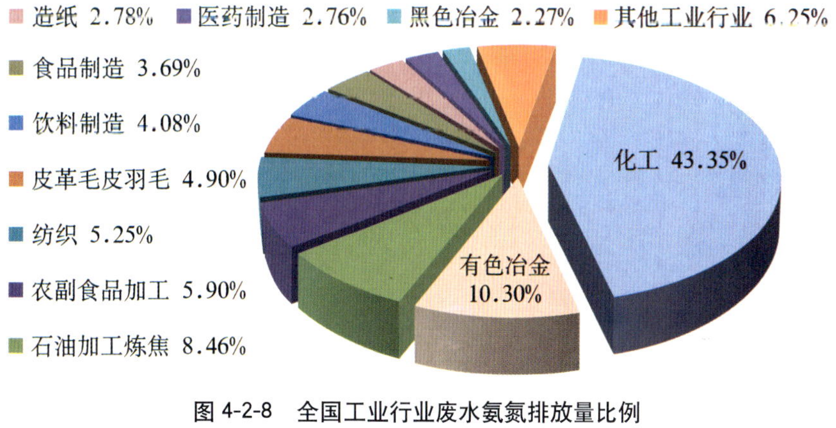


图 4-2-8　全国工业行业废水氨氮排放量比例

石油类排放量大的省（自治区）中，江苏 0.56 万吨，占全国工业废水石油类排放量的 8.36%；广东 0.54 万吨，占 8.10%；浙江 0.50 万吨，占 7.51%；山东 0.45 万吨，占 6.85%；安徽 0.39 万吨，占 5.89%；河北 0.36 万吨，占 5.48%；山西 0.35 万吨，占 5.23%；内蒙古 0.34 万吨，占 5.17%；湖南 0.34 万吨，占 5.14%；湖北 0.32 万吨，占 4.82%；辽宁 0.32 万吨，占 4.78%。11 个省（自治区）合计占全国工业废水石油类排放量的 67.32%。

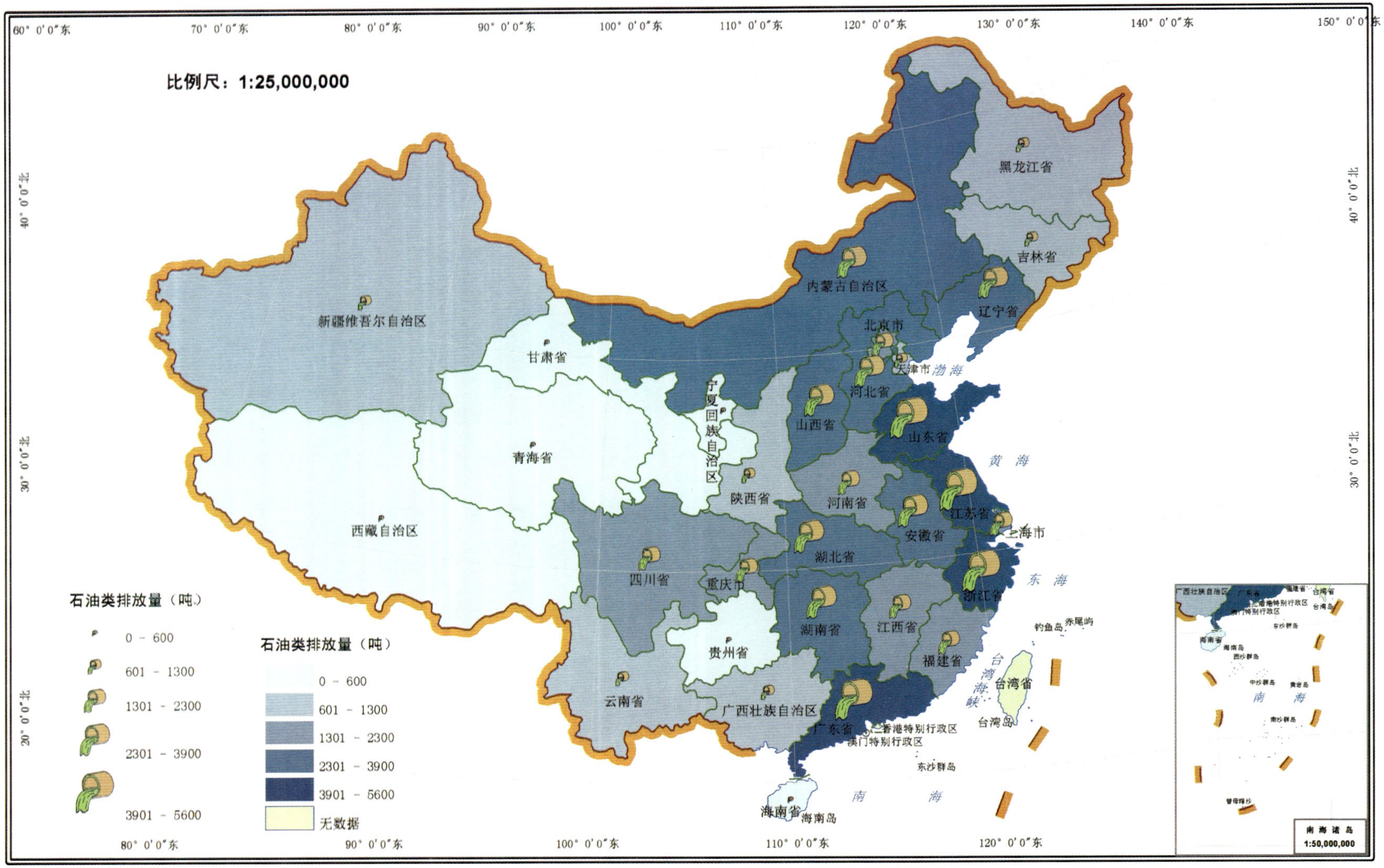


图 4-2-9　全国各地区工业废水石油类排放量分布

表 4-2-10　全国各地区工业废水石油类产生量、排放量

| 地　区 | 产生量 / 吨 | 排放量 / 吨 | 占全国比例 /% | | 去除率 /% |
|---|---|---|---|---|---|
| | | | 产生量 | 排放量 | |
| 北　京 | 4512 | 1612 | 0.83 | 2.43 | 64.3 |
| 天　津 | 5208 | 915 | 0.96 | 1.38 | 82.4 |
| 河　北 | 40477 | 3637 | 7.47 | 5.48 | 91.0 |
| 山　西 | 21678 | 3473 | 4.00 | 5.23 | 84.0 |
| 内蒙古 | 8621 | 3431 | 1.59 | 5.17 | 60.2 |
| 辽　宁 | 60883 | 3171 | 11.24 | 4.78 | 94.8 |
| 吉　林 | 4780 | 863 | 0.88 | 1.30 | 81.9 |
| 黑龙江 | 36523 | 1161 | 6.74 | 1.75 | 96.8 |
| 上　海 | 10218 | 1930 | 1.89 | 2.91 | 81.1 |
| 江　苏 | 27384 | 5550 | 5.06 | 8.36 | 79.7 |
| 浙　江 | 37171 | 4981 | 6.86 | 7.51 | 86.6 |
| 安　徽 | 10534 | 3907 | 1.95 | 5.89 | 62.9 |
| 福　建 | 7193 | 2291 | 1.33 | 3.45 | 68.1 |
| 江　西 | 10640 | 1635 | 1.96 | 2.46 | 84.6 |
| 山　东 | 38659 | 4544 | 7.14 | 6.85 | 88.2 |
| 河　南 | 20020 | 2126 | 3.70 | 3.20 | 89.4 |
| 湖　北 | 8618 | 3196 | 1.59 | 4.82 | 62.9 |
| 湖　南 | 9783 | 3412 | 1.81 | 5.14 | 65.1 |
| 广　东 | 20285 | 5377 | 3.75 | 8.10 | 73.5 |
| 广　西 | 4921 | 1237 | 0.91 | 1.86 | 74.9 |
| 海　南 | 272 | 28 | 0.05 | 0.04 | 89.7 |
| 重　庆 | 4477 | 1722 | 0.83 | 2.59 | 61.5 |
| 四　川 | 13126 | 1623 | 2.42 | 2.44 | 87.6 |
| 贵　州 | 2772 | 520 | 0.51 | 0.78 | 81.2 |
| 云　南 | 21613 | 750 | 3.99 | 1.13 | 96.5 |
| 西　藏 | 148 | 147 | 0.03 | 0.22 | 0.7 |
| 陕　西 | 11879 | 988 | 2.19 | 1.49 | 91.7 |
| 甘　肃 | 3827 | 601 | 0.71 | 0.91 | 84.3 |
| 青　海 | 4504 | 123 | 0.83 | 0.19 | 97.3 |
| 宁　夏 | 1011 | 150 | 0.19 | 0.23 | 85.2 |
| 新　疆 | 89796 | 1265 | 16.58 | 1.91 | 98.6 |
| 合　计 | 541534 | 66363 | — | — | 87.7 |

工业行业中，石油加工炼焦及核燃料加工业废水石油类产生量最大，占工业源废水石油类产生量的36.81%；其后依次为黑色金属冶炼及压延加工业占16.83%、石油和天然气开采业15.74%、化学原料及化学制品制造业7.25%、交通运输设备制造业5.16%、通用设备制造业4.25%、金属制品业3.35%、煤炭开采和洗选业2.15%。上述8个工业行业废水石油类产生量占工业废水石油类的91.54%。

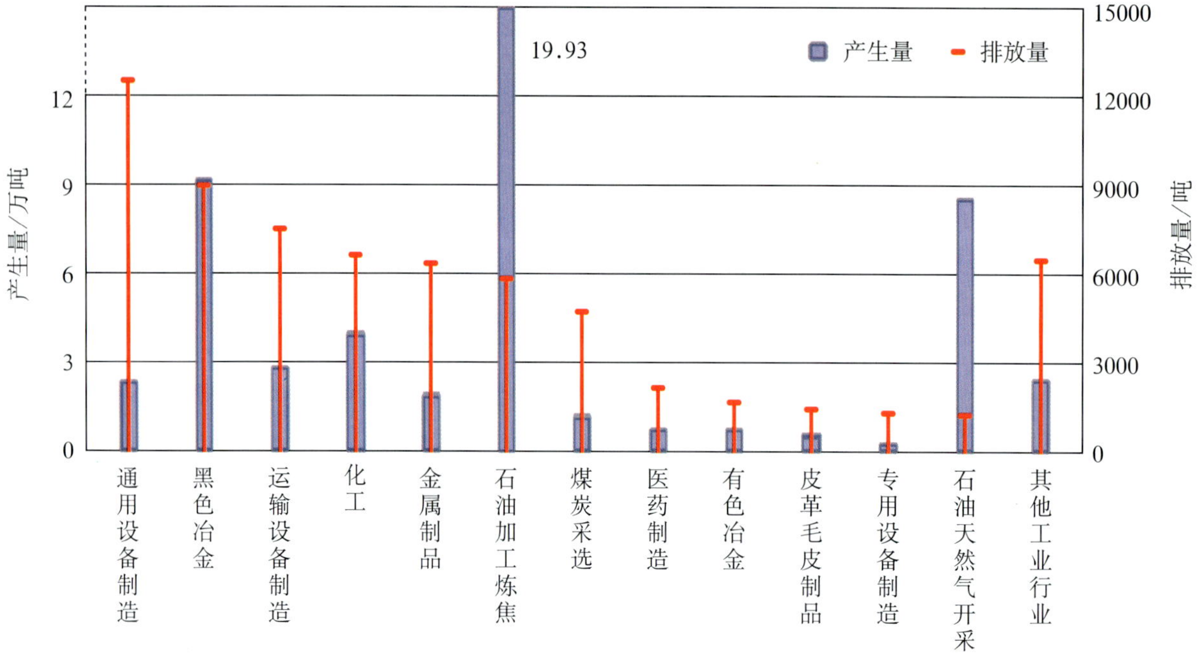


**图 4-2-10 全国工业行业废水石油类产生量、排放量**

工业废水石油类排放量大的行业中，通用设备制造业石油类排放量为1.25万吨、黑色金属冶炼及压延加工业0.90万吨、交通运输设备制造业0.75万吨、化学原料及化学制品制造业0.66万吨、金属制品业0.64万吨、石油加工炼焦及核燃料加工业0.57万吨、煤炭开采和洗选业0.46万吨，分别占全国工业源废水石油类排放量的18.86%、13.52%、11.26%、9.89%、9.62%、8.62%、6.99%。上述7个工业行业合计占全国工业废水石油类排放量的78.76%。

通用设备制造业、金属制品业、交通运输设备制造业等行业产生、排放石油类的企业数量多，分别为3.7万多家、2.17万多家、1.65万多家，因而，行业合计排放量较大。石油加工炼焦及核燃料加工业、黑色金属冶炼及压延加工业等行业的企业厂均废水石油类排放量较大，产生、排放石油类的企业虽然仅2300多家和3700多家，但行业废水石油类排放量占全国工业废水石油类排放量的8.62%和13.52%。

表 4-2-11　全国工业行业废水石油类产生量、排放量

| 工 业 行 业 | 产生量 / 吨 | 排放量 / 吨 | 占工业源比例 /% | | 去除率 /% |
|---|---|---|---|---|---|
| | | | 产生量 | 排放量 | |
| 通用设备制造业 | 23030 | 12514 | 4.25 | 18.86 | 45.7 |
| 黑色金属冶炼及压延加工业 | 91145 | 8976 | 16.83 | 13.52 | 90.2 |
| 交通运输设备制造业 | 27970 | 7470 | 5.16 | 11.26 | 73.3 |
| 化学原料及化学制品制造业 | 39279 | 6563 | 7.25 | 9.89 | 83.3 |
| 金属制品业 | 18130 | 6382 | 3.35 | 9.62 | 64.8 |
| 石油加工、炼焦及核燃料加工业 | 199339 | 5721 | 36.81 | 8.62 | 97.1 |
| 煤炭开采和洗选业 | 11624 | 4640 | 2.15 | 6.99 | 60.1 |
| 医药制造业 | 6946 | 2104 | 1.28 | 3.17 | 69.7 |
| 有色金属冶炼及压延加工业 | 7034 | 1642 | 1.30 | 2.47 | 76.7 |
| 皮革、毛皮、羽毛（绒）及其制品业 | 4913 | 1424 | 0.91 | 2.15 | 71.0 |
| 专用设备制造业 | 2717 | 1284 | 0.50 | 1.93 | 52.8 |
| 石油和天然气开采业 | 85218 | 1181 | 15.74 | 1.78 | 98.6 |
| 非金属矿物制品业 | 3986 | 977 | 0.74 | 1.47 | 75.5 |
| 电气机械及器材制造业 | 2248 | 963 | 0.42 | 1.45 | 57.2 |
| 燃气生产和供应业 | 2117 | 616 | 0.39 | 0.93 | 70.9 |
| 纺织业 | 1982 | 540 | 0.37 | 0.81 | 72.8 |
| 橡胶制品业 | 696 | 499 | 0.13 | 0.75 | 28.3 |
| 黑色金属矿采选业 | 859 | 462 | 0.16 | 0.70 | 46.2 |
| 通信设备、计算机及其他电子设备制造业 | 1051 | 315 | 0.19 | 0.47 | 70.0 |
| 造纸及纸制品业 | 2823 | 306 | 0.52 | 0.46 | 89.2 |
| 电力、热力的生产和供应业 | 3619 | 291 | 0.67 | 0.44 | 91.9 |
| 农副食品加工业 | 671 | 267 | 0.12 | 0.40 | 60.2 |
| 其他工业行业 | 4135.94 | 1228.36 | 0.76 | 1.85 | 70.3 |
| 工业源总计 | 541534 | 66363 | — | — | 87.7 |

#### 4.2.2.4 挥发酚

全国工业废水挥发酚产生量 12.38 万吨，排放量 0.75 万吨，平均去除率 94.0%。

山西工业废水挥发酚产生量为 3.10 万吨，居各省（自治区、直辖市）首位，占全国工业废水挥发酚产生量的 25.06%；其后依次为：河北 10.07%、云南 8.79%、山东 7.76%、江西 5.85%、陕西 5.30%、江苏 3.69%、辽宁 3.40%、安徽 3.28%。上述 9 省合计占全国工业废水挥发酚产生量的 73.21%。

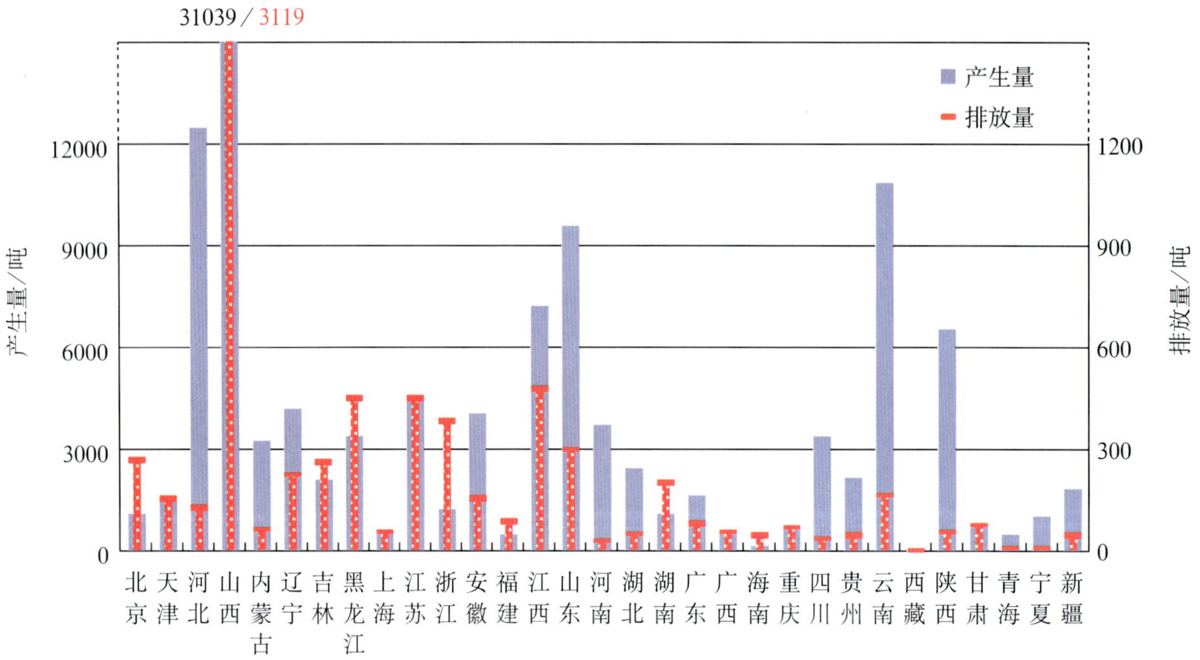


**图 4-2-11　全国各地区工业废水挥发酚产生量、排放量**

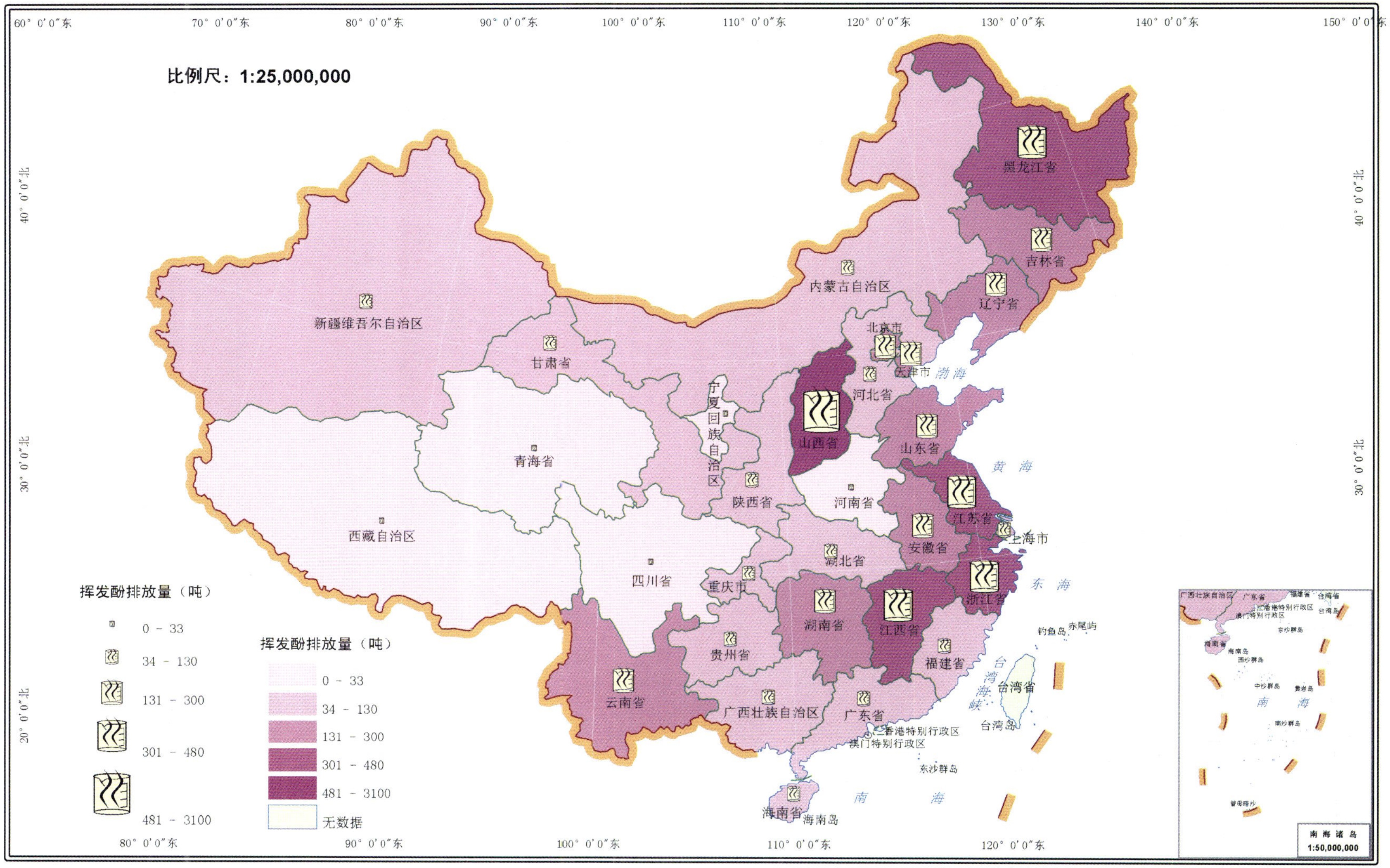


图 4-2-12　全国各地区工业废水挥发酚排放量分布

山西工业废水挥发酚排放量最大，为3119吨，占全国工业废水挥发酚排放量的41.63%；其后依次为江西478吨，占6.37%；黑龙江451吨，占6.02%；江苏451吨，占6.02%；浙江381吨，占5.09%；山东298吨，占3.97%；北京265吨，占3.54%；吉林260吨，占3.47%；辽宁223吨，占2.98%。上述9省合计占全国工业废水挥发酚排放量的79.08%。

工业废水挥发酚产生的主要工业行业为石油加工炼焦及核燃料加工业，挥发酚产生量84873吨，占全国工业废水挥发酚产生量的68.54%；其次为黑色金属冶炼及压延加工业占15.89%、化学原料及化学制品制造业10.06%。上述3个行业合计占工业废水挥发酚产生量占94.49%。

工业废水挥发酚排放主要集中在石油加工炼焦及核燃料加工业，排放量为5111吨，占全国工业废水挥发酚排放量的68.22%；其次为化学原料及化学制品制造业排放862吨、占11.50%；黑色金属冶炼及压延加工业排放718吨、占9.58%；造纸及纸制品业346吨、占4.62%；燃气生产和供应业193吨、占2.58%。上述5个行业合计占全国工业废水挥发酚排放量的96.5%。

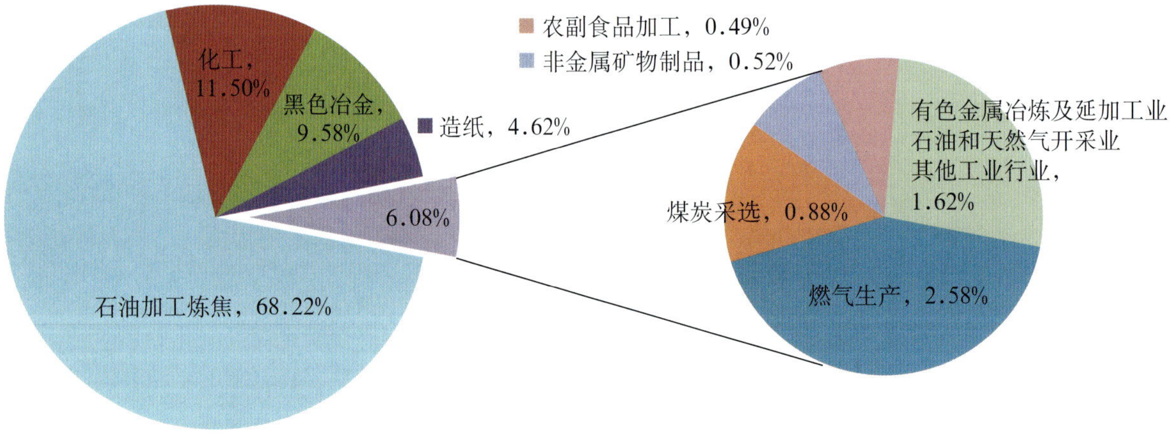


图4-2-13　全国工业行业废水挥发酚排放量比例

表4-2-12　全国工业行业废水挥发酚产生量、排放量

| 工业行业 | 产生量/吨 | 排放量/吨 | 占工业源比例/% | | 去除率/% |
|---|---|---|---|---|---|
| | | | 产生量 | 排放量 | |
| 石油加工、炼焦及核燃料加工业 | 84873 | 5111 | 68.54 | 68.22 | 94.0 |
| 化学原料及化学制品制造业 | 12458 | 862 | 10.06 | 11.50 | 93.1 |
| 黑色金属冶炼及压延加工业 | 19680 | 718 | 15.89 | 9.58 | 96.4 |
| 造纸及纸制品业 | 1374 | 346 | 1.11 | 4.62 | 74.8 |
| 燃气生产和供应业 | 1375 | 193 | 1.11 | 2.58 | 86.0 |
| 煤炭开采和洗选业 | 585 | 66 | 0.47 | 0.88 | 88.7 |
| 非金属矿物制品业 | 1125 | 39 | 0.91 | 0.52 | 96.6 |
| 农副食品加工业 | 99 | 37 | 0.08 | 0.49 | 62.7 |
| 有色金属冶炼及压延加工业 | 915 | 14 | 0.74 | 0.19 | 98.5 |
| 石油和天然气开采业 | 556 | 13 | 0.45 | 0.18 | 97.6 |
| 其他工业行业 | 797 | 94 | 0.64 | 1.25 | 88.2 |
| 工业源合计 | 123837 | 7492 | — | — | 94.0 |

表 4-2-13　全国各地区工业废水挥发酚产生量、排放量

| 地　区 | 产生量/吨 | 排放量/吨 | 占全国比例/% | | 去除率/% |
|---|---|---|---|---|---|
| | | | 产生量 | 排放量 | |
| 北　京 | 1064 | 265 | 0.86 | 3.54 | 75.1 |
| 天　津 | 1441 | 154 | 1.16 | 2.05 | 89.3 |
| 河　北 | 12476 | 126 | 10.07 | 1.68 | 99.0 |
| 山　西 | 31039 | 3119 | 25.06 | 41.63 | 90.0 |
| 内蒙古 | 3234 | 60 | 2.61 | 0.80 | 98.1 |
| 辽　宁 | 4211 | 223 | 3.40 | 2.98 | 94.7 |
| 吉　林 | 2086 | 260 | 1.68 | 3.47 | 87.5 |
| 黑龙江 | 3360 | 451 | 2.71 | 6.02 | 86.6 |
| 上　海 | 582 | 55 | 0.47 | 0.73 | 90.5 |
| 江　苏 | 4567 | 451 | 3.69 | 6.02 | 90.1 |
| 浙　江 | 1226 | 381 | 0.99 | 5.09 | 68.9 |
| 安　徽 | 4061 | 151 | 3.28 | 2.01 | 96.3 |
| 福　建 | 466 | 83 | 0.38 | 1.10 | 82.2 |
| 江　西 | 7249 | 478 | 5.85 | 6.37 | 93.4 |
| 山　东 | 9614 | 298 | 7.76 | 3.97 | 96.9 |
| 河　南 | 3692 | 28 | 2.98 | 0.37 | 99.2 |
| 湖　北 | 2406 | 48 | 1.94 | 0.64 | 98.0 |
| 湖　南 | 1054 | 197 | 0.85 | 2.63 | 81.3 |
| 广　东 | 1595 | 79 | 1.29 | 1.06 | 95.0 |
| 广　西 | 513 | 54 | 0.41 | 0.72 | 89.5 |
| 海　南 | 115 | 42 | 0.09 | 0.56 | 63.5 |
| 重　庆 | 769 | 69 | 0.62 | 0.92 | 91.0 |
| 四　川 | 3367 | 33 | 2.72 | 0.44 | 99.0 |
| 贵　州 | 2155 | 45 | 1.74 | 0.60 | 97.9 |
| 云　南 | 10880 | 161 | 8.79 | 2.15 | 98.5 |
| 西　藏 | 0 | 0 | 0 | 0 | — |
| 陕　西 | 6566 | 54 | 5.30 | 0.72 | 99.2 |
| 甘　肃 | 759 | 73 | 0.61 | 0.98 | 90.4 |
| 青　海 | 469 | 6.5 | 0.38 | 0.087 | 98.6 |
| 宁　夏 | 985 | 7.0 | 0.80 | 0.094 | 99.3 |
| 新　疆 | 1836 | 43 | 1.48 | 0.57 | 97.7 |
| 合　计 | 123837 | 7492 | — | — | 94.0 |

#### 4.2.2.5　氰化物

全国工业废水氰化物产生量 9812 吨，排放量 794 吨，平均去除率 91.9%。

全国工业废水氰化物产生量大、位居前列的省有：江西占全国工业废水氰化物产生量的 18.61%、广东占 14.19%、浙江占 11.96%、江苏占 9.72%、山西占 6.74%、辽宁占 5.40%、河北占 5.21%，上述 7 个省合计占全国工业源废水化物产生量的 71.83%。

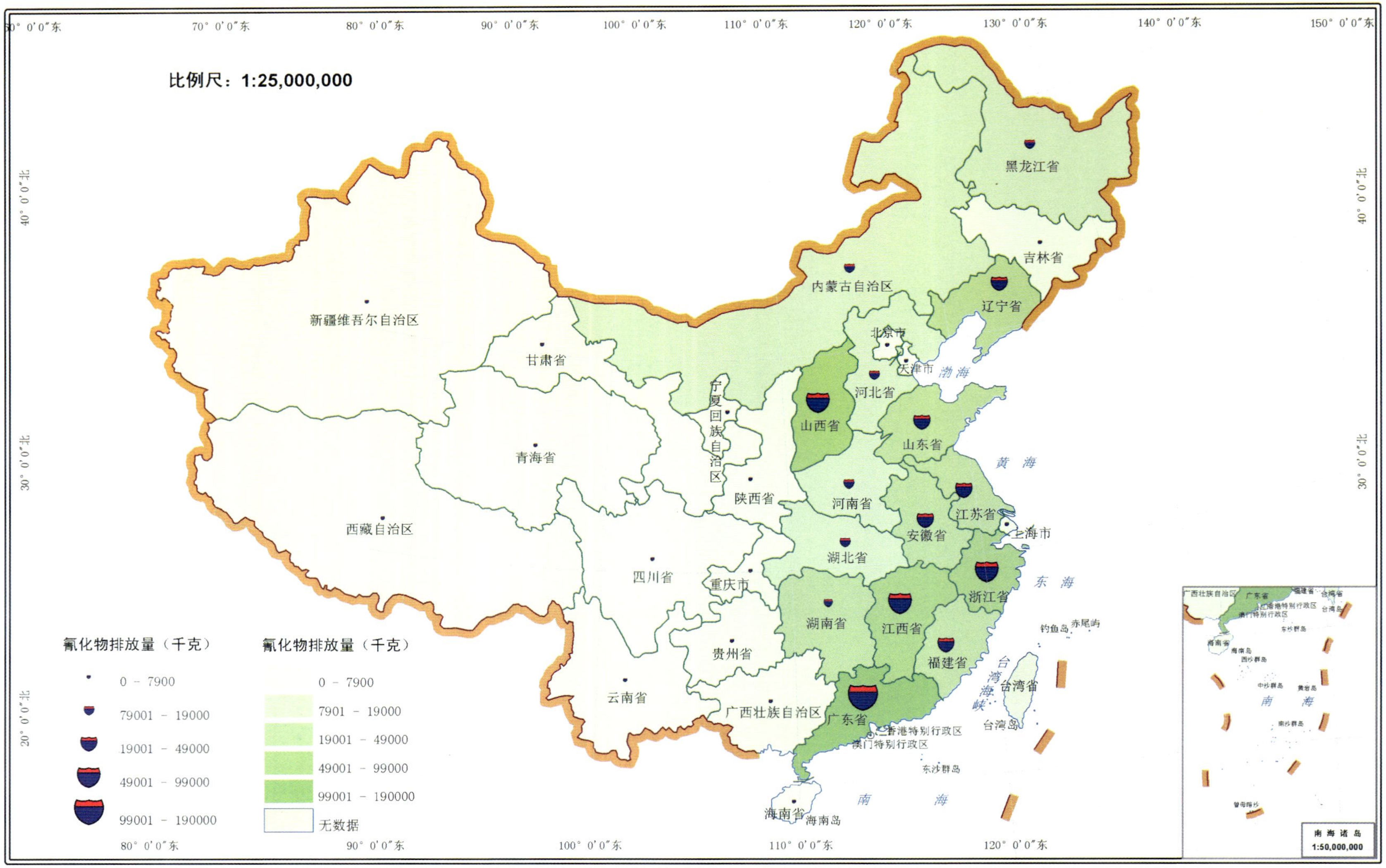


图 4-2-14　全国各地区工业废水氰化物排放量分布

广东工业废水氰化物排放量185.8吨，为各省（自治区、直辖市）中最大，占全国工业废水氰化物排放量的23.40%；浙江98.7吨、占12.43%；山西74.3吨、占9.35%；江西71.8吨、占9.04%；福建48.7吨、占6.13%；山东43.9吨、占5.53%；湖南43.3吨、占5.46%；江苏41.1吨，占5.18%。上述8个省排放量合计占全国工业废水氰化物排放量的76.53%。

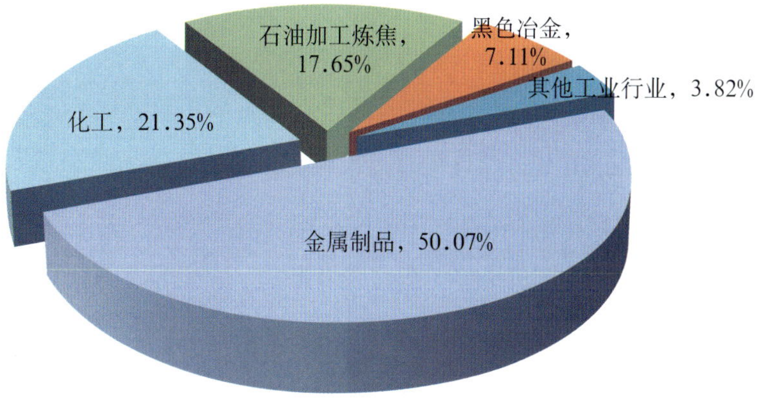


图 4-2-15　全国主要工业行业废水氰化物排放量比例

工业废水氰化物产生量大的主要行业有：金属制品业占34.72%、石油加工炼焦及核燃料加工业占30.52%、黑色金属冶炼及压延加工业17.66%、化学原料及化学制品制造业8.53%。上述4个行业合计占工业废水氰化物产生量的91.43%。

工业废水氰化物排放量大的行业：金属制品业废水氰化物排放量397.6吨、化学原料及化学制品制造业169.5吨、石油加工炼焦及核燃料加工业140.1吨、黑色金属冶炼及压延加工业55.4吨，分别占工业废水氰化物排放量的50.07%、21.35%、17.65%和7.11%，上述4个行业合计占全国工业废水氰化物排放量的96.18%。

表 4-2-14　全国工业行业废水氰化物产生量、排放量

| 工业行业 | 产生量/千克 | 排放量/千克 | 占全国比例/% | | 去除率/% |
|---|---|---|---|---|---|
| | | | 产生量 | 排放量 | |
| 金属制品业 | 3406401 | 397620 | 34.72 | 50.07 | 88.3 |
| 化学原料及化学制品制造业 | 837166 | 169543 | 8.53 | 21.35 | 79.7 |
| 石油加工、炼焦及核燃料加工业 | 2994781 | 140148 | 30.52 | 17.65 | 95.3 |
| 黑色金属冶炼及压延加工业 | 1733097 | 56449 | 17.66 | 7.11 | 96.7 |
| 通信设备、计算机及其他电子设备制造业 | 144970 | 5739 | 1.48 | 0.72 | 96.0 |
| 有色金属矿采选业 | 83749 | 4126 | 0.85 | 0.52 | 95.1 |
| 交通运输设备制造业 | 139572 | 3929 | 1.42 | 0.49 | 97.2 |
| 文教体育用品制造业 | 22863 | 2198 | 0.23 | 0.28 | 90.4 |
| 电气机械及器材制造业 | 51771 | 1895 | 0.53 | 0.24 | 96.3 |
| 专用设备制造业 | 51713 | 1635 | 0.53 | 0.21 | 96.8 |
| 燃气生产和供应业 | 29268 | 1290 | 0.30 | 0.16 | 95.6 |
| 通用设备制造业 | 37462 | 1166 | 0.38 | 0.15 | 96.9 |
| 有色金属冶炼及压延加工业 | 125768 | 507 | 1.28 | 0.06 | 99.6 |
| 其他工业行业 | 153698 | 7861 | 1.57 | 0.99 | 94.9 |
| 工业源总计 | 9812278 | 794106 | — | — | 91.9 |

表 4-2-15　全国各地区工业废水氰化物产生量、排放量

| 地　区 | 产生量 / 千克 | 排放量 / 千克 | 占全国比例 /% | | 去除率 /% |
|---|---|---|---|---|---|
| | | | 产生量 | 排放量 | |
| 北　京 | 17533 | 814 | 0.18 | 0.10 | 95.4 |
| 天　津 | 45229 | 798 | 0.46 | 0.10 | 98.2 |
| 河　北 | 511259 | 19235 | 5.21 | 2.42 | 96.2 |
| 山　西 | 661222 | 74278 | 6.74 | 9.35 | 88.8 |
| 内蒙古 | 116361 | 12444 | 1.19 | 1.57 | 89.3 |
| 辽　宁 | 529955 | 29653 | 5.40 | 3.73 | 94.4 |
| 吉　林 | 50077 | 2839 | 0.51 | 0.36 | 94.3 |
| 黑龙江 | 65517 | 13169 | 0.67 | 1.66 | 79.9 |
| 上　海 | 159948 | 5077 | 1.63 | 0.64 | 96.8 |
| 江　苏 | 953883 | 41161 | 9.72 | 5.18 | 95.7 |
| 浙　江 | 1173226 | 98677 | 11.96 | 12.43 | 91.6 |
| 安　徽 | 169040 | 27499 | 1.72 | 3.46 | 83.7 |
| 福　建 | 220449 | 48680 | 2.25 | 6.13 | 77.9 |
| 江　西 | 1825849 | 71815 | 18.61 | 9.04 | 96.1 |
| 山　东 | 250417 | 43933 | 2.55 | 5.53 | 82.5 |
| 河　南 | 298110 | 14354 | 3.04 | 1.81 | 95.2 |
| 湖　北 | 151259 | 15424 | 1.54 | 1.94 | 89.8 |
| 湖　南 | 286868 | 43368 | 2.92 | 5.46 | 84.9 |
| 广　东 | 1392810 | 185806 | 14.19 | 23.40 | 86.7 |
| 广　西 | 65791 | 7435 | 0.67 | 0.94 | 88.7 |
| 海　南 | 195 | 20 | 0.002 | 0.002 | 89.7 |
| 重　庆 | 57851 | 5855 | 0.59 | 0.74 | 89.9 |
| 四　川 | 143420 | 3713 | 1.46 | 0.47 | 97.4 |
| 贵　州 | 201064 | 2875 | 2.05 | 0.36 | 98.6 |
| 云　南 | 116760 | 7054 | 1.19 | 0.89 | 94.0 |
| 西　藏 | — | — | — | — | — |
| 陕　西 | 256148 | 7872 | 2.61 | 0.99 | 96.9 |
| 甘　肃 | 2746 | 342 | 0.03 | 0.04 | 87.5 |
| 青　海 | 44255 | 3373 | 0.45 | 0.42 | 92.4 |
| 宁　夏 | 25790 | 6262 | 0.26 | 0.79 | 75.7 |
| 新　疆 | 19242 | 279 | 0.20 | 0.04 | 98.6 |
| 合　计 | 9812278 | 794106 | — | — | 91.9 |

#### 4.2.2.6　砷

全国工业废水砷产生量 7731 吨，排放量 185 吨，平均去除率为 97.6%。

工业废水砷产生量大的省中，甘肃全国工业废水砷产生量占 17.46%、江西 15.92%、云南 10.91%、湖北 7.11%、四川 5.97%、湖南 5.54%、贵州 5.49%，上述 7 个省合计占 77.12%。

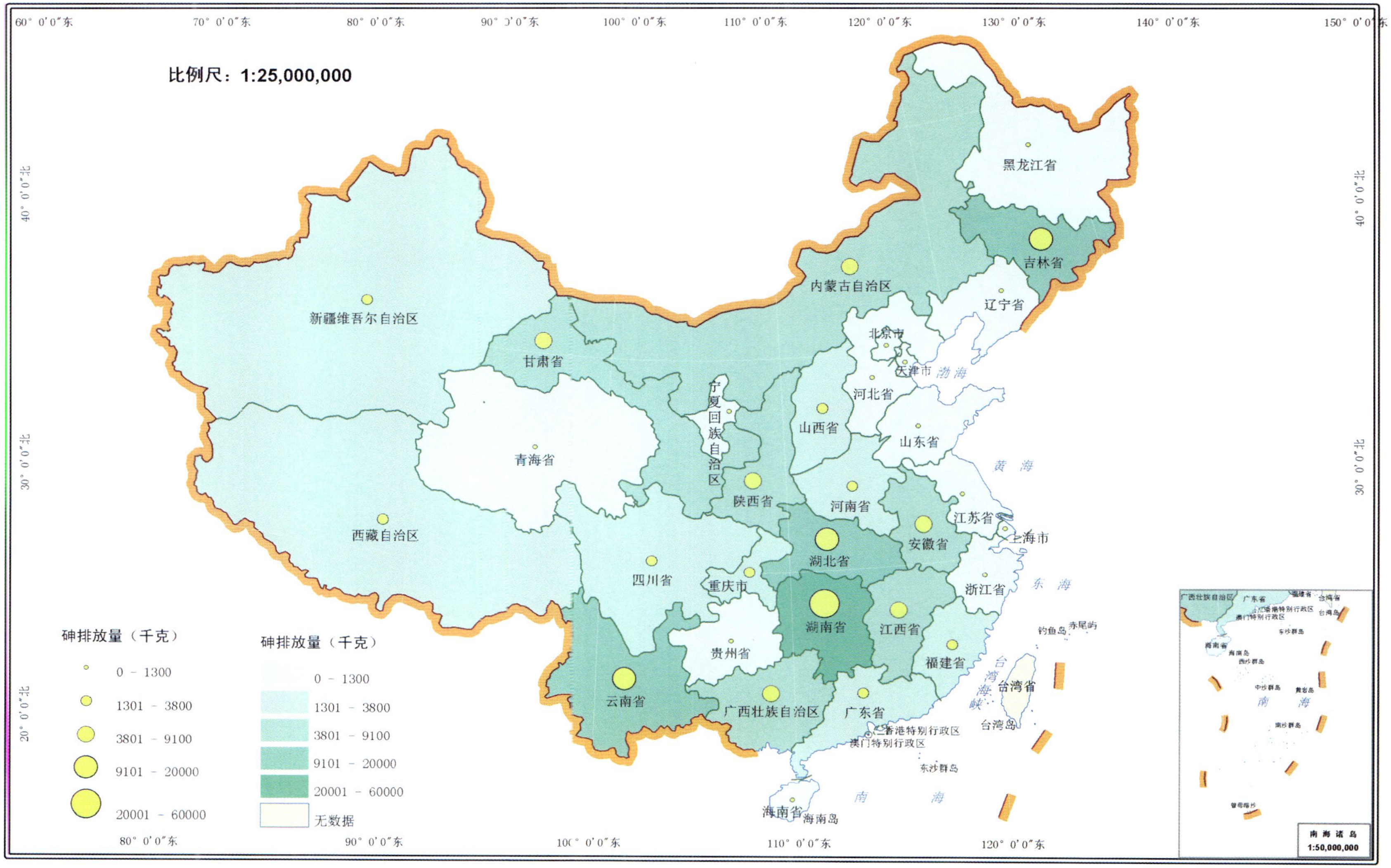


图 4-2-16　全国各地区工业废水砷排放量分布

**表 4-2-16　全国各地区工业废水砷产生量、排放量**

| 地　区 | 产生量 / 千克 | 排放量 / 千克 | 占全国工业源比例 /% | | 去除率 /% |
|---|---|---|---|---|---|
| | | | 产生量 | 排放量 | |
| 北　京 | 1343 | 13 | 0.02 | 0.007 | 99.0 |
| 天　津 | 74 | 25 | 0.001 | 0.014 | 66.2 |
| 河　北 | 219304 | 946 | 2.84 | 0.51 | 99.6 |
| 山　西 | 89389 | 3827 | 1.16 | 2.07 | 95.7 |
| 内蒙古 | 200728 | 6763 | 2.60 | 3.66 | 96.6 |
| 辽　宁 | 197121 | 1281 | 2.55 | 0.69 | 99.4 |
| 吉　林 | 21483 | 17566 | 0.28 | 9.50 | 18.2 |
| 黑龙江 | 27592 | 236 | 0.36 | 0.13 | 99.1 |
| 上　海 | 3264 | 84 | 0.04 | 0.04 | 97.4 |
| 江　苏 | 165343 | 872 | 2.14 | 0.47 | 99.5 |
| 浙　江 | 103422 | 1203 | 1.34 | 0.65 | 98.8 |
| 安　徽 | 297676 | 6130 | 3.85 | 3.31 | 97.9 |
| 福　建 | 36714 | 1981 | 0.47 | 1.07 | 94.6 |
| 江　西 | 1230579 | 9061 | 15.92 | 4.90 | 99.3 |
| 山　东 | 157742 | 1247 | 2.04 | 0.67 | 99.2 |
| 河　南 | 128303 | 1895 | 1.66 | 1.02 | 98.5 |
| 湖　北 | 549397 | 13887 | 7.11 | 7.51 | 97.5 |
| 湖　南 | 427915 | 60335 | 5.54 | 32.62 | 85.9 |
| 广　东 | 377447 | 2321 | 4.88 | 1.25 | 99.4 |
| 广　西 | 130840 | 8967 | 1.69 | 4.85 | 93.1 |
| 海　南 | 1.1 | 0.5 | … | … | 54.5 |
| 重　庆 | 59002 | 1987 | 0.76 | 1.07 | 96.6 |
| 四　川 | 461257 | 2527 | 5.97 | 1.37 | 99.5 |
| 贵　州 | 424100 | 684 | 5.49 | 0.37 | 99.8 |
| 云　南 | 843737 | 19805 | 10.91 | 10.71 | 97.7 |
| 西　藏 | 5502 | 3731 | 0.07 | 2.02 | 32.2 |
| 陕　西 | 89270 | 6314 | 1.15 | 3.41 | 92.9 |
| 甘　肃 | 1349818 | 6601 | 17.46 | 3.57 | 99.5 |
| 青　海 | 11202 | 734 | 0.14 | 0.40 | 93.4 |
| 宁　夏 | 107716 | 258 | 1.39 | 0.14 | 99.8 |
| 新　疆 | 13290 | 3674 | 0.17 | 1.99 | 72.4 |
| 合　计 | 7730571 | 184956 | — | — | 97.6 |

注：表中“…”表示数值小于汇总数据最低保留位数，但不为“0”。

湖南工业废水砷排放量 60.3 吨，为各省（自治区、直辖市）中最大，占全国工业废水砷排放量的 32.62%。其他各省中，云南 19.8 吨，占 10.71%；吉林 17.6 吨，占 9.50%；湖北 13.9 吨，占 7.51%；江西 9.1 吨，占 4.90%；广西 9.0 吨，占 4.85%；内蒙古 6.8 吨，占 3.66%；甘肃 6.6 吨，占 3.57%；陕西 6.3 吨，占 3.41%；安徽 6.1 吨，占 3.31%。上述 10 个省（自治区）合计占全国工业废水砷排放量的 84.04%。

工业废水砷产生量主要集中在有色金属冶炼及压延加工业、化学原料及化学制品制造业，分别占工业废水砷产生量的 54.17% 和 42.56%。有色金属矿采选业废水砷产生量占工业废水砷产生量的 1.62%。上述 3 个行业合计占工业废水砷产生量的 98.35%。

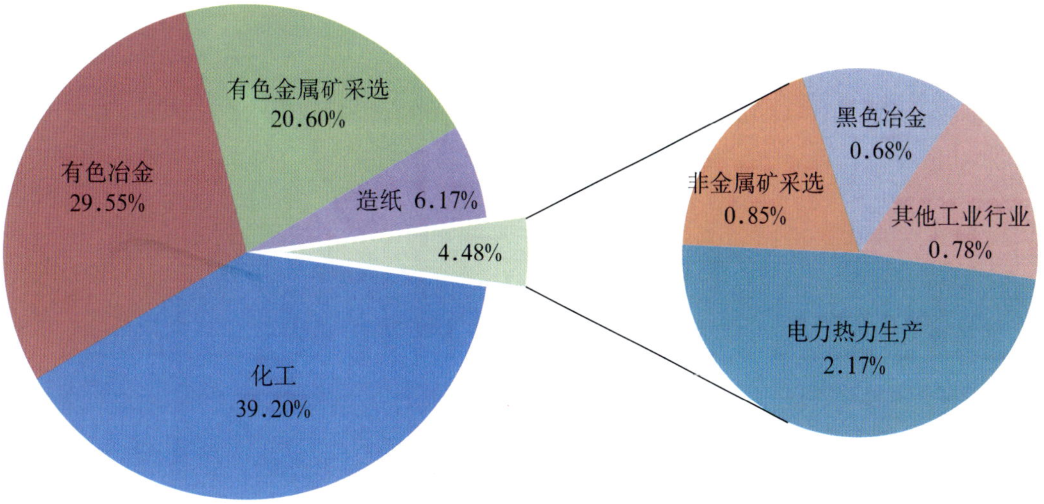


图 4-2-17 全国工业行业废水砷排放量比例

表 4-2-17 全国工业行业废水砷产生量、排放量

| 工业行业 | 产生量 / 千克 | 排放量 / 千克 | 占工业源比例 /% | | 去除率 /% |
|---|---|---|---|---|---|
| | | | 产生量 | 排放量 | |
| 化学原料及化学制品制造业 | 3289752 | 72495 | 42.56 | 39.20 | 97.8 |
| 有色金属冶炼及压延加工业 | 4187424 | 54649 | 54.17 | 29.55 | 98.7 |
| 有色金属矿采选业 | 125418 | 38104 | 1.62 | 20.60 | 69.6 |
| 造纸及纸制品业 | 13286 | 11416 | 0.17 | 6.17 | 14.1 |
| 电力、热力的生产和供应业 | 4160 | 4017 | 0.05 | 2.17 | 3.4 |
| 非金属矿采选业 | 2491 | 1580 | 0.03 | 0.85 | 36.6 |
| 黑色金属冶炼及压延加工业 | 2617 | 1262 | 0.03 | 0.68 | 51.8 |
| 其他工业行业 | 105424 | 1434 | 1.36 | 0.78 | 98.6 |
| 全国工业源总计 | 7730571 | 184956 | 100 | 100 | 97.6 |

化学原料及化学制品制造业废水砷排放量为 72.5 吨，占工业废水砷排放量的 39.20%；其次为有色金属冶炼及压延加工业 54.6 吨、占 29.55%；有色金属矿采选业 38.1 吨、占 20.60%。造纸及纸制品业废水砷主要源于个别省部分造纸企业自备硫酸生产，其废水处理设施对砷的去除率较低，废水砷排放量 38.1 吨，占工业废水砷排放量的 6.17%。上述 4 个行业合计占工业废水砷排放量的 95.52%。

#### 4.2.2.7 铬

全国工业废水铬产生量 9503 吨，排放量 1643 吨，平均去除率为 82.7%。

全国工业废水铬产生量中：浙江占 28.69%、广东占 20.49%、福建占 15.09%、江苏占 7.49%、河南占 3.96%、河北占 3.71%、重庆占 3.50%，上述 7 个省（市）合计占全国工业废水铬产生量的 82.93%。

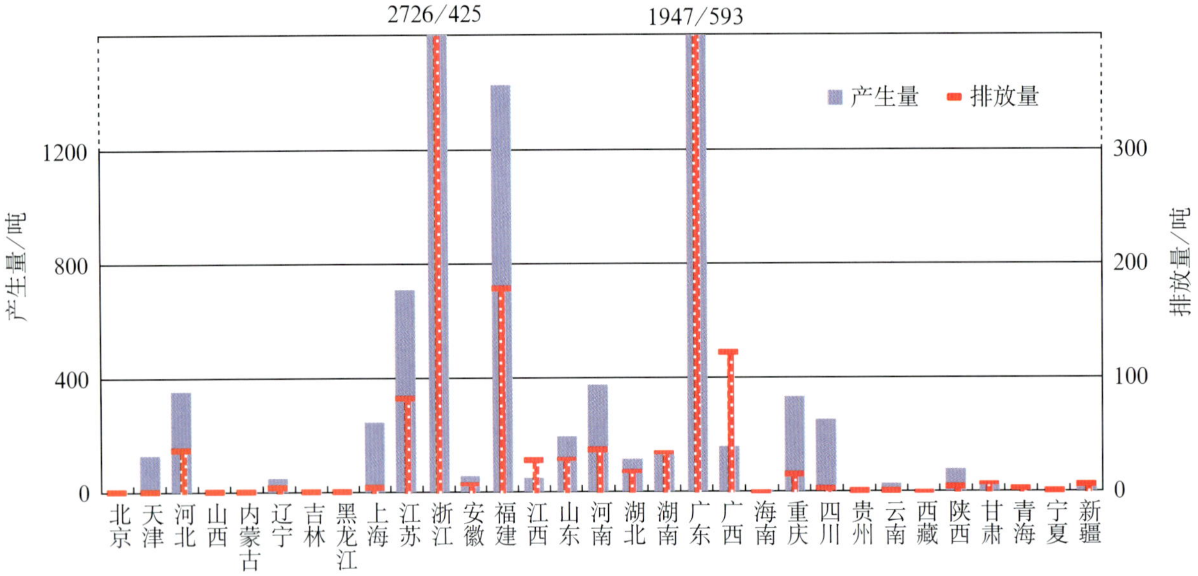


**图 4-2-18　全国各地区工业废水铬产生量、排放量**

工业废水铬排放量大的省（自治区、直辖市）中，广东铬排放量为 592.7 吨，占全国工业废水铬排放量的 36.07%；浙江 425.4 吨，占 25.89%；福建 178.4 吨，占 10.85%；广西 122.6 吨，占 7.46%；江苏 82.4 吨，占 5.02%；河北 37.6 吨，占 2.29%；河南 37.5 吨，占 2.28%；湖南 34.2 吨，占 2.08%。上述 8 个省（自治区）工业废水铬排放量合计占 91.93%。

**表 4-2-18　全国工业行业废水铬产生量、排放量**

| 工业行业 | 产生量 / 千克 | 排放量 / 千克 | 占工业源比例 /% | | 去除率 /% |
|---|---|---|---|---|---|
| | | | 产生量 | 排放量 | |
| 金属制品业 | 6305654 | 1070246 | 66.35 | 65.12 | 83.0 |
| 皮革、毛皮、羽毛（绒）及其制品业 | 1654925 | 502803 | 17.41 | 30.59 | 69.6 |
| 交通运输设备制造业 | 416783 | 20180 | 4.39 | 1.23 | 95.2 |
| 化学原料及化学制品制造业 | 293087 | 11818 | 3.08 | 0.72 | 96.0 |
| 黑色金属冶炼及压延加工业 | 219230 | 7765 | 2.31 | 0.47 | 96.5 |
| 专用设备制造业 | 65384 | 5188 | 0.69 | 0.32 | 92.1 |
| 通用设备制造业 | 87628 | 4921 | 0.92 | 0.30 | 94.4 |
| 通信设备、计算机及其他电子设备制造业 | 111827 | 4426 | 1.18 | 0.27 | 96.0 |
| 黑色金属矿采选业 | 5163 | 3506 | 0.05 | 0.21 | 32.1 |
| 文教体育用品制造业 | 33090 | 1529 | 0.35 | 0.09 | 95.4 |
| 有色金属冶炼及压延加工业 | 43711 | 1232 | 0.46 | 0.07 | 97.2 |
| 有色金属矿采选业 | 7691 | 1200 | 0.08 | 0.07 | 84.4 |
| 电气机械及器材制造业 | 46704 | 1191 | 0.49 | 0.07 | 97.5 |
| 仪器仪表及文化、办公用机械制造业 | 49124 | 917 | 0.52 | 0.06 | 98.1 |
| 工艺品及其他制造业 | 49104 | 1054 | 0.52 | 0.06 | 97.9 |
| 其他工业行业 | 114127 | 5443 | 1.20 | 0.33 | 95.2 |
| 全国工业源合计 | 9503232 | 1643419 | 100 | 100 | 82.7 |

**表 4-2-19　全国各地区工业废水铬产生量、排放量**

| 地　区 | 产生量 / 千克 | 排放量 / 千克 | 占全国工业源比例 /% | | 去除率 /% |
|---|---|---|---|---|---|
| | | | 产生量 | 排放量 | |
| 北　京 | 16666 | 560 | 0.18 | 0.03 | 96.6 |
| 天　津 | 127785 | 984 | 1.34 | 0.06 | 99.2 |
| 河　北 | 352807 | 37575 | 3.71 | 2.29 | 89.3 |
| 山　西 | 5849 | 488 | 0.06 | 0.03 | 91.7 |
| 内蒙古 | 8887 | 986 | 0.09 | 0.06 | 88.9 |
| 辽　宁 | 53538 | 3826 | 0.56 | 0.23 | 92.9 |
| 吉　林 | 15765 | 1053 | 0.17 | 0.06 | 93.3 |
| 黑龙江 | 10006 | 179 | 0.11 | 0.01 | 98.2 |
| 上　海 | 242954 | 3985 | 2.56 | 0.24 | 98.4 |
| 江　苏 | 712041 | 82436 | 7.49 | 5.02 | 88.4 |
| 浙　江 | 2726172 | 425428 | 28.69 | 25.89 | 84.4 |
| 安　徽 | 58722 | 6979 | 0.62 | 0.42 | 88.1 |
| 福　建 | 1433674 | 178381 | 15.09 | 10.85 | 87.6 |
| 江　西 | 50605 | 28155 | 0.53 | 1.71 | 44.4 |
| 山　东 | 197542 | 28665 | 2.08 | 1.74 | 85.5 |
| 河　南 | 375976 | 37525 | 3.96 | 2.28 | 90.0 |
| 湖　北 | 112798 | 18009 | 1.19 | 1.10 | 84.0 |
| 湖　南 | 126498 | 34183 | 1.33 | 2.08 | 73.0 |
| 广　东 | 1947117 | 592742 | 20.49 | 36.07 | 69.6 |
| 广　西 | 160693 | 122605 | 1.69 | 7.46 | 23.7 |
| 海　南 | 10 | 1 | … | … | 90.0 |
| 重　庆 | 332821 | 15483 | 3.50 | 0.94 | 95.3 |
| 四　川 | 254765 | 2377 | 2.68 | 0.14 | 99.1 |
| 贵　州 | 8442 | 249 | 0.09 | 0.02 | 97.1 |
| 云　南 | 27870 | 459 | 0.29 | 0.03 | 98.4 |
| 西　藏 | 14 | 12 | … | … | 14.3 |
| 陕　西 | 78522 | 4118 | 0.83 | 0.25 | 94.8 |
| 甘　肃 | 28500 | 6760 | 0.30 | 0.41 | 76.3 |
| 青　海 | 8105 | 2176 | 0.09 | 0.13 | 73.2 |
| 宁　夏 | 1455 | 1093 | 0.02 | 0.07 | 24.9 |
| 新　疆 | 26632 | 5947 | 0.28 | 0.36 | 77.7 |
| 合　计 | 9503232 | 1643419 | — | — | 82.7 |

注：表中“…”表示数值小于汇总数据最低保留位数，但不为“0”。

#### 4.2.2.8　铅

全国工业废水铅产生量 4344 吨，排放量 191 吨，平均去除率为 95.6%。

甘肃、湖南、云南、江西、湖北等省工业废水铅产生量大，分别占全国工业废水铅产生量的 16.26%、14.80%、14.61%、10.98% 和 10.43%。5 省合计占全国工业废水铅产生量的 66.63%。

湖南工业废水铅排放量 55.9 吨，为各省（自治区）中最大，占全国工业废水铅排放量的 29.32%；云南 24.7 吨，占 12.92%；内蒙古 16.8 吨，占 8.78%；广东 16.7 吨，占 8.76%；广西 15.1 吨，占 7.89%；甘肃 12.6 吨，占 6.60%；江西 8.8 吨，占 4.61%。上述 7 个省（自治区）合计占全国工业废水铅排放量的 78.88%。

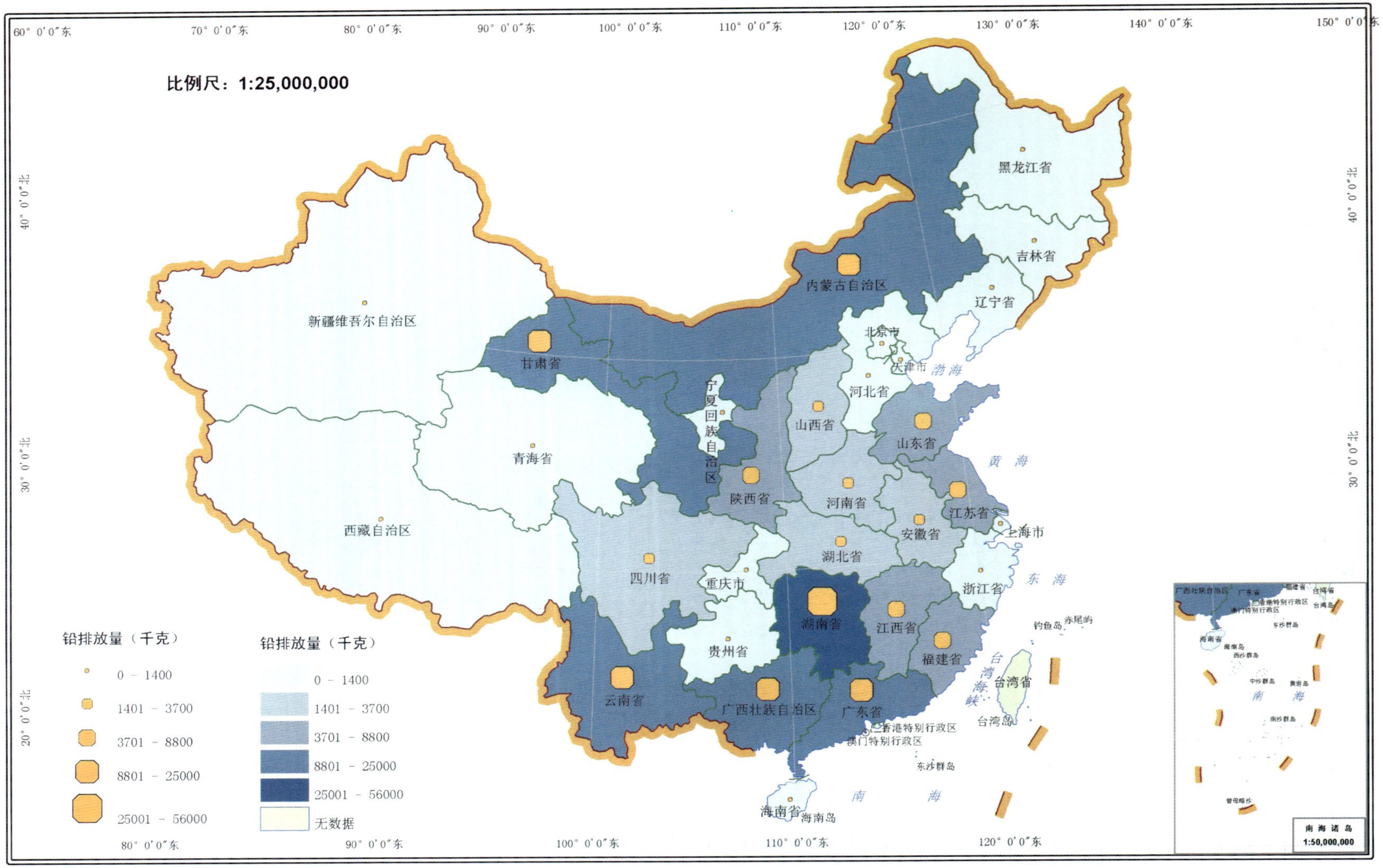


图 4-2-19　全国各地区工业废水铅排放量分布

有色金属冶炼及压延加工业废水铅产生量为各工业行业最大，占 72.35%；其次为化学原料及化学制品制造业占 12.02%，有色金属矿采选业占 9.28%。3 个行业合计占工业废水铅产生量的 93.65%。

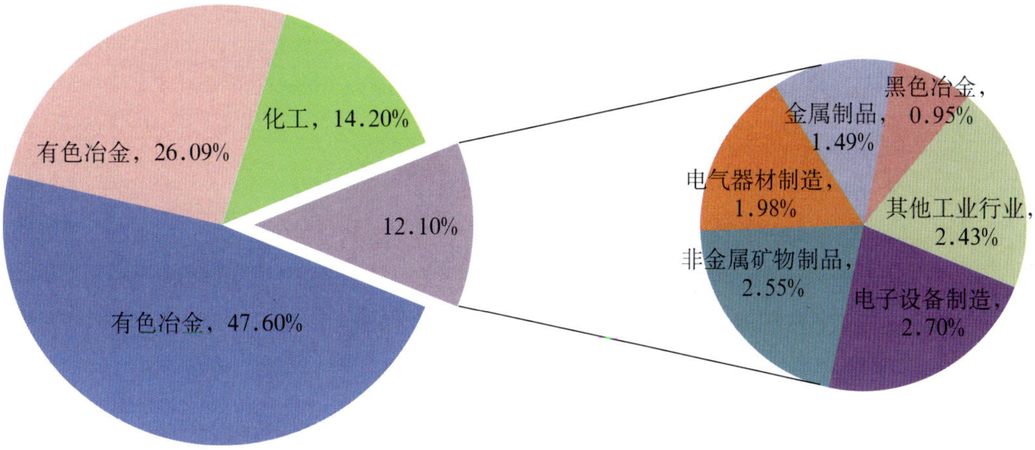


图 4-2-20　全国工业行业废水铅排放量比例

工业废水铅排放主要集中在有色金属冶炼、采选行业和化学原料及化学制品制造业。有色金属冶炼及压延加工业排放量最大，为 90.8 吨，占全国工业废水铅排放量的 47.60%。其次为有色金属矿采选业 49.8 吨，占 26.09%；化学原料及化学制品制造业 27.1 吨，占 14.20%。3 个行业合计占工业废水铅排放量的 87.89%。计算机及其他电子设备制造业 5.2 吨、非金属矿物制品业 4.9 吨、电气机械及器材制造业 3.8 吨，分别占工业废水铅排放量的 2.7%、2.55% 和 1.98%。

表 4-2-20　全国工业废水铅产生量、排放量

| 工业行业 | 产生量 / 千克 | 排放量 / 千克 | 占工业源比例 /% | | 去除率 /% |
|---|---|---|---|---|---|
| | | | 产生量 | 排放量 | |
| 有色金属冶炼及压延加工业 | 3142452 | 90847 | 72.35 | 47.60 | 97.1 |
| 有色金属矿采选业 | 402895 | 49802 | 9.28 | 26.09 | 87.6 |
| 化学原料及化学制品制造业 | 522014 | 27106 | 12.02 | 14.20 | 94.8 |
| 通信设备、计算机及其他电子设备制造业 | 89162 | 5158 | 2.05 | 2.70 | 94.2 |
| 非金属矿物制品业 | 84661 | 4864 | 1.95 | 2.55 | 94.3 |
| 电气机械及器材制造业 | 62908 | 3777 | 1.45 | 1.98 | 94.0 |
| 金属制品业 | 15650 | 2846 | 0.36 | 1.49 | 81.8 |
| 黑色金属冶炼及压延加工业 | 9078 | 1814 | 0.21 | 0.95 | 80.0 |
| 其他工业行业 | 14772 | 4639 | 0.34 | 2.43 | 68.6 |
| 全国工业源合计 | 4343592 | 190854 | 100 | 100 | 95.6 |

表 4-2-21　全国各地区工业废水铅产生量、排放量

| 地　区 | 产生量 / 千克 | 排放量 / 千克 | 占全国工业源比例 /% | | 去除率 /% |
|---|---|---|---|---|---|
| | | | 产生量 | 排放量 | |
| 北　京 | 565 | 79 | 0.01 | 0.04 | 86.0 |
| 天　津 | 1415 | 1224 | 0.03 | 0.64 | 13.5 |
| 河　北 | 55563 | 988 | 1.28 | 0.52 | 98.2 |
| 山　西 | 94358 | 2385 | 2.17 | 1.25 | 97.5 |
| 内蒙古 | 118471 | 16752 | 2.73 | 8.78 | 85.9 |
| 辽　宁 | 98995 | 1090 | 2.28 | 0.57 | 98.9 |
| 吉　林 | 652 | 171 | 0.02 | 0.09 | 73.8 |
| 黑龙江 | 3105 | 82 | 0.07 | 0.04 | 97.4 |
| 上　海 | 3608 | 395 | 0.08 | 0.21 | 89.1 |
| 江　苏 | 51763 | 4913 | 1.19 | 2.57 | 90.5 |
| 浙　江 | 40159 | 1441 | 0.92 | 0.75 | 96.4 |
| 安　徽 | 18403 | 3292 | 0.42 | 1.72 | 82.1 |
| 福　建 | 104376 | 4628 | 2.40 | 2.42 | 95.6 |
| 江　西 | 476859 | 8797 | 10.98 | 4.61 | 98.2 |
| 山　东 | 72595 | 4635 | 1.67 | 2.43 | 93.6 |
| 河　南 | 239589 | 2745 | 5.52 | 1.44 | 98.9 |
| 湖　北 | 452887 | 3734 | 10.43 | 1.96 | 99.2 |
| 湖　南 | 642794 | 55951 | 14.80 | 29.32 | 91.3 |
| 广　东 | 137238 | 16727 | 3.16 | 8.76 | 87.8 |
| 广　西 | 145237 | 15054 | 3.34 | 7.89 | 89.6 |
| 海　南 | 4.0 | 0.3 | … | … | 92.5 |
| 重　庆 | 2123 | 215 | 0.05 | 0.11 | 89.9 |
| 四　川 | 63695 | 2017 | 1.47 | 1.06 | 96.8 |
| 贵　州 | 12616 | 480 | 0.29 | 0.25 | 96.2 |
| 云　南 | 634677 | 24656 | 14.61 | 12.92 | 96.1 |
| 西　藏 | 542 | 0 | 0.01 | 0 | 100 |
| 陕　西 | 130231 | 4741 | 3.00 | 2.48 | 96.4 |
| 甘　肃 | 706083 | 12602 | 16.26 | 6.60 | 98.2 |
| 青　海 | 29929 | 941 | 0.69 | 0.49 | 96.9 |
| 宁　夏 | 4269 | 85 | 0.10 | 0.04 | 98.0 |
| 新　疆 | 793 | 34 | 0.02 | 0.02 | 95.7 |
| 合　计 | 4343592 | 190854 | — | — | 95.6 |

注：表中“…”表示数值小于汇总数据最低保留位数，但不为“0”。

#### 4.2.2.9　镉

全国工业废水镉产生量 2671 吨，排放量 36.9 吨，平均去除率为 98.6%。

工业废水镉产生量大的省（自治区）有：甘肃占工业废水镉产生量的 21.46%、江西占 15.02%、云南占 14.52%、湖南占 9.84%、湖北占 8.83%、河南占 7.36%、广西占 4.12%、辽宁占 4.05%。上述 8 个省（自治区）合计占工业废水镉产生量的 85.20%。

湖南工业废水镉排放量最大，为 17.5 吨，占全国工业废水镉排放量的 47.60%；其后依次为：云南 3.7 吨，占 10.01%；甘肃 2.7 吨，占 7.40%；内蒙古 2.5 吨，占 6.76%；江西 2.2 吨，占 5.99%；广西 2.1 吨，占 5.71%；山东 1.1 吨，占 3.09%。上述 7 个省（自治区）合计占全国工业源工业废水镉排放量的 86.56%。

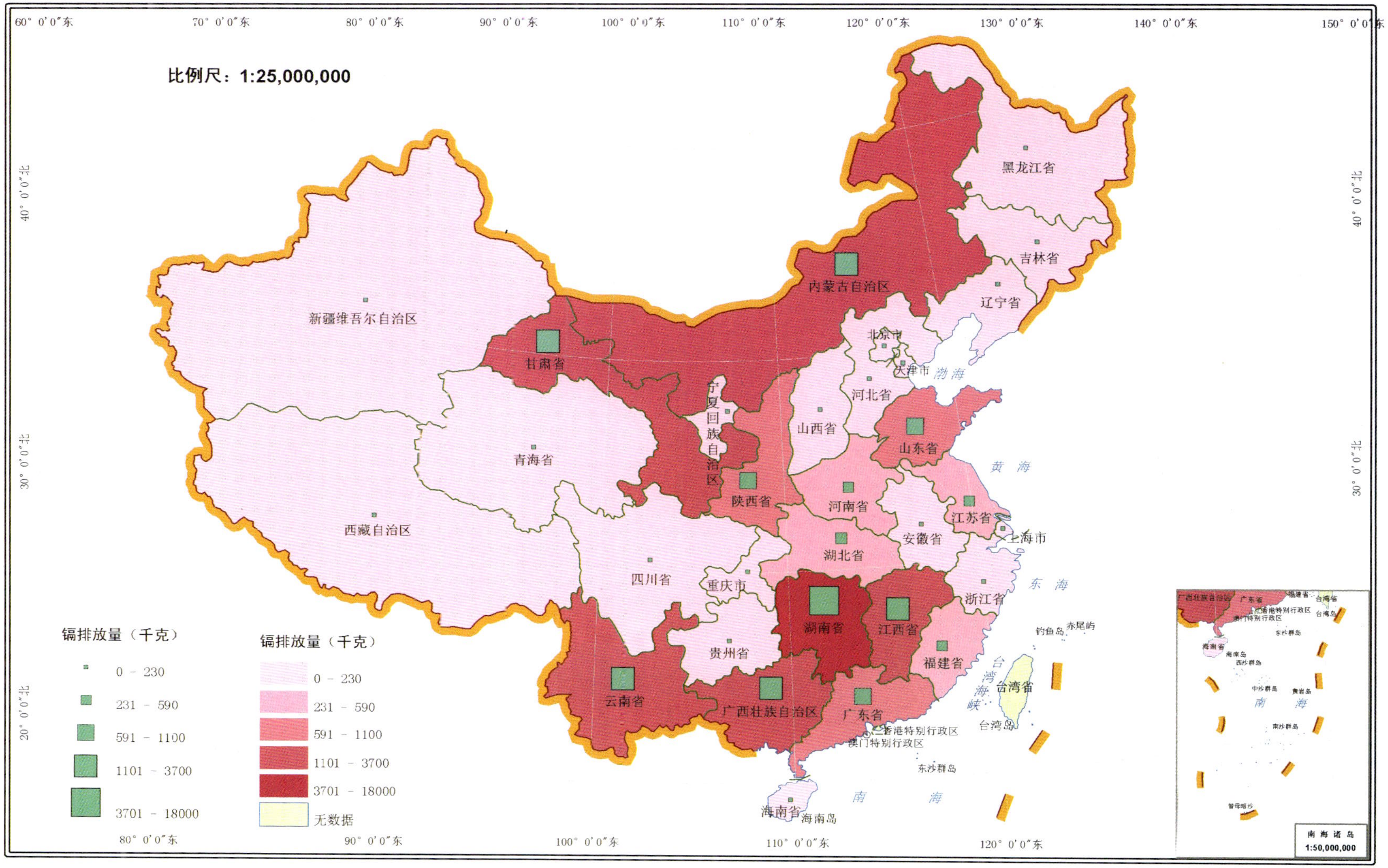


图 4-2-21　全国各地区工业废水镉排放量分布

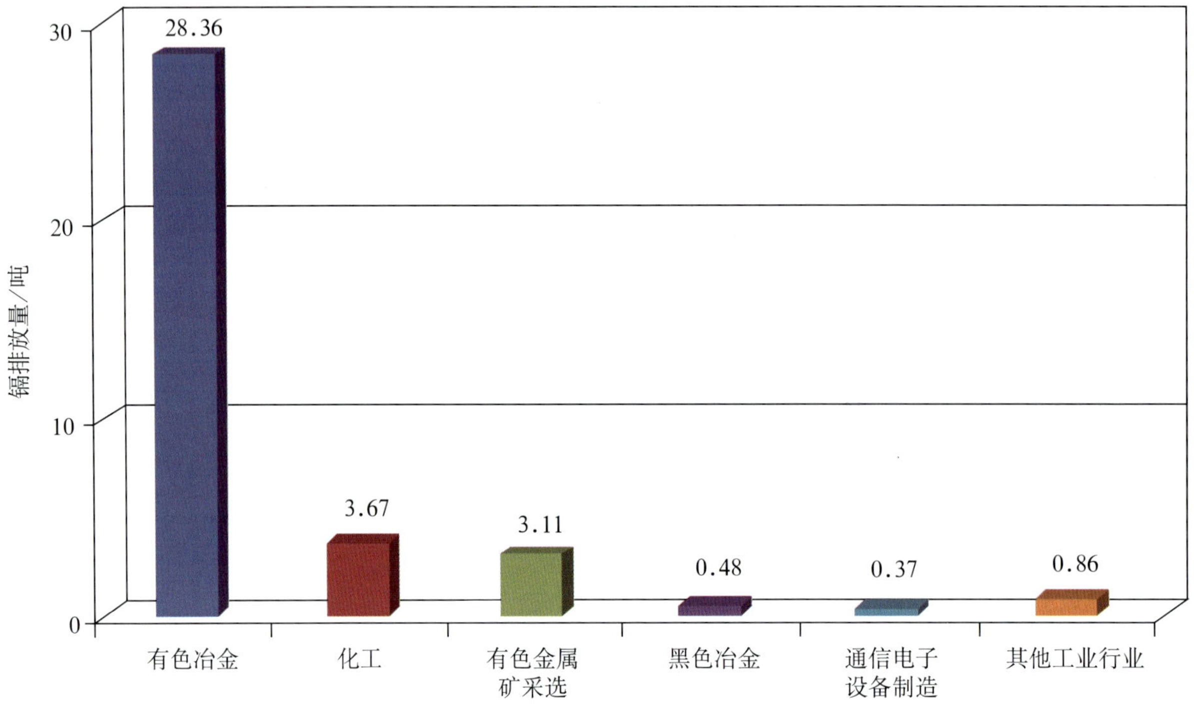


**图 4-2-22　全国工业行业废水镉排放量**

工业废水中的镉主要来源于有色金属冶炼及压延加工业，镉产生量为 2411 吨，占工业废水镉产生量的 90.27%；镉排放量为 28.4 吨，占工业废水镉排放量的 76.96%；其次为化学原料及化学制品制造业，镉产生量为 230 吨，占工业废水镉产生量的 8.60%，排放量为 3.7 吨，占工业废水镉排放量的 9.97%。有色金属矿采选业排放量为 3.1 吨，占工业废水镉排放量的 8.44%。上述 3 个行业合计占工业废水镉排放量的 95.37%。

**表 4-2-22　全国工业行业废水镉产生量、排放量**

| 工 业 行 业 | 产生量 / 千克 | 排放量 / 千克 | 占工业源比例 /% | | 去除率 /% |
|---|---|---|---|---|---|
| | | | 产生量 | 排放量 | |
| 有色金属冶炼及压延加工业 | 2411125 | 28361 | 90.27 | 76.96 | 98.8 |
| 化学原料及化学制品制造业 | 229753 | 3674 | 8.60 | 9.97 | 98.4 |
| 有色金属矿采选业 | 20458 | 3110 | 0.77 | 8.44 | 84.8 |
| 黑色金属冶炼及压延加工业 | 4202 | 478 | 0.16 | 1.30 | 88.6 |
| 通信设备、计算机及其他电子设备制造业 | 1470 | 367 | 0.06 | 1.00 | 75.0 |
| 其他工业行业 | 4065 | 863 | 0.15 | 2.34 | 78.8 |
| 全国工业源总计 | 2671071 | 36853 | 100 | 100 | 98.6 |

**表 4-2-23　全国各地区工业废水镉产生量、排放量**

| 地　区 | 产生量 / 千克 | 排放量 / 千克 | 占全国工业源比例 % | | 去除率 % |
|---|---|---|---|---|---|
| | | | 产生量 | 排放量 | |
| 北　京 | 2.1 | 2.1 | … | 0.01 | 0 |
| 天　津 | 35 | 23 | … | 0.06 | 34.3 |
| 河　北 | 30529 | 95 | 1.14 | 0.26 | 99.7 |
| 山　西 | 51866 | 140 | 1.94 | 0.38 | 99.7 |
| 内蒙古 | 66317 | 2491 | 2.48 | 6.76 | 96.2 |
| 辽　宁 | 108209 | 85 | 4.05 | 0.23 | 99.9 |
| 吉　林 | 44 | 5 | … | 0.01 | 88.6 |
| 黑龙江 | 481 | 18 | 0.02 | 0.05 | 96.3 |
| 上　海 | 4.3 | 1 | … | … | 76.7 |
| 江　苏 | 15603 | 485 | 0.58 | 1.32 | 96.9 |
| 浙　江 | 13228 | 230 | 0.50 | 0.62 | 98.3 |
| 安　徽 | 1119 | 219 | 0.04 | 0.59 | 80.4 |
| 福　建 | 44736 | 278 | 1.67 | 0.75 | 99.4 |
| 江　西 | 401201 | 2206 | 15.02 | 5.99 | 99.5 |
| 山　东 | 39670 | 1140 | 1.49 | 3.09 | 97.1 |
| 河　南 | 196510 | 561 | 7.36 | 1.52 | 99.7 |
| 湖　北 | 235923 | 588 | 8.83 | 1.60 | 99.8 |
| 湖　南 | 262790 | 17542 | 9.84 | 47.60 | 93.3 |
| 广　东 | 6305 | 950 | 0.24 | 2.58 | 84.9 |
| 广　西 | 109973 | 2105 | 4.12 | 5.71 | 98.1 |
| 海　南 | … | … | … | … | — |
| 重　庆 | 147 | 114 | 0.01 | 0.31 | 22.4 |
| 四　川 | 42346 | 150 | 1.59 | 0.41 | 99.6 |
| 贵　州 | 9659 | 134 | 0.36 | 0.36 | 98.6 |
| 云　南 | 387833 | 3691 | 14.52 | 10.01 | 99.0 |
| 西　藏 | 13 | 0 | … | 0 | 100 |
| 陕　西 | 58091 | 781 | 2.17 | 2.12 | 98.7 |
| 甘　肃 | 573237 | 2726 | 21.46 | 7.40 | 99.5 |
| 青　海 | 14114 | 79 | 0.53 | 0.21 | 99.4 |
| 宁　夏 | 1043 | 10 | 0.04 | 0.03 | 99.0 |
| 新　疆 | 41 | 5 | … | 0.01 | 87.8 |
| 合　计 | 2671071 | 36853 | — | — | 98.6 |

注：表中“…”表示数值小于汇总数据最低保留位数，但不为“0”。

#### 4.2.2.10　汞

全国工业废水汞产生量 20.8 吨，排放量 1.4 吨，平均去除率为 93.2%。

工业废水汞产生量中，湖南占 15.64%、云南占 14.46%、山东占 10.07%、内蒙古占 8.27%、四川占 7.01%、河南占 6.30%、新疆占 5.65%、广西占 4.54%。上述 8 个省（自治区）合计占工业废水汞产生量的 71.94%。

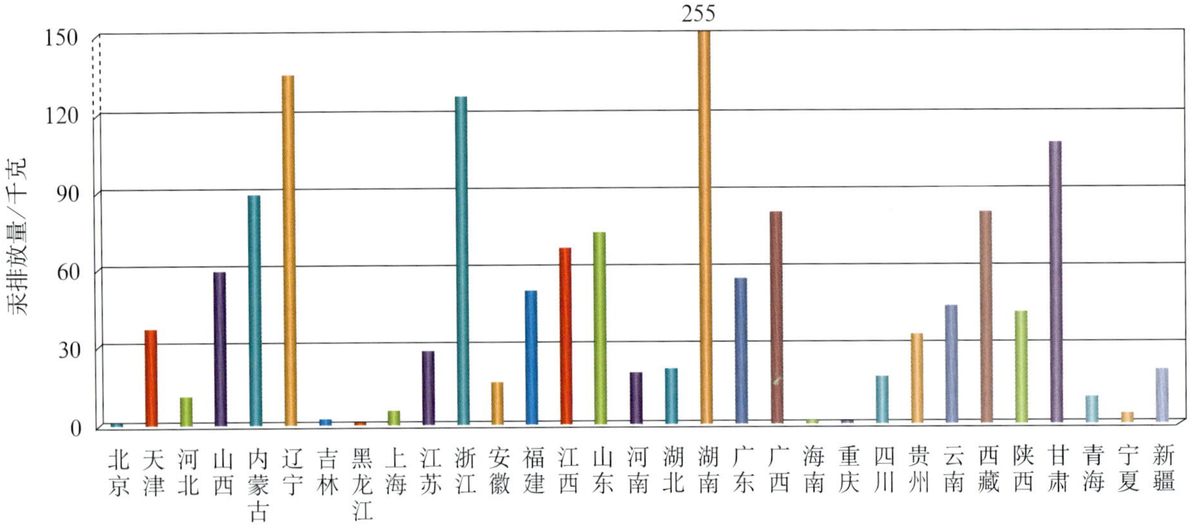


**图 4-2-23　全国各地区工业废水汞排放量**

全国工业废水汞排放量中，湖南 0.26 吨，占 18.13%；辽宁 0.13 吨，占 9.57%；浙江 0.13 吨，占 8.94%；甘肃 0.11 吨，占 7.64%；内蒙古 0.09 吨，占 6.30%；广西 0.08 吨，占 5.74%。上述 6 省（自治区）合计占全国工业废水汞排放量的 56.32%。

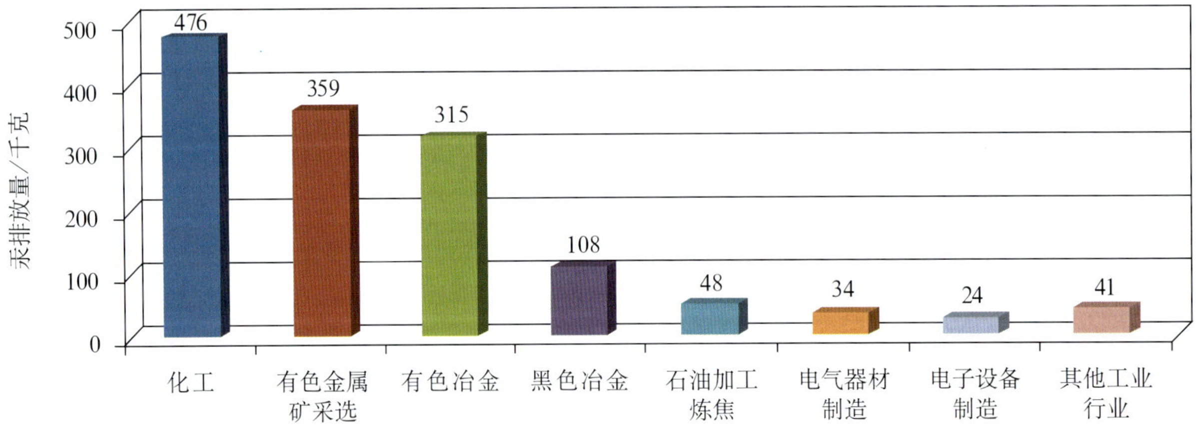


**图 4-2-24　全国工业行业废水汞排放量**

工业废水中的汞主要来源于化学原料及化学制品制造业、有色金属矿采选业、有色金属冶炼及压延加工业。其中，化学原料及化学制品制造业废水汞产生量最大，占工业废水汞产生量的 53.63%；其次为有色金属冶炼及压延加工业，占 28.70%；有色金属矿采选业占 14.84%。上述 3 个行业合计占工业废水汞产生量的 97.17%。

化学原料及化学制品制造业废水汞排放量 0.48 吨，有色金属矿采选业为 0.36 吨，有色金属冶炼及压延加工业为 0.32 吨，分别占工业废水汞排放量的 33.87%、25.54% 和 22.43%。3 个行业合计占工业废水汞排放量的 81.84%。

表 4-2-24　全国工业行业废水汞产生量、排放量情况

| 工业行业 | 产生量 / 千克 | 排放量 / 千克 | 占工业源比例 % | | 去除率 % |
|---|---|---|---|---|---|
| | | | 产生量 | 排放量 | |
| 化学原料及化学制品制造业 | 11143 | 476 | 53.63 | 33.87 | 95.7 |
| 有色金属矿采选业 | 3084 | 359 | 14.84 | 25.54 | 88.4 |
| 有色金属冶炼及压延加工业 | 5963 | 315 | 28.70 | 22.43 | 94.7 |
| 黑色金属冶炼及压延加工业 | 129 | 108 | 0.62 | 7.70 | 16.0 |
| 石油加工、炼焦及核燃料加工业 | 49 | 48 | 0.24 | 3.42 | 1.9 |
| 电气机械及器材制造业 | 98 | 34 | 0.47 | 2.41 | 65.5 |
| 通信设备、计算机及其他电子设备制造业 | 26 | 24 | 0.12 | 1.71 | 6.2 |
| 其他工业行业 | 287 | 41 | 1.38 | 2.92 | 85.7 |
| 全国工业源合计 | 20778 | 1404 | 100 | 100 | 93.2 |

表 4-2-25　全国各地区工业废水汞产生量、排放量

| 地区 | 产生量 / 千克 | 排放量 / 千克 | 占全国工业源比例 /% | | 去除率 /% |
|---|---|---|---|---|---|
| | | | 产生量 | 排放量 | |
| 北京 | 0 | 0 | 0 | 0 | — |
| 天津 | 37 | 37 | 0.18 | 2.62 | 0 |
| 河北 | 606 | 11 | 2.92 | 0.79 | 98.2 |
| 山西 | 252 | 58 | 1.21 | 4.16 | 77.0 |
| 内蒙古 | 1719 | 89 | 8.27 | 6.30 | 94.8 |
| 辽宁 | 285 | 134 | 1.37 | 9.57 | 53.0 |
| 吉林 | 145 | 2 | 0.70 | 0.11 | 98.6 |
| 黑龙江 | 1.7 | 0.18 | 0.01 | 0.01 | 89.4 |
| 上海 | 29 | 4.8 | 0.14 | 0.34 | 83.4 |
| 江苏 | 636 | 27 | 3.06 | 1.96 | 95.8 |
| 浙江 | 285 | 126 | 1.37 | 8.94 | 55.8 |
| 安徽 | 20 | 16 | 0.09 | 1.13 | 20.0 |
| 福建 | 438 | 51 | 2.11 | 3.64 | 88.4 |
| 江西 | 383 | 67 | 1.84 | 4.78 | 82.5 |
| 山东 | 2093 | 73 | 10.07 | 5.21 | 96.5 |
| 河南 | 1308 | 19 | 6.30 | 1.33 | 98.5 |
| 湖北 | 333 | 20 | 1.60 | 1.44 | 94.0 |
| 湖南 | 3250 | 255 | 15.64 | 18.13 | 92.2 |
| 广东 | 299 | 55 | 1.44 | 3.92 | 81.6 |
| 广西 | 943 | 81 | 4.54 | 5.74 | 91.4 |
| 海南 | 1.43 | 0.01 | 0.01 | … | 99.3 |
| 重庆 | 0.19 | 0.18 | … | 0.01 | 5.3 |
| 四川 | 1456 | 17 | 7.01 | 1.24 | 98.8 |
| 贵州 | 314 | 34 | 1.51 | 2.41 | 89.2 |
| 云南 | 3005 | 45 | 14.46 | 3.18 | 98.5 |
| 西藏 | 1.25 | 0 | 0.01 | 0 | 100 |
| 陕西 | 318 | 42 | 1.53 | 3.01 | 86.8 |
| 甘肃 | 791 | 107 | 3.81 | 7.64 | 86.5 |
| 青海 | 61 | 10 | 0.29 | 0.69 | 83.6 |
| 宁夏 | 596 | 3.52 | 2.87 | 0.25 | 99.4 |
| 新疆 | 1173 | 20 | 5.65 | 1.44 | 98.3 |
| 合计 | 20778 | 1404 | 100 | 100 | 93.2 |

注：表中“…”表示数值小于汇总数据最低保留位数，但不为“0”。

#### 4.2.2.11 重金属

第一次全国污染源普查的工业废水污染物指标中包括了重金属即铅、铬、镉、汞和类金属砷，全国工业废水中重金属（包括铅、铬、镉、汞和类金属砷）产生量24269吨，排放量2057吨。

工业废水重金属产生量最大的行业为有色金属冶炼及压延加工业，占工业废水重金属产生量的40.34%，主要重金属为砷、铅、镉。其次为金属制品业，占工业废水重金属产生量的26.05%，主要重金属为铬。化学原料及化学制品制造业废水重金属产生量占全国工业废水重金属产生量的17.91%，主要重金属为砷、铅。

工业废水重金属排放量最大的行业为金属制品业、皮革毛皮羽毛（绒）及其制品业，工业废水重金属排放量分别为1073.2吨和502.8吨，分别占工业废水重金属排放量的52.06%和24.44%，主要为铬。有色金属冶炼及压延加工业废水重金属排放量175.4吨，占全国工业废水重金属排放量的8.53%，主要为铅、砷、镉。化学原料及化学制品制造业重金属排放量115.6吨，占全国工业废水产生量的5.62%，主要为砷、铅。有色金属矿采选业重金属排放量92.6吨，占工业废水重金属排放量的4.5%，主要为铅、砷。

全国各地区工业废水重金属产生量，浙江最大，为2883吨，占全国工业废水重金属产生量的11.88%，主要为铬；其次为甘肃2658吨，占全国工业废水重金属产生量的10.95%，主要为砷、铅、镉；广东2468吨，占全国工业废水重金属产生量的10.17%，主要为铬及砷、铅。

广东工业废水重金属排放量最大，为612.8吨，占全国工业废水重金属排放量的29.78%，主要重金属为皮革毛皮羽毛（绒）及其制品业、金属制品业、通信设备计算机及其他电子设备制造业排放的铬，以及有色金属冶炼及压延加工业等行业排放的铅。浙江工业废水重金属排放量428.4吨，占全国工业废水重金属排放量的20.82%，主要重金属为皮革毛皮羽毛（绒）及其制品业、金属制品业排放的铬。福建工业废水重金属排放量185.3吨，占全国工业废水重金属排放量的9.01%，主要为金属制品业、皮革毛皮羽毛（绒）及其制品业排放的铬。湖南工业废水重金属排放量168.3吨，占全国工业废水重金属排放量的8.18%，主要为有色金属冶炼及压延加工业、有色金属矿采选业、化学原料及化学制品制造业排放的铅、砷、镉。江苏工业废水排放量88.7吨，占全国工业废水重金属排放量的4.31%，主要为金属制品业、设备制造业排放的铬，以及化学原料及化学制品制造业、通信设备计算机及其他电子设备制造业、有色金属冶炼及压延加工业排放的铅。

表 4-2-26　全国工业行业废水重金属产生量、排放情况

| 工业行业 | 产生量/千克 | 排放量/千克 | 其中 | | | | | 占全国比例/% | |
|---|---|---|---|---|---|---|---|---|---|
| | | | 总铬 | 汞 | 镉 | 铅 | 砷 | 产生量 | 排放量 |
| 金属制品业 | 6322009 | 1073235 | 1070246 | 0 | 95 | 2846 | 47 | 26.05 | 52.16 |
| 皮革、毛皮、羽毛（绒）及其制品业 | 1654965 | 502811 | 502803 | 0 | 0 | 0 | 8 | 6.82 | 24.44 |
| 有色金属冶炼及压延加工业 | 9790675 | 175405 | 1232 | 315 | 28361 | 90847 | 54649 | 40.34 | 8.53 |
| 化学原料及化学制品制造业 | 4345748 | 115568 | 11818 | 476 | 3674 | 27106 | 72495 | 17.91 | 5.62 |
| 有色金属矿采选业 | 559545 | 92574 | 1200 | 359 | 3110 | 49802 | 38104 | 2.31 | 4.50 |
| 交通运输设备制造业 | 419619 | 20459 | 20180 | 0 | 38 | 240 | 1 | 1.73 | 0.99 |
| 黑色金属冶炼及压延加工业 | 235255 | 11427 | 7765 | 108 | 478 | 1814 | 1262 | 0.97 | 0.56 |
| 通信设备、计算机及其他电子设备制造业 | 203895 | 10122 | 4426 | 24 | 367 | 5158 | 147 | 0.84 | 0.49 |
| 非金属矿物制品业 | 95398 | 5683 | 369 | 13 | 112 | 4864 | 324 | 0.39 | 0.28 |
| 专用设备制造业 | 66110 | 5588 | 5188 | 3 | 17 | 119 | 261 | 0.27 | 0.27 |
| 通用设备制造业 | 89010 | 5327 | 4921 | 1 | 143 | 226 | 36 | 0.37 | 0.26 |
| 电气机械及器材制造业 | 109853 | 5052 | 1191 | 34 | 34 | 3777 | 16 | 0.45 | 0.25 |
| 电力、热力的生产和供应业 | 40967 | 5016 | 284 | 0 | 25 | 689 | 4017 | 0.17 | 0.24 |
| 黑色金属矿采选业 | 22541 | 4495 | 3506 | 0 | 130 | 675 | 183 | 0.09 | 0.22 |
| 其他工业行业 | 313656 | 24726 | 8291 | 72 | 268 | 2688 | 13406 | 1.29 | 1.20 |
| 工业源合计 | 24269244 | 2057486 | 1643419 | 1404 | 36853 | 190854 | 184956 | — | — |

表 4-2-27　全国各地区工业废水重金属产生、排放情况

| 地区 | 产生量/千克 | 排放量/千克 | 其中 | | | | | 占全国比例/% | | 主要重金属及行业 |
|---|---|---|---|---|---|---|---|---|---|---|
| | | | 总铬 | 汞 | 镉 | 铅 | 砷 | 产生量 | 排放量 | |
| 北　京 | 18575 | 654 | 560 | 0 | 2 | 79 | 13 | 0.08 | 0.03 | 铬（金属制品业、黑色金属冶炼及压延加工业）、铅（通信设备计算机及其他电子设备制造业） |
| 天　津 | 129345 | 2293 | 984 | 37 | 23 | 1224 | 25 | 0.53 | 0.11 | 铬（金属制品业、专用设备制造业）、铅（通信设备计算机及其他电子设备制造业） |
| 河　北 | 658810 | 39614 | 37575 | 11 | 95 | 988 | 946 | 2.71 | 1.93 | 铬［皮革毛皮羽毛（绒）及其制品业、金属制品业］、砷（化学原料及化学制品制造业）、铅（化学原料及化学制品制造业、电气器材制造业、有色金属冶炼及压延加工业） |
| 山　西 | 241715 | 6898 | 488 | 58 | 140 | 2385 | 3827 | 1.00 | 0.34 | 砷铅（化学原料及化学制品制造业、有色金属冶炼及压延加工业）、镉（有色金属冶炼及压延加工业） |
| 内蒙古 | 396122 | 27082 | 986 | 89 | 2491 | 16752 | 6763 | 1.63 | 1.32 | 铅、砷、镉（化学原料及化学制品制造业、有色金属冶炼及压延加工业、有色金属矿采选业） |

| 地区 | 产生量/千克 | 排放量/千克 | 其中 | | | | | 占全国比例/% | | 主要重金属及行业 |
|---|---|---|---|---|---|---|---|---|---|---|
| | | | 总铬 | 汞 | 镉 | 铅 | 砷 | 产生量 | 排放量 | |
| 辽宁 | 458147 | 6416 | 3826 | 134 | 85 | 1090 | 1281 | 1.89 | 0.31 | 铬［金属制品业、黑色金属冶炼及压延加工业、皮革毛皮羽毛（绒）及其制品业］、砷（化学原料及化学制品制造业、有色金属冶炼及压延加工业、有色金属矿采选业）、铅（有色金属冶炼及压延加工业、有色金属矿采选业） |
| 吉林 | 38089 | 18795 | 1053 | 2 | 5 | 171 | 17566 | 0.16 | 0.91 | 砷（化学原料及化学制品制造业、有色金属矿采选业、造纸及纸制品业）、铬（金属制品业、交通运输设备制造业） |
| 黑龙江 | 41186 | 516 | 179 | … | 18 | 82 | 236 | 0.17 | 0.03 | 砷（化学原料及化学制品制造业、有色金属矿采选业）、铬（金属制品业） |
| 上海 | 249860 | 4470 | 3985 | 5 | 1 | 395 | 84 | 1.03 | 0.22 | 铬（金属制品业、设备制造业）、铅（通信电子设备制造业） |
| 江苏 | 945386 | 88734 | 82436 | 27 | 485 | 4913 | 872 | 3.90 | 4.31 | 铬（金属制品业、设备制造业）、铅（化学原料及化学制品制造业、通信设备电子设备制造业、电气器材制造业）、砷（化学原料及化学制品制造业、有色金属冶炼及压延加工业） |
| 浙江 | 2883265 | 428427 | 425428 | 126 | 230 | 1441 | 1203 | 11.88 | 20.82 | 铬［皮革毛皮羽毛（绒）及其制品业、金属制品业］、铅（设备制造业） |
| 安徽 | 375939 | 16636 | 6979 | 16 | 219 | 3292 | 6130 | 1.55 | 0.81 | 铬（金属制品业）、砷铅（有色金属冶炼及压延加工业、化学原料及化学制品制造业） |
| 福建 | 1619939 | 185319 | 178381 | 51 | 278 | 4628 | 1981 | 6.67 | 9.01 | 铬［金属制品业、皮革毛皮羽毛（绒）及其制品业］、铅（有色金属矿采选业、有色金属冶炼及压延加工业、化学原料及化学制品制造业） |
| 江西 | 2159626 | 48286 | 28155 | 67 | 2206 | 8797 | 9061 | 8.90 | 2.35 | 铬［金属制品业、皮革毛皮羽毛（绒）及其制品业］、砷铅（有色金属冶炼及压延加工业、有色金属矿采选业） |
| 山东 | 469642 | 35760 | 28665 | 73 | 1140 | 4635 | 1247 | 1.94 | 1.74 | 铬［皮革毛皮羽毛（绒）及其制品业、金属制品业］、铅砷镉（化学原料及化学制品制造业、有色金属冶炼及压延加工业） |
| 河南 | 941687 | 42745 | 37525 | 19 | 561 | 2745 | 1895 | 3.88 | 2.08 | 铬［皮革毛皮羽毛（绒）及其制品业、金属制品业］、铅砷（有色金属冶炼及压延加工业、有色金属矿采选业） |
| 湖北 | 1351338 | 36238 | 18009 | 20 | 588 | 3734 | 13887 | 5.57 | 1.76 | 砷（化学原料及化学制品制造业、有色金属冶炼及压延加工业）、铅（有色金属冶炼及压延加工业、金属制品业）、铬（金属制品业、设备制造业、黑色金属冶炼及压延加工业） |
| 湖南 | 1463247 | 168265 | 34183 | 255 | 17542 | 55951 | 60335 | 6.03 | 8.18 | 铅砷镉（有色金属冶炼及压延加工业、有色金属矿采选业、化学原料及化学制品制造业）、铬［皮革毛皮羽毛（绒）及其制品业、金属制品业］ |

| 地　区 | 产生量/千克 | 排放量/千克 | 其中 | | | | | 占全国比例/% | | 主要重金属及行业 |
|---|---|---|---|---|---|---|---|---|---|---|
| | | | 总铬 | 汞 | 镉 | 铅 | 砷 | 产生量 | 排放量 | |
| 广　东 | 2468406 | 612795 | 592742 | 55 | 949 | 16727 | 2321 | 10.17 | 29.78 | 铬［皮革毛皮羽毛（绒）及其制品业、金属制品业、通信电子设备制造业］、砷（化学原料及化学制品制造业、有色金属冶炼及压延加工业）、铅（有色金属矿采选业、非金属矿物制品业） |
| 广　西 | 547685 | 148812 | 122605 | 81 | 2105 | 15054 | 8967 | 2.26 | 7.23 | 铬（金属制品业）、铅（有色金属冶炼及压延加工业、有色金属矿采选业）、砷（有色金属冶炼及压延加工业、有色金属矿采选业、化学原料及化学制品制造业） |
| 海　南 | 17 | 2 | 1 | … | … | … | … | … | … | |
| 重　庆 | 394093 | 17799 | 15483 | 0.2 | 114 | 215 | 1987 | 1.62 | 0.87 | 铬（金属制品业、交通运输设备制造业、化学原料及化学制品制造业）、砷（化学原料及化学制品制造业） |
| 四　川 | 823520 | 7089 | 2377 | 17 | 150 | 2017 | 2527 | 3.39 | 0.34 | 砷（化学原料及化学制品制造业、有色金属矿采选业、有色金属冶炼及压延加工业）、铅（有色金属矿采选业、有色金属冶炼及压延加工业）、铬［皮革毛皮羽毛（绒）及其制品业、金属制品业、交通运输设备制造业］ |
| 贵　州 | 455132 | 1581 | 249 | 34 | 134 | 480 | 684 | 1.88 | 0.08 | 砷铅（有色金属冶炼及压延加工业、有色金属矿采选业） |
| 云　南 | 1897122 | 48655 | 459 | 45 | 3691 | 24656 | 19805 | 7.82 | 2.36 | 铅砷镉（有色金属冶炼及压延加工业、化学原料及化学制品制造业、有色金属矿采选业） |
| 西　藏 | 6072 | 3743 | 12 | — | — | — | 3731 | 0.03 | 0.18 | — |
| 陕　西 | 356433 | 15996 | 4118 | 42 | 781 | 4741 | 6314 | 1.47 | 0.78 | 砷铅（有色金属冶炼及压延加工业、有色金属矿采选业、化学原料及化学制品制造业）、铬（金属制品业、设备制造业） |
| 甘　肃 | 2658428 | 28797 | 6760 | 107 | 2726 | 12602 | 6601 | 10.95 | 1.40 | 铅、砷、镉（有色金属冶炼及压延加工业、化学原料及化学制品制造业、有色金属矿采选业）、铬［化学原料及化学制品制造业、皮革毛皮羽毛（绒）及其制品业、金属制品业］ |
| 青　海 | 63411 | 3940 | 2176 | 10 | 79 | 941 | 734 | 0.26 | 0.19 | 铅砷（有色金属冶炼及压延加工业、有色金属矿采选业）、铬（金属制品业、化学原料及化学制品制造业） |
| 宁　夏 | 115078 | 1449 | 1093 | 4 | 10 | 85 | 258 | 0.47 | 0.07 | 砷（化学原料及化学制品制造业、有色金属冶炼及压延加工业）、铬［皮革毛皮羽毛（绒）及其制品业］ |
| 新　疆 | 41929 | 9679 | 5947 | 20 | 5 | 34 | 3674 | 0.17 | 0.47 | 铬［皮革毛皮羽毛（绒）及其制品业、黑色金属矿采选业、黑色金属冶炼及压延加工业］、砷（化学原料及化学制品制造业、有色金属矿采选业） |
| 合　计 | 24269244 | 2057486 | 1643419 | 1404 | 36853 | 190854 | 184956 | — | — | — |

注：表中“…”表示数值小于汇总数据最低保留位数，但不为“0”。

### 4.2.3 各流域工业废水污染物排放情况

#### 4.2.3.1 化学需氧量

全国工业废水化学需氧量排放量 715.13 万吨，其中：松花江流域 34.66 万吨，辽河流域 38.68 万吨，海河流域 75.23 万吨，黄河流域 53.75 万吨，淮河流域 60.49 万吨，长江流域 196.76 万吨，东南诸河流域 117.10 万吨，珠江流域 89.17 万吨，西南诸河流域 21.22 万吨，西北诸河流域 28.05 万吨。长江流域范围广、中下游工业企业多，工业废水化学需氧量排放量占全国工业废水化学需氧量排放量的 27.51%；其次为东南诸河、珠江流域，分别占 16.37% 和 12.47%；然后是海河、淮河、黄河流域分别占 10.52%、8.46% 和 7.52%；辽河、松花江流域分别占 5.41% 和 4.85%。

工业废水化学需氧量排放量直排入海量 57.37 万吨，占全国工业废水化学需氧量排放量的 7.32%。其中：直接排入渤海 4.70 万吨，黄海 6.87 万吨，东海 33.84 万吨，南海 6.96 万吨。

按照各流域工业废水污染物排放量和地表水资源量，折算排污负荷强度（即该流域范围废水污染物排放量与流域地表水资源量之比，或简称污 / 径比）。根据《2007 年中国水资源公报》中数据，2007 年全国地表水资源总量为 24242.5 亿米$^3$，工业化学需氧量排污负荷强度（污 / 径比）全国平均为 29.5 千克 / 万米$^3$。

海河流域工业化学需氧量排污负荷强度为 739.7 千克 / 万米$^3$，为全国平均值的 25 倍，化学需氧量排放对水环境质量影响大。排放量[①]占比重较大的行业为造纸及纸制品业、农副食品加工业、化学原料及化学制品制造业，分别占该流域工业化学需氧量排放量的 34.13%、12.53% 和 11.28%。海河流域全国各地区工业化学需氧量排放量中，河北最大，占 61.2%；其次为山东占 14.7%，河南占 10.4%，天津占 5.9%。

辽河流域工业化学需氧量排污负荷强度为 123.3 千克 / 万米$^3$，为全国平均值的 4.2 倍，居各流域第二位。化学需氧量排放的主要工业行业为造纸及纸制品业、饮料制造业、农副食品加工业、化学原料及化学制品制造业，分别占该流域工业化学需氧量排放量的 39.6%、11.0%、8.8% 和 5.4%。辽河流域全国各地区工业化学需氧量排放量中，辽宁最大，占 83.3%；其次为内蒙古占 11.6%，吉林占 5.1%。

淮河流域工业化学需氧量排污负荷强度为 55.7 千克 / 万米$^3$，为全国平均值的 1.9 倍，低于东南诸河和黄河流域，各流域中居第 5 位；但工业化学需氧量排放量高于黄河流域。化学需氧量排放的主要工业行业占该流域工业化学需氧量排放量的比例为：造纸及纸制品业占 22.1%，化学原料及化学制品制造业 12.9%，纺织业 8.8%，饮料制造业 8.7%%。淮河流域工业化学需氧量排放量中，山东占 48.5%，江苏占 23.1%，河南占 19.0%，安徽占 9.4%。

黄河流域工业化学需氧量排污负荷强度为 99.2 千克 / 万米$^3$，高于淮河，为全国平均水平的 3.3 倍。黄河流域全国各地区工业化学需氧量排放量中，陕西占 28.7%，宁夏占 22.8%，山西占 13.5%，内蒙古占 11.6%，甘肃占 8.2%，河南占 8.0%。排放化学需氧量的主要工业行业为：造纸及纸制品业占 38.5%，农副食品加工业 13.3%，化学原料及化学制品制造业 8.1%。

松花江流域工业化学需氧量排污负荷强度为 46.1 千克 / 万米$^3$，为全国平均水平的 1.6 倍。

①第一次全国污染源普查工业源排放量以企业厂区排放口计，本章中工业源废水污染物排放量未扣除再经过集中污水处理厂的削减量，故此处排污负荷强度表示工业源废水污染物排放对水环境及环境基础设施（如城镇污水处理厂）的压力。

排放化学需氧量的主要工业行业为：造纸及纸制品业占32.8%，农副食品加工业18.7%，饮料制造业占13.4%。该流域工业废水化学需氧量排放量中，黑龙江占49.6%，吉林占42.9%，内蒙古占7.5%。

虽然长江流域工业化学需氧量排放量为各流域最大，但地表径流量大，排污负荷强度为22.6千克/万米$^3$，与珠江、西北诸河相近，低于全国平均水平。排放化学需氧量的主要工业行业为：造纸及纸制品业占23.2%，纺织业22.8%，化学原料及化学制品制造业11.6%。长江流域工业废水化学需氧量排放量中，湖南占23.5%，江苏占22.3%，湖北占11.1%，四川占9.4%，浙江占8.7%，江西占7.9%，重庆占5.0%，安徽占3.5%，上海占3.3%。

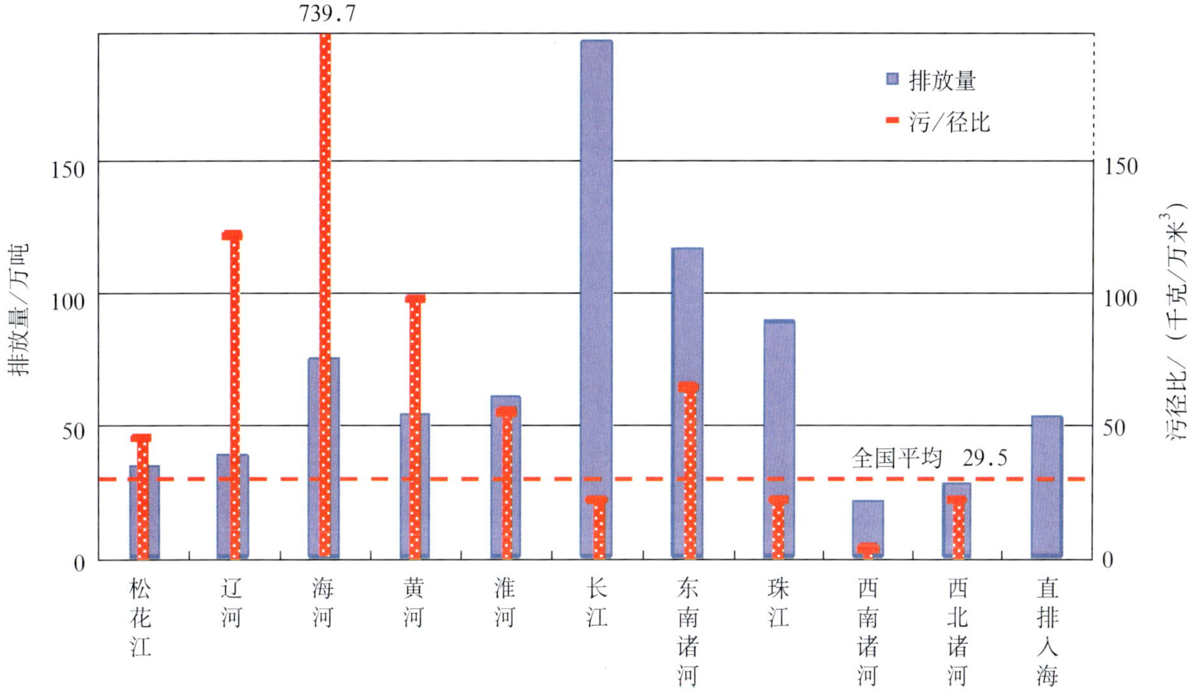


**图4-2-25 全国各流域工业废水化学需氧量排放情况**

东南诸河流域工业化学需氧量排污负荷强度为65.5千克/万米$^3$，为全国平均水平的2.2倍。东南诸河流域全国各地区工业化学需氧量排放量中，浙江占78.7%，福建占21.0%。该流域工业化学需氧量排放量的行业结构比例与其他流域不同，纺织业占51.8%，造纸及纸制品业占19.4%，农副食品加工业占6.1%。

珠江流域工业化学需氧量排污负荷强度为22.4千克/万米$^3$，与长江流域相近，低于全国平均水平。珠江流域工业废水化学需氧量排放主要工业行业为：农副食品加工业占35.3%，造纸及纸制品业占16.6%，饮料制造业占12.7%，纺织业占11.8%。珠江流域全国各地区工业化学需氧量排放量中，广西占49.5%，广东占41.4%。

西南诸河流域工业化学需氧量排放量和排污负荷强度均为各流域最低，化学需氧量排放量占全国工业化学需氧量排放量的2.97%，地表水资源量占全国总量的23.7%，排污负荷强度仅3.7千克/万米$^3$，为全国平均水平的13%。该流域工业化学需氧量排放量中，农副食品加工业占87.8%，饮料制造业4.8%；主要是云南省的排放量占99.7%。

**表 4-2-28　全国各流域工业废水化学需氧量排放情况**

| 流　域 | 产生量/万吨 | 排放量/万吨 | 占全国排放量比例 % | 污径比/（千克/万米$^3$） | 主要行业及所占比例 | 排放量大地区及所占比例/% |
|---|---|---|---|---|---|---|
| 松花江 | 197.86 | 34.66 | 4.85 | 46.1 | 造纸及纸制品业 32.8%、农副食品加工业 18.7%、饮料制造业 13.4%、化学原料及化学制品制造业 8.2% | 黑龙江 49.6<br>吉　林 42.9<br>内蒙古 7.5 |
| 辽河 | 137.40 | 38.68 | 5.41 | 123.3 | 造纸及纸制品业 39.6%、饮料制造业 11.0%、农副食品加工业 8.8%、化学原料及化学制品制造业 5.4% | 辽　宁 83.3<br>内蒙古 11.6<br>吉　林 5.1 |
| 海河 | 497.14 | 75.23 | 10.52 | 739.7 | 造纸及纸制品业 34.1%、农副食品加工业 12.5%、化学原料及化学制品制造业 11.3%、医药制造业 7.0% | 河　北 61.2<br>山　东 14.7<br>河　南 10.4<br>天　津 5.9<br>山　西 4.6<br>北　京 2.8 |
| 黄河 | 290.57 | 53.75 | 7.52 | 99.2 | 造纸及纸制品业 38.5%、农副食品加工业 13.3%、化学原料及化学制品制造业 8.1%、饮料制造业 7.8%、食品制造业 6.1% | 陕　西 28.7<br>宁　夏 22.8<br>山　西 13.5<br>内蒙古 11.6<br>甘　肃 8.2<br>河　南 8.0<br>青　海 4.8 |
| 淮河 | 463.99 | 60.49 | 8.46 | 55.7 | 造纸及纸制品业 22.1%、农副食品加工业 15.9%、化学原料及化学制品制造业 12.9%、纺织业 8.8%、饮料制造业 8.7% | 山　东 48.5<br>江　苏 23.1<br>河　南 19.0<br>安　徽 9.4 |
| 长江 | 739.67 | 196.76 | 27.51 | 22.6 | 造纸及纸制品业 23.2%、纺织业 22.8%、化学原料及化学制品制造业 11.6%、农副食品加工业 7.6%、饮料制造业 6.8% | 湖　南 23.5<br>江　苏 22.3<br>湖　北 11.1<br>四　川 9.4<br>浙　江 8.7<br>江　西 7.9<br>重　庆 5.0<br>安　徽 3.5<br>上　海 3.3 |
| 东南诸河 | 357.91 | 117.10 | 16.37 | 65.5 | 纺织业 51.8%、造纸及纸制品业 19.4%、农副食品加工业 6.1%、化学原料及化学制品制造业 5.5%、皮革毛皮羽毛绒及其制品业 3.6% | 浙　江 78.7<br>福　建 21.0 |
| 珠江 | 345.86 | 89.17 | 12.47 | 22.4 | 农副食品加工业 35.3%、造纸及纸制品业 16.6%、饮料制造业 12.7%、纺织业 11.8%、化学原料及化学制品制造业 4.1% | 广　西 49.5<br>广　东 41.4<br>云　南 3.9 |
| 西南诸河 | 41.86 | 21.22 | 2.97 | 3.7 | 农副食品加工业 87.8%、饮料制造业 4.8% | 云　南 99.7<br>西　藏 0.3 |
| 西北诸河 | 73.07 | 28.05 | 3.92 | 22.5 | 农副食品加工业 33.5%、造纸及纸制品业 24.2%、化学纤维制造业 11.6%、饮料制造业 6.5%、食品制造业 6.2%、化学原料及化学制品制造业 5.6% | 新　疆 78.5<br>甘　肃 13.4<br>内蒙古 5.1 |
| 全国 | 3145.35 | 715.13 | 100 | 29.5 | — | — |
| 其中：直排入海 | 183.22 | 52.37 | 7.32 | — | 纺织业 42.8%、农副食品加工业 18.2%、化学原料及化学制品制造业 9.8%、造纸及纸制品业 7.3%、饮料制造业 4.0%、石油加工炼焦及核燃料加工业 3.2% | 渤　海 9.0<br>黄　海 13.1<br>东　海 64.6<br>南　海 13.3 |

西北诸河流域工业化学需氧量排污负荷强度为22.5千克/万米$^3$，为全国平均水平的76%。该流域工业化学需氧量排放量中，农副食品加工业占33.5%，造纸及纸制品业24.2%，化学纤维制造业11.6%。新疆占78.5%，甘肃占13.4%。

尽管长江、珠江、西南诸河、西北诸河流域纳污强度负荷低于全国平均水平，但由于流域内各支流污染物排放量和水资源量的不均衡，导致部分支流排污负荷强度大，污染严重。

#### 4.2.3.2 氨氮

全国工业废水氨氮排放量30.36万吨，其中：长江流域最大，为10.70万吨，占全国工业废水氨氮排放量的35.23%；其次为黄河流域和珠江流域，分别为3.90万吨和3.82万吨，占12.85%和12.59%。淮河流域3.52万吨，占11.61%；海河流域2.95万吨，占9.71%；辽河流域1.00万吨，占3.19%。东南诸河流域2.66万吨，占8.77%。松花江、西北诸河、西南诸河工业氨氮排放量较小，合计占全国工业废水氨氮排放量的5.94%。

工业废水氨氮直排入海排放量1.55万吨，占全国工业废水氨氮排放量的5.09%。其中：直接排入渤海0.22万吨，黄海0.38万吨，东海0.78万吨，南海0.16万吨。

海河流域工业氨氮排污负荷强度（污/径比）为28.99千克/万米$^3$，居各流域首位，为全国平均水平的23倍，工业废水氨氮排放对水环境质量的压力非常大。该流域氨氮排放的主要工业行业为：化学原料及化学制品制造业占42.9%，皮革毛皮羽毛（绒）及其制品业占11.5%，石油加工炼焦及核燃料加工业占9.0%。海河流域全国各地区氨氮排放量中，河北排放量最大，占48.1%，山东占17.8%，山西占10.8%，河南占10.5%，天津占9.5%，北京占3.2%。

黄河流域工业氨氮排污负荷强度7.20千克/万米$^3$，为全国平均水平的5.7倍，居各流域第二位。排放量大主要工业行业中，有色金属冶炼及压延加工业居首位占40.1%，其次为化学原料及化学制品制造业占28.4%，石油加工炼焦及核燃料加工业占14.2%。流域内全国各地区排放量所占比例为：甘肃占26.7%，内蒙古占25.6%，山西占13.2%，宁夏占11.9%，陕西占9.5%，河南占9.1%。

淮河流域工业氨氮排污负荷强度3.24千克/万米$^3$，为全国平均水平的2.6倍。淮河流域工业废水氨氮排放量中，山东占46.3%，河南占22.7%，江苏占15.9%，安徽占15.1%。该流域化学原料及化学制品制造业排放量大，占51.7%；农副食品加工业占8.4%，食品制造业占7.1%，石油加工炼焦及核燃料加工业占6.4%，饮料制造业占5.4%。

辽河流域工业氨氮排污负荷强度3.19千克/万米$^3$，为全国平均水平的2.6倍。工业氨氮排放量中，辽宁占84.6%，内蒙古占8.0%，吉林占7.4%。化学原料及化学制品制造业占21.6%，石油加工炼焦及核燃料加工业占16.8%，农副食品加工业占10.0%。

长江、松花江、东南诸河流域工业氨氮排污负荷强度与全国平均水平相当；珠江、西北诸河、西南诸河流域低于全国水平，西南诸河排污负荷强度最低。

长江流域工业氨氮排放量中，湖南占24.4%，湖北占19.4%，江苏占13.1%，江西占8.8%，四川占7.9%。排放量大的主要行业为化学原料及化学制品制造业，占57.1%；石油加工炼焦及核燃料加工业占9.6%，有色金属冶炼及压延加工业占5.2%。

松花江流域工业氨氮排放主要行业为燃气生产和供应业，占23.7%；其次为石油加工炼焦及核燃料加工业，占20.1%；化学原料及化学制品制造业占15.4%，饮料制造业占11.3%。该流域工业氨氮排放量中，黑龙江占68.8%，吉林占27.5%，内蒙古占3.7%。

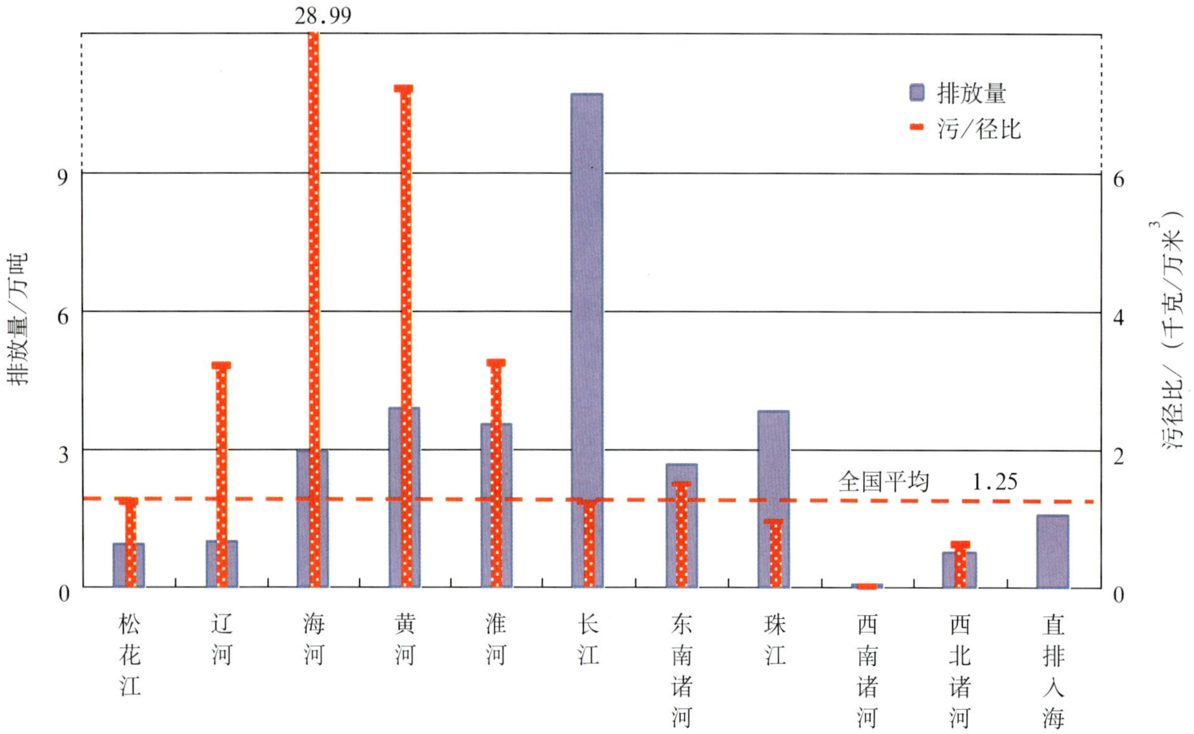


**图 4-2-26　全国各流域工业废水氨氮排放情况**

东南诸河流域工业氨氮排放量中，浙江占 81.7%，福建占 17.8%。该流域排放氨氮的主要工业行业为纺织业，占 34.3%；其次为化学原料及化学制品制造业占 25.3%，皮革毛皮羽毛（绒）及其制品业占 15.3%，农副食品加工业占 7.5%。

珠江流域工业氨氮排放量中，广东占 35.9%，江西占 21.4%，广西占 18.3%，云南占 18.1%。排放量大的主要行业为化学原料及化学制品制造业，占 35.0%；其次为有色金属冶炼及压延加工业，占 24.7%；农副食品加工业占 9.0%，纺织业占 7.2%，造纸及纸制品业占 5.2%。

西南诸河流域工业氨氮排放主要行业为农副食品加工业，占 66.4%；化学原料及化学制品制造业占 15.7%。

西北诸河流域工业氨氮排放主要行业为化学原料及化学制品制造业，占 60.6%；其次为黑色金属冶炼及压延加工业占 10.9%，石油加工炼焦及核燃料加工业占 7.9%，农副食品加工业占 7.1%。西北诸河流域全国各地区工业氨氮排放量中，黑龙江占 68.8%，吉林占 27.5%，内蒙古占 3.7%。

#### 4.2.3.3　*石油类*

全国工业废水石油类排放量 6.64 万吨，其中：长江流域排放量最大，为 2.21 万吨，占全国工业废水石油类排放量的 33.23%；其次为海河流域 0.85 万吨，占 12.87%；黄河流域 0.79 万吨，占 11.98%；珠江流域 0.73 万吨，占 11.05%；淮河流域 0.66 万吨，占 9.93%；东南诸河流域 0.64 万吨，占 9.64%；辽河流域 0.37 万吨，占 5.54%。

工业废水石油类排放量直排入海量为 0.37 万吨，占全国工业废水石油类排放量的 5.59%。其中：直接排入渤海 0.04 万吨，黄海 0.11 万吨，东海 0.19 万吨，南海 0.03 万吨。

表 4-2-29 各流域工业废水氨氮排放情况

| 流 域 | 产生量/吨 | 排放量/吨 | 占全国排放量比例% | 污径比/(千克/万米$^3$) | 主要行业及所占比例 | 排放量大地区及所占比例/% |
|---|---|---|---|---|---|---|
| 松花江 | 95435 | 9269 | 3.05 | 1.23 | 燃气生产和供应业 23.7%、石油加工炼焦及核燃料加工业 20.1%、化学原料及化学制品制造业 15.4%、饮料制造业 11.3%、农副食品加工业 9.4% | 黑龙江 68.8<br>吉 林 27.5<br>内蒙古 3.7 |
| 辽河 | 76843 | 10013 | 3.30 | 3.19 | 化学原料及化学制品制造业 21.6%、石油加工炼焦及核燃料加工业 16.8%、农副食品加工业 10.0%、饮料制造业 9.8%、食品制造业 9.8% | 辽 宁 84.6<br>吉 林 7.4<br>内蒙古 8.0 |
| 海河 | 264057 | 29480 | 9.71 | 28.99 | 化学原料及化学制品制造业 42.9%、皮革毛皮羽毛（绒）及其制品业 11.5%、石油加工炼焦及核燃料加工业 9.0%、农副食品加工业 7.1% | 河 北 48.1<br>山 东 17.8<br>山 西 10.8<br>河 南 10.5<br>天 津 9.5<br>北 京 3.2 |
| 黄河 | 362038 | 39020 | 12.85 | 7.20 | 有色金属冶炼及压延加工业 40.1%、化学原料及化学制品制造业 28.4%、石油加工炼焦及核燃料加工业 14.2%、食品制造业 6.7% | 甘 肃 26.7<br>内蒙古 25.6<br>山 西 13.2<br>宁 夏 11.9<br>陕 西 9.5<br>河 南 9.1 |
| 淮河 | 360049 | 35244 | 11.61 | 3.24 | 化学原料及化学制品制造业 51.7%、农副食品加工业 8.4%、食品制造业 7.1%、石油加工炼焦及核燃料加工业 6.4%、饮料制造业 5.4% | 山 东 46.3<br>河 南 22.7<br>江 苏 15.9<br>安 徽 15.1 |
| 长江 | 501134 | 106980 | 35.23 | 1.23 | 化学原料及化学制品制造业 57.1%、石油加工炼焦及核燃料加工业 9.6%、有色金属冶炼及压延加工业 5.2% | 湖 南 24.4<br>湖 北 19.4<br>江 苏 13.1<br>江 西 8.8<br>四 川 7.9<br>重 庆 5.1<br>贵 州 4.8<br>浙 江 4.6<br>安 徽 3.5<br>河 南 2.6<br>上 海 2.3<br>陕 西 2.3<br>云 南 1.0 |
| 东南诸河 | 79517 | 26619 | 8.77 | 1.49 | 纺织业 34.3%、化学原料及化学制品制造业 25.3%、皮革毛皮羽毛（绒）及其制品业 15.3%、农副食品加工业 7.5% | 浙 江 81.7<br>福 建 17.8 |

| 流　域 | 产生量/吨 | 排放量/吨 | 占全国排放量比例 % | 污径比 /（千克/万米$^3$） | 主要行业及所占比例 | 排放量大地区及所占比例 /% |
|---|---|---|---|---|---|---|
| 珠江 | 186115 | 38212 | 12.59 | 0.96 | 化学原料及化学制品制造业 35.0%、有色金属冶炼及压延加工业 24.7%、农副食品加工业 9.0%、纺织业 7.2%、造纸及纸制品业 5.2%、皮革毛皮羽毛（绒）及其制品业 4.3% | 广　东 35.9<br>江　西 21.4<br>广　西 18.3<br>云　南 18.1<br>湖　南 2.3<br>福　建 2.2 |
| 西南诸河 | 3005 | 978 | 0.32 | 0.02 | 农副食品加工业 66.4%、化学原料及化学制品制造业 15.7%、饮料制造业 11.1% | 云　南 98.2<br>西　藏 1.8 |
| 西北诸河 | 88507 | 7805 | 2.57 | 0.63 | 化学原料及化学制品制造业 60.6%、黑色金属冶炼及压延加工业 10.9%、石油加工炼焦及核燃料加工业 7.9%、农副食品加工业 7.1% | 新　疆 42.8<br>甘　肃 37.7<br>青　海 10.2<br>内蒙古 7.5 |
| 全国 | 2016700 | 303620 | 100 | 1.25 | — | — |
| 其中：直排入海 | 97594 | 15469 | 5.09 | — | 化学原料及化学制品制造业 36.5%、农副食品加工业 18.2%、纺织业 11.2%、石油加工炼焦及核燃料加工业 8.7%、皮革毛皮羽毛（绒）及其制品业 5.1% | 渤　海 14.2<br>黄　海 24.3<br>东　海 50.8<br>南　海 10.7 |

海河流域工业石油类排污负荷强度（污 / 径比）为 8.40 千克 / 万米$^3$，居各流域首位，为全国平均水平的 30 倍。该流域工业废水石油类排放量中，河北占 42.5%，北京占 18.9%，山西占 12.4%，天津占 10.7%，山东占 9.1%，河南占 6.4%。排放的主要行业为石油加工炼焦及核燃料加工业，占工业废水石油类排放量的 22.5%；黑色金属冶炼及压延加工业占 15.3%，化学原料及化学制品制造业占 13.2%。

黄河流域工业废水石油类排污负荷强度 1.47 千克 / 万米$^3$，为全国平均水平的 5.4 倍，居各流域第二位。排放量大主要工业行业为黑色金属冶炼及压延加工业，占该流域工业石油类排放量的 39.4%；其次为石油加工炼焦及核燃料加工业占 15.9%，煤炭开采和洗选业占 13.4%，化学原料及化学制品制造业占 7.7%。黄河流域内全国各地区工业石油类排放量中，内蒙古最大，占 36.8%；其次为山西，占 30.4%。陕西占 12.0%，河南占 8.5%，甘肃占 5.3%，山东占 4.1%。

辽河流域工业废水石油类排污负荷强度 1.17 千克 / 万米$^3$，为全国平均水平的 4.3 倍。排放量大工业行业为通用设备制造业，占该流域排放量的 31.2%；石油加工炼焦及核燃料加工业占 15.0%，黑色金属冶炼及压延加工业占 10.4%。辽河流域工业石油类排放量中，辽宁占 86.2%，内蒙古占 7.0%，吉林占 6.8%。

淮河流域工业废水石油类排污负荷强度 0.61 千克 / 万米$^3$，为全国平均水平的 2.2 倍。该流域工业废水石油类排放量中，山东占 52.22%，江苏占 19.86%，安徽占 16.50%，河南占 11.42%。排放量大工业行业为通用设备制造业，占 16.6%；化学原料及化学制品制造业占 5.4%，交通运输设备制造业占 12.6%，煤炭开采和洗选业占 9.9%。

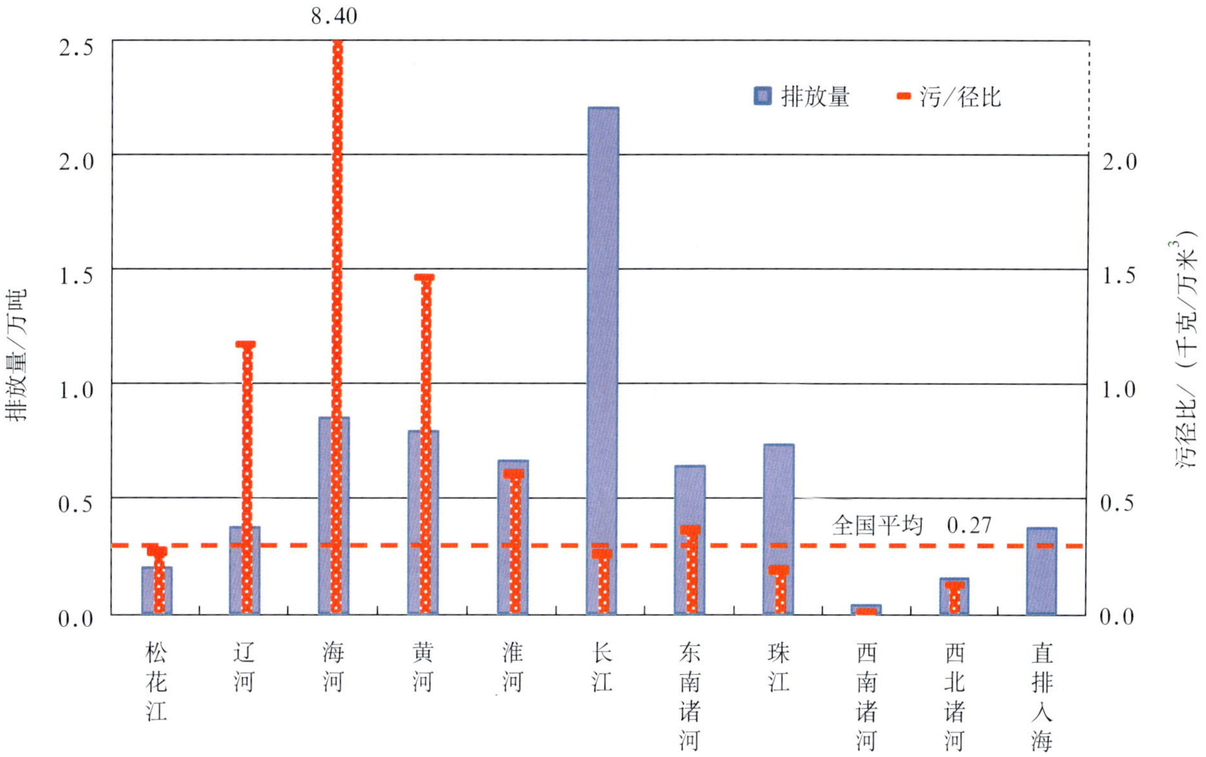


**图 4-2-27 全国各流域工业废水石油类排放情况**

东南诸河流域工业废水石油类排污负荷强度 0.36 千克 / 万米 $^3$，为全国平均水平的 1.3 倍。排放量大行业为通用设备制造业，占 20.8%；金属制品业占 19.2%，交通运输设备制造业占 18.2%，化学原料及化学制品制造业占 11.1%。

长江、松花江流域工业废水石油类排污负荷强度略低于全国平均水平；珠江、西南诸河、西北诸河流域石油类排污负荷强度较低。

长江流域工业废水石油类排放量中，江苏占 19.2%，湖南占 14.8%，湖北占 14.4%，安徽占 12.7%，上海占 8.7%，重庆占 7.8%，江西占 7.4%，四川占 7.4%。排放量大工业行业为通用设备制造业，占该流域工业废水石油类排放量的 29.5%；交通运输设备制造业占 16.2%，黑色金属冶炼及压延加工业占 10.4%，化学原料及化学制品制造业占 10.4%，金属制品业占 9.0%。

松花江流域工业废水石油类排放量中，黑龙江占 58.4%，吉林占 30.8%，内蒙古占 10.8%。排放的主要工业行业为煤炭开采和洗选业，占 19.6%；交通运输设备制造业占 15.6%，石油加工炼焦及核燃料加工业占 12.6%，黑色金属冶炼及压延加工业占 12.02%。

珠江流域工业废水石油类排放量中，广东占 73.3%，广西占 16.9%，云南占 5.1%。排放的主要工业行业为金属制品业，占 23.3%；通用设备制造业占 12.1%，有色金属冶炼及压延加工业占 11.7%，交通运输设备制造业占 8.1%。

表 4-2-30　全国各流域工业废水石油类排放情况

| 流　域 | 产生量/吨 | 排放量/吨 | 占全国排放量比例% | 污径比/（千克/万米$^3$） | 主要行业及所占比例 | 排放量大地区及所占比例/% |
|---|---|---|---|---|---|---|
| 松花江 | 41141 | 1989 | 3.00 | 0.26 | 煤炭开采和洗选业 19.6%、交通运输设备制造业 15.6%、石油加工炼焦及核燃料加工业 12.6%、黑色金属冶炼及压延加工业 12.02%、医药制造业 10.90%、通用设备制造业 10.32% | 黑龙江 58.4<br>吉　林 30.8<br>内蒙古 10.8 |
| 辽河 | 62480 | 3676 | 5.54 | 1.17 | 通用设备制造业 31.2%、石油加工炼焦及核燃料加工业 15.0%、黑色金属冶炼及压延加工业 10.4%、交通运输设备制造业 8.5%、煤炭开采和洗选业 8.3% | 辽　宁 86.2<br>内蒙古 7.0<br>吉　林 6.8 |
| 海河 | 63203 | 8541 | 12.87 | 8.40 | 石油加工炼焦及核燃料加工业 22.5%、黑色金属冶炼及压延加工业 15.3%、化学原料及化学制品制造业 13.2%、通用设备制造业 10.1%、煤炭开采和洗选业 7.5%、金属制品业 6.4% | 河　北 42.5<br>北　京 18.9<br>山　西 12.4<br>天　津 10.7<br>山　东 9.1<br>河　南 6.4 |
| 黄河 | 58123 | 7948 | 11.98 | 1.47 | 黑色金属冶炼及压延加工业 39.4%、石油加工炼焦及核燃料加工业 15.9%、煤炭开采和洗选业 13.4%、化学原料及化学制品制造业 7.7% | 内蒙古 36.8<br>山　西 30.4<br>陕　西 12.0<br>河　南 8.5<br>甘　肃 5.3<br>山　东 4.1<br>宁　夏 1.9<br>青　海 1.0 |
| 淮河 | 40054 | 6592 | 9.93 | 0.61 | 通用设备制造业 16.6%、化学原料及化学制品制造业 15.4%、交通运输设备制造业 12.6%、煤炭开采和洗选业 9.9%、黑色金属冶炼及压延加工业 8.7%、金属制品业 8.1% | 山　东 52.22<br>江　苏 19.86<br>安　徽 16.50<br>河　南 11.42 |
| 长江 | 93633 | 22051 | 33.23 | 0.25 | 通用设备制造业 29.5%、交通运输设备制造业 16.2%、黑色金属冶炼及压延加工业 10.4%、化学原料及化学制品制造业 10.4%、金属制品业 9.0%、石油加工炼焦及核燃料加工业 5.4% | 江　苏 19.2<br>湖　南 14.8<br>湖　北 14.4<br>安　徽 12.7<br>上　海 8.7<br>重　庆 7.8<br>江　西 7.4<br>四　川 7.4<br>浙　江 3.9 |
| 东南诸河 | 40856 | 6395 | 9.64 | 0.36 | 通用设备制造业 20.8%、金属制品业 19.2%、交通运输设备制造业 18.2%、化学原料及化学制品制造业 11.1%、皮革毛皮羽毛（绒）及其制品业 6.3% | 浙　江 64.6<br>福　建 35.2 |

| 流　域 | 产生量 / 吨 | 排放量 / 吨 | 占全国排放量比例 % | 污径比 /（千克 / 万米$^3$） | 主要行业及所占比例 | 排放量大地区及所占比例 /% |
|---|---|---|---|---|---|---|
| 珠江 | 49235 | 7334 | 11.05 | 0.18 | 金属制品业 23.3%、通用设备制造业 12.1%、有色金属冶炼及压延加工业 11.7%、交通运输设备制造业 8.1%、化学原料及化学制品制造业 6.7%、燃气生产和供应业 6.4% | 广　东 73.3<br>广　西 16.9<br>云　南 5.1<br>湖　南 2.2<br>贵　州 1.6 |
| 西南诸河 | 819 | 322 | 0.49 | 0.01 | 煤炭开采和洗选业 48.0%、黑色金属冶炼及压延加工业 41.4% | 云　南 54.3<br>西　藏 45.7 |
| 西北诸河 | 91989 | 1514 | 2.28 | 0.12 | 石油和天然气开采业 48.4%、黑色金属冶炼及压延加工业 14.4%、煤炭开采和洗选业 10.1%、石油加工炼焦及核燃料加工业 8.4% | 新　疆 83.5<br>甘　肃 11.5<br>青　海 2.7<br>内蒙古 1.9 |
| 全国合计 | 541534 | 66363 | 100 | 0.27 | — | — |
| 其中：<br>直排入海 | 50322 | 3708 | 5.59 | — | 交通运输设备制造业 27.3%、金属制品业 14.6%、石油加工炼焦及核燃料加工业 13.4%、通用设备制造业 10.7%、黑色金属冶炼及压延加工业 8.6% | 渤　海 11.7<br>黄　海 29.0<br>东　海 52.6<br>南　海 6.7 |

#### 4.2.3.4　挥发酚

全国工业废水挥发酚排放量 7492 吨，其中，黄河流域排放量最大，占 32.19%；其次为海河和长江流域，分别占 19.23% 和 18.82%；松花江、东南诸河、淮河、珠江、西北诸河、西南诸河流域分别占 9.84%、5.75%、4.95%、4.78%、3.02%、1.28% 和 0.15%。

工业废水挥发酚直排入海量 286 吨，占全国工业废水挥发酚排放量的 3.82%。其中：直排入东海量最大，占直排入海量的 58.9%；渤海、黄海、南海分别占 4.5%、16.4% 和 20.2%。

海河流域工业废水挥发酚排污负荷强度最大，为 1.42 千克 / 万米$^3$，高出全国平均水平 44.8 倍。其次为黄河流域 1.45 千克 / 万米$^3$，高于全国平均水平 13.4 倍。松花江、辽河、淮河流域分别为 0.098 千克 / 万米$^3$、0.072 千克 / 万米$^3$、0.034 千克 / 万米$^3$，高于或接近全国平均水平。东南诸河、长江、西北诸河、西南诸河等流域低于全国平均水平。

海河流域工业废水挥发酚排放的主要工业行业为石油加工炼焦及核燃料加工业，占该流域工业废水挥发酚排放量的 76.6%；其次为化学原料及化学制品制造业占 19.0%。山西排放量最大，占 58.1%；其后依次为北京占 18.4%，天津占 10.7%，河北占 8.7%。

黄河流域工业废水挥发酚排放量中，山西最大，占 94.7%。排放的主要工业行业为石油加工炼焦及核燃料加工业，占该流域工业废水挥发酚排放量的 93.9%；黑色金属冶炼及压延加工业占 3.32%。

长江流域工业废水挥发酚排放的主要工业行业为石油加工炼焦及核燃料加工业，占该流域工业废水挥发酚排放量的 61.4%；化学原料及化学制品制造业占 14.1%，黑色金属冶炼及压延加工业占 13.0%，造纸及纸制品业占 6.7%。流域内全国各地区工业废水挥发酚排放量所占比例分别为：

江西 33.9%、江苏 24.9%、湖南 13.9%、安徽 9.3%、重庆 4.9%、上海 3.9%、湖北 3.42%、浙江 2.4%、四川 2.3%。

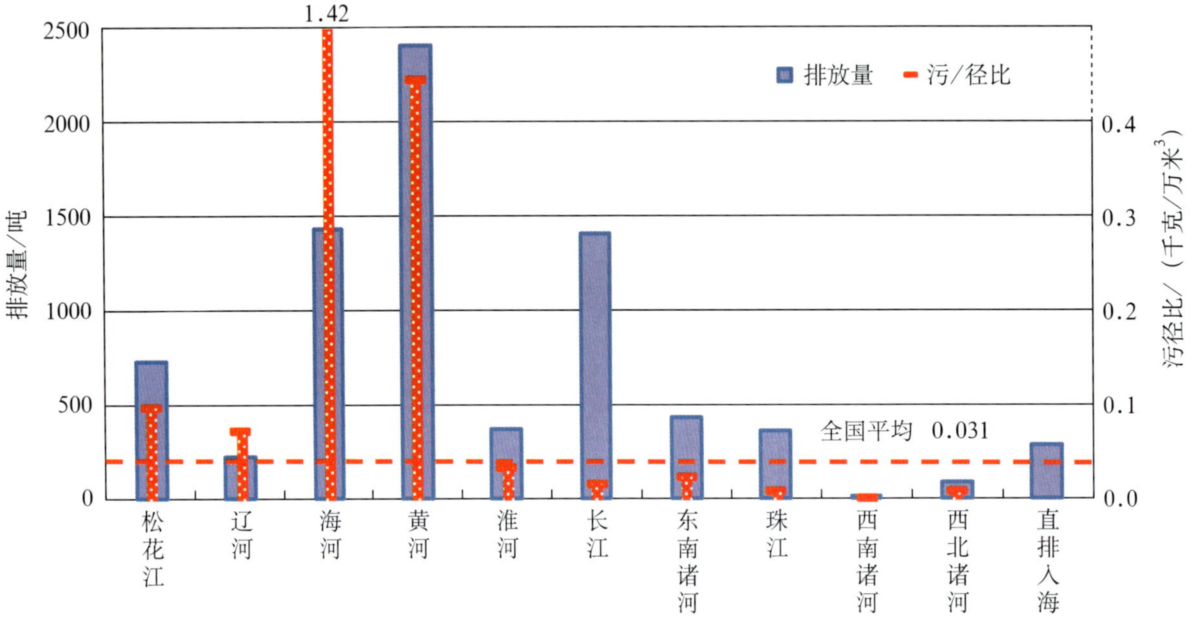


**图 4-2-28 全国各流域工业废水挥发酚排放情况**

松花江流域挥发酚排放量中，石油加工炼焦及核燃料加工业占 64.3%，燃气生产和供应业占 22.7%；黑龙江占 61.1%，吉林占 35.1%。

辽河流域挥发酚排放量中，黑色金属冶炼及压延加工业占 67.1%，石油加工炼焦及核燃料加工业占 22.7%；辽宁占 98.6%。

淮河流域工业挥发酚排放的主要行业为化学原料及化学制品制造业，占 52.8%；石油加工炼焦及核燃料加工业占 35.0%。流域内全国各地区工业废水挥发酚排放量所占比例分别为：山东 66.5%、江苏 26.5%、安徽 5.4%、河南 1.6%。

东南诸河流域工业废水挥发酚排放量中，黑色金属冶炼及压延加工业占 51.1%，化学原料及化学制品制造业占 33.7%，造纸及纸制品业 12.2%。浙江占 80.8%。

珠江流域工业废水挥发酚排放量中，黑色金属冶炼及压延加工业占 45.2%，造纸及纸制品业 24.5%。云南占 41.1%，广东占 22.1%，广西占 15.1%。

#### 4.2.3.5 氰化物

全国工业废水氰化物排放量中，各流域排放量及所占的比例依次为：珠江流域 197.3 吨，占 24.84%；长江流域 196.6 吨，占 24.75%；东南诸河流域 144.0 吨，占 18.13%；黄河流域 85.5 吨，占 10.76%；淮河流域 69.9 吨，占 8.80%；海河流域 53.7 吨，占 6.77%；辽河流域 30.9 吨，占 3.89%；松花江流域 14.8 吨，占 1.87%；西北诸河流域 1.27 吨，西南诸河流域 0.12 吨。

工业废水氰化物直排入海量 75.4 吨，占全国工业废水氰化物排放量的 9.49%，其中：直排入渤海量占 0.7%，黄海占 19.5%，东海占 78.5%，南海占 1.3%。

表 4-2-31　全国各流域工业废水挥发酚排放情况

| 流　域 | 产生量/吨 | 排放量/吨 | 占全国排放量比例 % | 污径比/（千克/万米³） | 主要行业及所占比例 | 排放量大地区及所占比例 /% |
|---|---|---|---|---|---|---|
| 松花江 | 4033 | 737 | 9.84 | 0.098 | 石油加工炼焦及核燃料加工业 64.3%、燃气生产和供应业 22.7% | 黑龙江 61.1<br>内蒙古 3.8<br>吉　林 35.1 |
| 辽河 | 5701 | 226 | 3.02 | 0.072 | 黑色金属冶炼及压延加工业 67.1%、石油加工炼焦及核燃料加工业 22.7% | 辽　宁 98.6<br>内蒙古 0.9<br>吉　林 0.5 |
| 海河 | 21219 | 1441 | 19.23 | 1.417 | 石油加工炼焦及核燃料加工业 76.6%、化学原料及化学制品制造业 19.0% | 山　西 58.08<br>北　京 18.39<br>天　津 10.69<br>河　北 8.74<br>山　东 3.34 |
| 黄河 | 39684 | 2411 | 32.19 | 0.445 | 石油加工炼焦及核燃料加工业 93.9%、黑色金属冶炼及压延加工业 3.32% | 山　西 94.7<br>陕　西 2.2<br>内蒙古 1.2 |
| 淮河 | 10623 | 371 | 4.95 | 0.034 | 化学原料及化学制品制造业 52.8%、石油加工炼焦及核燃料加工业 35.0% | 山　东 66.5<br>江　苏 26.5<br>安　徽 5.4<br>河　南 1.6 |
| 长江 | 24007 | 1410 | 18.82 | 0.016 | 石油加工炼焦及核燃料加工业 61.4%、化学原料及化学制品制造业 14.1%、黑色金属冶炼及压延加工业 13.0%、造纸及纸制品业 6.7% | 江　西 33.9<br>江　苏 24.9<br>湖　南 13.9<br>安　徽 9.3<br>重　庆 4.9<br>上　海 3.9<br>湖　北 3.42<br>浙　江 2.4<br>四　川 2.3 |
| 东南诸河 | 1232 | 431 | 5.75 | 0.024 | 黑色金属冶炼及压延加工业 51.1%、化学原料及化学制品制造业 33.7%、造纸及纸制品业 12.2% | 浙　江 80.8<br>福　建 19.2 |
| 珠江 | 14033 | 358 | 4.78 | 0.009 | 石油加工炼焦及核燃料加工业 45.2%、造纸及纸制品业 24.5%、煤炭开采和洗选业 8.6%、黑色金属冶炼及压延加工业 8.6% | 云　南 41.1<br>广　东 22.1<br>广　西 15.1<br>贵　州 9.5 |
| 西南诸河 | 224 | 11 | 0.15 | … | 造纸及纸制品业 95.9% | 云南约 100 |
| 西北诸河 | 3082 | 96 | 1.28 | 0.008 | 石油加工炼焦及核燃料加工业 60.7%、黑色金属冶炼及压延加工业 12.4%、煤炭开采和洗选业 12.2% | 甘　肃 53.7<br>新　疆 45.0 |
| 全国 | 123837 | 7492 | 100 | 0.031 | — | — |
| 其中：直排入海 | 2099 | 286 | 3.82 | — | 化学原料及化学制品制造业 60.2%、造纸及纸制品业 18.3%、石油加工炼焦及核燃料加工业 13.0%、黑色金属冶炼及压延加工业 5.3% | 渤　海 4.5<br>黄　海 16.4<br>东　海 58.9<br>南　海 20.2 |

注：表中"…"表示数值小于汇总数据最低保留位数，但不为"0"。

海河流域工业废水氰化物排污负荷强度最大，528.5 千克 / 亿米³，为全国平均水平的 16 倍。其次为黄河流域 157.6 千克 / 亿米³，为全国平均水平的 4.8 倍。辽河、东南诸河、淮河流域分别为 98.5 千克 / 亿米³、80.5 千克 / 亿米³、64.4 千克 / 亿米³；珠江、长江、松花江流域分别为 49.7 千克 / 亿米³、

22.6 千克 / 亿米 $^3$、19.7 千克 / 亿米 $^3$。西北诸河、西南诸河流域工业废水氰化物排污负荷强度较低。

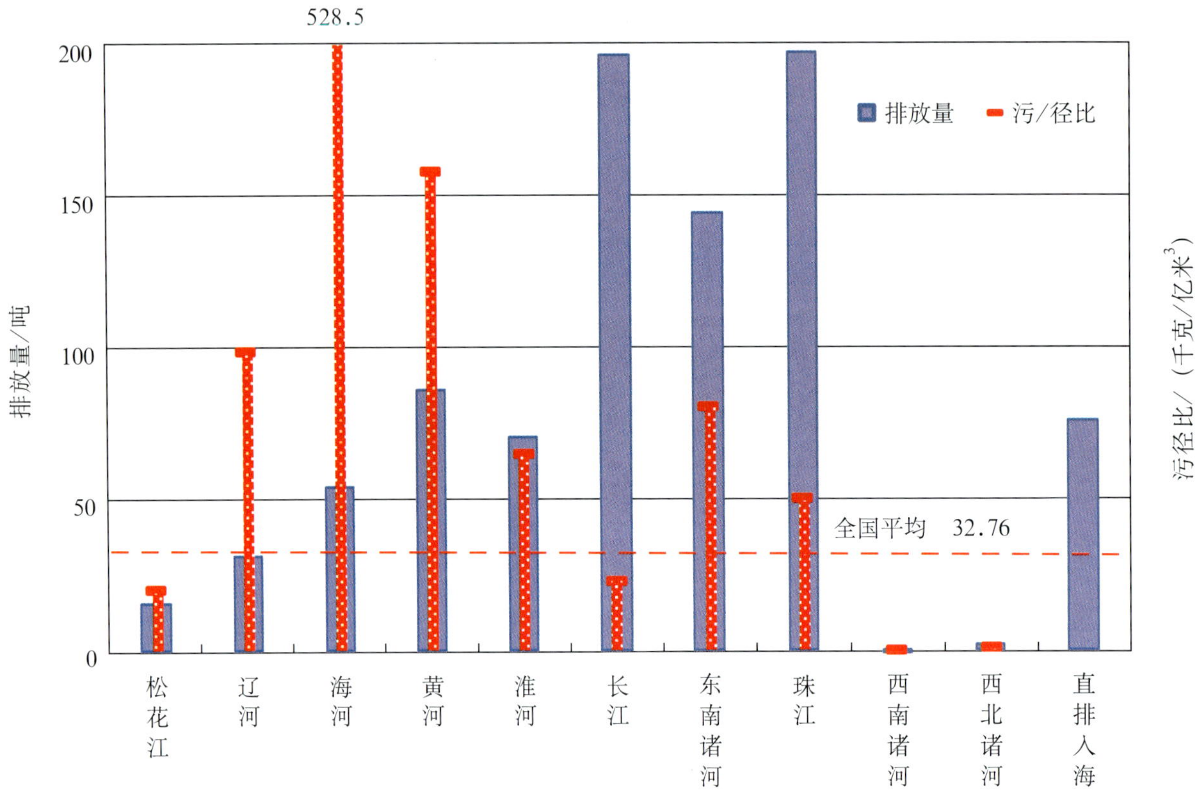


**图 4-2-29　全国各流域工业废水氰化物排放情况**

海河流域工业废水氰化物排放量中，化学原料及化学制品制造业占 42.7%，石油加工炼焦及核燃料加工业占 41.5%，黑色金属冶炼及压延加工业占 8.1%。河北占 35.8%，山西占 37.1%。

黄河流域工业废水氰化物排放的主要行业为石油加工炼焦及核燃料加工业，占 58.2%；其次为化学原料及化学制品制造业占 29.5%。黄河流域全国各地区排放量，山西最大，占 63.6%。内蒙古占 13.6%。

辽河流域工业废水氰化物排放量中，化学原料及化学制品制造业占 33.1%、黑色金属冶炼及压延加工业占 32.3%、石油加工炼焦及核燃料加工业占 25.9%；辽宁占 96.0%，吉林占 3.8%。

东南诸河流域工业废水氰化物排放量中，金属制品业占 89.8%；浙江占 66.6%，福建占 33.4%。

淮河流域工业废水氰化物排放的主要行业为化学原料及化学制品制造业、金属制品业，分别占该流域工业废水氰化物排放量的 48.1% 和 42.0%。

珠江流域工业废水氰化物排放的主要行业为金属制品业，占 89.8%。该流域内，广东排放量大，占 94.2%。

长江流域工业废水氰化物排放量中，化学原料及化学制品制造业占 32.4%，金属制品业占 28.3%，石油加工炼焦及核燃料加工业占 23.7%，黑色金属冶炼及压延加工业占 11.1%；江西占 36.5%，湖南占 22.0%，江苏占 15.7%，湖北占 7.8%。

松花江流域工业废水氰化物排放的主要行业为石油加工炼焦及核燃料加工业，占 74.7%；其次为化学原料及化学制品制造业，占 15.3%。

表 4-2-32　各流域工业废水氰化物排放情况

| 流　域 | 产生量 / 吨 | 排放量 / 吨 | 占全国排放量比例 % | 污径比 /（千克 / 亿米$^3$） | 主要行业及所占比例 | 排放量大地区及所占比例 /% |
|---|---|---|---|---|---|---|
| 松花江 | 87.00 | 14.83 | 1.87 | 19.7 | 石油加工炼焦及核燃料加工业 74.7%、化学原料及化学制品制造业 15.3% | 黑龙江 88.8<br>吉　林 11.2 |
| 辽河 | 575.81 | 30.90 | 3.89 | 98.5 | 化学原料及化学制品制造业 33.1%、黑色金属冶炼及压延加工业 32.3%、石油加工炼焦及核燃料加工业 25.9% | 辽　宁 96.0<br>吉　林 3.8 |
| 海河 | 859.68 | 53.74 | 6.77 | 528.5 | 化学原料及化学制品制造业 42.7%、石油加工炼焦及核燃料加工业 41.5%、黑色金属冶炼及压延加工业 8.1% | 河　北 35.8<br>山　西 37.1<br>山　东 12.8<br>河　南 11.4 |
| 黄河 | 1078.22 | 85.46 | 10.76 | 157.6 | 石油加工炼焦及核燃料加工业 58.2%、化学原料及化学制品制造业 29.5% | 山　西 63.6<br>内蒙古 13.6<br>宁　夏 7.3<br>陕　西 6.0<br>河　南 5.0 |
| 淮河 | 483.35 | 69.91 | 8.80 | 64.4 | 化学原料及化学制品制造业 48.1%、金属制品业 42.0% | 山　东 52.6<br>安　徽 27.9<br>江　苏 14.61<br>河　南 4.9 |
| 长江 | 3793.34 | 196.57 | 24.75 | 22.6 | 化学原料及化学制品制造业 32.4%、金属制品业 28.3%、石油加工炼焦及核燃料加工业 23.7%、黑色金属冶炼及压延加工业 11.1% | 江　西 36.5<br>湖　南 22.0<br>江　苏 15.7<br>湖　北 7.8 |
| 东南诸河 | 1288.49 | 143.99 | 18.13 | 80.5 | 金属制品业 88.3%、化学原料及化学制品制造业 5.0% | 浙　江 66.6<br>福　建 33.4 |
| 珠江 | 1599.28 | 197.30 | 24.84 | 49.7 | 金属制品业 89.8% | 广　东 94.2<br>广　西 3.8<br>云　南 1.5 |
| 西南诸河 | 7.73 | 0.12 | 0.02 | 0.02 | 黑色金属冶炼及压延加工业 89.4% | 云南约 100 |
| 西北诸河 | 39.35 | 1.27 | 0.16 | 1.0 | 黑色金属冶炼及压延加工业 74.8%、金属制品业 15.2% | 内蒙古 61.2<br>新　疆 22.0<br>甘　肃 16.8 |
| 全国 | 9812.28 | 794.11 | 100 | 32.8 | — | — |
| 其中：直排入海 | 341.15 | 75.40 | 9.49 | — | 金属制品业 96.3%、石油加工炼焦及核燃料加工业 1.6% | 渤　海 0.7<br>黄　海 19.5<br>东　海 78.5<br>南　海 1.3 |

#### 4.2.3.6　砷

全国工业废水砷排放量 185.0 吨，其中，长江流域排放量 111.2 吨，占 60.12%，居各流域首位；珠江流域 15.9 吨，占 8.61%；松花江流域 12.1 吨，占 6.51%；辽河流域 11.3 吨，占 6.09%；黄河流域 8.7 吨，占 4.72%；西北诸河流域 8.7 吨，占 4.71%；西南诸河流域 8.6 吨，占 4.63%；淮河流域 3.8 吨，占 2.08%；东南诸河流域 2.7 吨，占 1.49%；海河流域 1.9 吨，占 1.03%。

工业废水砷直排入海排放量 0.5 吨，占全国工业废水砷排放量的 0.27%。其中：直排入东海量占 50.3%，南海占 39.6%。

辽河流域工业废水砷排污负荷强度35.9千克/亿米$^3$，为全国平均水平的4.7倍，居各流域首位。其次为海河流域18.7千克/亿米$^3$；黄河、松花江、长江流域分别为16.1千克/亿米$^3$、16.0千克/亿米$^3$、12.8千克/亿米$^3$，高于全国平均水平。西南诸河、东南诸河流域工业废水砷排污负荷强度较低。

辽河流域工业废水砷排放的主要行业为化学原料及化学制品制造业，占该流域工业废水砷排放量的53.2%；有色金属矿采选业占24.2%，有色金属冶炼及压延加工业占21.8%。辽河流域工业砷排放量中，吉林占51.7%，内蒙古占36.9%，辽宁占11.4%。

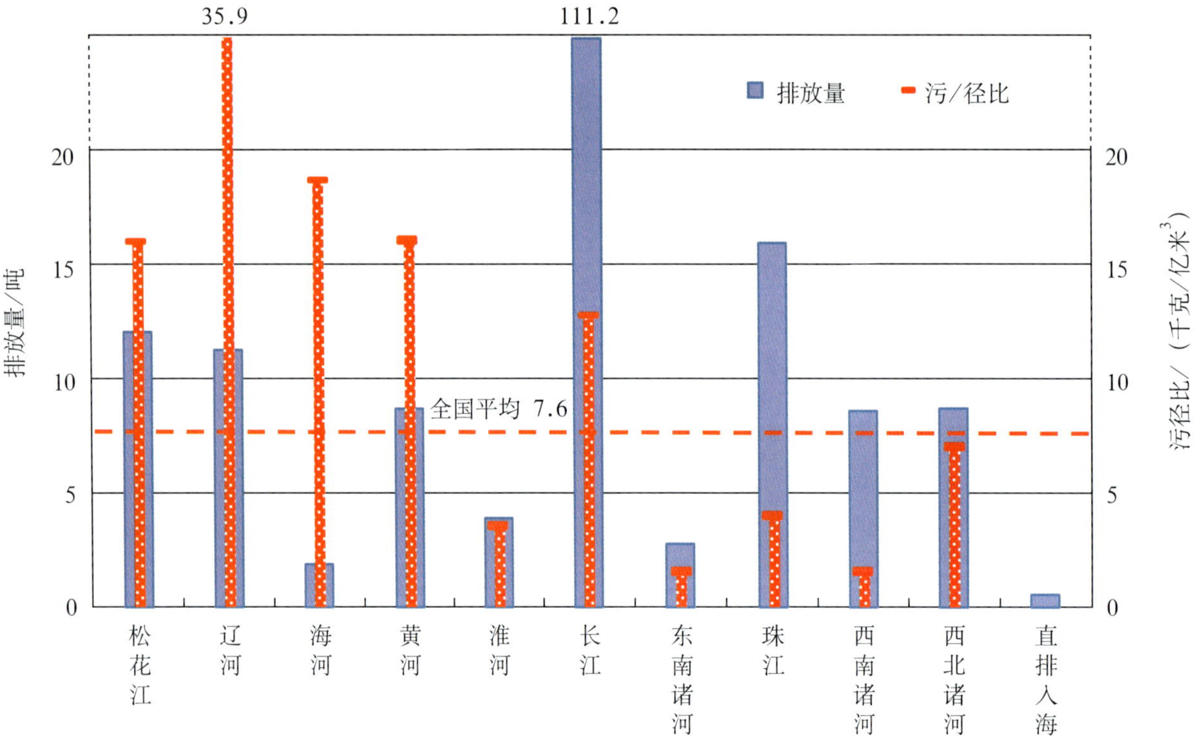


**图4-2-30 全国各流域工业废水砷排放情况**

海河流域工业废水砷排放量中，有色金属矿采选业占45.9%，化学原料及化学制品制造业占33.2%，有色金属冶炼及压延加工业占19.0%。河北占49.7%，山西占26.1%，河南占18.2%。

松花江流域工业废水砷排放量中，造纸及纸制品业占94.7%，有色金属矿采选业占4.9%。吉林占97.5%。本章前节已说明主要来源于吉林省部分造纸企业自备硫酸生产。

黄河流域工业废水砷排放的主要行业为有色金属冶炼及压延加工业，占53.9%；有色金属矿采选业占32.3%，化学原料及化学制品制造业占9.1%。黄河流域全国各地区工业废水砷排放量中，山西占38.2%，内蒙古占25.4%，河南占12.6%，甘肃占10.7%。

长江流域工业废水砷排放的主要行业为化学原料及化学制品制造业，占50.2%；有色金属冶炼及压延加工业占35.2%，有色金属矿采选业11.6%。长江流域全国各地区工业废水砷排放量中，湖南占51.3%，湖北占12.5%，云南占12.4%，江西占8.1%，陕西占5.3%。

珠江流域工业废水砷排放量中，有色金属矿采选业占69.9%，有色金属冶炼及压延加工业占18.8%，化学原料及化学制品制造业占8.9%。广西占56.1%，湖南占20.4%，广东占14.6%，云南占7.0%。

淮河流域工业废水砷排放量中，化学原料及化学制品制造业占72.0%，有色金属冶炼及压延加工业占 16.4%。安徽占 58.2%，山东占 20.8%，河南占 10.9%，江苏占 10.1%。

西北诸河流域工业废水砷排放量中，化学原料及化学制品制造业占 44.0%，有色金属冶炼及压延加工业占 40.0%，有色金属矿采选业占 15.3%。甘肃占 46.4%，新疆占 42.2%，青海占 7.8%。

表 4-2-33 全国各流域工业废水砷排放情况

| 流 域 | 产生量/吨 | 排放量/吨 | 占全国排放量比例 % | 污径比/（千克/亿米$^3$） | 主要行业及所占比例 | 排放量大地区及所占比例 /% |
|---|---|---|---|---|---|---|
| 松花江 | 43.3 | 12.1 | 6.51 | 16.0 | 造纸及纸制品业 94.7%、有色金属矿采选业 4.9% | 吉 林 97.5<br>黑龙江 2.0 |
| 辽河 | 326.8 | 11.3 | 6.09 | 35.9 | 化学原料及化学制品制造业占 53.2%、有色金属矿采选业占 24.2%、有色金属冶炼及压延加工业占 21.8% | 吉 林 51.7<br>内蒙古 36.9<br>辽 宁 11.4 |
| 海河 | 277.9 | 1.9 | 1.03 | 18.7 | 有色金属矿采选业 45.9%、化学原料及化学制品制造业 33.2%、有色金属冶炼及压延加工业 19.0% | 河 北 49.7<br>山 西 26.1<br>河 南 18.2 |
| 黄河 | 643.4 | 8.7 | 4.72 | 16.1 | 有色金属冶炼及压延加工业 53.9%、有色金属矿采选业 32.3%、化学原料及化学制品制造业 9.1% | 山 西 38.2<br>内蒙古 25.4<br>河 南 12.6<br>甘 肃 10.7<br>陕 西 5.3 |
| 淮河 | 237.8 | 3.8 | 2.08 | 3.5 | 化学原料及化学制品制造业 72.0%、有色金属冶炼及压延加工业 16.4%、有色金属矿采选业 7.2% | 安 徽 58.2<br>山 东 20.8<br>河 南 10.9<br>江 苏 10.1 |
| 长江 | 4059.3 | 111.2 | 60.12 | 12.8 | 化学原料及化学制品制造业 50.2%、有色金属冶炼及压延加工业 35.2%、有色金属矿采选业 11.6% | 湖 南 51.3<br>湖 北 12.5<br>云 南 12.4<br>江 西 8.1<br>陕 西 5.3<br>安 徽 3.4<br>四 川 2.3 |
| 东南诸河 | 139.3 | 2.7 | 1.49 | 1.5 | 有色金属矿采选业 40.9%、化学原料及化学制品制造业 40.1%、有色金属冶炼及压延加工业 11.5% | 福 建 71.0<br>浙 江 28.1 |
| 珠江 | 650.5 | 15.9 | 8.61 | 4.0 | 有色金属矿采选业 69.9%、有色金属冶炼及压延加工业 18.8%、化学原料及化学制品制造业 8.9% | 广 西 56.1<br>湖 南 20.4<br>广 东 14.6<br>云 南 7.0<br>贵 州 1.6 |
| 西南诸河 | 244.6 | 8.6 | 4.64 | 1.5 | 有色金属矿采选业 49.7%、电力热力的生产和供应业 43.4%、有色金属冶炼及压延加工业 5.8% | 云 南 56.6<br>西 藏 43.4 |
| 西北诸河 | 1107.6 | 8.7 | 4.71 | 7.0 | 化学原料及化学制品制造业 44.0%、有色金属冶炼及压延加工业 40.0%、有色金属矿采选业 15.3% | 甘 肃 46.4<br>新 疆 42.2<br>青 海 7.8<br>内蒙古 3.6 |
| 全国合计 | 7730.6 | 185.0 | 100 | 7.6 | — | — |
| 其中：直排入海 | 252.28 | 0.5 | 0.27 | — | 化学原料及化学制品制造业 38.7%、有色金属冶炼及压延加工业 37.4% | 渤 海 3.1<br>黄 海 7.0<br>东 海 50.3<br>南 海 39.6 |

### 4.2.3.7 铬

全国工业废水铬排放量 1643.4 吨，其中：珠江流域排放量 72.7 吨，占 44.04%，居各流域首位；其次为东南诸河流域 596.1 吨，占 36.27%；长江流域 192.2 吨，占 11.70%；海河流域 53.2 吨，占 3.24%；淮河流域 35.0 吨，占 3.24%；黄河流域 25.8 吨，占 1.57%。

表 4-2-34 全国各流域工业废水铬排放情况

| 流 域 | 产生量 / 吨 | 排放量 / 吨 | 占全国排放量比例 % | 污径比 /（千克 / 亿米 $^3$） | 主要行业及所占比例 | 排放量大地区及所占比例 /% |
|---|---|---|---|---|---|---|
| 松花江 | 24.9 | 0.4 | 0.02 | 0.5 | 金属制品业 56.0%、交通运输设备制造业 24.8% | 吉 林 51.0<br>黑龙江 49.0 |
| 辽河 | 55.3 | 4.8 | 0.29 | 15.1 | 金属制品业 38.9%、黑色金属矿采选业 28.9%、皮革毛皮羽毛（绒）及其制品业 8.9% | 辽 宁 80.5<br>吉 林 18.2<br>内蒙古 1.3 |
| 海河 | 550.5 | 53.2 | 3.24 | 523.1 | 皮革毛皮羽毛（绒）及其制品业 84.7%、金属制品业 10.4% | 河 北 70.2<br>山 东 20.0<br>河 南 6.3 |
| 黄河 | 168.1 | 25.8 | 1.57 | 47.6 | 皮革毛皮羽毛（绒）及其制品业 70.8%、金属制品业 14.7% | 河 南 64.5<br>陕 西 14.5<br>青 海 8.4<br>宁 夏 4.2 |
| 淮河 | 603.0 | 35.0 | 2.13 | 32.2 | 金属制品业 48.7%、皮革毛皮羽毛（绒）及其制品业 42.9% | 山 东 50.4<br>河 南 33.1<br>江 苏 15.7 |
| 长江 | 2233.4 | 192.2 | 11.70 | 22.1 | 金属制品业 61.0%、皮革毛皮羽毛（绒）及其制品业 20.6%、交通运输设备制造业 8.7%、化学原料及化学制品制造业 2.5% | 江 苏 40.0<br>江 西 14.7<br>湖 南 13.5<br>湖 北 9.4<br>重 庆 8.1<br>浙 江 4.0<br>安 徽 3.5<br>河 南 3.1 |
| 东南诸河 | 3699.6 | 596.1 | 36.27 | 333.3 | 皮革毛皮羽毛（绒）及其制品业 50.9%、金属制品业 47.87% | 浙 江 70.1<br>福 建 29.9 |
| 珠江 | 2132.9 | 723.7 | 44.04 | 182.1 | 金属制品业 88.4%、皮革毛皮羽毛（绒）及其制品业 10.7% | 广 东 81.9<br>广 西 16.9<br>湖 南 1.1 |
| 西南诸河 | 0.09 | 0.02 | … | … | — | — |
| 西北诸河 | 35.5 | 12.3 | 0.75 | 9.9 | 化学原料及化学制品制造业 47.4%、皮革毛皮羽毛（绒）及其制品业 29.9%、黑色金属矿采选业 15.9% | 新 疆 48.3<br>甘 肃 48.0<br>内蒙古 1.8<br>河 北 1.8 |
| 合计 | 9503.2 | 1643.4 | 100 | 67.8 | — | — |
| 其中：直排入海 | 1821.2 | 244.0 | 14.85 | — | 金属制品业 75.6%、皮革毛皮羽毛（绒）及其制品业 22.1% | 渤 海 0.8<br>黄 海 3.8<br>东 海 95.1<br>南 海 0.3 |

注：表中“…”表示数值小于汇总数据最低保留位数，但不为“0”。

工业废水铬直排入海量 244.0 吨，占全国工业废水铬排放量的 14.85%。其中：直排入东海量最大，占工业废水直排入海量的 95.1%。

工业废水铬排污负荷强度依次为：海河流域 523.1 千克 / 亿米 $^3$，居各流域首位，为全国平均值的 7.7 倍；东南诸河流域 333.3 千克 / 亿米 $^3$；珠江流域 182.1 千克 / 亿米 $^3$。其他流域工业废水铬排污负荷强度低于全国平均水平。

工业废水铬排放的主要行业为皮革毛皮羽毛（绒）及其制品业、金属制品业、设备制造业、黑色金属冶炼及压延加工业等行业，但各流域的行业比例有所差异。海河、黄河、东南诸河流域铬排放量居首位的行业为皮革毛皮羽毛（绒）及其制品业，分别占该流域工业废水铬排放量的 84.7%、70.8% 和 50.9%；长江、淮河、辽河流域金属制品业铬排放量居各行业首位，分别占该流域工业废水铬排放量的 61.0%、48.7% 和 28.9%；西北诸河流域化学原料及化学制品制造业铬排放量居首位，占该流域工业废水铬排放量的 47.4%。

#### 4.2.3.8 铅

全国工业废水铅排放量为 190.85 吨。其中：长江流域工业废水铅排放量 93.02 吨，占全国工业废水铅排放量的 48.74%，居各流域首位；其次为珠江流域 36.21 吨，占 18.97%；黄河流域 13.78 吨，占 7.22%；西北诸河流域 13.64 吨，占 7.15%；西南诸河流域 9.57 吨，占 5.02%；东南诸河流域 5.43 吨，占 2.85%；辽河、海河、淮河流域排放量分别为 7.31 吨、6.21 吨、5.24 吨，占全国工业废水铅排放量的 3.83%、3.26% 和 2.74%。

工业废水铅直排入海量 1.77 吨，占全国工业废水铅排放量的 0.93%。其中：直排入渤海量最大，占工业废水直排入海量的 63.4%。

工业废水铅排污负荷强度依次为：海河流域 61.1 千克 / 亿米 $^3$，居各流域首位，为全国平均值的 7.7 倍；黄河流域 25.4 千克 / 亿米 $^3$，为全国平均值的 3.2 倍；辽河流域 23.3 千克 / 亿米 $^3$；西北诸河流域 10.9 千克 / 亿米 $^3$；长江流域 10.7 千克 / 亿米 $^3$；珠江流域 9.1 千克 / 亿米 $^3$。淮河、东南诸河、西南诸河、松花江流域工业废水铬排污负荷强度低于全国平均水平。

长江、黄河、淮河、辽河等流域工业废水铅排放的主要行业为有色金属冶炼及压延加工业；海河、西北诸河流域为化学原料及化学制品制造业；珠江、东南诸河、西南诸河、松花江流域为有色金属矿采选业；珠江流域有色金属矿采选业、有色金属冶炼及压延加工业废水铅排放量基本相近。

表 4-2-35　全国各流域工业废水铅排放情况

| 流　域 | 产生量 / 吨 | 排放量 / 吨 | 占全国排放量比例 % | 污径比 /（千克/亿米$^3$） | 主要行业及所占比例 | 排放量大地区及所占比例 /% |
|---|---|---|---|---|---|---|
| 松花江 | 4.35 | 0.44 | 0.23 | 0.6 | 有色金属矿采选业 77.0%、电气机械及器材制造业 18.5% | 内蒙古 64.8<br>黑龙江 18.6<br>吉　林 16.6 |
| 辽河 | 176.27 | 7.31 | 3.83 | 23.3 | 有色金属冶炼及压延加工业 67.0%、有色金属矿采选业 24.3% | 内蒙古 83.8<br>辽　宁 14.9<br>吉　林 1.3 |
| 海河 | 128.06 | 6.21 | 3.26 | 61.1 | 化学原料及化学制品制造业 60.3%、通信设备计算机及其他电子设备制造业 15.9% | 山　东 34.7<br>山　西 22.1<br>天　津 19.7<br>河　北 15.8<br>河　南 5.8 |
| 黄河 | 546.30 | 13.78 | 7.22 | 25.4 | 有色金属冶炼及压延加工业 39.6%、有色金属矿采选业 30.4%、化学原料及化学制品制造业 24.2% | 内蒙古 28.6<br>陕　西 22.5<br>甘　肃 22.4<br>河　南 12.7<br>山　西 7.4<br>山　东 5.2 |
| 淮河 | 89.82 | 5.24 | 2.74 | 4.8 | 有色金属冶炼及压延加工业 33.9%、电气机械及器材制造业 16.1%、化学原料及化学制品制造业 15.1% | 江　苏 35.0<br>安　徽 20.3<br>山　东 33.7<br>河　南 11.0 |
| 长江 | 2077.11 | 93.02 | 48.74 | 10.7 | 有色金属冶炼及压延加工业 65.4%、有色金属矿采选业 18.7%、化学原料及化学制品制造业 9.3% | 湖　南 57.5<br>云　南 15.1<br>江　西 9.0<br>湖　北 4.0<br>甘　肃 3.4<br>江　苏 3.3<br>安　徽 2.4<br>四　川 2.2<br>陕　西 1.8 |
| 东南诸河 | 102.55 | 5.43 | 2.85 | 3.0 | 有色金属矿采选业 52.9%、化学原料及化学制品制造业 19.6%、有色金属冶炼及压延加工业 14.1% | 浙　江 22.4<br>福　建 77.3 |
| 珠江 | 362.19 | 36.21 | 18.97 | 9.1 | 有色金属矿采选业 36.7%、有色金属冶炼及压延加工业 32.7%、非金属矿物制品业 13.2% | 广　东 46.2<br>广　西 41.5<br>湖　南 6.7<br>云　南 2.8<br>福　建 1.2<br>江　西 1.2 |
| 西南诸河 | 317.64 | 9.57 | 5.02 | 1.7 | 有色金属矿采选业 90.8%、有色金属冶炼及压延加工业 9.0% | 云南约 100 |
| 西北诸河 | 539.29 | 13.64 | 7.15 | 10.9 | 化学原料及化学制品制造业 64.7%、有色金属冶炼及压延加工业 29.3% | 甘　肃 46.9<br>内蒙古 46.7<br>青　海 6.2 |
| 合计 | 4343.59 | 190.85 | 100 | 7.9 | — | — |
| 其中：直排入海 | 72.95 | 1.77 | 0.93 | — | 通信设备计算机及其他电子设备制造业 65.8%、有色金属冶炼及压延加工业 11.4% | 渤　海 63.4<br>黄　海 10.5<br>东　海 15.0<br>南　海 11.1 |

#### 4.2.3.9 镉

全国工业废水中镉排放量为36.85吨。其中长江流域工业废水镉排放量24.61吨，占全国工业废水镉排放量的66.79%，居各流域首位；其次为西北诸河流域3.79吨，占10.28%；珠江流域3.46吨，占9.38%；黄河流域1.47吨，占4.00%；淮河、辽河、海河流域排放量分别为3.37吨、2.58吨、0.23吨，占全国工业废水铅排放量的3.37%、2.58%和0.62%。

西北诸河、辽河流域工业废水镉排污负荷强度均为3.0千克/亿米$^3$，为全国平均水平的2倍；长江、黄河、海河流域分别为2.8千克/亿米$^3$、2.7千克/亿米$^3$、2.2千克/亿米$^3$。

大多数流域工业废水镉排放的主要行业为有色金属冶炼及压延加工业，排放量占该流域工业废水镉排放量的50%以上；其次为有色金属矿采选业或化学原料及化学制品制造业。西北诸河流域镉排放的主要行业为化学制品制造业；东南诸河流域有色金属冶炼及压延加工业、化学原料及化学制品制造业镉排放量所占比例相同。

#### 4.2.3.10 汞

全国工业废水中汞排放量为1.4吨。各流域工业废水汞排放量依次为：长江流域578千克，居各流域首位，占全国工业废水汞排放量的41.14%；其次为辽河流域183千克，占13.02%；珠江流域168千克，占11.97%；海河流域98千克，占6.96%；黄河流域89千克，占6.33%；淮河流域88千克，占6.26%；西北诸河流域76千克，占5.41%；东南诸河流域59千克，占4.20%；松花江、西南诸河流域分别占全国工业废水汞排放量的2.81%和1.90%。

工业废水汞直排入海排放量164千克，占全国工业废水汞排放量的11.68%。其中：直排入渤海排放量占全国工业废水汞直排入海量的91.7%。

海河流域工业废水汞排污负荷强度为0.96千克/亿米$^3$，居各流域首位，为全国平均水平的16.5倍；其次为辽河流域0.58千克/亿米$^3$，为全国平均水平的10倍；黄河流域为0.16千克/亿米$^3$，淮河流域为0.08千克/亿米$^3$，长江流域为0.07千克/亿米$^3$，高于全国平均水平。

辽河、海河、淮河、长江流域汞排放的主要行业为化学原料及化学制品制造业；黄河、东南诸河、西南诸河流域汞排放的主要行业为有色金属冶炼及压延加工业；珠江流域有色金属矿采选业、有色金属冶炼及压延加工业汞排放量大。

表 4-2-36 全国各流域工业废水镉排放情况

| 流　域 | 产生量 / 吨 | 排放量 / 吨 | 占全国排放量比例 % | 污径比 /（千克 / 亿米$^3$） | 主要行业及所占比例 | 排放量大地区及所占比例 /% |
|---|---|---|---|---|---|---|
| 松花江 | 0.53 | 0.03 | 0.07 | 0.03 | 有色金属冶炼及压延加工业65.3%、有色金属矿采选业34.2% | 黑龙江 70.5<br>内蒙古 18.5<br>吉　林 11.0 |
| 辽河 | 159.35 | 0.95 | 2.58 | 3.0 | 有色金属冶炼及压延加工业89.0%、有色金属矿采选业9.3% | 内蒙古 90.9<br>辽　宁 8.9 |
| 海河 | 111.82 | 0.23 | 0.62 | 2.2 | 有色金属冶炼及压延加工业49.9%、有色金属矿采选业30.7% | 河　南 44.4<br>河　北 41.3<br>天　津 10.2 |
| 黄河 | 360.40 | 1.47 | 4.00 | 2.7 | 有色金属冶炼及压延加工业78.7%、有色金属矿采选业7.1% | 陕　西 33.3<br>甘　肃 26.5<br>河　南 15.6<br>山　西 9.0<br>山　东 8.2<br>内蒙古 4.1<br>青　海 2.6 |
| 淮河 | 42.17 | 1.24 | 3.37 | 1.1 | 有色金属冶炼及压延加工业87.1%、化学原料及化学制品制造业 4.4% | 山　东 82.2<br>河　南 9.6<br>江　苏 6.8<br>安　徽 1.4 |
| 长江 | 1220.50 | 24.61 | 66.79 | 2.8 | 有色金属冶炼及压延加工业85.1%、有色金属矿采选业6.3%、化学原料及化学制品制造业 5.5% | 湖　南 70.9<br>云　南 11.4<br>江　西 8.8<br>湖　北 2.4<br>江　苏 1.6<br>陕　西 1.2 |
| 东南诸河 | 54.12 | 0.42 | 1.14 | 0.2 | 有色金属冶炼及压延加工业30.4%、化学原料及化学制品制造业 30.4%、有色金属矿采选业 19.4% | 福　建 56.4<br>浙　江 42.1 |
| 珠江 | 157.09 | 3.46 | 9.38 | 0.9 | 有色金属冶炼及压延加工业53.3%、有色金属矿采选业27.5%、通信设备计算机及其他电子设备制造业 6.1% | 广　西 60.8<br>广　东 27.4<br>云　南 6.8<br>湖　南 2.4 |
| 西南诸河 | 156.11 | 0.65 | 1.78 | 0.1 | 有色金属冶炼及压延加工业67.5%、有色金属矿采选业32.3% | 云南约 100 |
| 西北诸河 | 408.98 | 3.79 | 10.28 | 3.0 | 化学原料及化学制品制造业51.9%、有色金属冶炼及压延加工业 47.2% | 甘　肃 57.6<br>内蒙古 41.2<br>青　海 1.1 |
| 合计 | 2671.07 | 36.85 | 100 | 1.5 | — | — |
| 其中：直排入海 | 64.42 | 0.06 | 0.15 | — | 有色金属冶炼及压延加工业33.2%、石油加工炼焦及核燃料加工业 32.1% | 渤　海 37.7<br>黄　海 5.1<br>东　海 44.9<br>南　海 12.3 |

表 4-2-37　全国各流域工业废水汞排放情况

| 流　域 | 产生量/千克 | 排放量/千克 | 占全国排放量比例% | 污径比/(千克/亿米$^3$) | 主要行业及所占比例 | 排放量大地区及所占比例/% |
|---|---|---|---|---|---|---|
| 松花江 | 134 | 39 | 2.81 | 0.05 | 有色金属矿采选业 | 内蒙古 97.8 |
| 辽河 | 1639 | 183 | 13.02 | 0.58 | 化学原料及化学制品制造业 62.5%、有色金属矿采选业 33.8% | 辽　宁 73.5<br>内蒙古 26.0 |
| 海河 | 1152 | 98 | 6.96 | 0.96 | 化学原料及化学制品制造业 55.2%、石油加工炼焦及核燃料加工业 36.1% | 山　西 48.1<br>天　津 37.6<br>河　北 11.2<br>河　南 2.4 |
| 黄河 | 2399 | 89 | 6.33 | 0.16 | 有色金属冶炼及压延加工业 69.6%、化学原料及化学制品制造业 22.3%、有色金属矿采选业 8.0% | 甘　肃 51.8<br>河　南 14.4<br>山　西 12.8<br>陕　西 8.4 |
| 淮河 | 2308 | 88 | 6.26 | 0.08 | 化学原料及化学制品制造业 48.3%、有色金属冶炼及压延加工业 25.4%、有色金属矿采选业 22.1% | 山　东 81.7<br>江　苏 14.6<br>河　南 2.7<br>安　徽 1.0 |
| 长江 | 7450 | 578 | 41.14 | 0.07 | 化学原料及化学制品制造业 30.1%、有色金属矿采选业 26.4%、有色金属冶炼及压延加工业 19.5%、黑色金属冶炼及压延加工业 18.4% | 湖　南 43.8<br>浙　江 20.2<br>江　西 11.6<br>陕　西 6.0<br>湖　北 3.5<br>四　川 3.0 |
| 东南诸河 | 604 | 59 | 4.20 | 0.03 | 有色金属冶炼及压延加工业 36.6%、化学原料及化学制品制造业 30.6%、有色金属矿采选业 16.5%、电气机械及器材制造业 15.7% | 福　建 85.3<br>浙　江 14.6 |
| 珠江 | 1950 | 168 | 11.97 | 0.04 | 有色金属矿采选业 25.4%、有色金属冶炼及压延加工业 25.0%、化学原料及化学制品制造业 14.6%、通信设备计算机及其他电子设备制造业 13.4% | 广　西 48.0<br>广　东 32.7<br>贵　州 11.1<br>云　南 6.7 |
| 西南诸河 | 1679 | 27 | 1.90 | 0.01 | 有色金属冶炼及压延加工业 72.7%、有色金属矿采选业 27.0% | 云南约 100 |
| 西北诸河 | 1463 | 76 | 5.41 | 0.06 | 化学原料及化学制品制造业 37.5%、有色金属冶炼及压延加工业 36.9%、有色金属矿采选业 20.5% | 甘　肃 66.4<br>新　疆 26.7<br>青　海 6.4 |
| 合计 | 20778 | 1404 | 100 | 0.06 | — | — |
| 其中：直排入海 | 453 | 164 | 11.68 | — | 化学原料及化学制品制造业 70.4%、石油加工炼焦及核燃料加工业 21.5% | 渤　海 91.7<br>东　海 4.4<br>南　海 3.8 |

#### 4.2.3.11 按流域综合分析

长江流域地域广，且中下游地区工业发达，工业废水污染物排放量大，在各流域中所占比例较高；化学需氧量排放量占全国工业废水化学需氧量排放量的27.51%，明显高于其他流域；氨氮、石油类、砷、铅、镉、汞等污染物排放量均占全国工业废水中污染物排放量的三分之一以上，居各流域首位。由于长江流域水资源相对丰沛、地表径流量大，多数废水污染物的排污负荷强度较低，但受到以湖南为主的有色金属矿的采选、冶炼、加工企业排放影响，砷、镉排放量占全国工业废水污染物排放量的60%以上，铅、汞占40%以上，砷、铅、镉3类污染物的排污负荷强度高于全国平均水平。

海河流域为各流域中工业废水污染物排放对水环境质量压力最大的流域，化学需氧量、氨氮、石油类、挥发酚、氰化物、铬、铅、汞等污染物的排污负荷强度均居各流域首位。化学需氧量、氨氮、石油类的排污负荷强度为全国平均水平的20～30倍；砷、镉的排污负荷强度也分别为全国平均水平的2.5倍和2.2倍。

辽河、黄河流域工业废水污染物排放水环境质量压力较大，化学需氧量、氨氮、石油类、挥发酚、氰化物、砷、铅、镉、汞等污染物的排污负荷强度均高于全国平均水平，并在各流域中位居前列。

辽河流域工业废水化学需氧量排污负荷强度居各流域第二位，高于全国平均水平3倍以上。砷、镉排污负荷强度在各流域中居首位，分别为全国平均水平的4.7倍和2倍。汞排污负荷强度位居各流域第2位，高于全国平均水平9倍。石油类、氰化物、铅排污负荷强度位居各流域第3位，氨氮、挥发酚排污负荷强度位居各流域第4位。

黄河流域工业废水化学需氧量排污负荷强度居各流域第3位，高于全国平均水平2.3倍。氨氮、石油类、挥发酚、氰化物、铅排污负荷强度位居各流域第2位，其中挥发酚排放量在各流域中最大，占全国工业废水挥发酚排放量的32.19%，大多数来源于山西的炼焦企业排放；氨氮、石油类排污负荷强度高于全国平均水平4倍以上。砷、镉、汞排污负荷强度位居各流域第3位。

淮河流域工业废水化学需氧量、氨氮、石油类、挥发酚、氰化物排污负荷强度均高于全国平均水平，氨氮排污负荷强度位居各流域第3位，石油类排污负荷强度位居各流域第4位，化学需氧量、挥发酚、氰化物排污负荷强度居各流域第5位。

东南诸河流域工业废水中部分污染物排放量较大，化学需氧量、氨氮、石油类、氰化物、铬排污负荷强度高于全国平均水平。工业废水化学需氧量排放量占全国工业废水化学需氧量排放量的16.37%，居各流域第2位，排污负荷强度为全国平均水平的2.2倍，居各流域第4位。铬排放量占全国工业废水铬排放量的36.27%，居各流域第2位；铬排污负荷强度为全国平均水平的4.9倍，低于海河流域、高于珠江流域。铬排放的主要行业为皮革毛皮羽毛（绒）及其制品业、金属制品业。氰化物排放量占全国工业废水氰化物排放量的18.13%，居各流域第3位；排污负荷强度为全国平均水平的2.5倍。

珠江流域工业废水化学需氧量排放量占全国工业废水化学需氧量排放量的12.47%，氨氮排放量占12.59%，均居各流域第3位。铬排放量占全国工业废水铬排放量的44.04%，氰化物排放量占24.84%，均居各流域排放量首位；排污负荷强度分别为全国平均水平的2.7倍和1.5倍；排放的主要行业为金属制品业。铅排放量占全国工业废水铅排放量的18.97%，居各流域第2位；排污负荷强度高于全国平均水平。

表 4-2-38　各流域工业废水污染物排放情况

| 流　域 | | 松花江 | 辽河 | 海河 | 黄河 | 淮河 | 长江 | 东南诸河 | 珠江 | 西南诸河 | 西北诸河 | 合计 | 其中：直排入海 |
|---|---|---|---|---|---|---|---|---|---|---|---|---|---|
| 地表径流量 / 亿米 $^3$ | | 751.6 | 313.8 | 101.7 | 542.1 | 1086.2 | 8699.3 | 1788.1 | 3973.5 | 5739.1 | 1247.0 | 24242.5 | |
| 化学需氧量 | 排放量 / 吨 | 346647 | 386789 | 752278 | 537543 | 604938 | 1967605 | 1171031 | 891733 | 212237 | 280533 | 7151335 | 523659 |
| | 占全国比例 /% | 4.85 | 5.41 | 10.52 | 7.52 | 8.46 | 27.51 | 16.37 | 12.47 | 2.97 | 3.92 | 100 | 7.32 |
| | 污径比 /（千克 / 万米 $^3$） | 46.1 | 123.3 | 739.7 | 99.2 | 55.7 | 22.6 | 65.5 | 22.4 | 3.7 | 22.5 | 29.5 | |
| 氨氮 | 排放量 / 吨 | 9269 | 10013 | 29480 | 39020 | 35244 | 106980 | 26619 | 38212 | 978 | 7805 | 303620 | 15469 |
| | 占全国比例 /% | 3.05 | 3.30 | 9.71 | 12.85 | 11.61 | 35.23 | 8.77 | 12.59 | 0.32 | 2.57 | 100 | 5.09 |
| | 污径比 /（千克 / 万米 $^3$） | 1.23 | 3.19 | 28.99 | 7.20 | 3.24 | 1.23 | 1.49 | 0.96 | 0.02 | 0.63 | 1.25 | |
| 石油类 | 排放量 / 吨 | 1989 | 3676 | 8541 | 7948 | 6592 | 22051 | 6395 | 7334 | 322 | 1514 | 66363 | 3708 |
| | 占全国比例 /% | 3.00 | 5.54 | 12.87 | 11.98 | 9.93 | 33.23 | 9.64 | 11.05 | 0.49 | 2.28 | 100 | 5.59 |
| | 污径比 /（千克 / 万米 $^3$） | 0.26 | 1.17 | 8.40 | 1.47 | 0.61 | 0.25 | 0.36 | 0.18 | 0.01 | 0.12 | 0.27 | |
| 挥发酚 | 排放量 / 吨 | 737 | 226 | 1441 | 2411 | 371 | 1410 | 431 | 358 | 11 | 96 | 7492 | 286 |
| | 占全国比例 /% | 9.84 | 3.02 | 19.23 | 32.19 | 4.95 | 18.82 | 5.75 | 4.78 | 0.15 | 1.28 | 100 | 3.82 |
| | 污径比 /（千克 / 万米 $^3$） | 0.098 | 0.072 | 1.417 | 0.445 | 0.034 | 0.016 | 0.024 | 0.009 | … | 0.008 | 0.031 | |
| 氰化物 | 排放量 / 千克 | 14833 | 30903 | 53749 | 85459 | 69908 | 196574 | 143998 | 197295 | 123 | 1266 | 794106 | 75399 |
| | 占全国比例 /% | 1.87 | 3.89 | 6.77 | 10.76 | 8.80 | 24.75 | 18.13 | 24.84 | 0.02 | 0.16 | 100 | 9.49 |
| | 污径比 /（千克 / 亿米 $^3$） | 19.7 | 98.5 | 528.5 | 157.6 | 64.4 | 22.6 | 80.5 | 49.7 | 0.02 | 1.0 | 32.8 | |
| 砷 | 排放量 / 千克 | 12048 | 11261 | 1904 | 8727 | 3841 | 111191 | 2750 | 15932 | 8588 | 8715 | 184956 | 498 |
| | 占全国比例 /% | 6.51 | 6.09 | 1.03 | 4.72 | 2.08 | 60.12 | 1.49 | 8.61 | 4.64 | 4.71 | 100 | 0.27 |
| | 污径比 /（千克 / 亿米 $^3$） | 16.0 | 35.9 | 18.7 | 16.1 | 3.5 | 12.8 | 1.5 | 4.0 | 1.5 | 7.0 | 7.6 | |
| 铬 | 排放量 / 千克 | 366 | 4752 | 53197 | 25812 | 34979 | 192224 | 596052 | 723711 | 21 | 12303 | 1643419 | 243970 |
| | 占全国比例 /% | 0.02 | 0.29 | 3.24 | 1.57 | 2.13 | 11.70 | 36.27 | 44.04 | … | 0.75 | 100 | 14.85 |
| | 污径比 /（千克 / 亿米 $^3$） | 0.5 | 15.1 | 523.1 | 47.6 | 32.2 | 22.1 | 333.3 | 182.1 | … | 9.9 | 67.8 | |
| 铅 | 排放量 / 千克 | 440 | 7309 | 6215 | 13780 | 5237 | 93016 | 5435 | 36210 | 9572 | 13639 | 190854 | 1767 |
| | 占全国比例 /% | 0.23 | 3.83 | 3.26 | 7.22 | 2.74 | 48.74 | 2.85 | 18.97 | 5.02 | 7.15 | 100 | 0.93 |
| | 污径比 /（千克 / 亿米 $^3$） | 0.6 | 23.3 | 61.1 | 25.4 | 4.8 | 10.7 | 3.0 | 9.1 | 1.7 | 10.9 | 7.9 | |
| 镉 | 排放量 / 千克 | 26 | 950 | 229 | 1475 | 1241 | 24614 | 419 | 3457 | 655 | 3787 | 36853 | 56 |
| | 占全国比例 /% | 0.07 | 2.58 | 0.62 | 4.00 | 3.37 | 66.79 | 1.14 | 9.38 | 1.78 | 10.28 | 100 | 0.15 |
| | 污径比 /（千克 / 亿米 $^3$） | 0.03 | 3.0 | 2.2 | 2.7 | 1.1 | 2.8 | 0.2 | 0.9 | 0.1 | 3.0 | 1.5 | |
| 汞 | 排放量 / 千克 | 39 | 183 | 98 | 89 | 88 | 578 | 59 | 168 | 27 | 76 | 1404 | 164 |
| | 占全国比例 /% | 2.81 | 13.02 | 6.96 | 6.33 | 6.26 | 41.14 | 4.20 | 11.97 | 1.90 | 5.41 | 100 | 11.68 |
| | 污径比 /（千克 / 亿米 $^3$） | 0.05 | 0.58 | 0.96 | 0.16 | 0.08 | 0.07 | 0.03 | 0.04 | 0.01 | 0.06 | 0.06 | |

### 4.2.4 工业废水排入环境水体的污染物量分析

工业企业厂区排放口废水污染物排放量为化学需氧量715.13万吨、氨氮30.36万吨、石油类6.64万吨、挥发酚0.75万吨、氰化物794吨、砷185吨、铬1643吨、铅191吨、镉36.9吨、汞1.4吨。经企业排放口外排后，部分工业废水又进入城市污水处理厂和工业废水集中处理设施（以下合称集中污水处理厂）再进一步处理，按照集中污水处理厂对废水（包括生活污水和工业废水）污染物的削减量（详见第7章），以及这些污水处理厂处理工业废水的比例，折算集中污水处理厂削减工业废水污染物的量。经集中污水处理厂削减工业废水中化学需氧量150.79万吨、氨氮9.60万吨、石油类1.10万吨、挥发酚0.01万吨、氰化物247吨、砷1.3吨、铬1169吨、铅2.2吨、镉0.3吨。经集中污水处理厂处理削减后、工业源最终排入环境水体的废水污染物排放量为：化学需氧量564.34万吨、氨氮20.76万吨、石油类5.54万吨、挥发酚0.74万吨、氰化物547吨、砷184吨、铬475吨、铅188.7吨、镉36.6吨、汞1.4吨。

## 4.3 工业源废气污染物

### 4.3.1 工业废气产生、治理、排放概况

全国工业企业拥有锅炉242723座，总额定出力194.9万兆瓦，窑炉219884座。工业企业煤炭消费量262886.98万吨，焦炭消费量27019.38万吨，原油消费量21555.77万吨，燃料油消费量2235.90万吨，天然气消费量533.53亿米$^3$。

全国工业企业拥有废气处理设施244641套，其中：除尘设施178959套，脱硫设施23468套。工业废气治理设施总投资11737.75亿元，设计处理能力1724327万米$^3$/时，年实际处理废气量401513亿米$^3$。全国工业废气排放量612275.2亿米$^3$，废气处理率65.58%。

广东、浙江、江苏、河北等省工业废气处理设施数量多，分别为22977套、21923套、20933套、20330套。江苏工业废气设计处理能力为263045万米$^3$/时、河北216473万米$^3$/时、河南128490万米$^3$/时、广东111144万米$^3$/时、山西110102万米$^3$/时、山东108195万米$^3$/时，分别占全国工业废气处理设施设计处理能力的15.25%、12.55%、7.45%、6.45%、6.39%和6.27%。

表4-3-1 全国工业源能源消费情况

| 能源种类 | 消费总量 | 其中：用作原料量 |
|---|---|---|
| 煤炭/万吨 | 262886.98 | 69181.21 |
| 原煤/万吨 | 219557.60 | 41956.43 |
| 洗精煤/万吨 | 37027.70 | 25698.76 |
| 其他洗煤/万吨 | 5617.13 | 1078.30 |
| 型煤/万吨 | 684.55 | 447.72 |
| 焦炭/万吨 | 27019.38 | 11729.74 |
| 原油/万吨 | 21555.77 | 15602.70 |
| 汽油/万吨 | 721.20 | 28.40 |
| 煤油/万吨 | 56.26 | 19.49 |
| 柴油/万吨 | 2045.24 | 83.20 |
| 燃料油/万吨 | 2235.90 | 246.28 |
| 天然气/亿米$^3$ | 533.53 | 130.39 |
| 液化石油气/万吨 | 461.80 | 148.68 |

表 4-3-2　全国工业企业废气治理设施情况

| 废气治理设施指标 | 计量单位 | 全国工业源汇总量 |
|---|---|---|
| 锅炉总数 | 座 | 242723 |
| 锅炉总额定出力 | 兆瓦 | 1949230 |
| 窑炉总数 | 座 | 219884 |
| 废气治理设施总数 | 套 | 244641 |
| 其中：除尘设施数 | 套 | 178959 |
| 脱硫设施数 | 套 | 23468 |
| 废气治理设施建设投资 | 万元 | 117377507 |
| 废气治理设施设计处理能力 | 米$^3$/时 | 17243273518 |
| 年耗电量 | 万千瓦·时/年 | 51317113 |
| 年运行费用 | 万元/年 | 16818002 |
| 实际处理废气量 | 万米$^3$ | 4015133335.30 |
| 工业废气排放量 | 万米$^3$ | 6122751682.55 |

河北、浙江、江苏、广东、辽宁、山东等省工业废气除尘设施数量分别占全国工业废气除尘设施总数的9.02%、8.96%、8.01%、7.46%、6.84%和6.54%。

工业企业脱硫设施数量较多的省（市）中，山东占全国工业企业脱硫设施总数的11.55%，山西10.81%、广东10.81%、辽宁8.03%、河北7.32%、江苏7.04%、天津6.47%、北京6.37%、浙江5.17%。

河北废气处理量50566.3亿米$^3$，占全国工业企业废气处理量的12.59%；山东35549.4亿米$^3$，占8.85%；江苏347000.0亿米$^3$，占8.64%；河南24608.83亿米$^3$，占6.13%；辽宁23284.32亿米$^3$，占5.80%；山西22641.69亿米$^3$，占5.64%；广东20401.95亿米$^3$，占5.08%；浙江20063.88亿米$^3$，占5.00%。

**表 4-3-3 全国各地区工业废气处理设施情况**

| 地区 | 工业锅炉 | | 工业窑炉数量/座 | 废气处理设施数/套 | 其中 | | 投资/亿元 | 设计处理能力/(万米$^3$/时) | 废气处理量/亿米$^3$ |
|---|---|---|---|---|---|---|---|---|---|
| | 数量/座 | 总额定出力/兆瓦 | | | 除尘设施/台 | 脱硫设施/台 | | | |
| 北京 | 5235 | 31828 | 521 | 4392 | 2752 | 1495 | 126.68 | 18999 | 3229.49 |
| 天津 | 4769 | 35642 | 1394 | 3732 | 2849 | 1519 | 98.19 | 19870 | 4519.93 |
| 河北 | 17855 | 202298 | 17653 | 20330 | 16138 | 1717 | 328.45 | 216473 | 50566.33 |
| 山西 | 9034 | 105467 | 9598 | 10967 | 7824 | 2538 | 218.34 | 110102 | 22641.69 |
| 内蒙古 | 6687 | 87298 | 5442 | 6151 | 5464 | 468 | 1477.40 | 63983 | 18103.37 |
| 辽宁 | 17041 | 118754 | 12844 | 14975 | 12242 | 1885 | 180.06 | 74773 | 23284.32 |
| 吉林 | 8180 | 45600 | 2737 | 5500 | 4814 | 392 | 49.39 | 21688 | 6552.34 |
| 黑龙江 | 11697 | 73070 | 4869 | 5927 | 5328 | 166 | 97.29 | 36052 | 6465.37 |
| 上海 | 5146 | 40120 | 2467 | 6046 | 2992 | 580 | 773.63 | 28906 | 9082.49 |
| 江苏 | 19370 | 144582 | 17448 | 20933 | 14330 | 1652 | 305.46 | 263045 | 34699.98 |
| 浙江 | 28747 | 116685 | 17248 | 21923 | 16041 | 1213 | 157.73 | 78453 | 20063.88 |
| 安徽 | 5359 | 48356 | 7988 | 6316 | 4341 | 157 | 174.19 | 86077 | 11713.34 |
| 福建 | 6951 | 40867 | 7222 | 9060 | 6229 | 221 | 90.54 | 24371 | 9943.98 |
| 江西 | 3985 | 28712 | 8731 | 5642 | 4192 | 223 | 45.85 | 20243 | 8209.13 |
| 山东 | 17450 | 188698 | 14575 | 14684 | 11709 | 2711 | 6070.11 | 108195 | 35549.38 |
| 河南 | 8201 | 97576 | 10911 | 10612 | 8131 | 777 | 174.56 | 128490 | 24608.83 |
| 湖北 | 4468 | 37722 | 4739 | 6005 | 4333 | 249 | 74.00 | 30635 | 11405.26 |
| 湖南 | 4932 | 59987 | 10151 | 7089 | 5183 | 698 | 163.19 | 25088 | 13196.83 |
| 广东 | 18334 | 100365 | 16266 | 22977 | 13344 | 2536 | 305.00 | 111144 | 20401.95 |
| 广西 | 3605 | 32790 | 4690 | 5253 | 3855 | 450 | 59.90 | 27549 | 8392.46 |
| 海南 | 422 | 14023 | 533 | 437 | 251 | 12 | 7.82 | 3424 | 895.01 |
| 重庆 | 3687 | 20282 | 5760 | 3834 | 1652 | 193 | 50.31 | 16247 | 5002.11 |
| 四川 | 7326 | 36785 | 11112 | 7360 | 5312 | 471 | 161.30 | 36361 | 11319.13 |
| 贵州 | 2488 | 55461 | 3568 | 2887 | 2136 | 385 | 74.23 | 26154 | 7238.72 |
| 云南 | 4863 | 32969 | 6935 | 6120 | 4637 | 274 | 192.12 | 56858 | 10248.57 |
| 西藏 | 14 | 20 | 31 | 137 | 116 | 0 | 1.01 | 227 | 76.45 |
| 陕西 | 4017 | 46620 | 5456 | 4119 | 3026 | 264 | 113.80 | 31687 | 7278.42 |
| 甘肃 | 3263 | 28720 | 3609 | 3795 | 2974 | 131 | 51.11 | 18080 | 5820.20 |
| 青海 | 595 | 5992 | 608 | 771 | 627 | 11 | 16.43 | 5422 | 2624.81 |
| 宁夏 | 2278 | 22685 | 1850 | 1915 | 1760 | 71 | 31.41 | 14631 | 4298.07 |
| 新疆 | 6724 | 49257 | 2928 | 4752 | 4377 | 9 | 68.24 | 21099 | 4081.50 |
| 全国 | 242723 | 1949230 | 219884 | 244641 | 178959 | 23468 | 11737.75 | 1724327 | 401513.33 |

各工业行业中，非金属矿物制品业废气处理设施数最多，为 50917 套，占全国工业废气处理设施总数的 20.81%；其次为化学原料及化学制品制造业废气处理设施 26055 套，占 10.65%。除尘设施数最多的为非金属矿物制品业 27676 套，占工业废气除尘设施总数的 15.46%；其次为电力热力的生产和供应业 18522 套，占 10.35%；化学原料及化学制品制造业 17835 套，占除尘设施总数的 9.97%。脱硫设施数量最多为电力热力的生产和供应业 5744 套，占工业废气脱硫设施总数的 24.48%；化学原料及化学制品制造业 2813 套，占脱硫设施总数的 11.99%。

工业废气治理设施建设投资额最大的为非金属矿物制品业，6549.24 亿元；其次为电力热力的生产和供应业废气治理设施投资 2673.74 亿元。

工业废气处理设施设计处理能力大的行业：电力热力的生产和供应业 360941.67 万米 $^3$/ 时，占工业废气设施处理总能力的 20.93%；化学原料及化学制品制造业 350965.32 万米 $^3$/ 时，占工业废气设施处理能力的 20.35%；黑色金属冶炼及压延加工业 289345.37 万米 $^3$/ 时，占工业废气设施处理能力的 16.78%；非金属矿物制品业 224327.15 万米 $^3$/ 时，占工业废气设施处理能力的 13.01%。

工业废气实际处理量最大的行业为黑色金属冶炼及压延加工业，废气实际处理量为 123179.27 亿米 $^3$，占全国工业废气年处理量的 30.68%；其次为电力热力的生产和供应业废气处理量 119702.02 亿米 $^3$，占 29.81%；非金属矿物制品业 66581.59 亿米 $^3$，占 16.58%；有色金属冶炼及压延加工业废气处理量 22337.84 亿米 $^3$，占全国工业废气年处理量的 5.56%；化学原料及化学制品制造业废气处理量 21386.91 亿米 $^3$，占全国工业废气年处理量的 5.33%。

**表 4-3-4　全国各工业行业废气处理设施情况**

| 工业行业 | 废气治理设施总数 / 套 | 其中 | | 投资 / 亿元 | 设计处理能力 /（万米 $^3$/ 时） | 废气处理量 / 亿米 $^3$ |
|---|---|---|---|---|---|---|
| | | 除尘 | 脱硫 | | | |
| 黑色金属冶炼及压延加工业 | 15302 | 12228 | 380 | 708.91 | 289345.37 | 123179.27 |
| 电力、热力的生产和供应业 | 18831 | 18522 | 5744 | 2673.74 | 360941.67 | 119702.02 |
| 非金属矿物制品业 | 50917 | 27676 | 1588 | 6549.24 | 224327.15 | 66581.59 |
| 有色金属冶炼及压延加工业 | 8551 | 6495 | 1178 | 229.66 | 51684.52 | 22337.84 |
| 化学原料及化学制品制造业 | 26055 | 17835 | 2813 | 233.04 | 350965.32 | 21386.91 |
| 石油加工、炼焦及核燃料加工业 | 3226 | 2042 | 391 | 174.99 | 18014.83 | 6615.22 |
| 造纸及纸制品业 | 9229 | 9027 | 985 | 49.75 | 18130.13 | 5507.04 |
| 纺织业 | 13763 | 13167 | 1634 | 32.70 | 34282.63 | 3879.25 |
| 通信设备、计算机及其他电子设备制造业 | 3988 | 594 | 100 | 39.74 | 10155.10 | 3422.20 |
| 交通运输设备制造业 | 5569 | 2300 | 537 | 118.52 | 17779.13 | 3370.22 |
| 木材加工及木、竹、藤、棕、草制品业 | 9702 | 8438 | 294 | 60.81 | 58943.33 | 3311.13 |
| 农副食品加工业 | 11090 | 10312 | 966 | 23.55 | 25601.87 | 3284.16 |
| 通用设备制造业 | 11120 | 8604 | 856 | 501.11 | 19444.62 | 2221.74 |
| 金属制品业 | 7377 | 3033 | 473 | 26.68 | 60782.36 | 1944.96 |
| 食品制造业 | 5315 | 5099 | 583 | 22.98 | 6934.25 | 1297.71 |
| 医药制造业 | 4555 | 3697 | 632 | 23.58 | 6459.36 | 1174.71 |
| 饮料制造业 | 3628 | 3526 | 632 | 88.81 | 7351.02 | 1102.09 |
| 其他工业行业 | 36423 | 26364 | 3682 | 179.93 | 163184.69 | 11195.27 |

### 4.3.2 工业废气污染物产生、排放情况

工业源废气排放量 612275.2 亿米$^3$，其中，燃烧废气排放量 367884.2 亿米$^3$。

烟尘产生量 48927.22 万吨，排放量 982.01 万吨；工业粉尘产生量 14731.49 万吨，排放量 764.68 万吨；二氧化硫产生量 4345.42 万吨，排放量 2119.75 万吨；氮氧化物产生量 1223.97 万吨，排放量 1188.44 万吨；氟化物产生量 26.66 万吨，排放量 2.38 万吨。

**表 4-3-5 全国工业废气污染物产生、排放情况**

| 污染物 | 产生量 | 排放量 | 排放量大的地区 / 行业 | |
|---|---|---|---|---|
| | | | 地区 | 行业 |
| 烟尘 / 万吨 | 48927.22 | 982.01 | 河北、山西、山东、辽宁、内蒙古、河南、四川、江苏 | 电力热力的生产和供应业、非金属矿物制品业、黑色金属冶炼及压延加工业、化学原料及化学制品制造业 |
| 工业粉尘 / 万吨 | 14731.49 | 764.68 | 河北、山西、山东、湖南、江苏、内蒙古、辽宁、河南、安徽 | 非金属矿物制品业、黑色金属冶炼及压延加工业，石油加工炼焦及核燃料加工业、木材加工及木竹藤棕草制品业、通用设备制造业、化学原料及化学制品制造业 |
| 二氧化硫 / 万吨 | 4345.42 | 2119.75 | 山东、河北、河南、内蒙古、山西、辽宁、广东、江苏、湖南、陕西、浙江 | 电力热力的生产和供应业、非金属矿物制品业、黑色金属冶炼及压延加工业、化学原料及化学制品制造业、有色金属冶炼及压延加工业、石油加工炼焦及核燃料加工业 |
| 氮氧化物 / 万吨 | 1223.97 | 1188.44 | 山东、河北、广东、江苏、河南、山西、浙江、内蒙古、辽宁 | 电力热力的生产和供应业、非金属矿物制品业、黑色金属冶炼及压延加工业、化学原料及化学制品制造业、石油加工炼焦及核燃料加工业 |
| 氟化物 / 万吨 | 26.66 | 2.38 | 甘肃、内蒙古、青海、贵州、河南、湖北、山东、江西、四川 | 有色金属冶炼及压延加工业、非金属矿物制品业 |

#### 4.3.2.1 烟尘

全国工业源烟尘产生量 48927.22 万吨，其中，电力热力的生产和供应业烟尘产生量最大，为 30614.25 万吨，占工业烟尘产生量的 62.57%；其次是非金属矿物制品业 11492.63 万吨，占 23.49%。黑色金属冶炼及压延加工业、化学原料及化学制品制造业、有色金属冶炼及压延加工业、造纸及纸制品业烟尘产生量分别占全国工业烟尘产生量的 5.00%、2.84%、1.46% 和 1.18%。

表 4-3-6 全国工业行业烟尘产生量、排放量

| 工业行业 | 产生量/吨 | 排放量/吨 | 占工业源比例/% | | 去除率/% |
|---|---|---|---|---|---|
| | | | 产生量 | 排放量 | |
| 电力、热力的生产和供应业 | 306142480 | 3146215 | 62.57 | 32.04 | 99.0 |
| 非金属矿物制品业 | 114926318 | 2716795 | 23.49 | 27.67 | 97.6 |
| 黑色金属冶炼及压延加工业 | 24460540 | 977329 | 5.00 | 9.95 | 96.0 |
| 化学原料及化学制品制造业 | 13877210 | 788061 | 2.84 | 8.03 | 94.3 |
| 造纸及纸制品业 | 5763491 | 299270 | 1.18 | 3.05 | 94.8 |
| 农副食品加工业 | 2119974 | 262928 | 0.43 | 2.68 | 87.6 |
| 有色金属冶炼及压延加工业 | 7157147 | 253676 | 1.46 | 2.58 | 96.5 |
| 纺织业 | 1530441 | 164606 | 0.31 | 1.68 | 89.2 |
| 通用设备制造业 | 445291 | 151646 | 0.09 | 1.54 | 65.9 |
| 木材加工及木、竹、藤、棕、草制品业 | 438476 | 143790 | 0.09 | 1.46 | 67.2 |
| 煤炭开采和洗选业 | 760888 | 115040 | 0.16 | 1.17 | 84.9 |
| 饮料制造业 | 869251 | 101876 | 0.18 | 1.04 | 88.3 |
| 石油加工、炼焦及核燃料加工业 | 2383116 | 92807 | 0.49 | 0.95 | 96.1 |
| 食品制造业 | 1215507 | 90798 | 0.25 | 0.92 | 92.5 |
| 有色金属矿采选业 | 115458 | 67166 | 0.02 | 0.68 | 41.8 |
| 金属制品业 | 101305 | 54422 | 0.02 | 0.55 | 46.3 |
| 医药制造业 | 608600 | 50637 | 0.12 | 0.52 | 91.7 |
| 非金属矿采选业 | 254225 | 43622 | 0.05 | 0.44 | 82.8 |
| 交通运输设备制造业 | 265678 | 40412 | 0.05 | 0.41 | 84.8 |
| 化学纤维制造业 | 4296688 | 37668 | 0.88 | 0.38 | 99.1 |
| 橡胶制品业 | 342554 | 31065 | 0.07 | 0.32 | 90.9 |
| 塑料制品业 | 113488 | 26283 | 0.02 | 0.27 | 76.8 |
| 纺织服装、鞋、帽制造业 | 108487 | 26132 | 0.02 | 0.27 | 75.9 |
| 专用设备制造业 | 80803 | 21392 | 0.02 | 0.22 | 73.5 |
| 黑色金属矿采选业 | 246239 | 20205 | 0.05 | 0.21 | 91.8 |
| 皮革、毛皮、羽毛（绒）及其制品业 | 51305 | 15099 | 0.01 | 0.15 | 70.6 |
| 石油和天然气开采业 | 21999 | 14875 | 0.00 | 0.15 | 32.4 |
| 电气机械及器材制造业 | 39942 | 12745 | 0.01 | 0.13 | 68.1 |
| 燃气生产和供应业 | 393800 | 10193 | 0.08 | 0.10 | 97.4 |
| 其他工业企业 | 141507.23 | 43300.41 | 0.03 | 0.44 | 69.4 |
| 工业源合计 | 489272212 | 9820052 | 100 | 100 | 98.0 |

全国工业烟尘排放量 982.01 万吨，去除率 98.0%。烟尘排放量最大的工业行业为电力热力的生产和供应业 314.62 万吨，占工业烟尘排放量的 32.04%；烟尘去除率为 99%。其次为非金属矿物制品业 271.68 万吨，占 27.67%；去除率为 97.6%。黑色金属冶炼及压延加工业烟尘排放量 97.73 万吨、

化学原料及化学制品制造业 78.81 万吨、造纸及纸制品业 29.93 万吨、农副食品加工业 26.29 万吨、有色金属冶炼及压延加工业 25.37 万吨，分别占工业烟尘排放量的 9.95%、8.03%、3.05%、2.68% 和 2.58%；烟尘去除率分别为 96.0%、94.3%、94.8%、87.6%、96.5%。上述 7 个工业行业烟尘排放量合计占全国工业烟尘排放量的 85.99%。

山东、河南、河北、江苏、山西、内蒙古等省（自治区）烟尘产生量大，分别占工业烟尘产生量的 8.98%、7.16%、7.05%、6.86%、6.23% 和 5.84%。

烟尘排放量大的省（自治区）依次为：河北 76.73 万吨，占全国工业烟尘排放量的 7.81%；山西 75.67 万吨，占 7.71%；山东 63.31 万吨，占 6.45%；辽宁 62.28 万吨，占 6.34%；内蒙古 57.94 万吨，占 5.90%；河南 56.26 万吨，占 5.73%；四川 52.59 万吨，占 5.36%；江苏 51.23 万吨，占 5.22%。上述 8 个省（自治区）烟尘排放量大，合计占全国工业烟尘排放量的 50.51%。

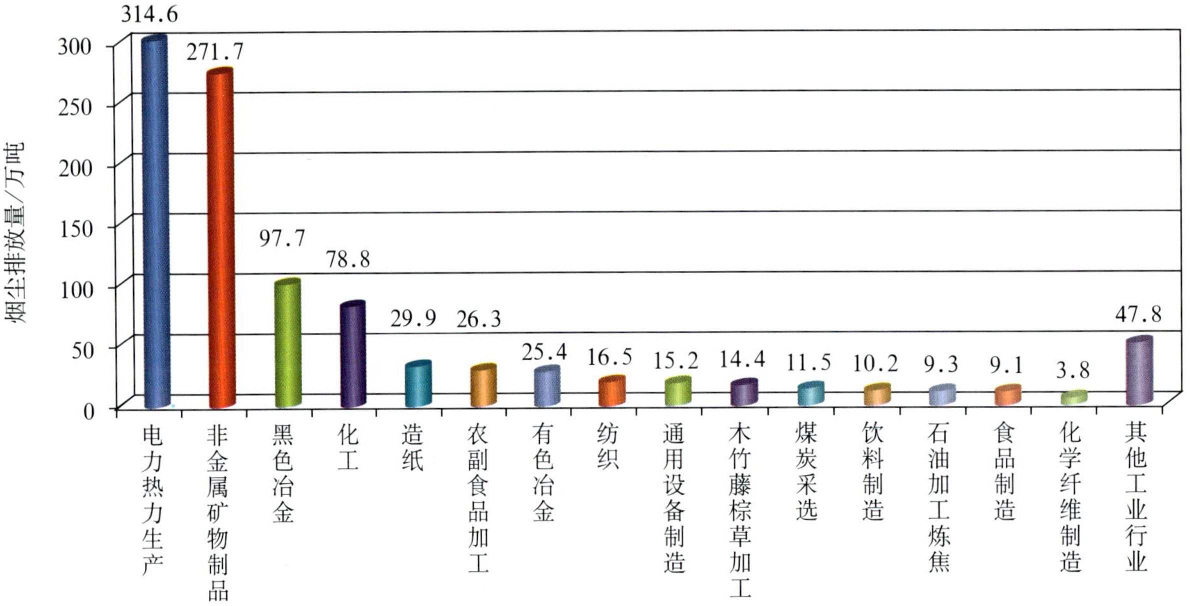


**图 4-3-1　全国工业行业烟尘排放量**

比较全国各地区的烟尘区域排放强度（即单位行政辖区面积污染物排放量 = 污染物排放量 / 行政辖区面积），上海、江苏、天津、山西、辽宁、河北、山东、浙江、河南等省（直辖市）烟尘区域排放强度较大，是全国平均水平的 3 倍以上。

上海烟尘排放的主要工业行业为电力热力的生产和供应业、黑色金属冶炼及压延加工业，分别占辖区工业烟尘排放量的 48.15% 和 14.71%。

天津烟尘排放的主要工业行业为电力热力的生产和供应业，占 38.50%，化学原料及化学制品制造业 16.67%，黑色金属冶炼及压延加工业 10.53%，金属制品业 10.15%。

山西烟尘排放的主要工业行业为电力热力的生产和供应业，占 33.90%，化学原料及化学制品制造业 24.27%，黑色金属冶炼及压延加工业 17.00%，非金属矿物制品业 11.34%。

表 4-3-7 全国各地区烟尘产生量、排放量

| 地 区 | 产生量 / 吨 | 排放量 / 吨 | 去除率 % | 占全国工业源比例 % | | 区域排放强度 / [吨 / (千米)$^2$] |
|---|---|---|---|---|---|---|
| | | | | 产生量 | 排放量 | |
| 北 京 | 4010828 | 32289 | 99.2 | 0.82 | 0.33 | 1.92 |
| 天 津 | 3022059 | 55386 | 98.2 | 0.62 | 0.56 | 4.90 |
| 河 北 | 35009627 | 767314 | 97.8 | 7.16 | 7.81 | 4.04 |
| 山 西 | 30462378 | 756680 | 97.5 | 6.23 | 7.71 | 4.85 |
| 内蒙古 | 28585756 | 579443 | 98.0 | 5.84 | 5.90 | 0.49 |
| 辽 宁 | 19493777 | 622806 | 96.8 | 3.98 | 6.34 | 4.27 |
| 吉 林 | 11806388 | 302200 | 97.4 | 2.41 | 3.08 | 1.61 |
| 黑龙江 | 13468457 | 456372 | 96.6 | 2.75 | 4.65 | 1.01 |
| 上 海 | 6015449 | 68180 | 98.9 | 1.23 | 0.69 | 10.75 |
| 江 苏 | 34491824 | 512295 | 98.5 | 7.05 | 5.22 | 4.99 |
| 浙 江 | 25032859 | 357542 | 98.6 | 5.12 | 3.64 | 3.51 |
| 安 徽 | 23507525 | 291161 | 98.8 | 4.80 | 2.96 | 2.09 |
| 福 建 | 8842334 | 235821 | 97.3 | 1.81 | 2.40 | 1.94 |
| 江 西 | 11339544 | 295167 | 97.4 | 2.32 | 3.01 | 1.77 |
| 山 东 | 43917665 | 633093 | 98.6 | 8.98 | 6.45 | 4.03 |
| 河 南 | 33567844 | 562592 | 98.3 | 6.86 | 5.73 | 3.37 |
| 湖 北 | 13517195 | 290851 | 97.8 | 2.76 | 2.96 | 1.56 |
| 湖 南 | 11908640 | 458336 | 96.2 | 2.43 | 4.67 | 2.16 |
| 广 东 | 25072881 | 402775 | 98.4 | 5.12 | 4.10 | 2.24 |
| 广 西 | 14209731 | 247628 | 98.3 | 2.90 | 2.52 | 1.05 |
| 海 南 | 700985 | 12495 | 98.2 | 0.14 | 0.13 | 0.36 |
| 重 庆 | 8760223 | 173627 | 98.0 | 1.79 | 1.77 | 2.11 |
| 四 川 | 15858307 | 525866 | 96.7 | 3.24 | 5.36 | 1.08 |
| 贵 州 | 13573426 | 205221 | 98.5 | 2.77 | 2.09 | 1.17 |
| 云 南 | 14708904 | 227705 | 98.5 | 3.01 | 2.32 | 0.58 |
| 西 藏 | 194580 | 2955 | 98.5 | 0.04 | 0.03 | 0.0002 |
| 陕 西 | 14643092 | 217656 | 98.5 | 2.99 | 2.22 | 1.06 |
| 甘 肃 | 6694260 | 111177 | 98.3 | 1.37 | 1.13 | 0.24 |
| 青 海 | 2617578 | 46334 | 98.2 | 0.53 | 0.47 | 0.06 |
| 宁 夏 | 8955489 | 108703 | 98.8 | 1.83 | 1.11 | 1.64 |
| 新 疆 | 5282610 | 260383 | 95.1 | 1.08 | 2.65 | 0.16 |
| 全国合计 | 489272212 | 9820052 | 98.0 | — | — | 1.02 |

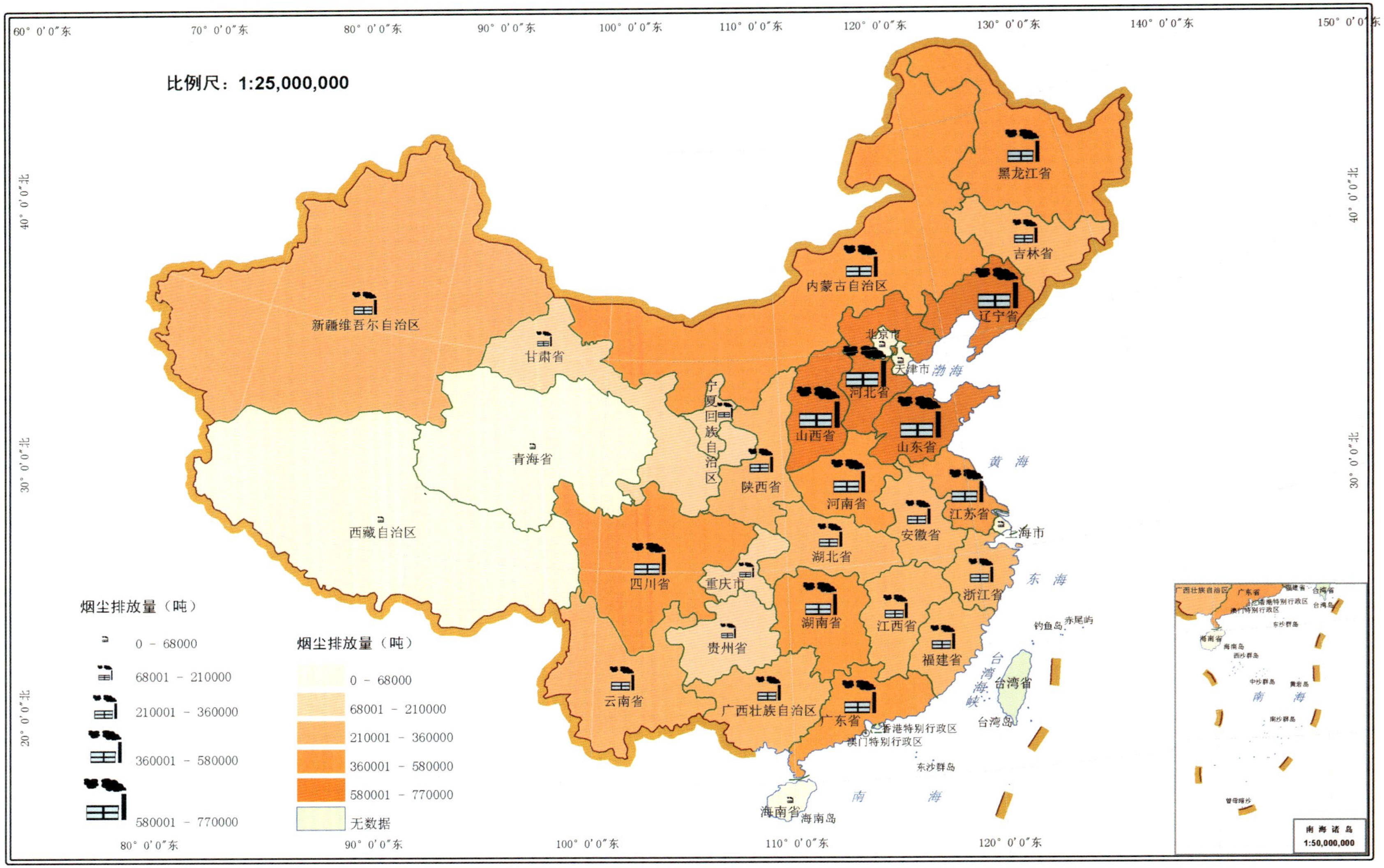


图 4-3-2　全国各地区工业烟尘排放量分布

河北烟尘排放主要工业行业为黑色金属冶炼及压延加工业，占35.33%，非金属矿物制品业31.19%，电力热力的生产和供应业18.35%。

辽宁烟尘排放主要工业行业为电力热力的生产和供应业，占47.59%，非金属矿物制品业19.72%，黑色金属冶炼及压延加工业10.08%。

山东烟尘排放主要工业行业为非金属矿物制品业32.99%，电力热力的生产和供应业29.65%，化学原料及化学制品制造业8.97%，黑色金属冶炼及压延加工业8.34%。

江苏烟尘排放量大的工业行业为电力热力的生产和供应业，占29.12%，非金属矿物制品业28.76%，化学原料及化学制品制造业9.70%，黑色金属冶炼及压延加工业7.93%。

浙江烟尘排放主要工业行业为电力热力的生产和供应业27.56%，非金属矿物制品业24.88%，纺织业10.11%，化学原料及化学制品制造业7.03%。

河南烟尘排放主要工业行业为电力热力的生产和供应业38.40%，非金属矿物制品业25.71%。

此外，烟尘排放量较大的内蒙古，烟尘排放的主要行业为非金属矿物制品业34.82%，电力热力的生产和供应业32.53%。

#### 4.3.2.2　工业粉尘

全国工业粉尘产生量14731.49万吨，排放量764.68万吨，平均去除率94.8%。

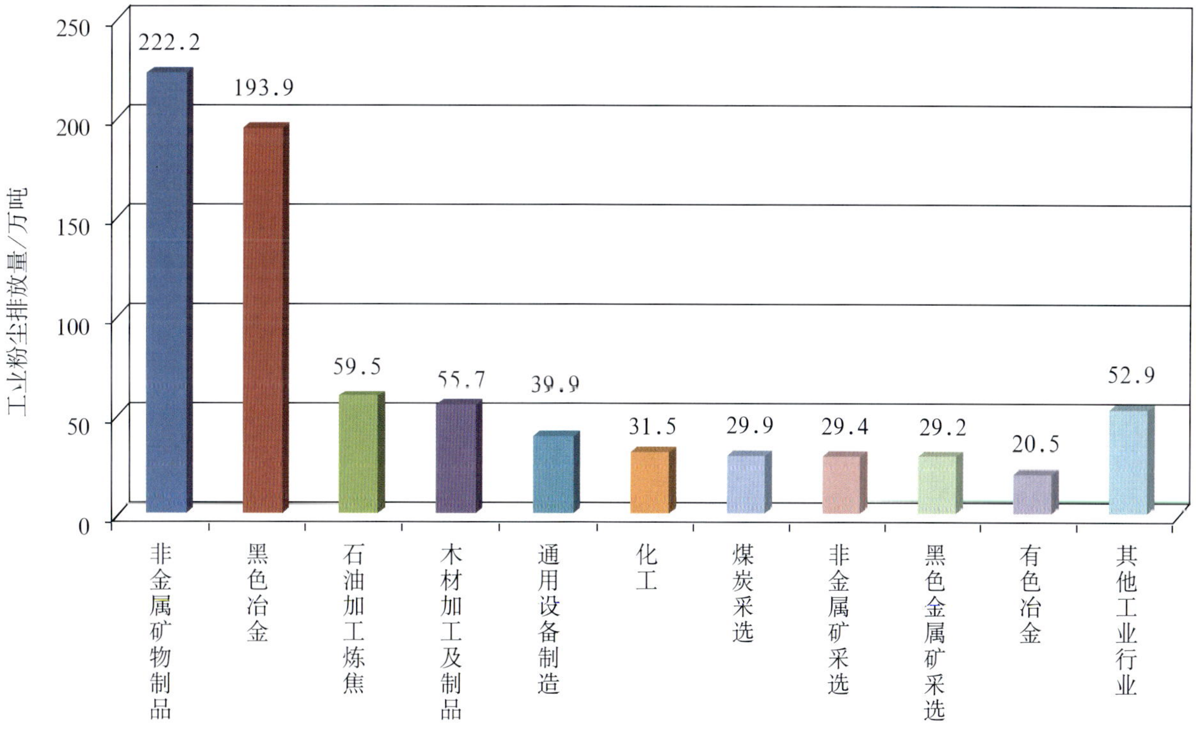


图4-3-3　全国工业粉尘排放量行业比较

工业粉尘产生量最大的行业为非金属矿物制品业8317.64万吨，占全国工业粉尘产生量的56.46%；其次是黑色金属冶炼及压延加工业4415.82万吨，占29.98%。有色金属冶炼及压延加工业619.36万吨，占4.20%。

工业粉尘排放量主要集中在非金属矿物制品业、黑色金属冶炼及压延加工业，排放量分别为222.18万吨和193.92万吨，占全国工业粉尘排放量的29.05%和25.36%；工业粉尘去除率分别为97.3%和95.6%。石油加工炼焦及核燃料加工业工业粉尘排放量59.51万吨，占7.78%；去除率为70.6%。木材加工及木竹藤棕草制品业55.72万吨，占7.29%；去除率为86.9%。通用设备制造业39.90万吨，占5.22%；去除率为57.4%。化学原料及化学制品制造业31.46万吨，占4.11%；去除率为90.7%。煤炭开采和洗选业29.95万吨，占3.92%；去除率为33.9%。非金属矿采选业29.45万吨，占3.85%；去除率为36.7%。黑色金属矿采选业29.18万吨，占3.82%；去除率为47.2%。

工业粉尘产生量大的省有：河南1580.99万吨，山西1442.23万吨，河北1342.79万吨，山东988.46万吨，浙江862.22万吨，江苏857.67万吨，辽宁803.84万吨，云南798.85万吨，安徽767.22万吨，分别占全国工业粉尘产生量的10.73%、9.79%、9.12%、6.71%、5.85%、5.82%、5.46%、5.42%和5.21%。

工业粉尘排放量大的省（自治区）依次为：河北98.15万吨，占全国工业粉尘排放量的12.84%；山西71.00万吨，占9.28%；山东44.47万吨，占5.82%；湖南43.06万吨，占5.63%；江苏42.62万吨，占5.57%；内蒙古41.76万吨，占5.46%；辽宁40.84万吨，占5.34%；河南40.27万吨，占5.27%；安徽35.86万吨，占4.69%。上述9个省（自治区）合计占全国工业粉尘排放量的59.9%；工业粉尘去除率分别为：河北92.7%、山西95.1%、山东95.5%、湖南88.9%、江苏95.0%、内蒙古89.4%、辽宁94.9%、河南97.5%、安徽95.3%。

**表4-3-8　全国工业粉尘产生量、排放量行业分布**

| 工业行业 | 产生量/吨 | 排放量/吨 | 占工业源比例/% | | 去除率/% |
|---|---|---|---|---|---|
| | | | 产生量 | 排放量 | |
| 非金属矿物制品业 | 83176370 | 2221760 | 56.46 | 29.05 | 97.3 |
| 黑色金属冶炼及压延加工业 | 44158213 | 1939230 | 29.98 | 25.36 | 95.6 |
| 石油加工、炼焦及核燃料加工业 | 2026063 | 595094 | 1.38 | 7.78 | 70.6 |
| 木材加工及木竹藤棕草制品业 | 4249194 | 557154 | 2.88 | 7.29 | 86.9 |
| 通用设备制造业 | 936540 | 398956 | 0.64 | 5.22 | 57.4 |
| 化学原料及化学制品制造业 | 3389774 | 314574 | 2.30 | 4.11 | 90.7 |
| 煤炭开采和洗选业 | 452805 | 299481 | 0.31 | 3.92 | 33.9 |
| 非金属矿采选业 | 465069 | 294460 | 0.32 | 3.85 | 36.7 |
| 黑色金属矿采选业 | 552479 | 291806 | 0.38 | 3.82 | 47.2 |
| 有色金属冶炼及压延加工业 | 6193591 | 205414 | 4.20 | 2.69 | 96.7 |
| 交通运输设备制造业 | 435129 | 126657 | 0.30 | 1.66 | 70.9 |
| 金属制品业 | 214271 | 97148 | 0.15 | 1.27 | 54.7 |
| 农副食品加工业 | 188854 | 74073 | 0.13 | 0.97 | 60.8 |
| 专用设备制造业 | 124935 | 71291 | 0.08 | 0.93 | 42.9 |
| 其他工业行业 | 751584 | 159729 | 0.51 | 2.09 | 78.7 |
| 工业源合计 | 147314873 | 7646829 | 100 | 100 | 94.8 |

上海、河北、山西、江苏、山东、辽宁、安徽、河南、浙江等省（直辖市）粉尘区域排放强度（即单位行政辖区面积污染物排放量）较高，为全国平均水平的 3 倍以上。除上海外，其他省粉尘排放总量均较大。

上海工业粉尘排放的主要行业为黑色金属冶炼及压延加工业，占辖区内工业粉尘排放量的 36.56%；其次为非金属矿物制品业、通用设备制造业、交通运输设备制造业，分别占 19.03%、12.92% 和 8.35%。

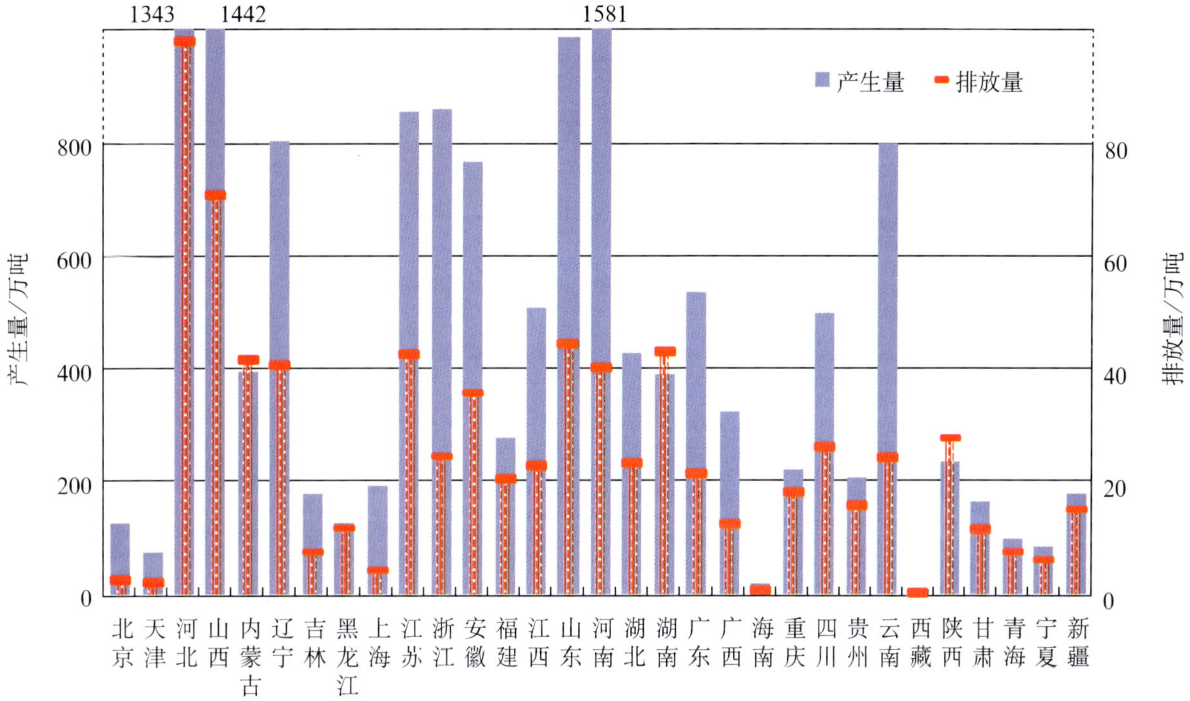


**图 4-3-4　全国各地区工业粉尘产生量、排放量**

其他工业粉尘排放总量大的省排放主要行业及占辖区工业粉尘排放量的比例为：

河北：黑色金属冶炼及压延加工业占 50.23%、非金属矿物制品业 18.51%；

山西：黑色金属冶炼及压延加工业占 35.08%、石油加工炼焦及核燃料加工业 19.84%、煤炭开采和洗选业 19.75%；

山东：非金属矿物制品业 35.36%、木材加工及木竹藤棕草制品业 16.32%、黑色金属冶炼及压延加工业占 15.51%；

江苏：木材加工及木竹藤棕草制品业 18.01%、通用设备制造业 12.35%；

辽宁：非金属矿物制品业 38.59%、黑色金属冶炼及压延加工业占 26.95%、黑色金属矿采选业 8.81%、石油加工炼焦及核燃料加工业 8.43%；

**表 4-3-9　全国各地区工业粉尘产生量、排放量**

| 地　区 | 产生量 / 吨 | 排放量 / 吨 | 占工业源比例 /% | | 去除率 /% | 单位面积排放量 / [吨 / (千米)$^2$] |
|---|---|---|---|---|---|---|
| | | | 产生量 | 排放量 | | |
| 北　京 | 1274003 | 26175 | 0.86 | 0.34 | 97.9 | 1.56 |
| 天　津 | 774494 | 19917 | 0.53 | 0.26 | 97.4 | 1.76 |
| 河　北 | 13427885 | 981513 | 9.12 | 12.84 | 92.7 | 5.17 |
| 山　西 | 14422316 | 710002 | 9.79 | 9.28 | 95.1 | 4.55 |
| 内蒙古 | 3932188 | 417630 | 2.67 | 5.46 | 89.4 | 0.35 |
| 辽　宁 | 8038442 | 408361 | 5.46 | 5.34 | 94.9 | 2.80 |
| 吉　林 | 1809287 | 75183 | 1.23 | 0.98 | 95.8 | 0.40 |
| 黑龙江 | 1292612 | 118599 | 0.88 | 1.55 | 90.8 | 0.26 |
| 上　海 | 1932319 | 42787 | 1.31 | 0.56 | 97.8 | 6.75 |
| 江　苏 | 8576729 | 426239 | 5.82 | 5.57 | 95.0 | 4.15 |
| 浙　江 | 8622171 | 245218 | 5.85 | 3.21 | 97.2 | 2.41 |
| 安　徽 | 7672230 | 358635 | 5.21 | 4.69 | 95.3 | 2.57 |
| 福　建 | 2785139 | 205534 | 1.89 | 2.69 | 92.6 | 1.69 |
| 江　西 | 5068597 | 227585 | 3.44 | 2.98 | 95.5 | 1.36 |
| 山　东 | 9884613 | 444747 | 6.71 | 5.82 | 95.5 | 2.83 |
| 河　南 | 15809907 | 402669 | 10.73 | 5.27 | 97.5 | 2.41 |
| 湖　北 | 4283661 | 234432 | 2.91 | 3.07 | 94.5 | 1.26 |
| 湖　南 | 3887764 | 430615 | 2.64 | 5.63 | 88.9 | 2.03 |
| 广　东 | 5388729 | 213086 | 3.66 | 2.79 | 96.0 | 1.19 |
| 广　西 | 3244367 | 125172 | 2.20 | 1.64 | 96.1 | 0.53 |
| 海　南 | 200133 | 6288 | 0.14 | 0.08 | 96.9 | 0.18 |
| 重　庆 | 2227339 | 181005 | 1.51 | 2.37 | 91.9 | 2.20 |
| 四　川 | 5014748 | 260222 | 3.40 | 3.40 | 94.8 | 0.54 |
| 贵　州 | 2087321 | 157692 | 1.42 | 2.06 | 92.4 | 0.90 |
| 云　南 | 7988463 | 242126 | 5.42 | 3.17 | 97.0 | 0.61 |
| 西　藏 | 98754 | 3051 | 0.07 | 0.04 | 96.9 | 0.002 |
| 陕　西 | 2368854 | 278179 | 1.61 | 3.64 | 88.3 | 1.35 |
| 甘　肃 | 1634577 | 116700 | 1.11 | 1.53 | 92.9 | 0.26 |
| 青　海 | 966351 | 75349 | 0.66 | 0.99 | 92.2 | 0.10 |
| 宁　夏 | 828122 | 60939 | 0.56 | 0.80 | 92.6 | 0.92 |
| 新　疆 | 1772757 | 151179 | 1.20 | 1.98 | 91.5 | 0.09 |
| 全国合计 | 147314873 | 7646829 | 100 | 100 | 94.8 | 0.79 |

湖南：非金属矿物制品业 44.74%、黑色金属冶炼及压延加工业 18.55%、非金属矿采选业 15.10%；

内蒙古：煤炭开采和洗选业 33.95%、黑色金属冶炼及压延加工业 22.56%、非金属矿物制品业 13.96%、化学原料及化学制品制造业 10.76%；

安徽：非金属矿物制品业 39.38%、黑色金属冶炼及压延加工业 15.65%、非金属矿采选业 15.46%；

河南：非金属矿物制品业 41.32%、木材加工及木竹藤棕草制品业 15.17%、黑色金属冶炼及压延加工业 11.17%。

#### 4.3.2.3 工业废气颗粒物（烟尘 + 粉尘）

烟尘、工业粉尘均为工业废气中的颗粒物，烟尘产生于燃烧过程，工业粉尘产生于工业生产的工艺过程，排放后均为对大气环境产生不利的影响。将烟尘和粉尘排放的合计量以工业废气颗粒物排放量统计，工业废气颗粒物产生量 63658.71 万吨，共排放颗粒物 1746.69 万吨，平均去除率 97.26%。

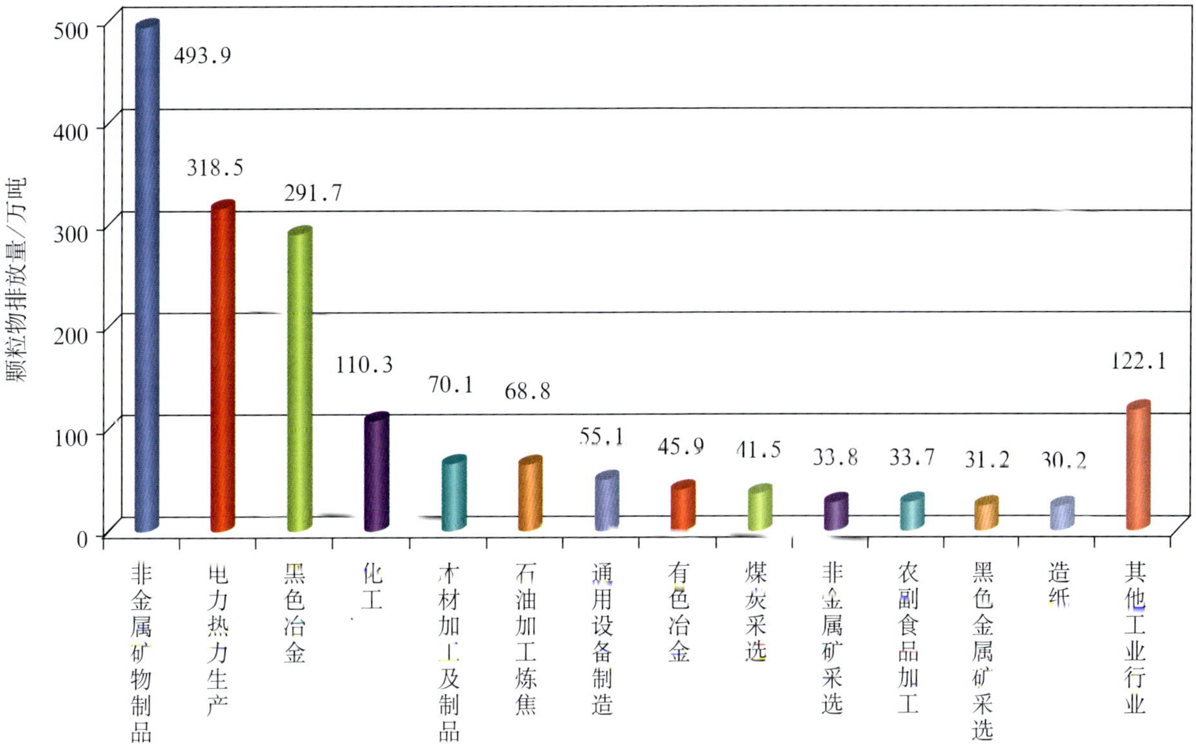


**图 4-3-5 全国工业行业废气颗粒物排放量**

非金属矿物制品业废气颗粒物排放量为 493.9 万吨，居各工业行业首位，占工业废气颗粒物排放总量的 28.17%；颗粒物平均去除率为 97.51%。电力热力的生产和供应业颗粒物排放量 318.5 万吨，占 18.24%；颗粒物平均去除率为 98.96%。黑色金属冶炼及压延加工业排放 291.7 万吨，占 16.70%；颗粒物平均去除率为 95.76%。上述 3 个行业占工业废气颗粒物排放总量的 63.21%。

总体上看，东部地区工业废气颗粒物排放量显著高于西部地区，北方重于南方。排放量大、排位居前列的省（自治区）主要集中在北京、天津周边的华北及环渤海地区。其次为以长三角地区为中心的上海、江苏、浙江等省（直辖市）。

河北工业废气颗粒物排放量为 174.9 万吨，居各省（自治区、直辖市）首位，占全国工业废气颗粒物排放总量的 10.01%；废气颗粒物区域排放强度为全国平均水平的 5.1 倍，其后依次为：山西 146.7 万吨，占 8.40%，区域排放强度为全国平均水平的 5.2 倍；山东 107.8 万吨，占 6.17%，区域排放强度为全国平均水平的 5.2 倍；辽宁 103.1 万吨，占 5.90%，区域排放强度为全国平均水平的 3.8 倍；内蒙古 99.7 万吨，占 5.71%。上述 5 个省（自治区）与北京、天津 2 市合计，工业废气颗粒物排放总量达 645.5 万吨，占全国工业废气颗粒物排放总量的 36.96%。工业废气颗粒物（烟粉尘）平均去除率分别为：河北 96.39%、山西 96.73%、山东 98.00%、辽宁 96.25%、内蒙古 96.93%、北京 98.89%、天津 98.02%。

表 4-3-10　全国工业废气颗粒物排放量行业分布

| 工业行业 | 颗粒物产生量 / 万吨 | 颗粒物排放量 / 万吨 | | | | |
|---|---|---|---|---|---|---|
| | | 总量 | 其中 | | 占工业源比例 /% | 去除率 /% |
| | | | 烟尘 | 粉尘 | | |
| 非金属矿物制品业 | 19810.27 | 493.86 | 271.68 | 222.18 | 28.27 | 97.51 |
| 电力、热力的生产和供应业 | 30626.41 | 318.54 | 314.62 | 3.92 | 18.24 | 98.96 |
| 黑色金属冶炼及压延加工业 | 6861.88 | 291.66 | 97.73 | 193.92 | 16.70 | 95.75 |
| 化学原料及化学制品制造业 | 1726.70 | 110.26 | 78.81 | 31.46 | 6.31 | 93.61 |
| 木材加工及木竹藤棕草制品业 | 468.77 | 70.09 | 14.38 | 55.72 | 4.01 | 85.05 |
| 石油加工、炼焦及核燃料加工业 | 440.92 | 68.79 | 9.28 | 59.51 | 3.94 | 84.40 |
| 通用设备制造业 | 138.18 | 55.06 | 15.16 | 39.90 | 3.15 | 60.15 |
| 有色金属冶炼及压延加工业 | 1335.07 | 45.91 | 25.37 | 20.54 | 2.63 | 96.56 |
| 煤炭开采和洗选业 | 121.37 | 41.45 | 11.50 | 29.95 | 2.37 | 65.85 |
| 非金属矿采选业 | 71.93 | 33.81 | 4.36 | 29.45 | 1.94 | 53.00 |
| 农副食品加工业 | 230.88 | 33.70 | 26.29 | 7.41 | 1.93 | 85.40 |
| 黑色金属矿采选业 | 79.87 | 31.20 | 2.02 | 29.18 | 1.79 | 60.94 |
| 造纸及纸制品业 | 578.51 | 30.22 | 29.93 | 0.29 | 1.73 | 94.78 |
| 其他工业行业 | 1167.95 | 122.14 | 80.87 | 41.27 | 6.99 | 89.54 |
| 工业源合计 | 63658.71 | 1746.69 | 982.01 | 764.68 | 100 | 97.26 |

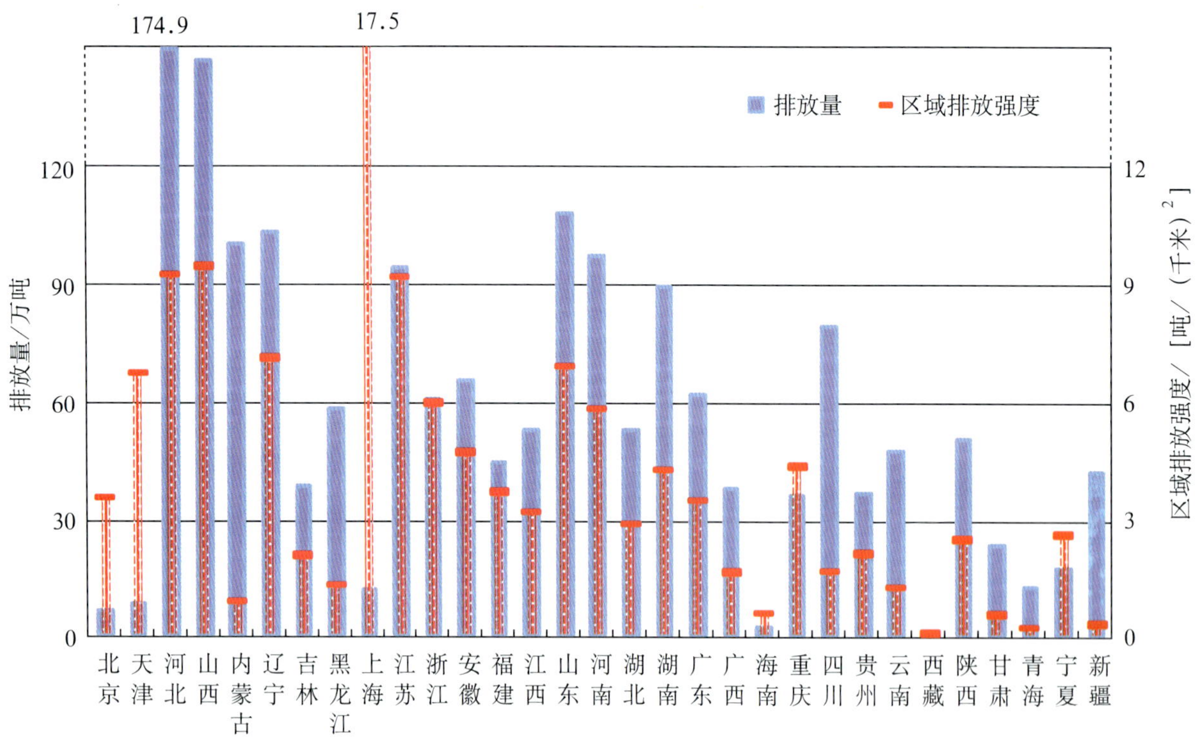


图 4-3-6　全国各地区工业废气颗粒物排放量

上海、江苏、浙江 3 省（直辖市）工业废气颗粒物排放量合计为 165.2 万吨，占全国工业废气颗粒物排放总量的 9.46%；3 省（直辖市）颗粒物区域排放强度为全国平均水平的 3.3 倍。工业废气颗粒物平均去除率分别为：上海 98.6%、江苏 97.82%、浙江 98.21%。

河南、湖南、四川、安徽、广东等省工业废气颗粒物排放量也较大，河南 96.5 万吨，占全国工业废气颗粒物排放量的 5.53%；湖南 88.9 万吨，占 5.09%；四川 78.6 万吨，占 4.50%；安徽 65.0 万吨，占 3.72%；广东 61.6 万吨，占 3.53%。工业废气颗粒物平均去除率分别为：河南 98.05%、湖南 94.37%、四川 96.23%、安徽 97.92%、广东 97.98%。

**表 4-3-11　全国各地区工业废气颗粒物排放量**

| 地　区 | 颗粒物产生量 / 万吨 | 颗粒物排放量 / 万吨 | | | 占全国比例 /% | 区域排放强度 / [吨 /（千米）$^2$] | 去除率 /% |
|---|---|---|---|---|---|---|---|
| | | 烟（粉）尘 | 其中 | | | | |
| | | | 烟尘 | 粉尘 | | | |
| 北　京 | 528.48 | 5.85 | 3.23 | 2.62 | 0.33 | 3.48 | 98.89 |
| 天　津 | 379.66 | 7.53 | 5.54 | 1.99 | 0.43 | 6.66 | 98.02 |
| 河　北 | 4843.75 | 174.88 | 76.73 | 98.15 | 10.01 | 9.20 | 96.39 |
| 山　西 | 4488.47 | 146.67 | 75.67 | 71.00 | 8.40 | 9.40 | 96.73 |
| 内蒙古 | 3251.79 | 99.71 | 57.94 | 41.76 | 5.71 | 0.84 | 96.93 |
| 辽　宁 | 2753.22 | 103.12 | 62.28 | 40.84 | 5.90 | 7.08 | 96.25 |
| 吉　林 | 1361.57 | 37.74 | 30.22 | 7.52 | 2.16 | 2.01 | 97.23 |
| 黑龙江 | 1476.11 | 57.50 | 45.64 | 11.86 | 3.29 | 1.27 | 96.10 |
| 上　海 | 794.78 | 11.10 | 6.82 | 4.28 | 0.64 | 17.5 | 98.60 |
| 江　苏 | 4306.86 | 93.85 | 51.23 | 42.62 | 5.37 | 9.15 | 97.82 |
| 浙　江 | 3365.50 | 60.28 | 35.75 | 24.52 | 3.45 | 5.92 | 98.21 |
| 安　徽 | 3117.98 | 64.98 | 29.12 | 35.86 | 3.72 | 4.65 | 97.92 |
| 福　建 | 1162.75 | 44.14 | 23.58 | 20.55 | 2.53 | 3.64 | 96.20 |
| 江　西 | 1640.81 | 52.28 | 29.52 | 22.76 | 2.99 | 3.13 | 96.81 |
| 山　东 | 5380.23 | 107.78 | 63.31 | 44.47 | 6.17 | 6.86 | 98.00 |
| 河　南 | 4937.78 | 96.53 | 56.26 | 40.27 | 5.53 | 5.78 | 98.05 |
| 湖　北 | 1780.09 | 52.53 | 29.09 | 23.44 | 3.01 | 2.83 | 97.05 |
| 湖　南 | 1579.64 | 88.90 | 45.83 | 43.06 | 5.09 | 4.20 | 94.37 |
| 广　东 | 3046.16 | 61.59 | 40.28 | 21.31 | 3.53 | 3.43 | 97.98 |
| 广　西 | 1745.41 | 37.28 | 24.76 | 12.52 | 2.13 | 1.58 | 97.86 |
| 海　南 | 90.11 | 1.88 | 1.25 | 0.63 | 0.11 | 0.54 | 97.92 |
| 重　庆 | 1098.76 | 35.46 | 17.36 | 18.10 | 2.03 | 4.30 | 96.77 |
| 四　川 | 2087.31 | 78.61 | 52.59 | 26.02 | 4.50 | 1.62 | 96.23 |
| 贵　州 | 1566.07 | 36.29 | 20.52 | 15.77 | 2.08 | 2.06 | 97.68 |
| 云　南 | 2269.74 | 46.98 | 22.77 | 24.21 | 2.69 | 1.19 | 97.93 |
| 西　藏 | 29.33 | 0.60 | 0.30 | 0.31 | 0.03 | … | 97.95 |
| 陕　西 | 1701.19 | 49.58 | 21.77 | 27.82 | 2.84 | 2.41 | 97.09 |
| 甘　肃 | 832.88 | 22.79 | 11.12 | 11.67 | 1.30 | 0.50 | 97.26 |
| 青　海 | 358.39 | 12.17 | 4.63 | 7.53 | 0.70 | 0.17 | 96.60 |
| 宁　夏 | 978.36 | 16.96 | 10.87 | 6.09 | 0.97 | 2.55 | 98.27 |
| 新　疆 | 705.54 | 41.16 | 26.04 | 15.12 | 2.36 | 0.25 | 94.17 |
| 工业源合计 | 63658.71 | 1746.69 | 982.01 | 764.68 | 100 | 1.81 | 97.26 |

注：表中“…”表示数值小于汇总数据最低保留位数，但不为“0”。

#### 4.3.2.4 二氧化硫

全国工业二氧化硫产生量4345.42万吨，排放量2119.75万吨，平均去除率为51.2%。

二氧化硫产生量最大的行业为电力热力的生产和供应业，1954.18万吨，占工业二氧化硫产生量的44.97%；其次为有色金属冶炼及压延加工业1123.60万吨，占25.86%。非金属矿物制品业、黑色金属冶炼及压延加工业、化学原料及化学制品制造业、石油加工炼焦及核燃料加工业二氧化硫产生量在100万吨以上，分别占工业二氧化硫产生量的7.08%、6.10%、4.74%和3.77%。

电力热力的生产和供应业二氧化硫排放量1068.70万吨，居工业行业首位，占工业二氧化硫排放量的50.42%；其后依次为非金属矿物制品业269.44万吨，占12.71%；黑色金属冶炼及压延加工业220.67万吨，占10.41%；化学原料及化学制品制造业130.15万吨，占6.14%；有色金属冶炼及压延加工业122.04万吨，占5.76%；石油加工炼焦及核燃料加工业65.30万吨，占3.08%；造纸及纸制品业58.52万吨，占2.76%。

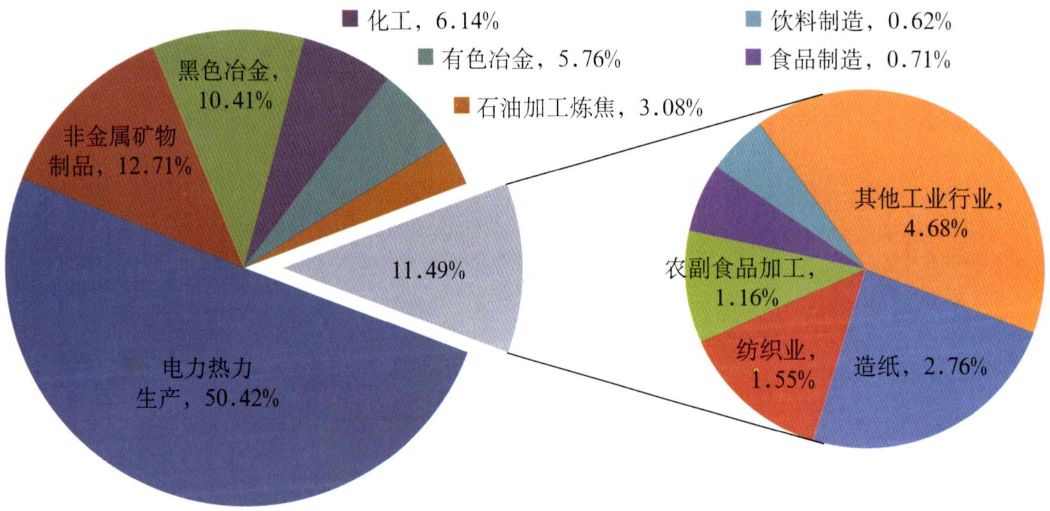


图4-3-7　工业行业二氧化硫排放量比例

排放量较大的工业行业中，有色金属冶炼及压延加工业二氧化硫去除率为89.1%；其次为石油加工炼焦及核燃料加工业60.1%。二氧化硫排放量最大的电力热力的生产和供应业去除率为45.3%。

山东、云南、内蒙古、山西、河北、甘肃、河南、辽宁、浙江、广东、江苏等11个省、自治区工业二氧化硫产生量大于200万吨，居各省、自治区前列，合计占全国工业二氧化硫产生量的59.8%。

全国工业二氧化硫排放量大的省（自治区）中，山东排放量185.49万吨，占全国工业二氧化硫排放量的8.75%；河北169.72万吨，占8.01%；河南129.63万吨，占6.12%；内蒙古122.95万吨，占5.80%；山西117.63万吨，占5.55%；辽宁113.06万吨，占5.33%；广东100.63万吨，占4.75%；江苏98.76万吨，占4.66%；湖南89.04万吨，占4.20%；陕西85.47万吨，占4.03%；浙江80.68万吨，占3.81%。上述11个省（自治区）合计占全国工业二氧化硫排放量的61%。工业废气二氧化硫平均去除率分别为：山东 47.88%、河北 29.18%、河南 39.57%、内蒙古 50.81%、山西 51.38%、辽宁 45.84%、广东 50.66%、江苏 50.91%、湖南 48.65%、陕西 36.88%、浙江 60.75%。

**表 4-3-12　全国工业废气二氧化硫产生量、排放量行业分布**

| 工业行业 | 产生量 / 万吨 | 排放量 / 万吨 | 占工业源比例 /% | | 去除率 /% |
|---|---|---|---|---|---|
| | | | 产生量 | 排放量 | |
| 电力、热力的生产和供应业 | 19541785 | 10686983 | 44.97 | 50.42 | 45.3 |
| 非金属矿物制品业 | 3075093 | 2694378 | 7.08 | 12.71 | 12.4 |
| 黑色金属冶炼及压延加工业 | 2648758 | 2206678 | 6.10 | 10.41 | 16.7 |
| 化学原料及化学制品制造业 | 2059971 | 1301473 | 4.74 | 6.14 | 36.8 |
| 有色金属冶炼及压延加工业 | 11236038 | 1220404 | 25.86 | 5.76 | 89.1 |
| 石油加工、炼焦及核燃料加工业 | 1636251 | 652988 | 3.77 | 3.08 | 60.1 |
| 造纸及纸制品业 | 834807 | 585218 | 1.92 | 2.76 | 29.9 |
| 纺织业 | 426930 | 329515 | 0.98 | 1.55 | 22.8 |
| 农副食品加工业 | 310896 | 246367 | 0.72 | 1.16 | 20.8 |
| 食品制造业 | 203141 | 151484 | 0.47 | 0.71 | 25.4 |
| 饮料制造业 | 183519 | 130527 | 0.42 | 0.62 | 28.9 |
| 有色金属矿采选业 | 115772 | 97778 | 0.27 | 0.46 | 15.5 |
| 煤炭开采和洗选业 | 114057 | 97304 | 0.26 | 0.46 | 14.7 |
| 通用设备制造业 | 113942 | 95409 | 0.26 | 0.45 | 16.3 |
| 医药制造业 | 127859 | 94186 | 0.29 | 0.44 | 26.3 |
| 化学纤维制造业 | 129128 | 89405 | 0.30 | 0.42 | 30.8 |
| 木材加工及木竹藤棕草制品业 | 92131 | 82792 | 0.21 | 0.39 | 10.1 |
| 其他工业行业 | 604083 | 434566 | 1.39 | 2.05 | 28.1 |
| 工业源合计 | 43454161 | 21197453 | 100 | 100 | 51.2 |

比较全国各地区二氧化硫排放量及区域排放强度，二氧化硫排放强度高的区域分布在京津周边的华北及环渤海地区，华东各省（直辖市），河南至湖北、湖南、广东等中南地区各省，以及西北的

宁夏、陕西等省（自治区），西南的重庆、贵州等省（直辖市），上述地区二氧化硫区域排放强度显著高于全国平均水平。

华北及环渤海省（自治区、直辖市）二氧化硫区域排放强度高，该区域二氧化硫区域排放强度为全国平均水平的3倍以上，天津、河北、山西、辽宁、山东等省（直辖市）的二氧化硫区域排放强度分别为全国平均水平的8.9倍、4.6倍、3.4倍、3.5倍和5.3倍。

华东地区二氧化硫区域排放强度为全国平均水平的5倍以上。

河南、湖北、湖南、广东等省的二氧化硫区域排放强度分别为全国平均水平的3.5倍、1.7倍、1.9倍、2.5倍。重庆、贵州、陕西、宁夏排放强度为全国平均水平的3.3倍、1.9倍、1.9倍和2.4倍。

除甘肃、青海、西藏外，大多数省（自治区、直辖市）二氧化硫排放量最大的工业行业均为电力热力的生产和供应业，该行业二氧化硫排放量占辖区工业二氧化硫排放量的比例在24.6%~71.8%之间。

甘肃二氧化硫排放的主要工业行业为有色金属冶炼及压延加工业，占工业二氧化硫排放量的42.9%，电力热力的生产和供应业排放量占37.8%。青海二氧化硫排放的主要工业行业为有色金属冶炼及压延加工业，占工业二氧化硫排放量的59.5%。西藏二氧化硫排放的主要工业行业为非金属矿物制品业，占84.5%。

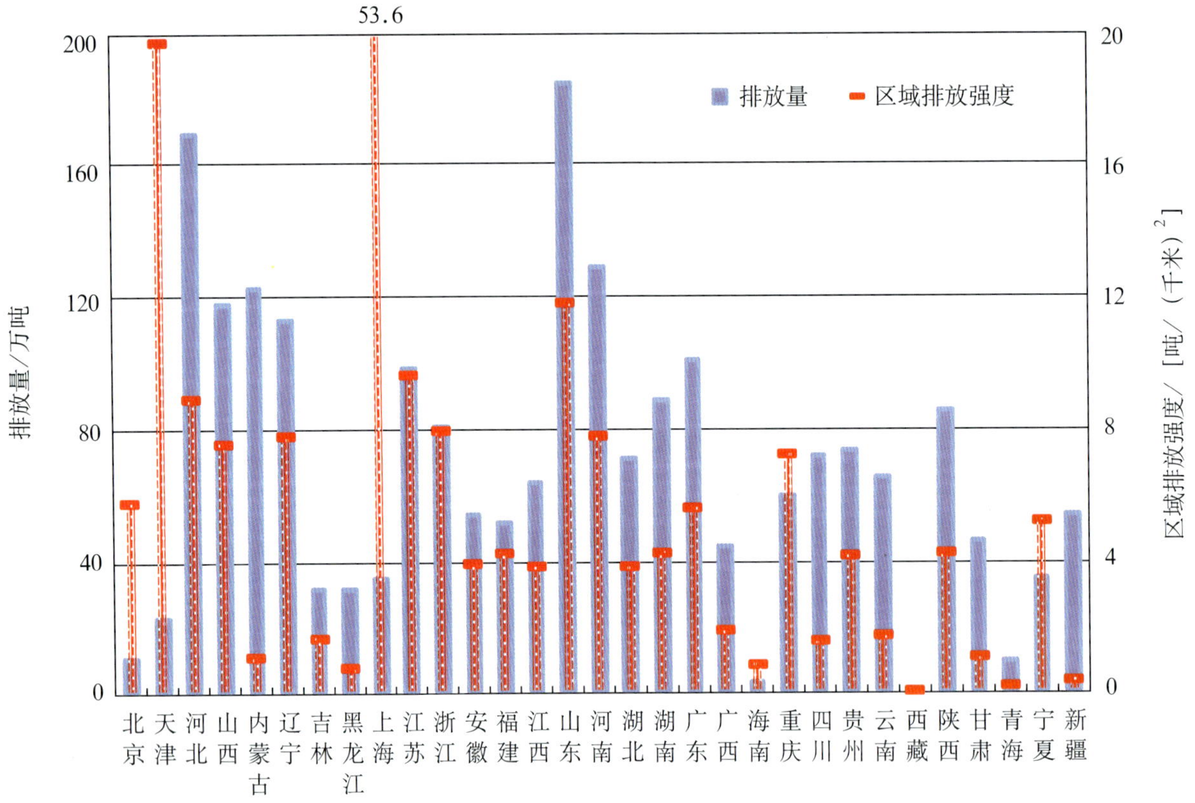


**图4-3-8　全国各地区工业行业二氧化硫排放量**

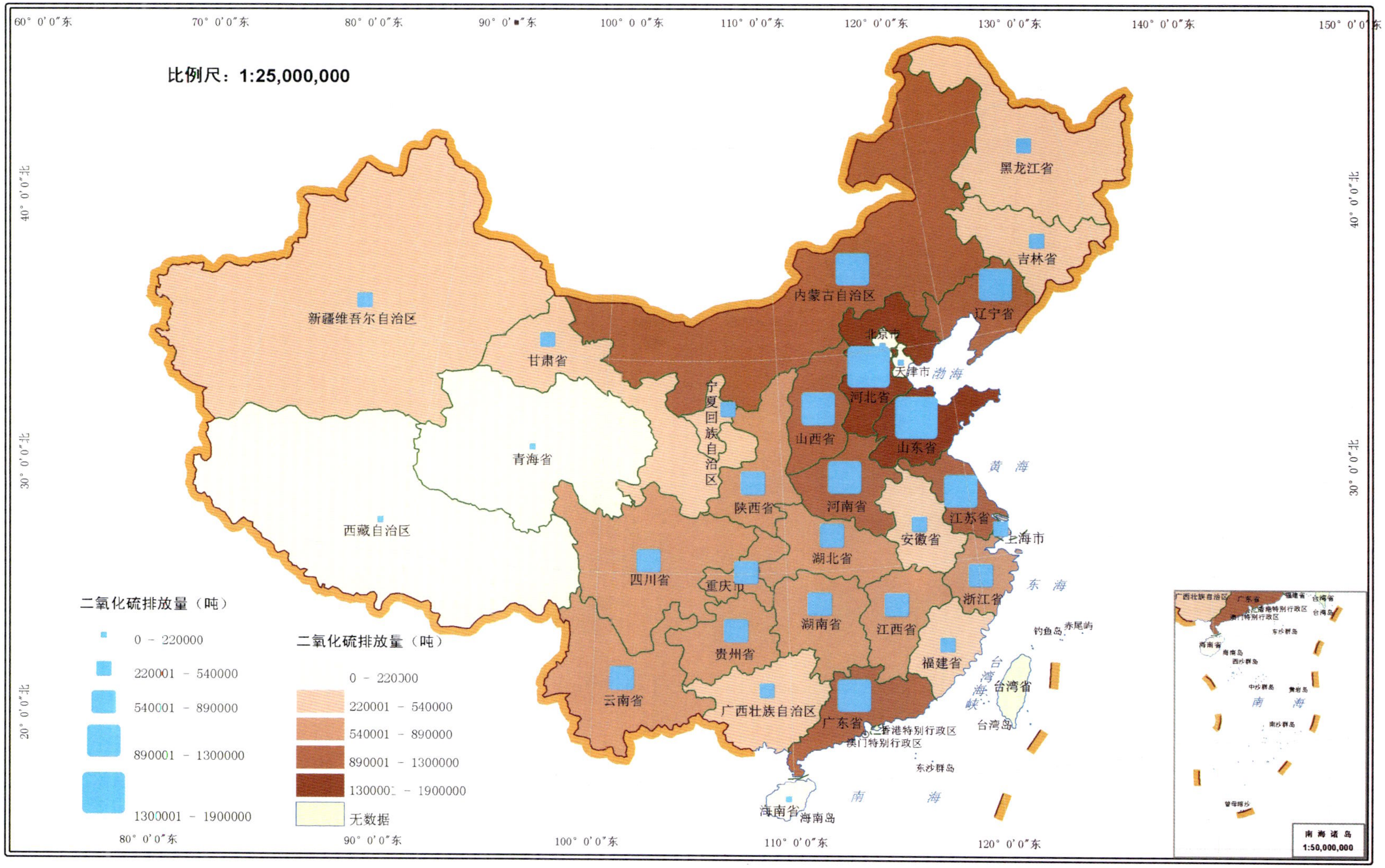


图 4-3-9　全国各地区工业二氧化硫排放量分布

河北黑色金属冶炼及压延加工业二氧化硫排放量较大，占本省工业二氧化硫排放量的31.6%，所占比例较高。湖南、四川排放二氧化硫的主要工业行业的排放量比例较为接近，湖南电力热力的生产和供应业排放量占24.6%，非金属矿物制品业占24.1%，有色金属冶炼及压延加工业占18.2%；四川电力热力的生产和供应业占29.3%，非金属矿物制品业占23.3%，黑色金属冶炼及压延加工业占19.8%。

**表 4-3-13　全国各地区工业二氧化硫产生量、排放量**

| 地　区 | 产生量 / 万吨 | 排放量 / 万吨 | 占全国比例 /% | | 区域排放强度 / [吨 / （千米）$^2$] | 去除率 /% |
|---|---|---|---|---|---|---|
| | | | 产生量 | 排放量 | | |
| 北　京 | 189485 | 96819 | 0.44 | 0.46 | 5.76 | 48.90 |
| 天　津 | 373970 | 223305 | 0.86 | 1.05 | 19.75 | 40.29 |
| 河　北 | 2396379 | 1697227 | 5.51 | 8.01 | 8.93 | 29.18 |
| 山　西 | 2419525 | 1176278 | 5.57 | 5.55 | 7.54 | 51.38 |
| 内蒙古 | 2499760 | 1229526 | 5.75 | 5.80 | 1.04 | 50.81 |
| 辽　宁 | 2087434 | 1130598 | 4.80 | 5.33 | 7.76 | 45.84 |
| 吉　林 | 366998 | 305804 | 0.84 | 1.44 | 1.63 | 16.67 |
| 黑龙江 | 342087 | 306895 | 0.79 | 1.45 | 0.68 | 10.29 |
| 上　海 | 426301 | 340094 | 0.98 | 1.60 | 53.64 | 20.22 |
| 江　苏 | 2011903 | 987579 | 4.63 | 4.66 | 9.63 | 50.91 |
| 浙　江 | 2055875 | 806845 | 4.73 | 3.81 | 7.93 | 60.75 |
| 安　徽 | 1613143 | 539795 | 3.71 | 2.55 | 3.87 | 66.54 |
| 福　建 | 788689 | 511535 | 1.81 | 2.41 | 4.21 | 35.14 |
| 江　西 | 1547702 | 638550 | 3.56 | 3.01 | 3.82 | 58.74 |
| 山　东 | 3558924 | 1854916 | 8.19 | 8.75 | 11.81 | 47.88 |
| 河　南 | 2144976 | 1296263 | 4.94 | 6.12 | 7.76 | 39.57 |
| 湖　北 | 1481587 | 705181 | 3.41 | 3.33 | 3.79 | 52.40 |
| 湖　南 | 1733877 | 890431 | 3.99 | 4.20 | 4.20 | 48.65 |
| 广　东 | 2039718 | 1006313 | 4.69 | 4.75 | 5.60 | 50.66 |
| 广　西 | 1988894 | 443722 | 4.58 | 2.09 | 1.88 | 77.69 |
| 海　南 | 47038 | 27673 | 0.11 | 0.13 | 0.79 | 41.17 |
| 重　庆 | 1137064 | 595919 | 2.62 | 2.81 | 7.23 | 47.59 |
| 四　川 | 1548371 | 716640 | 3.56 | 3.38 | 1.48 | 53.72 |
| 贵　州 | 1350728 | 730151 | 3.11 | 3.44 | 4.15 | 45.94 |
| 云　南 | 2616925 | 654316 | 6.02 | 3.09 | 1.66 | 75.00 |
| 西　藏 | 1286 | 1286 | 0.00 | 0.01 | … | 0.00 |
| 陕　西 | 1354188 | 854713 | 3.12 | 4.03 | 4.16 | 36.88 |
| 甘　肃 | 2145321 | 456140 | 4.94 | 2.15 | 1.00 | 78.74 |
| 青　海 | 161182 | 90216 | 0.37 | 0.43 | 0.12 | 44.03 |
| 宁　夏 | 426657 | 344405 | 0.98 | 1.62 | 5.19 | 19.28 |
| 新　疆 | 598173 | 538317 | 1.38 | 2.54 | 0.32 | 10.01 |
| 全国合计 | 43454161 | 21197453 | — | — | 2.20 | 51.22 |

注：表中“…”表示数值小于汇总数据最低保留位数，但不为“0”。

### 4.3.2.5 氮氧化物

全国工业废气氮氧化物产生量 1233.97 万吨，排放量 1188.44 万吨，平均去除率 2.90%。

电力热力的生产和供应业的氮氧化物排放量为 733.37 万吨，居工业行业首位，占工业氮氧化物排放量的 61.71%；其次为非金属矿物制品业 205.65 万吨，占 16.93%。黑色金属冶炼及压延加工业氮氧化物排放量 81.74 万吨、化学原料及化学制品制造业 41.98 万吨、石油加工炼焦及核燃料加工业 29.80 万吨、造纸及纸制品业 20.25 万吨、有色金属冶炼及压延加工业 14.31 万吨，分别占工业废气氮氧化物排放量的 6.88%、3.53%、2.51%、1.70% 和 1.20%。

表 4-3-14　全国工业行业氮氧化物产生、排放情况

| 工业行业 | 产生量/吨 | 排放量/吨 | 占工业源比例/% | | 去除率/% |
|---|---|---|---|---|---|
| | | | 产生量 | 排放量 | |
| 电力、热力的生产和供应业 | 7521236 | 7333755 | 61.45 | 61.71 | 2.49 |
| 非金属矿物制品业 | 2065723 | 2012371 | 16.88 | 16.93 | 2.58 |
| 黑色金属冶炼及压延加工业 | 819638 | 817358 | 6.70 | 6.88 | 0.28 |
| 化学原料及化学制品制造业 | 476015 | 419804 | 3.89 | 3.53 | 11.81 |
| 石油加工、炼焦及核燃料加工业 | 299902 | 298002 | 2.45 | 2.51 | 0.63 |
| 造纸及纸制品业 | 207773 | 202545 | 1.70 | 1.70 | 2.52 |
| 有色金属冶炼及压延加工业 | 147455 | 143055 | 1.20 | 1.20 | 2.98 |
| 纺织业 | 103367 | 102420 | 0.84 | 0.86 | 0.92 |
| 农副食品加工业 | 88236 | 86417 | 0.72 | 0.73 | 2.06 |
| 食品制造业 | 77724 | 58112 | 0.64 | 0.49 | 25.23 |
| 饮料制造业 | 45204 | 44016 | 0.37 | 0.37 | 2.63 |
| 化学纤维制造业 | 39220 | 38533 | 0.32 | 0.32 | 1.75 |
| 其他工业行业 | 348182 | 327993 | 2.84 | 2.76 | 5.80 |
| 工业源合计 | 12239676 | 11884382 | 100 | 100 | 2.90 |

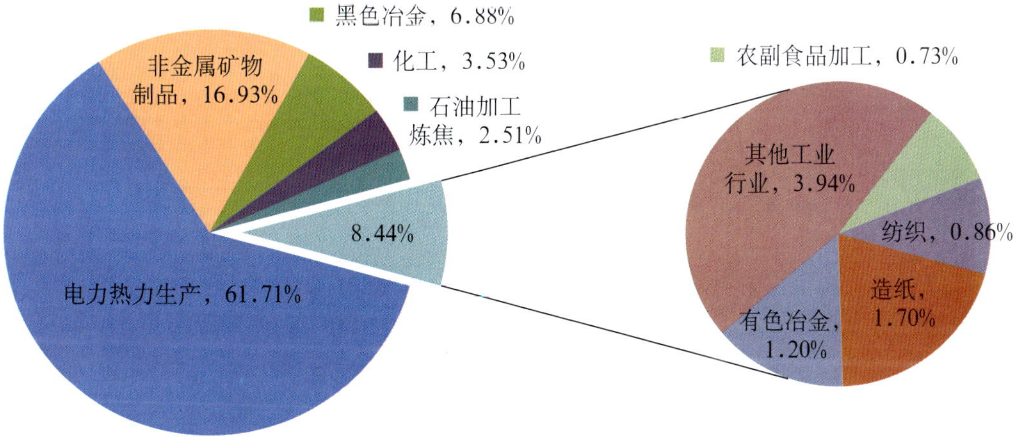


图 4-3-10　全国工业行业氮氧化物排放量比例

山东工业废气氮氧化物排放量 110.88 万吨，占全国工业废气氮氧化物排放量的 9.33%；河北 99.23 万吨，占 8.35%；广东 94.11 万吨，占 7.92%；江苏 87.05 万吨，占 7.16%；河南 79.35 万吨，占 6.68%；山西 71.44 万吨，占 6.01%；浙江 62.60 万吨，占 5.27%；内蒙古 61.92 万吨，占 5.21%；辽宁 59.09 万吨，占 4.97%。上述 9 个省（自治区）合计占全国工业氮氧化物排放量的 60.89%。

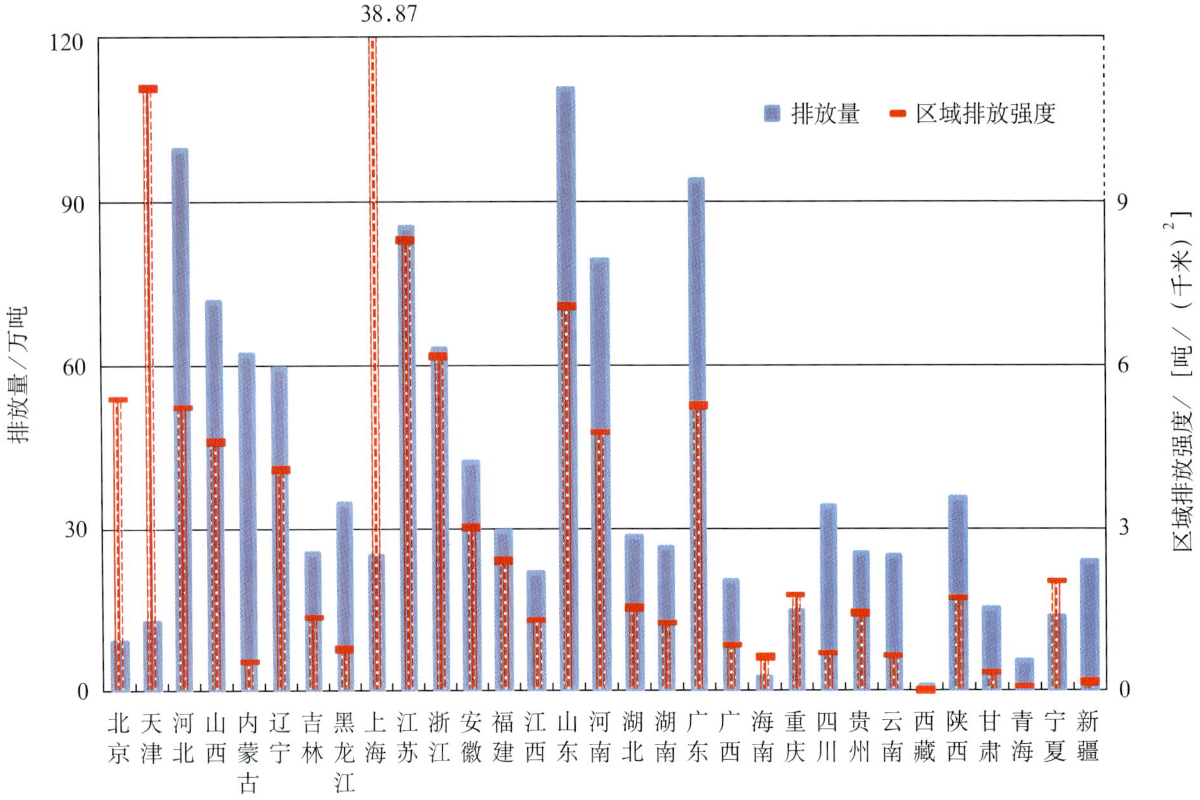


**图 4-3-11　全国各地区工业氮氧化物排放量**

工业氮氧化物区域排放强度高的地区主要分布华北及环渤海地区、华东各省（直辖市），以及广东省。上述地区工业氮氧化物排放量大，区域排放强度显著高于全国平均水平。

北京、天津、河北、山西、辽宁、山东等省（直辖市）工业氮氧化物区域排放强度分别为全国平均水平的 4.3 倍、8.9 倍、4.2 倍、3.7 倍、3.3 倍、5.7 倍。华东地区氮氧化物区域排放强度为全国平均水平的 3.4 倍，其中上海、江苏、浙江 3 省（直辖市）氮氧化物平均排放强度为全国平均水平的 6.6 倍。广东、河南氮氧化物区域排放强度分别为全国平均水平的 4.2 倍和 3.9 倍。

表 4-3-15　全国各地区氮氧化物产生量、排放量

| 地　区 | 产生量 / 吨 | 排放量 / 吨 | 占全国比例 % | | 区域排放强度 / [吨 / (千米)$^2$] | 去除率 /% |
|---|---|---|---|---|---|---|
| | | | 产生量 | 排放量 | | |
| 北　京 | 96045 | 90182 | 0.78 | 0.76 | 5.37 | 6.10 |
| 天　津 | 136434 | 125354 | 1.11 | 1.05 | 11.09 | 8.12 |
| 河　北 | 994543 | 992307 | 8.13 | 8.35 | 5.22 | 0.22 |
| 山　西 | 741623 | 714360 | 6.06 | 6.01 | 4.58 | 3.68 |
| 内蒙古 | 662811 | 619215 | 5.42 | 5.21 | 0.52 | 6.58 |
| 辽　宁 | 594500 | 590851 | 4.86 | 4.97 | 4.06 | 0.61 |
| 吉　林 | 251446 | 251018 | 2.05 | 2.11 | 1.34 | 0.17 |
| 黑龙江 | 341809 | 341446 | 2.79 | 2.87 | 0.75 | 0.11 |
| 上　海 | 253848 | 246464 | 2.07 | 2.07 | 38.87 | 2.91 |
| 江　苏 | 900051 | 850510 | 7.35 | 7.16 | 8.29 | 5.50 |
| 浙　江 | 664128 | 626011 | 5.43 | 5.27 | 6.15 | 5.74 |
| 安　徽 | 429732 | 417900 | 3.51 | 3.52 | 2.99 | 2.75 |
| 福　建 | 312247 | 290171 | 2.55 | 2.44 | 2.39 | 7.07 |
| 江　西 | 217716 | 216897 | 1.78 | 1.83 | 1.30 | 0.38 |
| 山　东 | 1134666 | 1108817 | 9.27 | 9.33 | 7.06 | 2.28 |
| 河　南 | 809198 | 793489 | 6.61 | 6.68 | 4.75 | 1.94 |
| 湖　北 | 312697 | 281810 | 2.55 | 2.37 | 1.52 | 9.88 |
| 湖　南 | 279018 | 263195 | 2.28 | 2.21 | 1.24 | 5.67 |
| 广　东 | 965361 | 941080 | 7.89 | 7.92 | 5.23 | 2.52 |
| 广　西 | 199122 | 198787 | 1.63 | 1.67 | 0.84 | 0.17 |
| 海　南 | 21279 | 21197 | 0.17 | 0.18 | 0.61 | 0.39 |
| 重　庆 | 149171 | 145049 | 1.22 | 1.22 | 1.76 | 2.76 |
| 四　川 | 342259 | 335817 | 2.80 | 2.83 | 0.69 | 1.88 |
| 贵　州 | 254176 | 250329 | 2.08 | 2.11 | 1.42 | 1.51 |
| 云　南 | 247920 | 247068 | 2.03 | 2.08 | 0.63 | 0.34 |
| 西　藏 | 2113 | 2113 | 0.02 | 0.02 | … | 0.00 |
| 陕　西 | 354751 | 352310 | 2.90 | 2.96 | 1.71 | 0.69 |
| 甘　肃 | 152401 | 152317 | 1.25 | 1.28 | 0.33 | 0.06 |
| 青　海 | 51468 | 51443 | 0.42 | 0.43 | 0.07 | 0.05 |
| 宁　夏 | 133008 | 132822 | 1.09 | 1.12 | 2.00 | 0.14 |
| 新　疆 | 234136 | 234054 | 1.91 | 1.97 | 0.14 | 0.04 |
| 全国合计 | 12239676 | 11884382 | — | — | 1.23 | 2.90 |

注：表中“…”表示数值小于汇总数据最低保留位数，但不为“0”。

4.3.2.6　氟化物

全国工业废气氟化物产生量266627吨，排放量23815吨，平均去除率91.07%。

有色金属冶炼及压延加工业氟化物产生量为244034吨，占工业废气氟化物产生量的91.53%；非金属矿物制品业氟化物产生量8752吨，化学原料及化学制品制造业7075吨，黑色金属冶炼及压延加工业6402吨，分别占工业废气氟化物产生量的3.28%、2.65%和2.40%。

有色金属冶炼及压延加工业（铝冶炼）的氟化物排放量13061吨，占工业废气氟化物排放量的54.84%；去除率为94.65%。其次为非金属矿物制品业（水泥、陶瓷制造），排放量为7696吨，占工业源排放量的32.32%；去除率为12.06%。化学原料及化学制品制造业氟化物排放量1701吨，占7.14%；去除率为75.96%。黑色金属冶炼及压延加工业氟化物排放量1271吨，占5.34%。去除率为80.15%。有色金属冶炼及压延加工业的氟化物产生、排放主要来源于铝冶炼；非金属矿物制品业废气氟化物排放主要在水泥制造、部分陶瓷制品和玻璃制造业；黑色金属冶炼及压延加工业氟化物排放的地域性强，主要集中在内蒙古自治区。

表4-3-16　全国工业行业废气氟化物产生、排放情况

| 工业行业 | 产生量/吨 | 排放量/吨 | 占工业源比例/% | | 去除率/% |
|---|---|---|---|---|---|
| | | | 产生量 | 排放量 | |
| 有色金属冶炼及压延加工业 | 244034 | 13061 | 91.53 | 54.84 | 94.65 |
| 非金属矿物制品业 | 8752 | 7696 | 3.28 | 32.32 | 12.06 |
| 化学原料及化学制品制造业 | 7075 | 1701 | 2.65 | 7.14 | 75.96 |
| 黑色金属冶炼及压延加工业 | 6402 | 1271 | 2.40 | 5.34 | 80.15 |
| 通信设备、计算机及其他电子设备制造业 | 205 | 39 | 0.08 | 0.16 | 80.90 |
| 其他工业行业 | 160 | 48 | 0.06 | 0.20 | 70.21 |
| 全国工业源合计 | 266627 | 23815 | 100 | 100 | 91.07 |

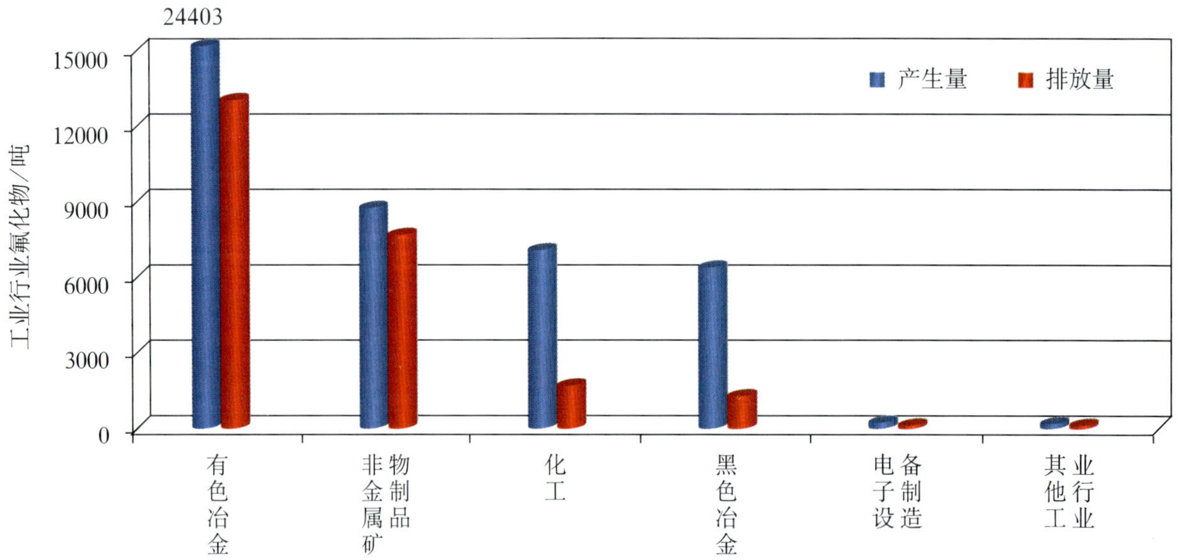


图4-3-12　全国工业行业废气氟化物产生量、排放量

有 9 个省、自治区工业废气氟化物产生量大于 1 万吨，占全国工业废气氟化物产生量的比例分别为：河南 24.37%、内蒙古 13.63%、山西 8.65%、青海 8.08%、山东 7.86%、甘肃 7.62%、四川 5.97%、贵州 5.56%、宁夏 4.97%。

工业废气氟化物排放量大的省（自治区）中，甘肃 5225 吨、占全国工业废气氟化物排放量的 21.94%；内蒙古 2962 吨、占 12.44%；青海 2556 吨、占 10.73%；贵州 1759 吨、占 7.38%；河南 1697 吨、占 7.13%；湖北 1173 吨、占 4.93%；山东 985 吨、占 4.14%；江西 819 吨、占 3.44%；四川 809 吨、占 3.40%。合计占 75.5%。工业废气中氟化物去除率分别为：甘肃 74.29%、内蒙古 91.85%、青海 88.14%、贵州 88.14%、河南 97.39%、湖北 79.25%、山东 95.30%、江西 35.18%、四川 94.92%。

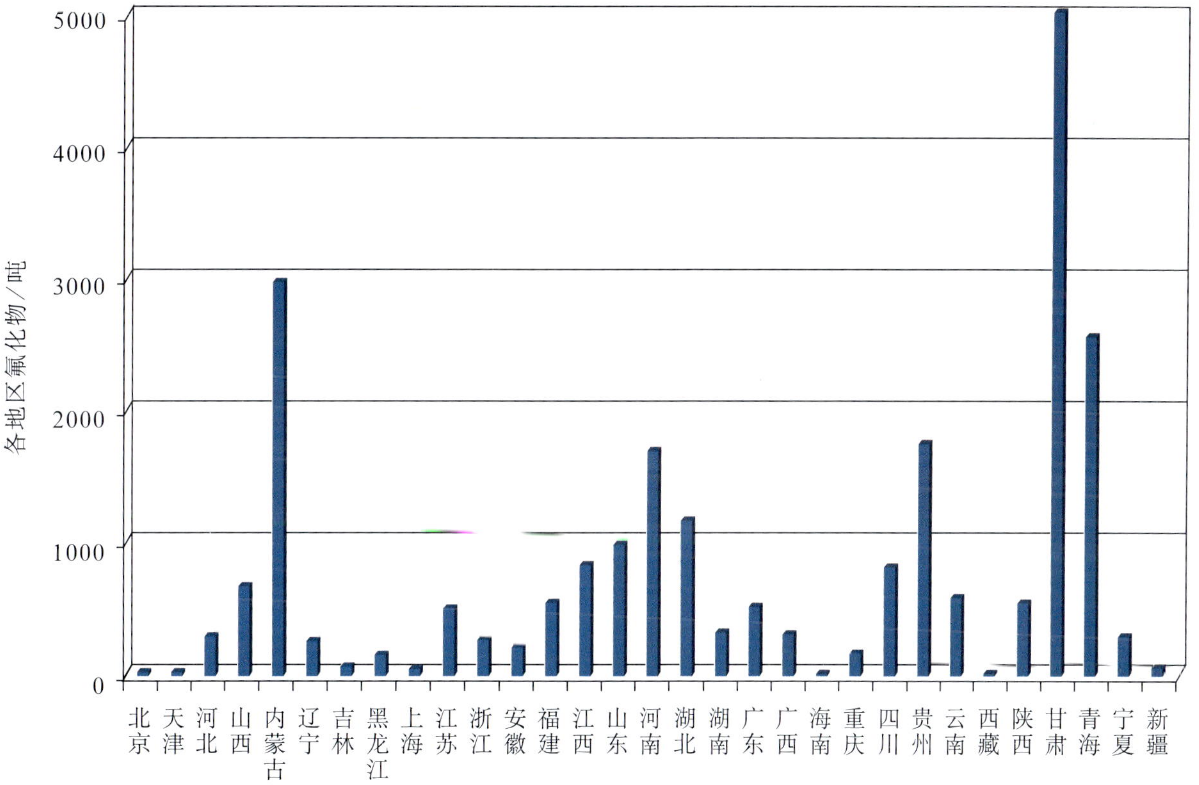


图 4-3-13　全国各地区工业废气氟化物排放量

表 4-3-17　全国各地区工业废气氟化物产生量、排放量

| 地　区 | 产生量 / 吨 | 排放量 / 吨 | 占全国比例 /% | | 去除率 /% |
|---|---|---|---|---|---|
| | | | 产生量 | 排放量 | |
| 北　京 | 38 | 32 | 0.01 | 0.13 | 15.79 |
| 天　津 | 21 | 17 | 0.01 | 0.07 | 19.05 |
| 河　北 | 685 | 291 | 0.26 | 1.22 | 57.52 |
| 山　西 | 23055 | 671 | 8.65 | 2.82 | 97.09 |
| 内蒙古 | 36338 | 2962 | 13.63 | 12.44 | 91.85 |
| 辽　宁 | 774 | 269 | 0.29 | 1.13 | 65.25 |
| 吉　林 | 783 | 48 | 0.29 | 0.20 | 93.87 |
| 黑龙江 | 158 | 158 | 0.06 | 0.66 | 0 |
| 上　海 | 86 | 32 | 0.03 | 0.13 | 62.79 |
| 江　苏 | 1825 | 509 | 0.68 | 2.14 | 72.11 |
| 浙　江 | 763 | 256 | 0.29 | 1.08 | 66.45 |
| 安　徽 | 380 | 208 | 0.14 | 0.87 | 45.26 |
| 福　建 | 2330 | 535 | 0.87 | 2.25 | 77.04 |
| 江　西 | 1265 | 820 | 0.47 | 3.44 | 35.18 |
| 山　东 | 20952 | 985 | 7.86 | 4.14 | 95.30 |
| 河　南 | 64979 | 1697 | 24.37 | 7.13 | 97.39 |
| 湖　北 | 5654 | 1173 | 2.12 | 4.93 | 79.25 |
| 湖　南 | 3052 | 325 | 1.14 | 1.37 | 89.35 |
| 广　东 | 897 | 515 | 0.34 | 2.16 | 42.59 |
| 广　西 | 7068 | 304 | 2.65 | 1.28 | 95.70 |
| 海　南 | 8 | 7 | … | 0.03 | 12.50 |
| 重　庆 | 1439 | 170 | 0.54 | 0.71 | 88.19 |
| 四　川 | 15930 | 809 | 5.97 | 3.40 | 94.92 |
| 贵　州 | 14834 | 1759 | 5.56 | 7.38 | 88.14 |
| 云　南 | 2883 | 582 | 1.08 | 2.44 | 79.81 |
| 西　藏 | 8 | 8 | … | 0.03 | 0 |
| 陕　西 | 4760 | 549 | 1.79 | 2.31 | 88.47 |
| 甘　肃 | 20323 | 5225 | 7.62 | 21.94 | 74.29 |
| 青　海 | 21544 | 2556 | 8.08 | 10.73 | 88.14 |
| 宁　夏 | 13249 | 287 | 4.97 | 1.21 | 97.83 |
| 新　疆 | 547 | 56 | 0.21 | 0.23 | 89.76 |
| 全国工业源合计 | 266627 | 23815 | — | — | 91.07 |

注：表中“…”表示数值小于汇总数据最低保留位数，但不为“0”。

## 4.4　工业源固体废物

本节工业源固体废物的统计量均未包括危险废物，危险废物的产生、综合利用、处置、贮存、倾倒丢弃情况在本章“5. 危险废物”一节统计、分析。本节工业固体废物把放射性废物列入，单做一项进行分析。

### 4.4.1 工业固体废物产生、利用、处置、贮存、丢弃总体情况

全国产生工业固体废物的企业 101.97 万家。固体废物产生量 385214.19 万吨，其中：尾矿产生量 121478.16 万吨，占 31.54%；煤矸石 41036.30 万吨，占 10.65%；粉煤灰 34033.45 万吨，占 8.83%；冶炼废渣 31091.88 万吨，占 8.07%；炉渣 19297.82 万吨，占 5.01%；企业废水处理设施污泥 3107.07 万吨，占 0.81%；脱硫石膏 2239.89 万吨，占 0.58%；放射性废物 31.54 万吨，占 0.01%；其他固体废物 132898.08 万吨，占 34.50%。

工业固体废物产生量大的行业主要有：黑色金属矿采选业固体废物产生量 106552.94 万吨，占工业固体废物产生总量的 27.66%；煤炭开采和洗选业 55684.61 万吨，占 14.46%；有色金属矿采选业 49924.94 万吨，占 12.96%；电力热力的生产和供应业 40638.94 万吨，占 10.55%；黑色金属冶炼及压延加工业 33475.21 万吨，占 8.69%；非金属矿采选业 32635.86 万吨，占 8.47%；化学原料及化学制品制造业 32110.40 万吨，占 8.34%。以上 7 个行业合计占工业固体废物产生量的 91.12%。

工业固体废物综合利用量 180464.95 万吨，其中利用往年贮存量 2124.44 万吨，固体废物综合利用率为 46.3%。各类工业固体废物综合利用率分别为：冶炼废渣 86.4%，粉煤灰 68.8%，炉渣 87.9%，煤矸石 71.0%，尾矿 15.4%，脱硫石膏 77.1%，污泥 67.2%，放射性废物 15.8%，其他固体废物 44.8%。煤炭开采和洗选业、电力热力的生产和供应业、黑色金属冶炼及压延加工业、化学原料及化学制品制造业、非金属矿物采选业固体废物综合利用量较大，分别为 31096.54 万吨、29458.77 万吨、29329.54 万吨、24829.05 万吨、21728.69 万吨，综合利用率分别为 54.98%、70.63%、87.33%、76.88% 和 66.33%。

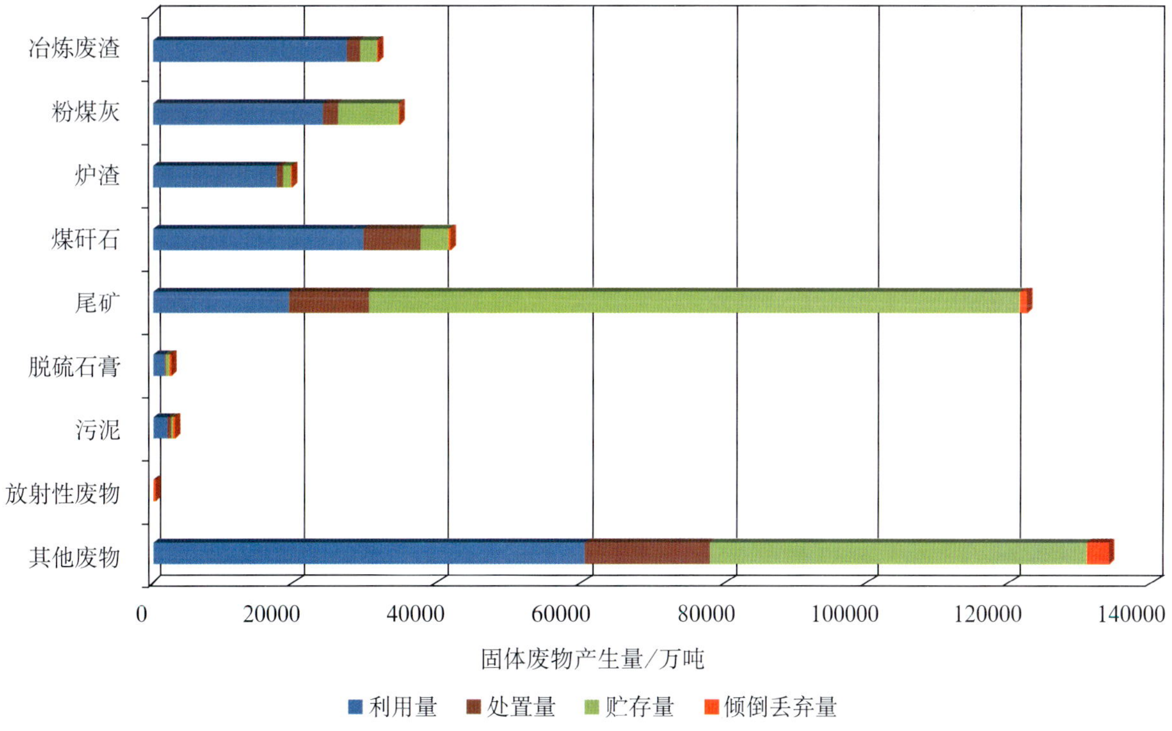


**图 4-4-1　全国各类工业固体废物产生、利用、处置、贮存、丢弃量**

工业固体废物处置量 44060.88 万吨，其中：处置往年贮存量 1964.05 万吨，固体废物处置率 10.9%。工业固体废物处置量中，尾矿处置量占 27.57%；煤矸石占 19.39%，粉煤灰占 5.33%，冶炼废渣占 3.74%，炉渣占 2.27%，污泥占 1.62%，脱硫石膏占 0.24%，放射性废物占 0.02%，其他废物占 39.82%。各类固体废物处置率为：冶炼废渣 5.28%、粉煤灰 6.51%、炉渣 5.09%、煤矸石 19.09%、尾矿 9.24%、脱硫石膏 4.33%、污泥 22.89%、放射性废物 26.38%、其他废物 13.08%。

煤炭开采和洗选业、黑色金属矿采选业、有色金属矿采选业固体废物处置量较大，分别为 13398.67 万吨、12815.34 万吨和 3479.35 万吨，占工业固体废物处置量的 30.41%、29.09% 和 7.90%。煤炭开采和洗选业、非金属矿物制品业、有色金属冶炼及压延加工业、黑色金属矿采选业的固体废物处置率分别为 22.74%、18.69%、16.31% 和 11.60%。

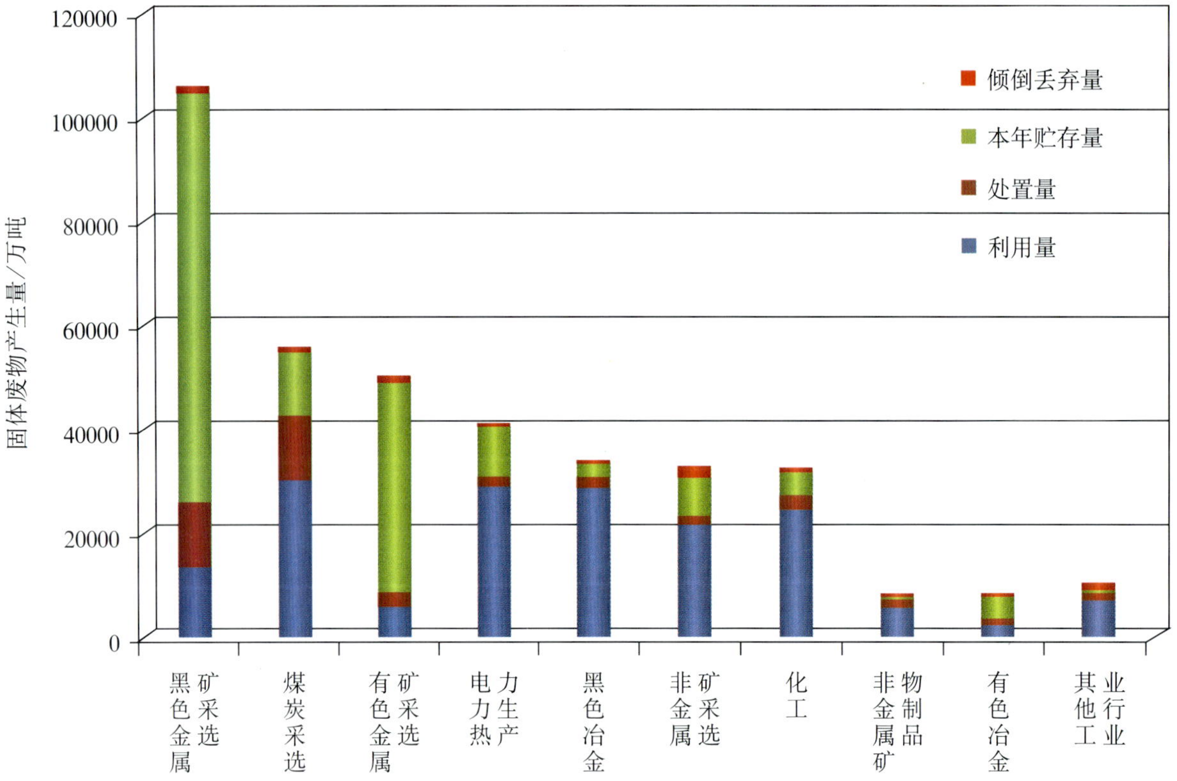


**图 4-4-2　全国工业行业固体废物产生、利用、处置、贮存、丢弃情况**

工业固体废物本年贮存量 159861.98 万吨，其中：符合环保要求的贮存量 121148.50 万吨，占本年贮存量的 75.8%。固体废物本年贮存量中，尾矿贮存量最大，为 90542.41 万吨，占固体废物本年贮存量的 56.64%；粉煤灰 8391.90 万吨、占 5.25%，煤矸石 3754.83 万吨、占 2.35%，冶炼废渣 2502.12 万吨、占 1.57%，放射性废物 18.23 万吨、占 0.01%，其他废物占 33.17%。黑色金属矿采选业、有色金属矿采选业固体废物本年贮存量大，分别为 79426.72 万吨、40371.93 万吨，分别占工业固体废物本年贮存总量的 49.68% 和 25.25%。

工业固体废物倾倒丢弃量4914.87万吨，其中：尾矿1052.57万吨、占21.42%，煤矸石307.13万吨、占6.25%，污泥151.91万吨、占3.09%，炉渣107.55万吨、占2.19%，冶炼废渣83.58万吨、占1.70%，粉煤灰16.08万吨、占0.33%，其他废物3194.16万吨、占64.99%。放射性废物无倾倒丢弃。非金属矿采选业固体废物倾倒丢弃量最大，占工业固体废物丢弃量的38.84%；黑色金属矿采选业占19.73%，有色金属矿采选业占15.43%，煤炭开采和洗选业占7.91%，非金属矿物制品业占7.54%。

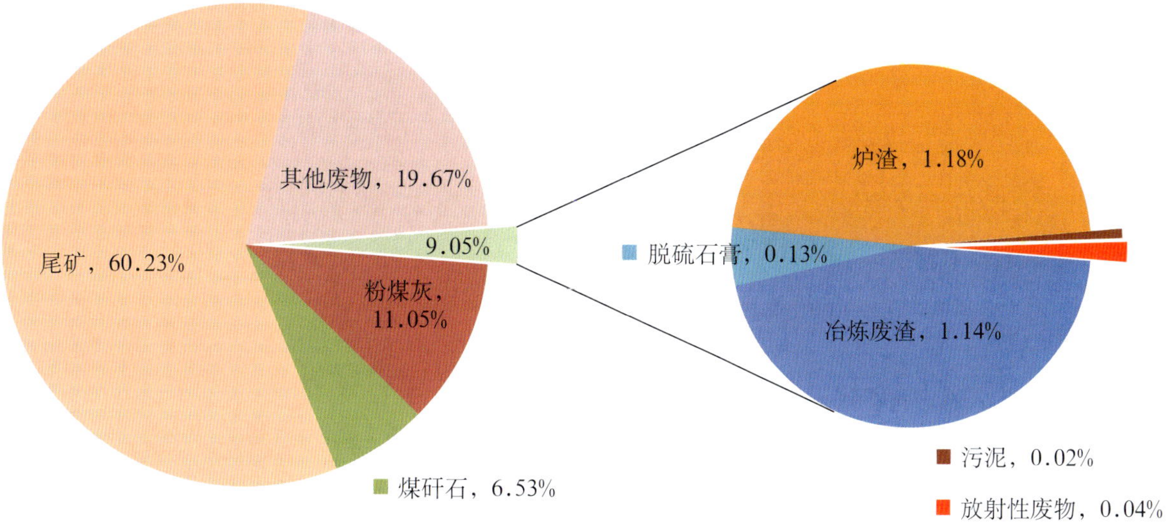


图 4-4-3　全国工业固体废物往年贮存量比例

工业固体废物往年贮存量643038.96万吨，其中：尾矿往年贮存量最大，占工业固体废物往年贮存量的60.23%；粉煤灰占11.05%，煤矸石占6.53%，炉渣占1.18%，冶炼废渣占1.14%，其他废物占19.67%。有色金属矿采选业、黑色金属矿采选业固体废物往年贮存量较大，分别占工业固体废物往年贮存量的38.82%和34.78%；电力热力的生产和供应业占11.87%，煤炭开采和洗选业占6.94%。

### 4.4.2　冶炼废渣

冶炼废渣产生量31091.88万吨，占工业固体废物产生总量的8.07%。冶炼废渣主要产生于黑色金属冶炼及压延加工业，占冶炼废渣产生量的86.74%；其次为有色金属冶炼及压延加工业。部分设备、器材制造企业也产生冶炼废渣。

冶炼废渣产生量大的省（自治区）中，河北产生量为5796.78万吨，占冶炼废渣产生总量的18.64%；山东3053.67万吨，占9.82%；山西2632.05万吨，占8.47%；辽宁2346.46万吨，占7.55%；江苏2038.87万吨，占6.56%；云南1489.66万吨，占4.79%；湖南1306.94万吨，占4.20%；四川1291.40万吨，占4.15%；河南1254.73万吨，占4.04%；内蒙古1222.38万吨，占3.93%。上述10个省（自治区）合计占冶炼废渣产生量的72.15%。

表 4-4-1　全国工业固体废物产生、综合利用、处置、贮存、倾倒丢弃量汇总

| 固体废物种类 | 产生量 / 万吨 | 利用量 / 万吨 | 其中：利用往年贮存量 / 万吨 | 处置量 / 万吨 | 其中：处置往年贮存量 / 万吨 | 本年贮存量 / 万吨 | 其中：符合环保要求贮存量 / 万吨 | 往年贮存量 / 万吨 | 倾倒丢弃量 / 万吨 |
|---|---|---|---|---|---|---|---|---|---|
| 总计 | 385214.19 | 180464.95 | 2124.44 | 44060.88 | 1964.05 | 159861.98 | 121148.50 | 643038.96 | 4914.87 |
| 冶炼废渣 | 31091.88 | 27012.55 | 148.62 | 1650.01 | 7.76 | 2502.12 | 1590.32 | 7301.77 | 83.58 |
| 粉煤灰 | 34033.45 | 24196.30 | 785.79 | 2347.48 | 132.53 | 8391.90 | 7248.00 | 71078.06 | 16.08 |
| 炉渣 | 19297.82 | 17015.73 | 51.12 | 999.37 | 17.11 | 1243.39 | 1003.13 | 7601.28 | 107.55 |
| 煤矸石 | 41036.30 | 29609.00 | 469.96 | 8543.08 | 707.77 | 3754.83 | 2119.69 | 42017.04 | 307.13 |
| 尾矿 | 121478.16 | 19088.46 | 430.21 | 12149.56 | 924.62 | 90542.41 | 72607.87 | 387306.94 | 1052.57 |
| 脱硫石膏 | 2239.89 | 1731.80 | 4.37 | 106.61 | 9.59 | 413.54 | 282.29 | 836.87 | 1.89 |
| 污泥 | 3107.07 | 2089.05 | 0.16 | 712.68 | 1.53 | 155.12 | 102.70 | 137.49 | 151.91 |
| 放射性废物 | 31.54 | 5.00 | 0.01 | 8.33 | 0.01 | 18.23 | 17.88 | 288.95 | 0.00 |
| 其他废物 | 132898.08 | 59717.06 | 234.20 | 17543.76 | 163.14 | 52840.43 | 36176.63 | 126470.57 | 3194.16 |

| 固体废物种类 | 占产生总量比例 /% | 占利用总量比例 /% | 综合利用率 /% | 占处置总量比例 /% | 处置率 /% | 占本年贮存总量比例 /% | 符合环保要求贮存量的比例 /% | 占往年贮存总量比例 /% | 占倾倒丢弃总量比例 /% |
|---|---|---|---|---|---|---|---|---|---|
| 总计 | 100 | 100 | 46.3 | 100 | 10.93 | 100 | 75.8 | 100 | 100 |
| 冶炼废渣 | 8.07 | 14.97 | 86.4 | 3.74 | 5.28 | 1.57 | 63.6 | 1.14 | 1.70 |
| 粉煤灰 | 8.83 | 13.41 | 68.8 | 5.33 | 6.51 | 5.25 | 86.4 | 11.05 | 0.33 |
| 炉渣 | 5.01 | 9.43 | 87.9 | 2.27 | 5.09 | 0.78 | 80.7 | 1.18 | 2.19 |
| 煤矸石 | 10.65 | 16.41 | 71.0 | 19.39 | 19.09 | 2.35 | 56.5 | 6.53 | 6.25 |
| 尾矿 | 31.54 | 10.58 | 15.4 | 27.57 | 9.24 | 56.64 | 80.2 | 60.23 | 21.42 |
| 脱硫石膏 | 0.58 | 0.96 | 77.1 | 0.24 | 4.33 | 0.26 | 68.3 | 0.13 | 0.04 |
| 污泥 | 0.81 | 1.16 | 67.2 | 1.62 | 22.89 | 0.10 | 66.2 | 0.02 | 3.09 |
| 放射性废物 | 0.01 | 0.003 | 15.8 | 0.02 | 26.38 | 0.01 | 98.1 | 0.04 | 0.00 |
| 其他废物 | 34.50 | 33.09 | 44.8 | 39.82 | 13.08 | 33.05 | 68.5 | 19.67 | 64.99 |

表 4-4-2 全国工业行业固体废物产生、综合利用、处置、贮存、倾倒丢弃情况

| 工业行业 | 产生量/万吨 | 利用量/万吨 | 其中：利用往年贮存量/万吨 | 处置量/万吨 | 其中：处置往年贮存量/万吨 | 本年贮存量/万吨 | 其中：符合环保要求的贮存量/万吨 | 往年贮存量/万吨 | 倾倒量/万吨 |
|---|---|---|---|---|---|---|---|---|---|
| 黑色金属矿采选业 | 106552.94 | 13874.96 | 75.48 | 12815.34 | 458.08 | 79426.72 | 58533.16 | 223617.03 | 969.47 |
| 煤炭开采和洗选业 | 55684.61 | 31096.54 | 482.80 | 13398.67 | 735.20 | 12018.41 | 7004.49 | 44640.66 | 389.00 |
| 有色金属矿采选业 | 49924.94 | 5997.62 | 303.60 | 3479.35 | 378.49 | 40371.93 | 35086.03 | 249601.70 | 758.14 |
| 电力、热力的生产和供应业 | 40638.94 | 29458.77 | 754.96 | 2664.03 | 79.41 | 9293.38 | 8047.86 | 76339.02 | 57.12 |
| 黑色金属冶炼及压延加工业 | 33475.21 | 29329.54 | 95.81 | 1987.47 | 4.65 | 2181.40 | 1575.66 | 2880.37 | 77.25 |
| 非金属矿采选业 | 32635.86 | 21728.69 | 80.66 | 2012.00 | 54.30 | 7121.43 | 3592.04 | 15844.06 | 1908.70 |
| 化学原料及化学制品制造业 | 32110.40 | 24829.05 | 143.70 | 2967.91 | 78.08 | 4483.18 | 3249.05 | 13759.94 | 52.04 |
| 非金属矿物制品业 | 8016.08 | 5704.37 | 9.56 | 1652.64 | 154.41 | 452.57 | 286.88 | 1574.89 | 370.46 |
| 有色金属冶炼及压延加工业 | 7713.32 | 2573.34 | 80.18 | 1262.05 | 3.68 | 3888.57 | 3477.96 | 13338.35 | 73.21 |
| 其他工业行业 | 18461.89 | 15872.05 | 97.69 | 1821.42 | 17.76 | 624.38 | 295.36 | 1442.95 | 259.49 |
| 合　计 | 385214.19 | 180464.95 | 2124.44 | 44060.88 | 1964.05 | 159861.98 | 121148.50 | 643038.96 | 4914.87 |

| 工业行业 | 占产生总量比例/% | 占利用总量比例/% | 综合利用率/% | 占处置总量比例/% | 处置率/% | 占贮存总量比例/% | 符合环保要求贮存量的比例/% | 占往年贮存总量比例/% | 占倾倒丢弃总量比例/% |
|---|---|---|---|---|---|---|---|---|---|
| 黑色金属矿采选业 | 27.66 | 7.69 | 12.95 | 29.09 | 11.60 | 49.68 | 73.69 | 34.78 | 19.73 |
| 煤炭开采和洗选业 | 14.46 | 17.23 | 54.98 | 30.41 | 22.74 | 7.52 | 58.28 | 6.94 | 7.91 |
| 有色金属矿采选业 | 12.96 | 3.32 | 11.41 | 7.90 | 6.21 | 25.25 | 86.91 | 38.82 | 15.43 |
| 电力、热力的生产和供应业 | 10.55 | 16.32 | 70.63 | 6.05 | 6.36 | 5.81 | 86.60 | 11.87 | 1.16 |
| 黑色金属冶炼及压延加工业 | 8.69 | 16.25 | 87.33 | 4.51 | 5.92 | 1.36 | 72.23 | 0.45 | 1.57 |
| 非金属矿采选业 | 8.47 | 12.04 | 66.33 | 4.57 | 6.00 | 4.45 | 50.44 | 2.46 | 38.84 |
| 化学原料及化学制品制造业 | 8.34 | 13.76 | 76.88 | 6.74 | 9.00 | 2.80 | 72.47 | 2.14 | 1.06 |
| 非金属矿物制品业 | 2.08 | 3.16 | 71.04 | 3.75 | 18.69 | 0.28 | 63.39 | 0.24 | 7.54 |
| 有色金属冶炼及压延加工业 | 2.00 | 1.43 | 32.32 | 2.86 | 16.31 | 2.43 | 89.44 | 2.07 | 1.49 |
| 其他工业行业 | 4.79 | 8.80 | 85.44 | 4.13 | 9.77 | 0.39 | 47.30 | 0.22 | 5.28 |
| 合　计 | 100 | 100 | 46.30 | 100 | 10.93 | 100 | 75.78 | 100 | 100 |

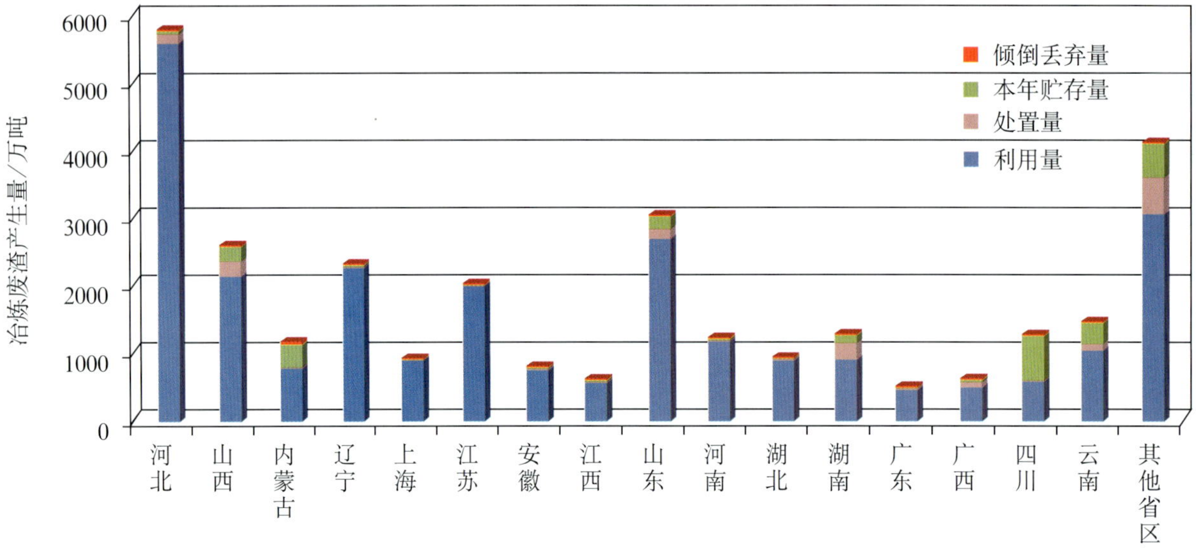


图 4-4-4　全国冶炼废渣产生、利用、处置、贮存、丢弃量

冶炼废渣综合利用量 27012.55 万吨，其中：利用往年贮存量 148.62 万吨，综合利用率为 86.4%。上述冶炼废渣产生量大的省（自治区），其综合利用量也较大。多数省（自治区、直辖市）冶炼废渣综合利用率在 80% 以上，但四川、甘肃冶炼废渣综合利用率较低，分别为 47.8% 和 26.5%。

冶炼废渣处置量 1650.11 万吨，其中：处置往年贮存量 7.76 万吨，处置率为 5.3%。甘肃冶炼废渣处置量 292.22 万吨，湖南 248.84 万吨，山西 241.07 万吨，山东 133.18 万吨，河北 130.33 万吨，分别占冶炼废渣处置总量的 17.71%、15.08%、14.61%、8.07% 和 7.90%。

冶炼废渣本年贮存量 2502.12 万吨，其中：符合环保要求的贮存量 1590.32 万吨，占本年贮存量的 63.56%。四川、内蒙古、云南等省（自治区）冶炼废渣本年贮存量较大，分别为 634.52 万吨、340.79 万吨、312.79 万吨，占冶炼废渣本年贮存量的 25.36%、13.62% 和 12.49%。

冶炼废渣倾倒丢弃量 83.58 万吨，其中：内蒙古占 63.73%、山西占 11.44%、贵州占 7.80%、陕西占 4.57%。

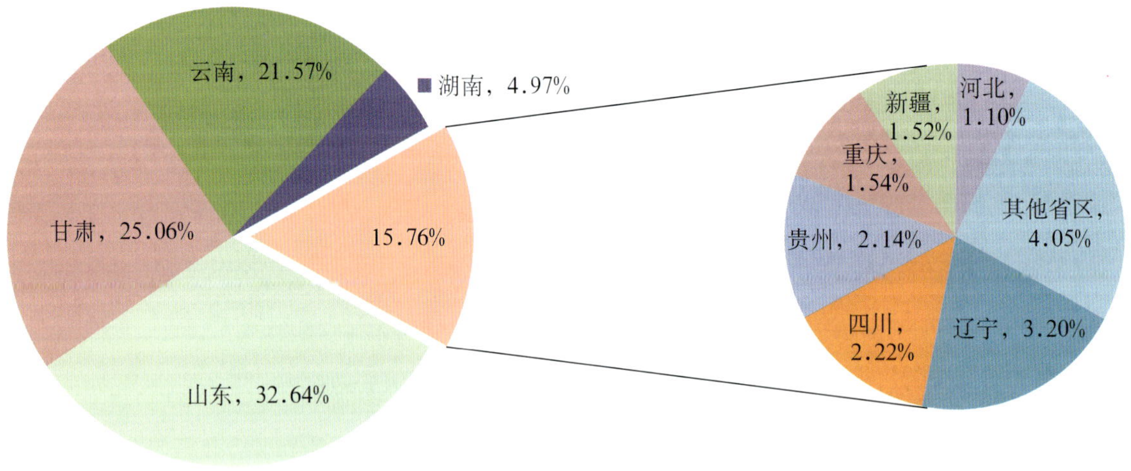


图 4-4-5　全国冶炼废渣往年贮存量比例

冶炼废渣往年贮存量 7301.77 万吨，其中：山东 2383.15 万吨，甘肃 1830.05 万吨，云南 1574.65

万吨，分别占冶炼废渣往年贮存量的32.64%、21.57%和15.06%。有色金属冶炼及压延加工业冶炼废渣往年贮存量最大，为5808.99万吨，占冶炼废渣往年贮存总量的79.56%；黑色金属冶炼及压延加工业1051.44万吨，占14.40%。

表4-4-3 全国冶炼废渣产生、利用、处置、贮存、丢弃情况

| 地 区 | 产生量/万吨 | 利用量/万吨 | 其中：利用往年贮存量/万吨 | 处置量/万吨 | 其中：处置往年贮存量/万吨 | 本年贮存量/万吨 | 其中：符合环保要求的贮存量/万吨 | 往年贮存量/万吨 | 倾倒丢弃量/万吨 |
|---|---|---|---|---|---|---|---|---|---|
| 北 京 | 315.58 | 315.35 | … | 0.22 | … | … | 0 | … | … |
| 天 津 | 416.98 | 334.45 | … | 82.53 | 0 | 0 | 0 | 0 | 0.01 |
| 河 北 | 5796.78 | 5632.14 | 0.22 | 130.33 | 0 | 34.30 | 33.31 | 80.22 | 0.23 |
| 山 西 | 2632.05 | 2174.72 | 0.63 | 241.07 | 0.77 | 208.10 | 72.97 | 42.56 | 9.56 |
| 内蒙古 | 1222.38 | 818.45 | 5.70 | 15.89 | 0.32 | 340.79 | 2.81 | 17.01 | 53.27 |
| 辽 宁 | 2346.46 | 2300.81 | 0.79 | 16.40 | 0.06 | 29.63 | 11.16 | 233.67 | 0.47 |
| 吉 林 | 317.36 | 309.33 | … | 7.69 | 0 | 0.04 | 0.01 | … | 0.30 |
| 黑龙江 | 211.68 | 205.21 | 0 | 6.17 | 0 | 0.30 | 0.30 | 0 | 0.01 |
| 上 海 | 931.89 | 931.64 | 0 | 0.23 | 0 | … | … | 0 | 0.02 |
| 江 苏 | 2038.87 | 2035.91 | 0 | 1.57 | 0 | 1.28 | 1.23 | 0.23 | 0.11 |
| 浙 江 | 318.28 | 297.55 | … | 8.17 | 0.20 | 12.66 | 12.65 | 0.20 | 0.11 |
| 安 徽 | 815.19 | 791.31 | 11.42 | 28.49 | 0 | 6.79 | 6.69 | 11.42 | 0.01 |
| 福 建 | 291.74 | 279.50 | … | 10.54 | 0.10 | 1.28 | 0.11 | 1.18 | 0.53 |
| 江 西 | 642.68 | 614.16 | 0.08 | 3.40 | 0.03 | 23.72 | 3.33 | 41.61 | 1.52 |
| 山 东 | 3053.67 | 2735.84 | 13.15 | 133.18 | 0 | 197.24 | 196.78 | 2383.15 | 0.56 |
| 河 南 | 1254.73 | 1199.47 | 1.10 | 17.13 | 0 | 39.22 | 38.16 | 51.10 | 0.01 |
| 湖 北 | 967.81 | 906.78 | 0.01 | 46.80 | 0 | 14.20 | 9.18 | 0.05 | 0.04 |
| 湖 南 | 1306.94 | 965.71 | 20.26 | 248.84 | 1.35 | 110.89 | 43.74 | 362.88 | 3.11 |
| 广 东 | 524.87 | 556.23 | 51.42 | 18.84 | 0.03 | 1.22 | 0.45 | 51.46 | 0.03 |
| 广 西 | 630.32 | 534.51 | 2.37 | 58.81 | 1.46 | 39.92 | 35.02 | 45.23 | 0.92 |
| 海 南 | 1.63 | 1.62 | 0 | 0 | 0 | 0 | 0 | 0 | 0 |
| 重 庆 | 264.27 | 251.88 | 14.09 | 18.22 | 0.00 | 7.69 | 6.90 | 112.26 | 0.56 |
| 四 川 | 1291.40 | 620.85 | 3.30 | 38.70 | 0.03 | 634.52 | 617.00 | 161.77 | 0.66 |
| 贵 州 | 557.71 | 279.53 | 0.20 | 85.17 | 0.29 | 186.98 | 108.97 | 156.41 | 6.52 |
| 云 南 | 1489.66 | 1097.67 | 23.82 | 103.91 | 1.40 | 312.56 | 150.99 | 1574.65 | 0.76 |
| 西 藏 | 0.08 | 0.08 | 0 | 0 | 0 | 0 | 0 | 0 | 0 |
| 陕 西 | 341.71 | 322.45 | 0.036 | 6.11 | 0.00 | 9.37 | 8.39 | 9.01 | 3.82 |
| 甘 肃 | 661.75 | 175.15 | 0 | 292.22 | 1.71 | 196.04 | 152.42 | 1830.05 | 0.04 |
| 青 海 | 58.15 | 54.32 | 0 | 0.76 | 0 | 3.06 | 2.18 | 0.33 | 0.01 |
| 宁 夏 | 96.48 | 67.44 | 0 | 23.94 | 0 | 5.03 | 4.97 | 24.60 | 0.07 |
| 新 疆 | 292.79 | 202.51 | 0.026 | 4.68 | 0 | 85.28 | 70.60 | 110.73 | 0.34 |
| 合 计 | 31091.88 | 27012.55 | 148.62 | 1650.01 | 7.76 | 2502.12 | 1590.32 | 7301.77 | 83.58 |

注：表中“…”表示数值小于汇总数据最低保留位数，但不为“0”。

### 4.4.3 粉煤灰

粉煤灰产生量34033.45万吨，占工业固体废物产生总量的8.37%。电力热力的生产和供应业粉煤灰产生量29894.69万吨，占粉煤灰产生总量的87.84%；化学原料及化学制品制造业粉煤灰1027.97

万吨，占3.02%；造纸及纸制品业529.37万吨，占1.56%；有色金属冶炼及压延加工业500.17万吨，占1.47%；黑色金属冶炼及压延加工业412.44万吨，占1.21%；非金属矿物制品业403.31万吨，占1.19%；石油加工炼焦及核燃料加工业344.68万吨，占1.01%。

粉煤灰产生量大的省（自治区）中，山东3412.02万吨，占粉煤灰产生总量的10.03%；山西2563.55万吨，占7.53%；江苏2542.54万吨，占7.47%；河南2344.30万吨，占6.89%；内蒙古2118.48万吨，占6.22%；河北2103.25万吨，占6.18%；广东1552.81万吨，占4.56%；辽宁1492.61万吨，占4.39%；浙江1390.93万吨，占4.09%；四川1260.88万吨，占3.70%。上述10个省（自治区）合计占粉煤灰产生总量的61.06%。

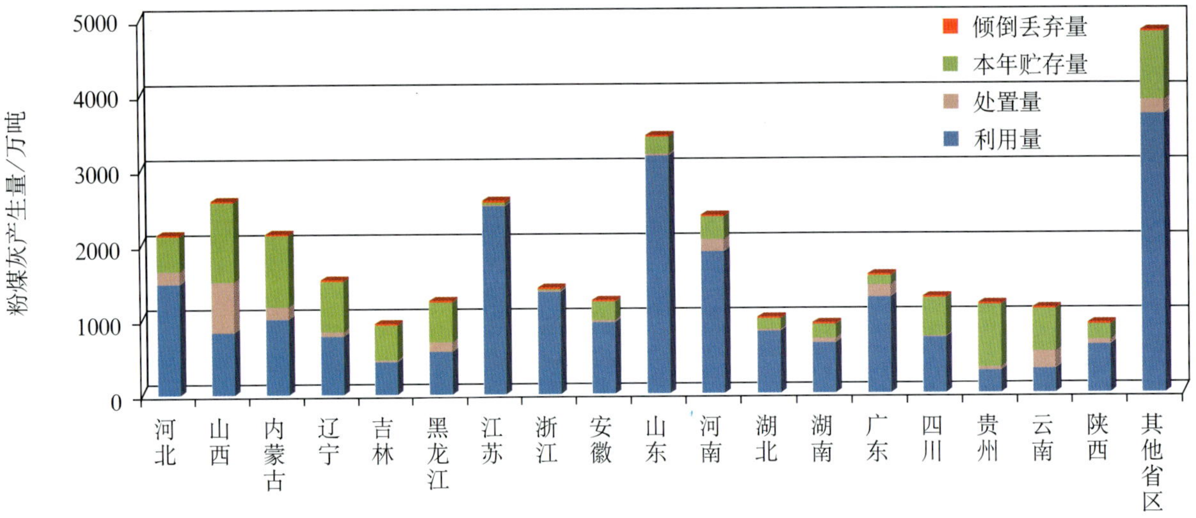


**图4-4-6 全国粉煤灰产生、利用、处置、贮存、丢弃量**

粉煤灰综合利用量24196.30万吨，其中：利用往年贮存量785.79万吨，综合利用率68.8%。山东、江苏、河南、河北、广东、浙江、内蒙古等省（自治区）粉煤灰利用量较大，分别占工业源粉煤灰利用量的13.08%、10.89%、7.77%、7.03%、5.86%、5.62%和4.15%。上述7个省（自治区）合计占粉煤灰综合利用量的54.39%。

粉煤灰产生量大的10个省（自治区）粉煤灰综合利用率分别为：山东92.51%、山西32.61%、江苏98.30%、河南80.12%、内蒙古47.36%、河北69.94%、广东82.01%、辽宁51.34%、浙江97.74%、四川58.78%。

粉煤灰处置量2347.48万吨，其中处置往年贮存量132.53万吨，处置率为6.51%。

粉煤灰本年贮存量8391.90万吨，其中：符合环保要求的贮存量7248.00万吨，占本年贮存量的86.37%。山西、内蒙古、贵州、辽宁、云南、黑龙江、四川、河北、吉林、河南等省（自治区）本年贮存量大，分别占粉煤灰本年贮存总量的12.62%、11.45%、9.79%、7.78%、6.67%、6.12%、5.86%、5.56%、5.55%和3.62%。上述10个省（自治区）合计占粉煤灰本年贮存总量的75.01%。

粉煤灰往年贮存量71078.06万吨，其中：山西10296.32万吨，占14.49%；河北9414.76万吨，占13.25%；辽宁8848.75万吨，占12.45%；内蒙古5412.10万吨，占7.61%；黑龙江5404.22万吨，占7.60%；贵州4784.73万吨，占6.73%；吉林3837.57万吨，占5.40%。上述7个省（自治区）合计占粉煤灰往年贮存量的67.53%。电力热力的生产和供应业粉煤灰往年贮存量69043.94万吨，占粉煤灰往年贮存量的97.14%。

表 4-4-4 全国粉煤灰产生、利用、处置、贮存、丢弃情况

| 地　区 | 产生量 / 万吨 | 利用量 / 万吨 | 其中：利用往年贮存量 / 万吨 | 处置量 / 万吨 | 其中：处置往年贮存量 / 万吨 | 本年贮存量 / 万吨 | 其中：符合环保要求的贮存量 / 万吨 | 往年贮存量 / 万吨 | 倾倒量 / 万吨 |
|---|---|---|---|---|---|---|---|---|---|
| 北　京 | 224.83 | 224.12 | 0 | 0.21 | 0 | 0.50 | 0.50 | 0.00 | 0 |
| 天　津 | 224.58 | 224.40 | … | 0.16 | 0 | 0.01 | 0.01 | 26.97 | 0.01 |
| 河　北 | 2103.25 | 1701.85 | 230.78 | 164.61 | 0.01 | 466.52 | 451.30 | 9414.76 | 1.06 |
| 山　西 | 2563.55 | 875.56 | 39.52 | 672.71 | 7.45 | 1059.12 | 1047.55 | 10296.32 | 3.12 |
| 内蒙古 | 2118.48 | 1003.38 | … | 153.38 | 0 | 960.56 | 649.85 | 5412.10 | 1.15 |
| 辽　宁 | 1492.61 | 779.93 | 13.62 | 73.28 | 0 | 652.67 | 463.86 | 8848.75 | 0.35 |
| 吉　林 | 915.56 | 441.55 | 6.40 | 14.78 | 0 | 465.50 | 423.40 | 3837.57 | 0.13 |
| 黑龙江 | 1219.73 | 574.93 | 10.33 | 140.81 | 0 | 513.74 | 460.01 | 5404.22 | 0.58 |
| 上　海 | 519.92 | 475.08 | 0 | 28.69 | 0 | 16.13 | 16.13 | 0.00 | 0.01 |
| 江　苏 | 2542.54 | 2634.80 | 137.96 | 9.15 | 0 | 36.54 | 36.54 | 2193.26 | 0.01 |
| 浙　江 | 1390.93 | 1359.46 | … | 2.58 | 0 | 28.79 | 6.76 | 0.01 | 0.11 |
| 安　徽 | 1223.80 | 973.51 | 19.45 | 124.09 | 102.94 | 248.60 | 219.97 | 1152.96 | 0 |
| 福　建 | 629.30 | 578.18 | 4.31 | 0.36 | … | 55.04 | 55.04 | 961.34 | 0.02 |
| 江　西 | 664.85 | 487.94 | 5.28 | 0.37 | 0 | 181.72 | 174.54 | 2614.18 | 0.09 |
| 山　东 | 3412.02 | 3164.17 | 7.77 | 18.87 | 0 | 236.69 | 236.36 | 2236.52 | 0.06 |
| 河　南 | 2344.30 | 1880.37 | 2.16 | 162.66 | 0.04 | 303.44 | 280.06 | 2330.68 | 0.03 |
| 湖　北 | 997.16 | 939.10 | 112.04 | 37.72 | 3.29 | 135.60 | 124.28 | 1182.56 | 0.07 |
| 湖　南 | 922.25 | 672.78 | 6.57 | 70.19 | 4.38 | 189.96 | 188.91 | 653.44 | 0.27 |
| 广　东 | 1552.81 | 1417.11 | 143.61 | 152.46 | … | 126.71 | 126.69 | 1364.12 | 0.14 |
| 广　西 | 518.75 | 502.48 | 16.71 | 4.10 | 0 | 28.76 | 25.83 | 1071.72 | 0.13 |
| 海　南 | 64.81 | 62.91 | 0 | … | 0 | 1.90 | 1.90 | 0 | 0 |
| 重　庆 | 644.23 | 533.06 | 0 | 0.55 | 0 | 110.55 | 107.56 | 689.78 | 0.07 |
| 四　川 | 1260.88 | 742.90 | 1.80 | 27.91 | … | 491.51 | 469.90 | 2627.92 | 0.36 |
| 贵　州 | 1165.65 | 303.36 | 0.23 | 40.78 | 0 | 821.57 | 821.19 | 4784.73 | 0.17 |
| 云　南 | 1111.26 | 331.82 |  | 219.23 | 0 | 560.07 | 190.21 | 1668.74 | 0.14 |
| 西　藏 | … | … |  | … |  |  |  |  | … |
| 陕　西 | 901.78 | 645.96 | … | 56.38 | … | 197.81 | 174.15 | 355.29 | 1.64 |
| 甘　肃 | 410.25 | 252.67 | 27.23 | 49.99 | 0 | 134.62 | 134.07 | 1236.30 | 0.19 |
| 青　海 | 82.45 | 36.52 | 0 | 0.83 | 0 | 45.10 | 39.87 | 0.99 | 0.01 |
| 宁　夏 | 464.48 | 142.36 | 0 | 79.66 | 0 | 242.44 | 241.86 | 21.90 | 0.02 |
| 新　疆 | 346.47 | 234.04 | 0.02 | 40.97 | 14.41 | 79.76 | 79.70 | 690.93 | 6.13 |
| 合　计 | 34033.45 | 24196.30 | 785.79 | 2347.48 | 132.53 | 8391.90 | 7248.00 | 71078.06 | 16.08 |

注：表中“…”表示数值小于汇总数据最低保留位数，但不为“0”。

### 4.4.4 炉渣

炉渣产生量 19297.82 万吨，占工业固体废物产生总量的 5.01%。其中：山东 1812.27 万吨，占全国炉渣产生量的 9.39%；山西 1600.50 万吨，占 8.29%；江苏 1499.56 万吨，占 7.77%；河北 1453.52 万吨，占 7.53%；河南 1329.60 万吨，占 6.89%；辽宁 1036.28 万吨，占 5.37%；浙江 1002.68 万吨，占 5.20%。上述 7 省合计占全国工业源炉渣产生总量的 50.44%。

炉渣产生的主要行业为电力热力的生产和供应业，产生量 8522.26 万吨，占炉渣产生总量的

44.16%。其次为化学原料及化学制品制造业 3037.14 万吨、黑色金属冶炼及压延加工业 1803.81 万吨、非金属矿物制品业 1582.49 万吨，分别占炉渣产生量的 15.74%、9.35% 和 8.20%。

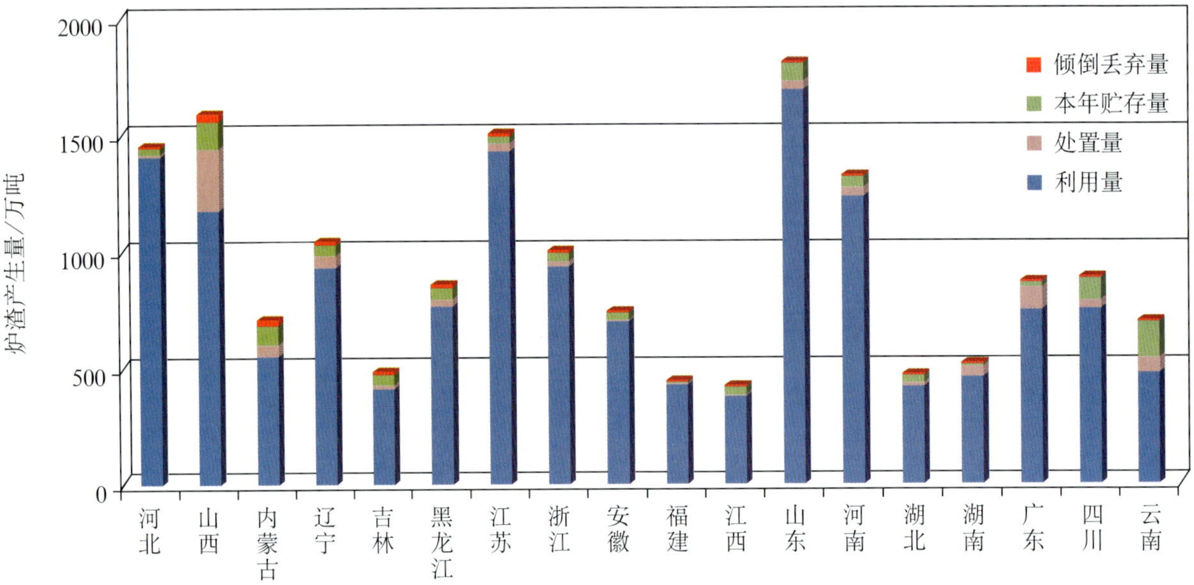


**图 4-4-7　全国炉渣产生、利用、处置、贮存、丢弃量**

炉渣综合利用量 17015.73 万吨，其中利用往年贮存量 51.12 万吨，综合利用率 87.91%。山东、江苏、河北、河南、山西、浙江、辽宁等省炉渣利用量较大，分别占全国工业源炉渣综合利用总量的 10.02%、8.46%、8.31%、7.33%、6.96%、5.51% 和 5.50%。上述各省炉渣综合利用率分别为：山东 94.03%、江苏 95.99%、河北 97.19%、河南 93.66%、山西 73.98%、浙江 93.54%、辽宁 90.36%。

电力热力的生产和供应业炉渣综合利用量大，为 7077.67 万吨，占炉渣利用总量的 41.59%。化学原料及化学制品制造业、黑色金属冶炼及压延加工业，分别占 16.06% 和 10.28%。炉渣产生量大的电力热力的生产和供应业、化学原料及化学制品制造业、黑色金属冶炼及压延加工业、非金属矿物制品业的炉渣综合利用率分别为 82.56%、89.81%、96.99% 和 96.11%。

炉渣处置量 999.37 万吨，其中：山西炉渣处置量为 264.63 万吨，占全国工业源炉渣处置量的 26.48%，其次为广东，占 9.07%。电力热力的生产和供应业炉渣处置量 494.95 万吨，占炉渣处置总量的 49.53%；化学原料及化学制品制造业占 15.66%，石油加工炼焦及核燃料加工业占 7.38%。

炉渣本年贮存量 1243.39 万吨，其中符合环保要求的贮存量 1003.13 万吨，占本年贮存量的 80.7%。云南、贵州、山西、四川、内蒙古、山东炉渣本年贮存量较大，占全国工业源炉渣本年贮存量的 12.25%、11.78%、9.54%、8.04%、6.60% 和 6.01%。电力热力的生产和供应业炉渣本年贮存量 956.95 万吨，占全国工业源炉渣本年贮存量的 76.96%；其次为化学原料及化学制品制造业 143.50 万吨，占 11.54%。

炉渣倾倒丢弃量 107.55 万吨，其中：电力热力的生产和供应业占 45.95%，非金属矿物制品业占 15.48%，化学原料及化学制品制造业占 9.32%，煤炭开采和洗选业占 8.90%。黑龙江、吉林、贵州、四川、山西、辽宁等省炉渣倾倒丢弃量较大，分别占全国工业源炉渣丢弃量的 17.65%、13.83%、11.94%、10.63%、6.64% 和 6.21%。

炉渣往年贮存量 7601.28 万吨，其中：电力热力的生产和供应业炉渣往年贮存量 6627.62 万吨，占 87.19%；化学原料及化学制品制造业 726.58 万吨，占 9.56%。炉渣往年贮存量大的省（自治区）有：黑龙江 1341.72 万吨，占全国工业源炉渣往年贮存量的 17.65%；吉林 1051.03 万吨，占 13.83%；贵州 907.47 万吨，占 11.94%；四川 807.79 万吨，占 10.63%；山西 508.01 万吨，占 6.64%；辽宁 471.79 万吨，占 6.21%。上述 6 省合计占全国工业源炉渣往年贮存量的 66.89%。

**表 4-4-5　全国炉渣产生、利用、处置、贮存、丢弃情况**

| 地　区 | 产生量 / 万吨 | 利用量 / 万吨 | 其中：利用往年贮存量 / 万吨 | 处置量 / 万吨 | 其中：处置往年贮存量 / 万吨 | 本年贮存量 / 万吨 | 其中：符合环保要求贮存量 / 万吨 | 往年贮存量 / 万吨 | 倾倒量 / 万吨 |
|---|---|---|---|---|---|---|---|---|---|
| 北　京 | 103.24 | 98.30 | … | 4.86 | 0 | 0.02 | 0.01 | 0 | 0.06 |
| 天　津 | 224.02 | 209.21 | 0.01 | 14.76 | 0.02 | 0.03 | 0.02 | 46.92 | 0.06 |
| 河　北 | 1453.52 | 1414.36 | 1.67 | 7.44 | 0.01 | 32.03 | 26.91 | 278.55 | 1.36 |
| 山　西 | 1600.50 | 1184.32 | 0.30 | 264.63 | 0.43 | 118.58 | 114.23 | 505.01 | 33.70 |
| 内蒙古 | 695.25 | 553.71 | 0.26 | 54.93 | … | 82.07 | 58.72 | 369.81 | 4.80 |
| 辽　宁 | 1036.28 | 936.97 | 0.64 | 49.51 | 0 | 50.12 | 37.37 | 471.79 | 0.32 |
| 吉　林 | 483.38 | 418.53 | 0.01 | 16.02 | 0 | 48.79 | 47.52 | 1051.03 | 0.05 |
| 黑龙江 | 848.95 | 769.78 | 0 | 32.91 | 0 | 46.02 | 32.81 | 1341.72 | 0.25 |
| 上　海 | 144.86 | 121.90 | … | 18.37 | 0 | 4.48 | 3.45 | … | 0.11 |
| 江　苏 | 1499.56 | 1439.74 | 0.24 | 33.24 | 0.03 | 26.67 | 26.67 | 96.47 | 0.18 |
| 浙　江 | 1002.68 | 937.91 | 0.04 | 23.63 | 0.19 | 40.67 | 11.25 | 3.66 | 0.68 |
| 安　徽 | 741.58 | 706.26 | 0.28 | 4.02 | … | 31.48 | 31.45 | 74.24 | 0.10 |
| 福　建 | 445.86 | 432.66 | 0.03 | 6.24 | 0.02 | 6.62 | 3.62 | 21.04 | 0.39 |
| 江　西 | 424.69 | 384.32 | 1.38 | 3.29 | 0.02 | 37.28 | 28.34 | 181.02 | 1.20 |
| 山　东 | 1812.27 | 1704.48 | 0.42 | 33.57 | 0.14 | 74.67 | 73.86 | 74.68 | 0.12 |
| 河　南 | 1329.60 | 1246.68 | 1.41 | 34.80 | 0.80 | 49.90 | 45.16 | 110.30 | 0.42 |
| 湖　北 | 472.94 | 436.23 | 13.78 | 29.67 | 9.24 | 29.75 | 29.53 | 23.47 | 0.32 |
| 湖　南 | 524.47 | 463.97 | 0.54 | 47.13 | 0.40 | 9.00 | 8.51 | 67.43 | 5.31 |
| 广　东 | 868.24 | 771.00 | 13.10 | 90.60 | 0.38 | 19.16 | 19.04 | 165.24 | 0.97 |
| 广　西 | 391.11 | 346.93 | 1.93 | 38.14 | 0.08 | 7.20 | 7.01 | 39.26 | 0.84 |
| 海　南 | 8.57 | 5.38 |  | … |  | 3.06 | 3.06 | 0 | 0.11 |
| 重　庆 | 230.28 | 207.26 | 0 | 0.78 | 0 | 20.33 | 20.24 | 355.05 | 1.91 |
| 四　川 | 891.80 | 767.18 | 8.01 | 35.92 | 5.27 | 99.99 | 96.76 | 807.79 | 1.99 |
| 贵　州 | 351.96 | 183.49 | 1.19 | 18.51 | 0 | 146.44 | 98.63 | 907.47 | 4.72 |
| 云　南 | 703.38 | 480.40 | 2.00 | 69.16 | 0.01 | 152.36 | 101.23 | 239.64 | 3.48 |
| 西　藏 | 0.26 | 0.23 |  | … |  |  |  |  | 0.02 |
| 陕　西 | 381.28 | 328.63 | 0.25 | 14.49 | 0.05 | 38.05 | 20.87 | 34.76 | 0.41 |
| 甘　肃 | 169.25 | 141.60 | 3.10 | 12.62 | 0 | 17.75 | 16.50 | 201.39 | 0.39 |
| 青　海 | 91.57 | 69.89 | 0 | 7.52 | 0 | 14.04 | 12.88 | 49.02 | 0.11 |
| 宁　夏 | 121.91 | 95.26 | 0 | 7.21 | 0 | 19.22 | 18.94 | 3.90 | 0.22 |
| 新　疆 | 244.55 | 159.13 | 0.52 | 25.39 | 0.01 | 17.62 | 8.52 | 80.63 | 42.94 |
| 合　计 | 19297.82 | 17015.73 | 51.12 | 999.37 | 17.11 | 1243.39 | 1003.13 | 7601.28 | 107.55 |

注：表中“…”表示数值小于汇总数据最低保留位数，但不为“0”。

### 4.4.5 煤矸石

煤矸石产生量 41036.30 万吨，占工业固体废物产生总量的 10.65%。其中：山西煤矸石产生量 13165.78 万吨，占 32.08%；内蒙古 9876.86 万吨，占 24.07%；黑龙江 2443.33 万吨，占 5.95%；山东 1957.24 万吨，占 4.77%；安徽 1686.90 万吨，占 4.11%；河南 1501.69 万吨，占 3.66%；陕西 1324.84 万吨，占 3.23%；四川 1289.54 万吨，占 3.14%；贵州 1233.09 万吨，占 3.00%；河北 1208.42 万吨，占 2.94%。合计占煤矸石产生量的 86.97%。煤炭开采和洗选业煤矸石产生量为 38714.52 万吨，占煤矸石产生总量的 94.34%；石油加工炼焦及核燃料加工业 1909.92 万吨，占 4.65%。

煤矸石综合利用量 29609.00 万吨，其中利用往年贮存量 469.96 万吨，综合利用率 71.0%。煤矸石产生量大的省（自治区）综合利用量也较大，其中：山西占全国煤矸石综合利用量的 30.44%，内蒙古占 24.53%，山东占 6.73%，安徽占 5.27%，河南占 4.83%，河北占 3.69%。

煤矸石产生量大的省（自治区）煤矸石综合利用率分别为：山西 68.44%、内蒙古 73.53%、黑龙江 39.75%、山东 91.45%、安徽 90.10%、河南 90.75%、陕西 71.48%、四川 66.28%、贵州 57.29%、河北 87.41%。

煤矸石处置量 8543.08 万吨，其中处置往年贮存量 707.77 万吨。山西、内蒙古、黑龙江等省（自治区）煤矸石处置量大，分别占煤矸石处置量的 48.79%、22.72% 和 12.02%。

煤矸石本年贮存量 3754.83 万吨，其中符合环保要求的贮存量 2119.69 万吨，占 56.45%。煤矸石本年贮存量较大的省（自治区）中，内蒙古 646.83 万吨，占全国工业源煤矸石本年贮存量的 17.23%；贵州占 12.07%，黑龙江占 11.86%，四川占 10.84%，山西占 7.62%。

煤矸石倾倒丢弃量 307.13 万吨。

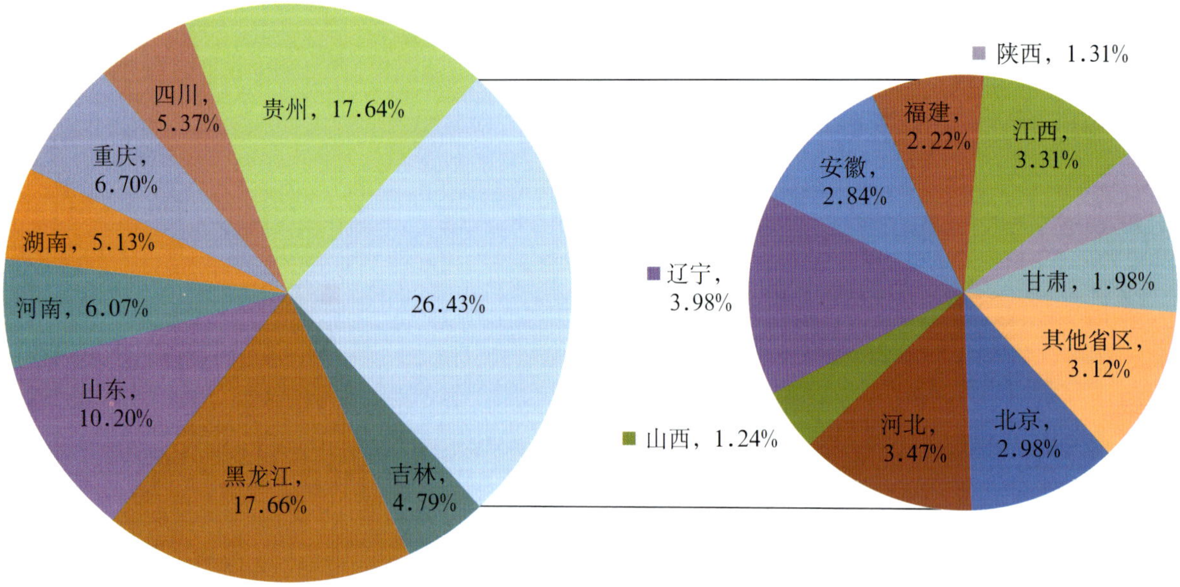


图 4-4-8 全国煤矸石往年贮存量比例

煤矸石往年贮存量 42017.04 万吨，占工业固体废物往年贮存总量的 6.53%。其中：黑龙江煤矸石往年贮存量 7421.77 万吨，占全国煤矸石往年贮存量的 17.66%；贵州 7410.56 万吨，占 17.64%；

山东 4287.33 万吨，占 10.20%；重庆 2814.92 万吨，占 6.70%；河南 2549.02 万吨，占 6.07%；四川 2257.34 万吨，占 5.37%；吉林 2012.24 万吨，占 4.79%；辽宁 1672.43 万吨，占 3.98%；河北 1458.44 万吨，占 3.47%。上述 10 个省（市）合计占煤矸石往年贮存量的 81%。

表 4-4-6　全国煤矸石产生、利用、处置、贮存、丢弃情况

| 地　区 | 产生量 / 万吨 | 利用量 / 万吨 | 其中：利用往年贮存量 / 万吨 | 处置量 / 万吨 | 其中：处置往年贮存量 / 万吨 | 本年贮存量 / 万吨 | 其中：符合环保要求的贮存量 / 万吨 | 往年贮存量 / 万吨 | 倾倒量 / 万吨 |
|---|---|---|---|---|---|---|---|---|---|
| 北　京 | 69.68 | 10.41 | 2.13 | — | — | 61.41 | 61.41 | 1251.26 | 0 |
| 天　津 | 0.76 | 0.76 | — | … | — | — | — | — | — |
| 河　北 | 1208.42 | 1091.61 | 35.33 | 31.58 | 0 | 103.49 | 71.39 | 1458.44 | 17.06 |
| 山　西 | 13165.78 | 9013.58 | 3.32 | 4167.76 | 352.38 | 286.05 | 94.94 | 520.64 | 54.09 |
| 内蒙古 | 9876.86 | 7263.12 | 0.77 | 1940.59 | 0.64 | 646.83 | 136.98 | 274.59 | 27.74 |
| 辽　宁 | 668.13 | 567.35 | 0 | 13.66 | 0 | 86.33 | 44.18 | 1672.43 | 0.80 |
| 吉　林 | 289.35 | 171.42 | 1.18 | 204.25 | 157.00 | 70.99 | 47.86 | 2012.24 | 0.87 |
| 黑龙江 | 2443.33 | 971.25 | — | 1026.86 | — | 445.21 | 196.90 | 7421.77 | … |
| 上　海 | 1.14 | 1.14 | — | — | — | — | — | — | — |
| 江　苏 | 324.57 | 340.40 | 23.43 | 23.01 | 23.00 | 7.59 | 7.59 | 92.63 | … |
| 浙　江 | 8.65 | 8.62 | 0 | 0.03 | 0 | 0 | — | 0 | … |
| 安　徽 | 1686.90 | 1560.35 | 40.43 | 37.13 | 36.20 | 165.65 | 163.34 | 1191.50 | 0.40 |
| 福　建 | 234.07 | 150.11 | 31.25 | 20.71 | 15.21 | 107.22 | 99.12 | 930.95 | 2.50 |
| 江　西 | 305.39 | 282.47 | 19.52 | 4.65 | 0.12 | 36.31 | 25.94 | 1391.21 | 1.61 |
| 山　东 | 1957.24 | 1991.39 | 201.50 | 73.27 | 0 | 93.08 | 65.31 | 4287.33 | 1.00 |
| 河　南 | 1501.69 | 1430.25 | 67.52 | 64.48 | 0 | 74.47 | 65.98 | 2549.02 | 0 |
| 湖　北 | 137.73 | 78.80 | 3.69 | 4.97 | 0.05 | 42.56 | 38.46 | 402.67 | 15.14 |
| 湖　南 | 654.72 | 380.47 | 5.84 | 24.96 | 0.04 | 198.19 | 125.89 | 2156.88 | 56.97 |
| 广　东 | 28.48 | 28.01 | … | 0.04 | … | 0.43 | 0.43 | … | … |
| 广　西 | 105.07 | 55.10 | 0 | 19.35 | 9.80 | 40.02 | 36.78 | 24.15 | 0.40 |
| 海　南 | — | — | — | — | — | — |  | — | — |
| 重　庆 | 568.85 | 497.61 | 17.11 | 10.03 | 0 | 33.96 | 9.53 | 2814.92 | 44.36 |
| 四　川 | 1289.54 | 863.17 | 8.49 | 25.23 | 0.13 | 406.87 | 275.61 | 2257.34 | 2.88 |
| 贵　州 | 1233.09 | 709.11 | 2.65 | 142.17 | 95.83 | 453.31 | 375.43 | 7410.56 | 26.99 |
| 云　南 | 784.08 | 518.74 | 1.77 | 94.18 | 0.28 | 168.15 | 62.81 | 429.27 | 5.06 |
| 西　藏 | 0.14 | 0.14 | 0 | … | 0 | 0 | 0 | 0 | … |
| 陕　西 | 1324.84 | 947.47 | 0.51 | 303.20 | 1.84 | 70.64 | 59.15 | 549.10 | 5.89 |
| 甘　肃 | 333.55 | 53.69 | 0.0 | 202.29 | 14.60 | 88.66 | 0.52 | 832.59 | 3.50 |
| 青　海 | 36.33 | 37.35 | 2.79 | 0.99 | 0 | 0.48 | 0.37 | 40.34 | 0.30 |
| 宁　夏 | 509.96 | 399.15 | 0.08 | 76.86 | 0 | 26.32 | 19.97 | 13.32 | 7.71 |
| 新　疆 | 287.97 | 185.95 | 0.65 | 30.86 | 0.65 | 40.61 | 33.81 | 31.87 | 31.85 |
| 合　计 | 41036.30 | 29609.00 | 469.96 | 8543.08 | 707.77 | 3754.83 | 2119.69 | 42017.04 | 307.13 |

注：表中“…”表示数值小于汇总数据最低保留位数，但不为“0”。

### 4.4.6 尾矿

尾矿产生量 121478.16 万吨，占全国工业固体废物产生总量的 31.54%。其中：河北尾矿产生量 32472.04 万吨，占全国尾矿产生量的 26.73%；辽宁 13631.93 万吨，占 11.22%；河南 10801.12 万吨，占 8.89%；山西 7083.45 万吨，占 5.83%；江西 7083.45 万吨，占 5.46%；内蒙古 6185.51 万吨，占 5.09%；云南 5578.78 万吨，占 4.59%。上述 7 个省（自治区）合计占全国尾矿产生量的 67.82%。

尾矿主要产生于矿物采选、金属冶炼行业。黑色金属矿采选业尾矿产生量 65470.02 万吨，占尾矿产生总量的 53.89%；有色金属矿采选业 37405.19 万吨，占 30.79%；非金属矿采选业 7390.10 万吨，占 6.08%；有色金属冶炼及压延加工业 3586.69 万吨，占 2.95%。

尾矿综合利用量 19088.46 万吨，其中利用往年贮存量 430.21 万吨，综合利用率 15.36%。山东、河北、福建、山西、四川、青海等省尾矿利用量较大，分别占全国尾矿利用量的 11.58%、10.96%、9.16%、7.75%、6.84% 和 6.29%。尾矿产生量大的省（自治区）尾矿综合利用率分别为河北 6.35%、辽宁 5.25%、河南 6.04%、山西 20.86%、江西 14.12%、内蒙古 10.26%、云南 7.97%。

黑色金属矿采选业尾矿利用量 6289.50 万吨，占全国尾矿利用量的 32.95%，综合利用率为 9.51%；有色金属矿采选业尾矿利用量 2889.05 万吨，占全国尾矿利用量的 23.22%，综合利用率为 11.06%。

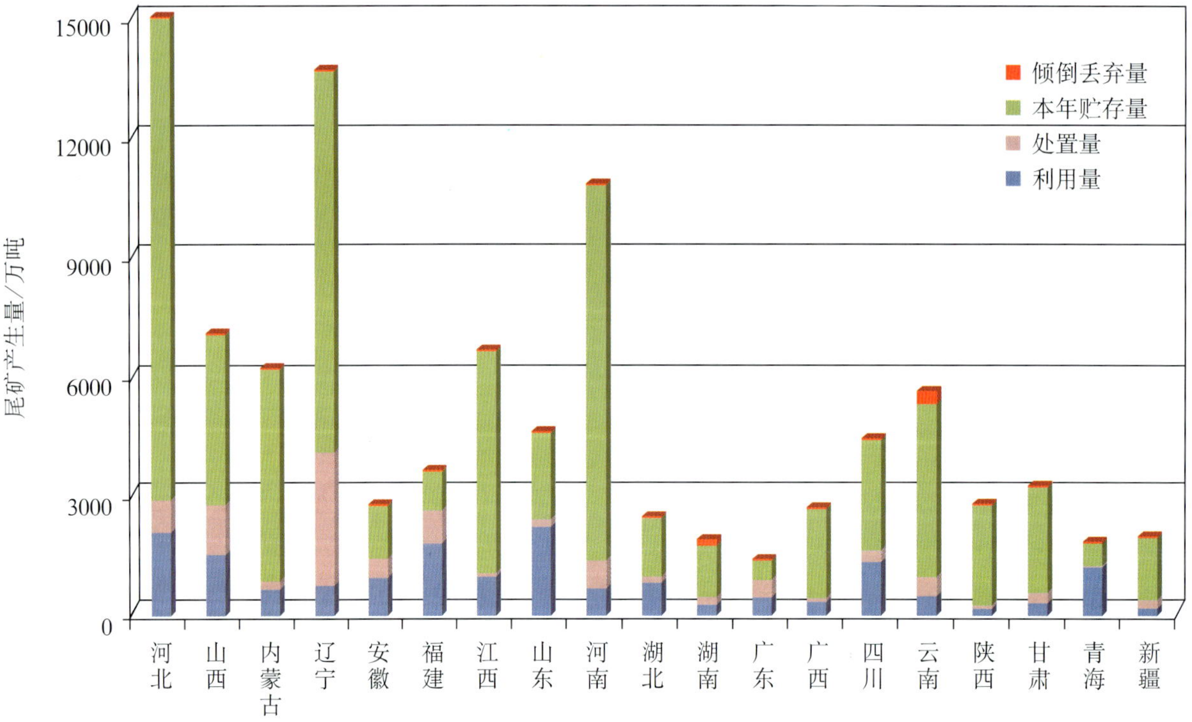


**图 4-4-9 全国尾矿产生、利用、处置、贮存、丢弃量**

尾矿处置量 12149.56 万吨，占全国工业固体废物处置总量的 27.57%，其中处置往年贮存量 924.62 万吨。辽宁尾矿处置量 3376.28 万吨，占全国尾矿处置量的 27.79%；山西 1302.68 万吨，占 10.72%；河北 1206.95 万吨，占 9.93%；福建 868.81 万吨，占 7.15%；河南 714.76 万吨，占 5.88%。上述 5 省合计占全国尾矿处置量的 61.48%。黑色金属矿采选业尾矿处置量 7140.42 万吨，占全国尾矿处置量的 58.77%；有色金属矿采选业尾矿处置量 3041.22 万吨，占全国尾矿处置量的 25.03%。

尾矿本年贮存量 90542.41 万吨，占尾矿产生量的 74.53%，占全国工业固体废物本年贮存量的 56.64%。尾矿符合环保要求的贮存量 72607.87 万吨，占尾矿本年贮存量的 80.19%。河北、辽宁、河南、江西、内蒙古等省（自治区）尾矿本年贮存量较大，分别占全国尾矿贮存量的 32.64%、10.54%、10.42%、6.13% 和 5.87%。上述 5 省（自治区）合计占全国尾矿本年贮存量的 65.6%。辽宁、内蒙古符合环保要求的贮存量仅占尾矿本年贮存量的 57.93% 和 65.13%。

黑色金属矿采选业尾矿本年贮存量 52344.32 万吨，占该行业尾矿产生量的 79.95%，占全国尾矿本年贮存量的 57.81%；有色金属矿采选业尾矿本年贮存量 30073.21 万吨，占该行业尾矿产生量的 80.40%，占全国尾矿本年贮存量的 33.21%。

尾矿往年贮存量 387306.94 万吨，占全国工业固体废物往年贮存量的 60.23%。其中：辽宁尾矿往年贮存量 61108.55 万吨，占全国尾矿往年贮存量的 15.78%；江西 58138.74 万吨，占 15.01%；河北 57393.36 万吨，占 14.82%；云南 38984.02 万吨，占 10.07%；内蒙古 26230.16 万吨，占 6.77%；安徽 23211.22 万吨，占 5.99%；河南 21185.86 万吨，占 5.47%。上述 8 省（自治区）合计占全国尾矿往年贮存量的 79.17%。

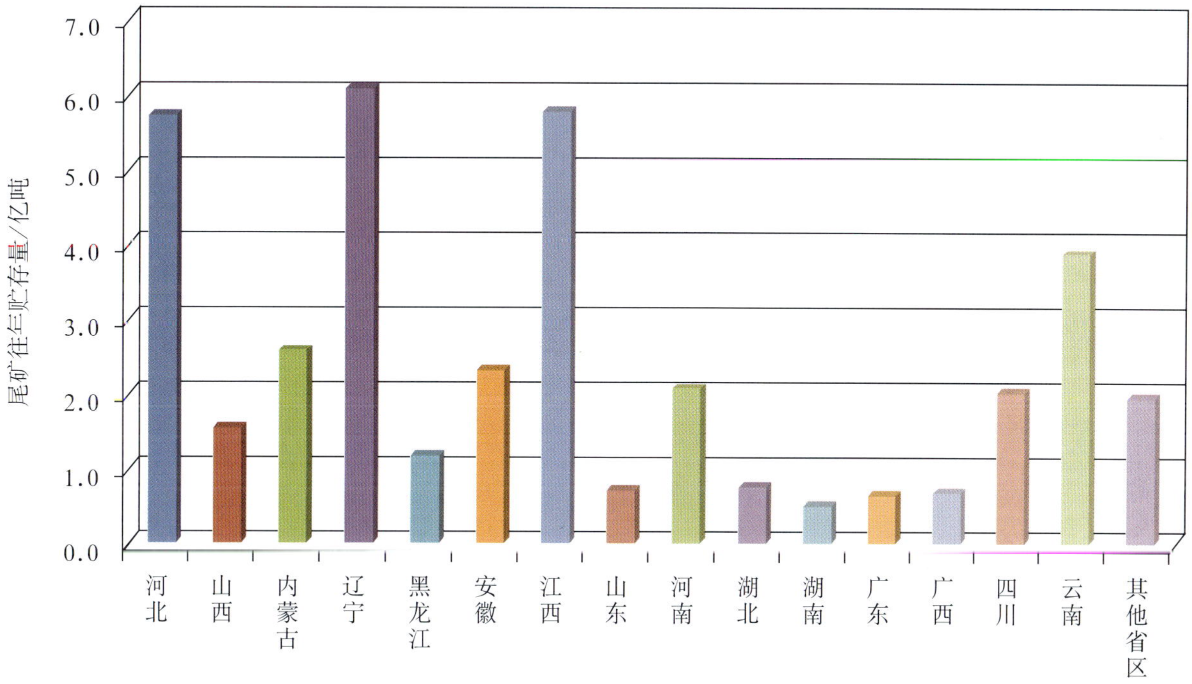


图 4-4-10　全国尾矿往年贮存量

有色金属矿采选业尾矿往年贮存量 187191.79 万吨，占尾矿往年贮存量的 48.33%；黑色金属矿采选业尾矿往年贮存量 182801.46 万吨，占尾矿往年贮存量的 47.20%。2 个行业尾矿往年贮存量占全国尾矿往年贮存量的 95.53%。

尾矿倾倒丢弃量 1052.57 万吨，占工业固体废物倾倒丢弃量的 21.42%。其中：有色金属矿采选业尾矿倾倒丢弃量 513.30 万吨，占尾矿倾倒丢弃量的 48.77%；非金属矿采选业 200.93 万吨，占 19.09%；黑色金属矿采选业 168.71 万吨，占 16.03%。云南尾矿倾倒丢弃量 297.56 万吨，占全国尾矿倾倒丢弃量的 28.27%；湖南 196.16 万吨，占 18.64%；湖北 76.32 万吨，占 7.25%；江苏 64.62 万吨，占 6.14%；广西 55.55 万吨，占 5.28%；江西 50.45 万吨，占 4.79%。

### 表 4-4-7 全国尾矿产生、利用、处置、贮存、丢弃情况

| 地　区 | 产生量/万吨 | 利用量/万吨 | 其中：利用往年贮存量/万吨 | 处置量/万吨 | 其中：处置往年贮存量/万吨 | 本年贮存量/万吨 | 其中：符合环保要求的贮存量/万吨 | 贮存往年贮存量/万吨 | 倾倒量/万吨 |
|---|---|---|---|---|---|---|---|---|---|
| 北　京 | 342.95 | 88.05 | 0 | 254.91 | 0 | — | — | 0 | 0 |
| 天　津 | 3.71 | 0.01 | — | 3.70 | — | — | — | — | — |
| 河　北 | 32472.04 | 2092.39 | 30.98 | 1206.95 | 387.00 | 29554.85 | 28218.70 | 57393.36 | 35.84 |
| 山　西 | 7083.45 | 1479.76 | 2.01 | 1302.68 | 4.50 | 4262.82 | 2403.18 | 15608.69 | 44.69 |
| 内蒙古 | 6185.51 | 673.31 | 38.77 | 258.67 | 44.01 | 5311.96 | 3459.62 | 26230.16 | 24.35 |
| 辽　宁 | 13631.93 | 719.73 | 3.84 | 3376.28 | 14.00 | 9545.70 | 5529.90 | 61108.55 | 8.07 |
| 吉　林 | 1261.53 | 277.94 | 0.10 | 21.64 | — | 960.54 | 791.10 | 4069.30 | 1.51 |
| 黑龙江 | 896.70 | 299.64 | — | 108.00 | — | 489.06 | 324.33 | 11882.18 | — |
| 上　海 | … | … | — | — | — | — | — | — | — |
| 江　苏 | 748.17 | 365.64 | 0.05 | 8.78 | 0.03 | 309.21 | 233.88 | 1292.41 | 64.62 |
| 浙　江 | 577.70 | 387.68 | 2.00 | 90.16 | 6.90 | 108.33 | 72.76 | 329.88 | 0.43 |
| 安　徽 | 2713.41 | 950.22 | 31.20 | 485.02 | 0.61 | 1298.23 | 1012.74 | 23211.22 | 11.75 |
| 福　建 | 3577.08 | 1748.37 | 0 | 868.81 | 0 | 957.66 | 660.43 | 1845.42 | 2.23 |
| 江　西 | 6638.04 | 1006.28 | 68.86 | 409.91 | 313.14 | 5553.39 | 4871.95 | 58138.74 | 50.45 |
| 山　东 | 4535.75 | 2209.83 | 63.45 | 276.71 | 3.00 | 2115.32 | 1725.44 | 7260.91 | 0.35 |
| 河　南 | 10801.12 | 652.62 | … | 714.76 | … | 9432.08 | 9101.80 | 21185.86 | 1.67 |
| 湖　北 | 2489.55 | 866.39 | 70.70 | 182.37 | 0.40 | 1435.57 | 1051.49 | 7568.34 | 76.32 |
| 湖　南 | 1915.14 | 262.19 | 20.94 | 310.33 | 87.90 | 1255.30 | 1013.30 | 5032.48 | 196.16 |
| 广　东 | 1326.73 | 404.38 | 1.88 | 481.35 | 0.03 | 431.30 | 303.19 | 6476.52 | 11.60 |
| 广　西 | 2698.92 | 314.83 | 30.61 | 91.27 | 1.65 | 2269.52 | 1841.33 | 7199.54 | 55.55 |
| 海　南 | 93.17 | 54.05 | 1.00 | — | — | 40.11 | 23.60 | 181.00 | — |
| 重　庆 | 358.14 | 186.59 | 0 | 109.98 | 0 | 21.78 | 17.07 | 287.84 | 39.79 |
| 四　川 | 4382.05 | 1306.34 | 0.12 | 287.99 | 5.08 | 2772.59 | 1990.26 | 20397.25 | 20.33 |
| 贵　州 | 1179.25 | 391.57 | 13.77 | 175.39 | 27.25 | 617.85 | 354.91 | 3485.11 | 35.45 |
| 云　南 | 5578.78 | 492.74 | 48.23 | 484.40 | 0.21 | 4352.53 | 3612.02 | 38984.02 | 297.56 |
| 西　藏 | 132.63 | 35.40 | — | 9.28 | — | 85.56 | 36.16 | 29.83 | 2.38 |
| 陕　西 | 2769.95 | 127.62 | 1.05 | 47.09 | 0.30 | 2595.43 | 2546.66 | 3725.35 | 1.17 |
| 甘　肃 | 3218.42 | 274.35 | 0.02 | 292.70 | 22.00 | 2653.08 | 614.41 | 1582.18 | 20.31 |
| 青　海 | 1798.63 | 1200.35 | … | 9.33 | 0.05 | 587.32 | 369.11 | 1664.80 | 1.67 |
| 宁　夏 | 112.76 | 98.93 | — | 1.32 | — | 1.18 | — | — | 11.34 |
| 新　疆 | 1954.96 | 121.26 | 0.62 | 279.79 | 6.57 | 1524.12 | 428.54 | 1136.02 | 36.98 |
| 合　计 | 121478.16 | 19088.46 | 430.21 | 12149.56 | 924.62 | 90542.41 | 72607.87 | 387306.94 | 1052.57 |

注：表中“…”表示数值小于汇总数据最低保留位数，但不为“0”。

### 4.4.7 脱硫石膏

脱硫石膏产生量 2239.89 万吨，其中：电力热力的生产和供应业 1903.58 万吨，占 84.99%；化学原料及化学制品制造业 229.24 万吨，占 10.23%，有色金属冶炼及压延加工业 39.96 万吨，占 1.78%。

脱硫石膏产生量较大的省（自治区、直辖市）有：江苏 221.70 万吨，占全国脱硫石膏产生量的 9.90%；山东 205.28 万吨，占 9.16%；四川 198.07 万吨，占 8.84%；重庆 170.30 万吨，占 7.60%；贵州 155.9 万吨，占 6.96%；内蒙古 151.10 万吨，占 6.75%；山西 149.92 万吨，占 6.69%；浙江 147.19 万吨，占 6.57%；广东 128.19 万吨，占 5.72%；河北 110.34 万吨，占 4.93%。上述 10 个省（自治区、直辖市）合计占全国脱硫石膏产生量的 73.13%。西藏、新疆无脱硫石膏产生。

脱硫石膏综合利用量 1731.80 万吨，其中利用往年贮存量 4.37 万吨，综合利用率 77.12%。脱硫石膏综合利用量较大的省（自治区、直辖市）中，江苏 208.67 万吨，占全国综合利用量的 12.05%；山东 205.11 万吨，占 11.84%；重庆 148.11 万吨，占 8.55%；广东 124.96 万吨，占 7.22%；浙江 120.10 万吨，占 6.94%；山西 109.15 万吨，占 6.30%；河北 108.10 万吨，占 6.24%；内蒙古 105.24 万吨，占 6.08%；贵州 95.13 万吨，占 5.49%。上述 9 个省（自治区、直辖市）合计占脱硫石膏综合利用量的 70.71%。

脱硫石膏产生量大省（自治区、直辖市）综合利用率分别为：江苏 94.12%、山东 99.92%、四川 23.47%、重庆 86.97%、贵州 60.99%、内蒙古 69.65%、山西 72.81%、浙江 81.35%、广东 97.48%、河北 97.97%。

脱硫石膏处置量 106.61 万吨，其中处置往年贮存量 9.59 万吨，处置率为 4.33%。

脱硫石膏本年贮存量 413.54 万吨，其中：四川 136.70 万吨，占 33.05%；贵州 45.86 万吨，占 11.09%；内蒙古 30.96 万吨，占 7.49%，合计占 51.63%。

**表 4-4-8　全国脱硫石膏产生、利用、处置、贮存、丢弃情况**

| 地　区 | 产生量 / 万吨 | 利用量 / 万吨 | 其中：利用往年贮存量 / 万吨 | 处置量 / 万吨 | 其中：处置往年贮存量 / 万吨 | 本年贮存量 / 万吨 | 其中：符合环保要求的贮存量 / 万吨 | 往年贮存量 / 万吨 | 倾倒量 / 万吨 |
|---|---|---|---|---|---|---|---|---|---|
| 北　京 | 20.58 | 20.57 | 0 | … | 0 | | | 0 | … |
| 天　津 | 16.28 | 16.28 | 0 | … | 0 | … | … | 0 | … |
| 河　北 | 110.34 | 108.10 | 0 | 0.02 | 0 | 2.22 | 2.22 | 0 | 0 |
| 山　西 | 149.92 | 109.15 | 0 | 22.28 | 0 | 17.08 | 14.36 | 0 | 1.39 |
| 内蒙古 | 151.10 | 105.24 | 0 | 14.89 | 0 | 30.96 | 19.91 | 3.43 | 0.013 |
| 辽　宁 | 28.26 | 27.44 | 0 | 0.03 | 0 | 0.79 | … | 0.01 | |
| 吉　林 | 5.42 | 4.10 | | … | | 1.20 | 0.08 | | 0.12 |
| 黑龙江 | 5.00 | 4.96 | | 0.01 | | | | | 0.03 |
| 上　海 | 6.56 | 6.35 | 0 | 0.20 | 0 | 0.01 | 0.01 | 0 | … |
| 江　苏 | 221.70 | 208.67 | 0 | 5.86 | 0 | 7.15 | 7.15 | 0 | 0.02 |
| 浙　江 | 147.19 | 120.10 | 0.36 | 3.10 | 0 | 24.35 | 6.10 | 0.36 | 0 |
| 安　徽 | 38.77 | 35.08 | 0 | 0.48 | 0 | 3.21 | 3.21 | 0 | 0 |
| 福　建 | 49.45 | 45.22 | | 0.004 | | 4.23 | 4.23 | 0 | … |
| 江　西 | 44.77 | 23.61 | 0 | 0.04 | 0 | 21.12 | 3.12 | 0.30 | 0 |
| 山　东 | 205.28 | 205.11 | 0 | 0.17 | 0 | 0 | 0 | 0 | … |
| 河　南 | 83.59 | 64.94 | 0 | 6.80 | 0 | 11.85 | 11.46 | 3.00 | … |
| 湖　北 | 47.22 | 24.31 | | 4.59 | 4.59 | 22.90 | 22.90 | 4.59 | … |
| 湖　南 | 71.91 | 51.54 | 0.18 | 1.93 | 0 | 18.49 | 18.48 | 11.23 | 0.14 |
| 广　东 | 128.19 | 124.96 | 0 | 1.02 | 0 | 2.18 | 2.18 | 0 | 0.03 |
| 广　西 | 65.69 | 60.79 | 1.00 | 0.14 | | 5.75 | 5.75 | 1.88 | 0.01 |
| 海　南 | 3.84 | 3.84 | | | | | | | |
| 重　庆 | 170.30 | 148.11 | | 0.74 | | 21.36 | 21.36 | 413.01 | 0.09 |
| 四　川 | 198.07 | 48.99 | 2.50 | 19.84 | 5.00 | 136.70 | 66.34 | 301.17 | 0.03 |
| 贵　州 | 155.97 | 95.13 | 0 | 14.99 | | 45.86 | 45.85 | 77.62 | … |
| 云　南 | 36.08 | 27.01 | 0.32 | 0.59 | 0 | 8.80 | 0.24 | 13.36 | 0.01 |
| 西　藏 | — | — | — | — | — | — | — | — | — |
| 陕　西 | 35.08 | 26.03 | 0 | 3.65 | 0 | 5.40 | 5.40 | 4.32 | 0 |
| 甘　肃 | 17.10 | 11.35 | 0 | 1.99 | 0 | 3.76 | 3.76 | 0 | … |
| 青　海 | 5.32 | 4.00 | | … | | 1.31 | 1.31 | | |
| 宁　夏 | 20.92 | 0.79 | 0 | 3.27 | 0 | 16.86 | 16.86 | 2.60 | |
| 新　疆 | — | — | — | — | — | — | — | — | — |
| 合　计 | 2239.89 | 1731.80 | 4.37 | 106.61 | 9.59 | 413.54 | 282.29 | 836.87 | 1.89 |

注：表中“…”表示数值小于汇总数据最低保留位数，但不为“0”。

脱硫石膏倾倒丢弃量 1.89 万吨，其中：山西 1.39 万吨，占倾倒丢弃量的 73.5%。

脱硫石膏往年贮存量 836.87 万吨，主要集中在西南地区。其中：重庆 413.01 万吨，占 49.4%；四川 301.17 万吨，占 36.0%；贵州 77.62 万吨，占 9.3%。

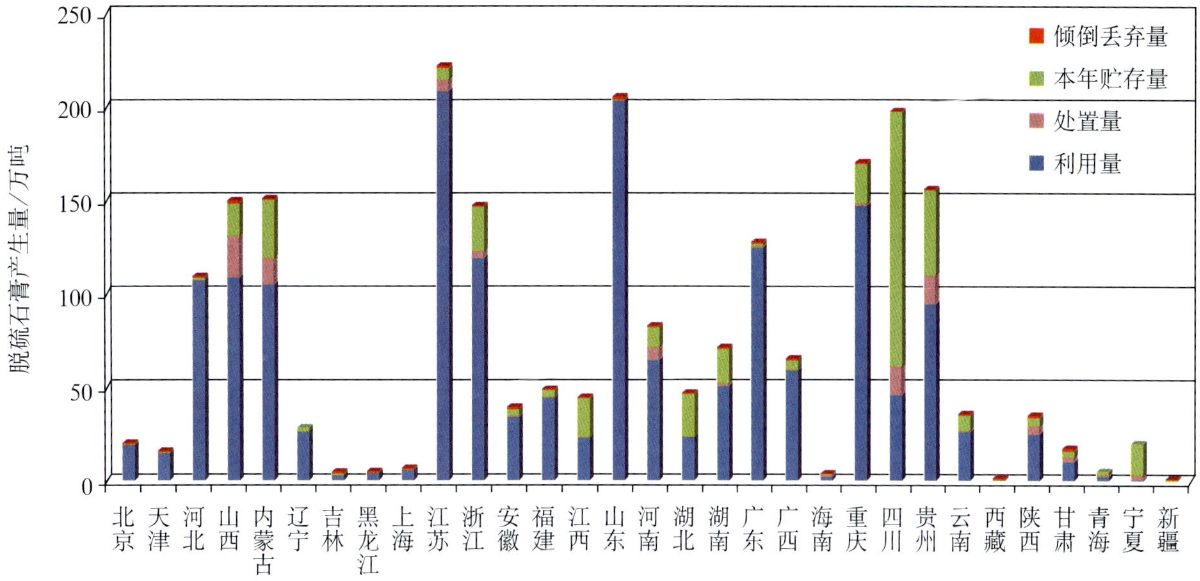


**图 4-4-11　全国脱硫石膏产生、利用、处置、贮存、丢弃量**

### 4.4.8　污泥

本章中污泥是指工业企业废水处理设施运行中产生、排出的污泥。污泥产生量3107.07万吨,其中:黑色金属冶炼及压延加工业682.74万吨，占污泥产生总量的21.97%；造纸及纸制品业626.26万吨，占20.16%；化学原料及化学制品制造业364.91万吨，占11.74%；纺织业258.27万吨，占8.31%。上述4个行业合计占工业企业污泥产生量的62.19%。

污泥产生量较大的省（自治区）中，山东383.54万吨，占12.34%；浙江290.64万吨，占9.35%；广东284.95万吨，占9.17%；内蒙古260.59万吨，占8.39%；江苏237.40万吨，占7.64%；四川202.93万吨，占6.53%。上述6省（自治区）合计占全国工业企业废水处理污泥产生量的53.43%。

污泥综合利用量2089.05万吨，综合利用率67.2%。污泥产生量大的工业行业中，黑色金属冶炼及压延加工业污泥综合利用量652.67万吨、造纸及纸制品业489.58万吨、化学原料及化学制品制造业168.14万吨、纺织业149.55万吨，综合利用率分别为95.59%、78.18%、46.05%和57.90%。

污泥综合利用量较大的省（自治区）：山东综合利用量279.35万吨，占污泥综合利用量的13.37%；广东93.23万吨，占9.25%；浙江188.29万吨，占9.01%；内蒙古151.53万吨，占7.25%；江苏144.30万吨，占6.91%；四川136.50万吨，占6.53%；河北112.61万吨，占5.39%；河南101.36万吨，占4.85%。各省（自治区）污泥综合利用率分别为：山东72.83%、广东67.81%、浙江64.78%、内蒙古58.15%、江苏60.78%、四川67.26%、河北93.70%、河南67.90%。

污泥处置量712.68万吨，处置率为22.9%。其中，造纸及纸制品业处置量122.82万吨，占污泥处置总量的17.23%；化学原料及化学制品制造业111.14万吨，占15.59%；纺织业98.47万吨，占13.82%。浙江、江苏、广东、云南、山东、四川等省污泥处置量较大，分别占污泥处置总量的13.46%、12.36%、12.23%、8.77%、8.58%和8.50%。

污泥本年贮存量155.12万吨，占污泥产生量的4.99%。其中符合环保要求的贮存量102.70万吨，占本年贮存量的66.2%。化学原料及化学制品制造业污泥本年贮存量82.76万吨，占全国工业废水处理污泥本年贮存量的53.35%；黑色金属矿采选业17.58万吨，占11.33%；有色金属冶炼及压延加工业10.22万吨，占6.59%。山东、贵州、河南、云南、内蒙古等省（自治区）污泥本年贮存量较大，分别占污泥本年贮存量的26.91%、13.95%、10.33%、9.04%和7.04%。其中，贵州、内蒙古符合环保要求的贮存量比例低，仅占本省（自治区）本年贮存量的22.6%和1.5%。

污泥倾倒丢弃量151.91万吨，占污泥产生量的4.89%。

**表4-4-9　全国工业行业污泥产生、利用、处置、贮存、丢弃情况**

| 工业行业 | 产生量/万吨 | 利用量/万吨 | 其中：利用往年贮存量/万吨 | 处置量/万吨 | 其中：处置往年贮存量/万吨 | 本年贮存量/万吨 | 其中：符合环保要求贮存量/万吨 | 往年贮存量/万吨 | 倾倒量/万吨 |
|---|---|---|---|---|---|---|---|---|---|
| 黑色金属冶炼及压延加工业 | 682.74 | 652.67 | 0.01 | 23.91 | 0 | 5.26 | 5.22 | 30.48 | 0.92 |
| 造纸及纸制品业 | 626.26 | 489.58 | 0 | 122.82 | 0.10 | 6.91 | 4.25 | 3.13 | 7.05 |
| 化学原料及化学制品制造业 | 364.91 | 168.14 | 0.09 | 111.14 | 0.09 | 82.76 | 66.14 | 68.69 | 3.05 |
| 纺织业 | 258.27 | 149.55 | 0.01 | 98.47 | 0.06 | 3.42 | 1.51 | 1.51 | 6.90 |
| 非金属矿物制品业 | 161.08 | 95.67 | … | 57.73 | 0.01 | 4.48 | 0.23 | 0.47 | 3.21 |
| 煤炭开采和洗选业 | 140.59 | 129.41 | 0 | 4.78 | 0 | 4.00 | 0 | 4.04 | 2.41 |
| 非金属矿采选业 | 109.05 | 69.55 | 0 | 23.65 | 0 | 5.58 | 2.01 | 2.32 | 10.28 |
| 黑色金属矿采选业 | 108.07 | 33.57 |  | 55.50 | 0 | 17.58 | 7.86 | 3.00 | 1.42 |
| 农副食品加工业 | 74.27 | 58.06 | 0.02 | 12.91 | … | 0.45 | 0.01 | 1.16 | 2.87 |
| 饮料制造业 | 65.07 | 56.02 | 0 | 8.37 | 0 | 0.37 | … | … | 0.31 |
| 电力、热力的生产和供应业 | 58.88 | 37.65 | 0 | 20.22 | … | 0.94 | 0.94 | 2.70 | 0.08 |
| 有色金属冶炼及压延加工业 | 47.32 | 22.20 | … | 14.79 | 0 | 10.22 | 7.05 | 9.34 | 0.11 |
| 化学纤维制造业 | 39.60 | 14.43 | 0 | 23.46 | … | 0.33 | 0.15 | 1.34 | 1.37 |
| 皮革、毛皮、羽毛（绒）及其制品业 | 29.98 | 8.54 | 0 | 18.45 | … | 1.90 | 1.74 | … | 1.11 |
| 石油加工、炼焦及核燃料加工业 | 25.17 | 12.36 | 0 | 11.02 | 0.01 | 1.80 | 1.26 | 0.07 | … |
| 金属制品业 | 24.39 | 5.67 | 0.01 | 18.38 | … | 0.22 | 0.18 | 0.23 | 0.12 |
| 食品制造业 | 21.85 | 15.21 | 0 | 6.11 | 0 | 0.01 | … | 0 | 0.52 |
| 其他工业行业 | 269.57 | 70.79 | 0.03 | 80.97 | 1.25 | 8.91 | 4.13 | 9.01 | 110.19 |
| 合　计 | 3107.07 | 2089.05 | 0.16 | 712.68 | 1.53 | 155.12 | 102.70 | 137.49 | 151.91 |

注：表中“…”表示数值小于汇总数据最低保留位数，但不为“0”。

污泥往年贮存量137.49万吨，其中：化学原料及化学制品制造业68.69万吨，占污泥往年贮存总量的49.96%；黑色金属冶炼及压延加工业30.48万吨，占22.17%；有色金属冶炼及压延加工业9.34万吨，占6.79%；有色金属矿采选业7.45万吨，占5.42%。

广西污泥往年贮存量38.76万吨，占全国污泥往年贮存总量的28.19%；辽宁20.07万吨，占14.60%；云南17.70万吨，占12.87%；浙江11.67万吨，占8.49%；四川11.51万吨，占8.37%。

表 4-4-10　全国各地区工业污泥产生、利用、处置、贮存、丢弃情况

| 地　区 | 产生量 / 万吨 | 利用量 / 万吨 | 其中：利用往年贮存量 / 万吨 | 处置量 / 万吨 | 其中：处置往年贮存量 / 万吨 | 本年贮存量 / 万吨 | 其中：符合环保要求的贮存量 / 万吨 | 往年贮存量 / 万吨 | 倾倒量 / 万吨 |
|---|---|---|---|---|---|---|---|---|---|
| 北　京 | 4.96 | 2.28 | … | 2.67 | … | 0.01 | 0.01 | … | … |
| 天　津 | 22.68 | 20.07 | … | 2.62 | 0.02 | … | … | 0.02 | … |
| 河　北 | 120.18 | 112.61 | 0 | 6.96 | 0 | 0.06 | 0.05 | 0.02 | 0.55 |
| 山　西 | 60.21 | 37.72 | 0 | 16.59 | 0 | 0.09 | 0.01 | 0 | 5.81 |
| 内蒙古 | 260.59 | 151.53 | … | 15.59 | 0 | 10.92 | 0.16 | 4.00 | 82.55 |
| 辽　宁 | 93.93 | 79.81 | 0 | 7.84 | … | 3.82 | 3.80 | 20.07 | 2.46 |
| 吉　林 | 4.82 | 3.14 | 0 | 1.16 | | 0.24 | 0.23 | 1.01 | 0.28 |
| 黑龙江 | 9.15 | 5.23 | 0 | 3.59 | | 0.29 | … | 1.10 | 0.03 |
| 上　海 | 63.09 | 47.12 | … | 15.92 | 0.06 | 0.03 | 0.02 | 0.07 | 0.09 |
| 江　苏 | 237.40 | 144.30 | … | 88.08 | 0.02 | 1.57 | 0.23 | 0.24 | 3.47 |
| 浙　江 | 290.64 | 188.29 | … | 95.91 | 0.03 | 2.97 | 1.23 | 11.67 | 3.50 |
| 安　徽 | 109.78 | 93.77 | 0.04 | 14.71 | … | 0.74 | 0.43 | 0.57 | 0.59 |
| 福　建 | 85.14 | 44.63 | … | 32.46 | 0.10 | 5.78 | 1.60 | 0.37 | 2.38 |
| 江　西 | 106.64 | 89.83 | 0.01 | 7.48 | 0.94 | 5.05 | 4.79 | 1.90 | 5.25 |
| 山　东 | 383.54 | 279.35 | … | 61.15 | 0.01 | 41.74 | 41.67 | 0.07 | 1.31 |
| 河　南 | 149.26 | 101.36 | … | 31.36 | … | 16.02 | 16.00 | … | 0.53 |
| 湖　北 | 70.60 | 25.47 | 0.08 | 36.07 | 0.04 | 3.43 | 0.37 | 0.85 | 5.76 |
| 湖　南 | 56.58 | 36.13 | … | 12.70 | … | 6.98 | 3.55 | 0.33 | 0.77 |
| 广　东 | 284.95 | 193.23 | … | 87.13 | 0.03 | 2.28 | 1.53 | 5.04 | 2.34 |
| 广　西 | 100.51 | 77.69 | 0 | 9.81 | 0.01 | 5.93 | 5.35 | 38.76 | 7.09 |
| 海　南 | 24.21 | 22.76 | … | 1.08 | … | … | 0 | … | 0.37 |
| 重　庆 | 20.37 | 11.15 | 0 | 6.87 | … | 0.18 | 0.16 | 0.12 | 2.17 |
| 四　川 | 202.93 | 136.50 | 0.01 | 60.56 | 0.01 | 4.86 | 4.06 | 11.51 | 1.03 |
| 贵　州 | 36.78 | 12.21 | … | 2.81 | 0.27 | 21.64 | 4.90 | 0.82 | 0.40 |
| 云　南 | 142.70 | 59.34 | … | 62.51 | 0 | 14.02 | 8.50 | 17.70 | 6.82 |
| 西　藏 | 0.20 | 0.18 | | | | … | | | 0.02 |
| 陕　西 | 47.90 | 38.89 | 0 | 5.93 | 0 | 0.82 | 0.70 | 2.09 | 2.27 |
| 甘　肃 | 73.06 | 54.48 | 0 | 8.81 | 0 | 2.31 | 2.31 | 16.31 | 7.46 |
| 青　海 | 4.02 | 1.36 | | 0.01 | | 0.21 | | | 2.44 |
| 宁　夏 | 9.26 | 5.09 | 0 | 0.87 | 0 | 2.05 | 0.79 | 1.57 | 1.26 |
| 新　疆 | 30.98 | 13.54 | 0 | 13.44 | 0 | 1.09 | 0.26 | 1.26 | 2.90 |
| 合　计 | 3107.07 | 2089.05 | 0.16 | 712.68 | 1.53 | 155.12 | 102.70 | 137.49 | 151.91 |

注：表中“…”表示数值小于汇总数据最低保留位数，但不为“0”。

### 4.4.9　放射性废物

放射性废物产生量 31.54 万吨，其中：有色金属矿采选业 17.48 万吨，占 55.42%；有色金属冶炼及压延加工业 7.16 万吨，占 22.70%。广东放射性废物产生量 11.69 万吨，占 37.08%；浙江 7.63 万吨，占 24.20%；内蒙古 6.55 万吨，占 20.77%。上述 3 省（自治区）放射性废物产生量合计占总产生量的 82.05%。

放射性废物综合利用量 5.00 万吨，综合利用率 15.81%。

放射性废物处置量 8.33 万吨，其中处置往年贮存量 0.01 万吨，处置率 26.38%。

放射性废物本年贮存量 18.23 万吨，其中符合环保要求的贮存量 17.88 万吨，占本年贮存量的 98.10%。本年贮存量中，尚有 0.35 万吨的放射性废物贮存不符合环境保护要求，存在潜在的环境污染风险。

放射性废物无倾倒丢弃。

放射性废物往年贮存量 288.94 万吨，其中：有色金属矿采选业 286.69 万吨，占 99.22%；有色金属冶炼及压延加工业 2.13 万吨，占 0.74%。广东、浙江、甘肃等省放射性废物往年贮存量大，分别为 231.74 万吨、40.09 万吨、15.02 万吨，分别占往年贮存总量的 80.20%、13.88% 和 5.20%。

#### 4.4.10　全国各地区工业固体废物产生、利用、处置、贮存、丢弃情况

全国工业固体废物产生量中，河北 52677.30 万吨，占 13.67%；内蒙古 41925.37 万吨，占 10.88%；山西 32513.28 万吨，占 8.44%；辽宁 30423.01 万吨，占 7.90%；青海 20151.44 万吨，占 5.23%；河南 19002.77 万吨，占 4.93%；山东 18835.16 万吨，占 4.89%；云南 18180.42 万吨，占 4.72%；四川 18020.43 万吨，占 4.68%；江西 17808.82 万吨，占 4.62%。上述 10 省（自治区）合计占全国工业固体废物产生量的 69.97%。

其中：河北主要固体废物为尾矿，其产生量 32472.04 万吨，占本省固体废物产生量的 61.64%。

内蒙古主要固体废物为：煤矸石产生量 9876.86 万吨，占本区固体废物产生量的 23.56%；尾矿 6185.51 万吨，占 14.75%。

山西主要固体废物为：煤矸石产生量 13165.78 万吨，占本省固体废物产生量的 40.49%；尾矿 7083.45 万吨，占 21.79%。

辽宁主要固体废物为：尾矿产生量 13631.93 万吨，占本省固体废物产生量的 44.81%。

青海主要固体废物为：尾矿产生量 1798.63 万吨，占本省固体废物产生量的 8.93%；其他固体废物① 18074.97 万吨，占 89.70%。

河南主要固体废物为：尾矿产生量 10801.12 万吨，占本省固体废物产生量的 58.84%；粉煤灰 2344.30 万吨，占 12.34%。

山东主要固体废物为：尾矿产生量 4535.75 万吨，占本省固体废物产生量的 24.08%；粉煤灰 3412.02 万吨，占 18.12%；冶炼废渣 3053.67 万吨，占 16.21%。

云南主要固体废物为：尾矿产生量 5578.78 万吨，占本省固体废物产生量的 30.69%。

四川主要固体废物为：尾矿产生量 4382.05 万吨，占本省固体废物产生量的 24.32%。

江西主要固体废物为：尾矿产生量 6638.04 万吨，占本省固体废物产生量的 37.27%；其他固体废物产生量 8981.73 万吨，占 50.43%。

青海工业固体废物利用量最大，为 16376.87 万吨，综合利用率 81.25%；山西工业固体废物利用量 15665.26 万吨，综合利用率 48.04%；山东 14867.47 万吨，综合利用率 77.12%；河北 13578.76 万吨，综合利用率 25.15%；内蒙古 12317.87 万吨，综合利用率 29.24%；辽宁 10602.28 万吨，综合利用率 34.79%；江苏 9336.86 万吨，综合利用率 91.57%；安徽 8335.90 万吨，综合利用率 74.34%；河南

①此处其他固体废物是指未归入尾矿、冶炼废渣、煤矸石、粉煤灰、炉渣、污泥、脱硫石膏、放射性废物的其他类工业固体废物。以下同。

7782.66 万吨，综合利用率 40.57%；广东 7503.47 万吨，综合利用率 77.09%。工业固体废物产生量较大的四川、云南、江西，综合利用量分别为 5943.64 万吨、5511.60 万吨、5444.69 万吨，综合利用率分别为 32.84%、29.77% 和 30.01%。

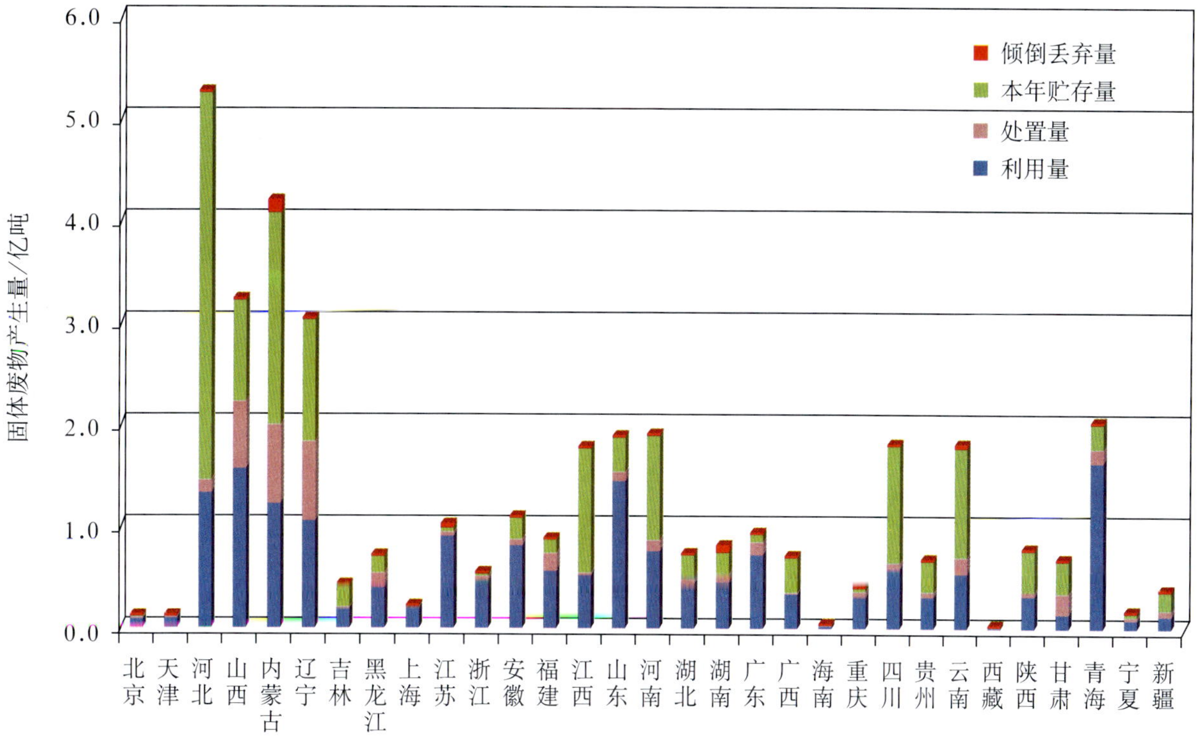


**图 4-4-12　全国各地区固体废物产生、利用、处置、贮存、丢弃量**

辽宁、内蒙古、山西等 3 省（自治区）固体废物处置量大，分别为 7864.68 万吨、7790.32 万吨和 7082.32 万吨，固体废物处置率分别为 25.52%、18.47% 和 20.66%，各省处置量分别占全国工业固体废物处置量的 17.85%、17.68% 和 16.07%，合计占 51.6%。

河北、内蒙古固体废物本年贮存量大，分别为 38022.35 万吨、20823.35 万吨，分别占本省（自治区）工业固体废物产生量的 72.18%、50.09%；分别占全国工业固体废物本年贮存量的 23.78%、13.03%。其中内蒙古本年贮存量中符合环境保护要求的贮存量仅占 50%。

内蒙古、湖南、云南固体废物倾倒丢弃量大，分别为 1097.92 万吨、742.14 万吨、742.14 万吨，分别占本省（自治区）工业固体废物产生量的 2.62%、8.98% 和 2.55%；分别占全国固体废物倾倒丢弃量的 22.34%、15.10% 和 9.43%。

云南、湖南、湖北、江苏、广西、江西、山西、重庆、新疆、河北、贵州等省（自治区、直辖市）尾矿倾倒丢弃量大，分别为 297.56 万吨、196.16 万吨、76.32 万吨、64.62 万吨、55.55 万吨、50.45 万吨、44.69 万吨、39.79 万吨、36.98 万吨、35.84 万吨、35.45 万吨，合计占全国尾矿倾倒丢弃量的 88.68%；分别占本省（自治区、直辖市）尾矿产生量的 5.33%、10.24%、3.07%、8.64%、2.06%、0.76%、0.63%、11.11%、1.89%、0.11%、3.01%。

全国工业固体废物往年贮存量中，江西 120805.97 万吨，占 18.79%；河北 80656.15 万吨，占

12.54%；辽宁 74583.44 万吨，占 11.60%；云南 53491.83 万吨，占 8.32%；内蒙古 49641.19 万吨，占 7.72%。5 省（自治区）合计占全国工业固体废物往年贮存量的 58.97%。

多数省（自治区）固体废物往年贮存量中尾矿所占比例大；北京、天津、上海 3 市往年贮存量中无尾矿贮存。山西、贵州、吉林、福建、天津、宁夏等省（自治区、直辖市）粉煤灰在本辖区往年贮存量中的所占比例高，分别为 37.09%、23.83%、24.58%、36.43% 和 32.01%；贵州、重庆、福建、北京等省（直辖市）固体废物往年贮存量中煤矸石分别占 36.90%、43.89%、23.81%、99.76%；甘肃、宁夏冶炼废渣占本省（区）固体废物往年贮存量的 29.77% 和 35.96%。

**表 4-4-11　全国各地区工业固体废物产生、综合利用、处置、贮存、倾倒丢弃情况汇总分析**

| 地　区 | 产生量 / 万吨 | 占全国产生量比例 /% | 主要废物及占本地区产生量的比例 /% | 综合利用率 /% | 处置率 /% | 本年贮存占本地区产生量比例 /% | 倾倒丢弃占本地区产生量比例 /% | 往年贮存量 / 万吨 | 往年贮存主要废物及比例 /% |
|---|---|---|---|---|---|---|---|---|---|
| 北　京 | 1320.52 | 0.34 | 冶炼废渣 23.9<br>粉煤灰 17.0<br>尾矿 26.0 | 73.16 | 20.93 | 5.89 | 0.02 | 1254.31 | 煤矸石 99.8 |
| 天　津 | 1127.71 | 0.29 | 冶炼废渣 37.0<br>粉煤灰 19.9<br>炉渣 19.9 | 88.59 | 11.36 | 0.04 | 0.01 | 74.03 | 粉煤灰 36.4<br>炉渣 63.4 |
| 河　北 | 52677.30 | 13.67 | 尾矿 61.6 | 25.15 | 2.45 | 72.18 | 0.22 | 80656.15 | 尾矿 71.16 |
| 山　西 | 32513.28 | 8.44 | 煤矸石 40.5<br>尾矿 21.8 | 48.04 | 20.66 | 30.62 | 0.68 | 27758.49 | 尾矿 56.3<br>粉煤灰 37.1 |
| 内蒙古 | 41925.37 | 10.88 | 煤矸石 23.6<br>其他废物[①] 151.1 | 29.24 | 18.47 | 49.67 | 2.62 | 49641.19 | 尾矿 52.4 |
| 辽　宁 | 30423.01 | 7.90 | 尾矿 44.8<br>其他废物 36.6 | 34.79 | 25.52 | 39.09 | 0.61 | 74583.44 | 尾矿 81.9 |
| 吉　林 | 4222.27 | 1.10 | 尾矿 29.9<br>粉煤灰 21.7 | 50.16 | 4.19 | 45.30 | 0.35 | 12937.64 | 粉煤灰 29.7<br>尾矿 31.4 |
| 黑龙江 | 7133.94 | 1.85 | 煤矸石 34.3<br>粉煤灰 17.1 | 57.52 | 20.09 | 21.97 | 0.42 | 26079.32 | 煤矸石 28.5<br>粉煤灰 20.7<br>尾矿 45.7 |
| 上　海 | 2114.00 | 0.55 | 冶炼废渣 44.1<br>粉煤灰 24.6 | 93.11 | 5.83 | 0.99 | 0.07 | 1.02 | 其他废物 93.5 |
| 江　苏 | 10019.60 | 2.60 | 粉煤灰 25.4<br>冶炼废渣 20.4 | 91.57 | 3.39 | 4.28 | 0.76 | 3773.23 | 粉煤灰 58.1<br>尾矿 34.3 |
| 浙　江 | 5426.86 | 1.41 | 粉煤灰 25.4<br>炉渣 18.5<br>其他废物 31.0 | 86.09 | 9.45 | 4.20 | 0.26 | 399.30 | 尾矿 82.6 |
| 安　徽 | 11037.35 | 2.87 | 尾矿 24.6<br>煤矸石 18.5<br>其他废物 33.6 | 74.34 | 6.17 | 19.26 | 0.22 | 31730.73 | 尾矿 73.2 |
| 福　建 | 8834.93 | 2.29 | 尾矿 40.5<br>其他废物 39.9 | 64.48 | 19.40 | 15.27 | 0.85 | 3910.43 | 粉煤灰 24.6<br>其他废物 47.2 |

①表中其他固体废物是指未归入尾矿、冶炼废渣、煤矸石、粉煤灰、炉渣、污泥、脱硫石膏、放射性废物的其他类工业固体废物。

| 地区 | 产生量/万吨 | 占全国产生量比例/% | 主要废物及占本地区产生量的比例/% | 综合利用率/% | 处置率/% | 本年贮存占本地区产生量比例/% | 倾倒丢弃占本地区产生量比例/% | 往年贮存量/万吨 | 往年贮存主要废物及比例/% |
|---|---|---|---|---|---|---|---|---|---|
| 江西 | 17808.82 | 4.62 | 尾矿 37.3<br>其他废物 50.4 | 30.01 | 1.20 | 67.55 | 1.24 | 120805.97 | 尾矿 48.1<br>其他废物 48.4 |
| 山东 | 18835.16 | 4.89 | 尾矿 24.1<br>粉煤灰 18.1<br>冶炼废渣 16.2 | 77.12 | 4.46 | 18.34 | 0.08 | 17247.95 | 尾矿 42.1<br>煤矸石 24.9 |
| 河南 | 19002.77 | 4.93 | 尾矿 56.8<br>粉煤灰 12.3 | 40.57 | 6.04 | 53.28 | 0.11 | 26379.48 | 尾矿 80.3 |
| 湖北 | 7411.59 | 1.92 | 尾矿 33.9<br>其他废物 30.1 | 59.85 | 7.67 | 29.90 | 2.58 | 9557.89 | 尾矿 79.2 |
| 湖南 | 8262.06 | 2.14 | 尾矿 23.2<br>冶炼废渣 15.8<br>其他废物 34.0 | 55.00 | 10.68 | 25.34 | 8.98 | 9126.49 | 尾矿 55.1<br>煤矸石 23.6 |
| 广东 | 9459.99 | 2.46 | 粉煤灰 16.4<br>尾矿 14.0<br>其他废物 50.0 | 77.09 | 14.29 | 6.90 | 1.72 | 8335.71 | 尾矿 77.7 |
| 广西 | 7128.59 | 1.85 | 尾矿 37.9<br>其他废物 36.7 | 48.24 | 4.25 | 45.73 | 1.78 | 9334.36 | 尾矿 77.1 |
| 海南 | 396.58 | 0.10 | 尾矿 23.5<br>其他废物 50.5 | 85.80 | 2.27 | 11.66 | 0.27 | 181.29 | 尾矿 99.8 |
| 重庆 | 4259.33 | 1.11 | 粉煤灰 15.1<br>煤矸石 13.4<br>其他废物 47.0 | 73.89 | 13.10 | 6.11 | 6.91 | 6414.27 | 煤矸石 43.9<br>其他废物 27.1 |
| 四川 | 18020.43 | 4.68 | 尾矿 24.3<br>其他废物 47.2 | 32.84 | 3.31 | 63.45 | 0.40 | 31784.05 | 尾矿 64.2 |
| 贵州 | 7018.94 | 1.82 | 煤矸石 17.6<br>尾矿 16.8<br>粉煤灰 16.6 | 44.63 | 6.41 | 45.03 | 3.92 | 20082.46 | 煤矸石 36.9<br>粉煤灰 23.8 |
| 云南 | 18180.42 | 4.72 | 尾矿 30.7<br>其他废物 45.8 | 29.77 | 8.92 | 58.76 | 2.55 | 53491.83 | 尾矿 72.9 |
| 西藏 | 165.07 | 0.04 | 尾矿 80.4 | 29.63 | 5.68 | 62.96 | 1.73 | 29.83 | 尾矿 99.9 |
| 陕西 | 7812.50 | 2.03 | 尾矿 35.5<br>煤矸石 17.0 | 41.18 | 7.50 | 50.47 | 0.86 | 6357.22 | 尾矿 58.6 |
| 甘肃 | 6842.05 | 1.78 | 尾矿 47.0<br>其他废物 28.6 | 22.17 | 29.62 | 47.14 | 1.07 | 6148.26 | 冶炼废渣 29.8<br>尾矿 25.7 |
| 青海 | 20151.44 | 5.23 | 尾矿 8.93<br>其他废物 89.70 | 81.25 | 6.50 | 12.17 | 0.08 | 2682.90 | 尾矿 62.1 |
| 宁夏 | 1664.30 | 0.43 | 煤矸石 30.6<br>粉煤灰 27.9 | 58.48 | 14.48 | 21.27 | 5.77 | 68.41 | 冶炼废渣 35.9<br>粉煤灰 32.0 |
| 新疆 | 4018.00 | 1.04 | 尾矿 48.7 | 33.69 | 11.97 | 48.86 | 5.47 | 2211.31 | 尾矿 51.4<br>粉煤灰 31.25 |
| 合计 | 385214.19 | | | 46.30 | 10.93 | 41.50 | 1.28 | 643038.96 | |

表 4-4-12　全国各地区工业固体废物产生、综合利用、处置、贮存、倾倒丢弃量

| 地　区 | 产生情况 | 综合利用情况 | | 处置情况 | | 贮存情况 | | | 倾倒丢弃情况 |
|---|---|---|---|---|---|---|---|---|---|
| | 产生量 / 万吨 | 利用量 / 万吨 | 其中：利用往年贮存量 / 万吨 | 处置量 / 万吨 | 其中：处置往年贮存量 / 万吨 | 本年贮存量 / 万吨 | 其中：符合环保要求的贮存量 / 万吨 | 往年贮存量 / 万吨 | 倾倒丢弃量 / 万吨 |
| 合　计 | 385214.19 | 180464.95 | 2124.44 | 44060.88 | 1964.05 | 159861.98 | 121148.50 | 643038.96 | 4914.87 |
| 北　京 | 1320.52 | 971.27 | 5.17 | 276.39 | 0.02 | 77.77 | 77.68 | 1254.31 | 0.28 |
| 天　津 | 1127.71 | 999.04 | 0.01 | 128.12 | 0.05 | 0.50 | 0.49 | 74.03 | 0.12 |
| 河　北 | 52677.30 | 13578.76 | 332.56 | 1678.83 | 388.24 | 38022.35 | 35757.44 | 80656.15 | 118.16 |
| 山　西 | 32513.28 | 15665.26 | 45.80 | 7082.32 | 365.53 | 9956.10 | 7054.84 | 27758.49 | 220.93 |
| 内蒙古 | 41925.37 | 12317.87 | 57.01 | 7790.32 | 47.08 | 20823.35 | 10429.65 | 49641.19 | 1097.92 |
| 辽　宁 | 30423.01 | 10602.28 | 19.09 | 7864.68 | 101.61 | 11892.32 | 7240.46 | 74583.44 | 184.43 |
| 吉　林 | 4222.27 | 2125.98 | 8.15 | 334.48 | 157.64 | 1912.77 | 1379.09 | 12937.64 | 14.83 |
| 黑龙江 | 7133.94 | 4113.75 | 10.33 | 1433.20 | 0 | 1567.32 | 1081.45 | 26079.32 | 30.01 |
| 上　海 | 2114.00 | 1968.53 | 0.24 | 124.05 | 0.82 | 20.97 | 19.89 | 1.02 | 1.52 |
| 江　苏 | 10019.60 | 9336.86 | 161.96 | 363.17 | 23.11 | 428.40 | 322.41 | 3773.23 | 76.23 |
| 浙　江 | 5426.86 | 4674.56 | 2.60 | 520.15 | 7.40 | 228.02 | 118.86 | 399.30 | 14.13 |
| 安　徽 | 11037.35 | 8335.90 | 130.31 | 852.80 | 171.30 | 2126.24 | 1737.01 | 31730.73 | 24.02 |
| 福　建 | 8834.93 | 5732.84 | 35.98 | 1729.53 | 15.68 | 1349.33 | 981.06 | 3910.43 | 74.89 |
| 江　西 | 17808.82 | 5444.69 | 99.77 | 528.38 | 314.45 | 12029.77 | 10050.09 | 120805.97 | 220.20 |
| 山　东 | 18835.16 | 14867.47 | 341.45 | 852.92 | 12.99 | 3454.43 | 2473.60 | 17247.95 | 14.78 |
| 河　南 | 19002.77 | 7782.66 | 73.25 | 1155.49 | 7.56 | 10125.46 | 9732.03 | 26379.48 | 19.97 |
| 湖　北 | 7411.59 | 4665.04 | 228.86 | 586.95 | 18.75 | 2216.22 | 1740.06 | 9557.89 | 190.99 |
| 湖　南 | 8262.06 | 4602.14 | 58.28 | 980.05 | 97.44 | 2093.45 | 1539.47 | 9126.49 | 742.14 |
| 广　东 | 9459.99 | 7503.47 | 210.37 | 1352.36 | 0.59 | 652.55 | 468.21 | 8335.71 | 162.58 |
| 广　西 | 7128.59 | 3501.22 | 62.29 | 317.54 | 14.50 | 3260.00 | 2772.18 | 9334.36 | 126.62 |
| 海　南 | 396.58 | 341.48 | 1.23 | 9.05 | 0.05 | 46.24 | 29.02 | 181.29 | 1.09 |
| 重　庆 | 4259.33 | 3179.06 | 32.00 | 557.83 | 0.00 | 260.19 | 218.70 | 6414.27 | 294.24 |
| 四　川 | 18020.43 | 5943.64 | 25.34 | 613.17 | 15.88 | 11433.57 | 7715.36 | 31784.05 | 71.27 |
| 贵　州 | 7018.94 | 3170.25 | 37.43 | 573.69 | 123.64 | 3160.98 | 2383.52 | 20082.46 | 275.09 |
| 云　南 | 18180.42 | 5511.60 | 99.05 | 1628.83 | 7.01 | 10682.62 | 7941.74 | 53491.83 | 463.42 |
| 西　藏 | 165.07 | 48.91 | 0 | 9.38 | 0 | 103.93 | 51.95 | 29.83 | 2.85 |
| 陕　西 | 7812.50 | 3223.88 | 7.02 | 592.19 | 6.22 | 3942.79 | 3908.51 | 6357.22 | 66.89 |
| 甘　肃 | 6842.05 | 1550.44 | 33.31 | 2064.95 | 38.31 | 3225.31 | 1011.38 | 6148.26 | 72.97 |
| 青　海 | 20151.44 | 16376.87 | 3.50 | 1309.89 | 0.05 | 2451.58 | 1886.79 | 2682.90 | 16.64 |
| 宁　夏 | 1664.30 | 973.39 | 0.08 | 240.91 | 0 | 354.07 | 306.29 | 68.41 | 96.01 |
| 新　疆 | 4018.00 | 1355.85 | 1.99 | 509.28 | 28.13 | 1963.37 | 719.28 | 2211.31 | 219.63 |

表 4-4-13　全国各地区工业固体废物产生、综合利用、处置、贮存、倾倒丢弃量占比分布

| 地　区 | 产生情况 | 综合利用情况 | | 处置情况 | | 贮存情况 | | | 倾倒丢弃情况 |
|---|---|---|---|---|---|---|---|---|---|
| | 占产生总量比例/% | 占利用总量比例/% | 综合利用率/% | 占处置总量比例/% | 处置率/% | 占本年贮存总量比例/% | 符合环保要求贮存量比例/% | 占往年贮存总量比例/% | 占倾倒丢弃总量比例/% |
| 全　国 | — | — | 46.30 | — | 10.93 | — | 75.78 | — | — |
| 北　京 | 0.34 | 0.54 | 73.16 | 0.63 | 20.93 | 0.05 | 99.89 | 0.20 | 0.01 |
| 天　津 | 0.29 | 0.55 | 88.59 | 0.29 | 11.36 | … | 98.13 | 0.01 | … |
| 河　北 | 13.67 | 7.52 | 25.15 | 3.81 | 2.45 | 23.78 | 94.04 | 12.54 | 2.40 |
| 山　西 | 8.44 | 8.68 | 48.04 | 16.07 | 20.66 | 6.23 | 70.86 | 4.32 | 4.50 |
| 内蒙古 | 10.88 | 6.83 | 29.24 | 17.68 | 18.47 | 13.03 | 50.09 | 7.72 | 22.34 |
| 辽　宁 | 7.90 | 5.87 | 34.79 | 17.85 | 25.52 | 7.44 | 60.88 | 11.60 | 3.75 |
| 吉　林 | 1.10 | 1.18 | 50.16 | 0.76 | 4.19 | 1.20 | 72.10 | 2.01 | 0.30 |
| 黑龙江 | 1.85 | 2.28 | 57.52 | 3.25 | 20.09 | 0.98 | 69.00 | 4.06 | 0.61 |
| 上　海 | 0.55 | 1.09 | 93.11 | 0.28 | 5.83 | 0.01 | 94.85 | … | 0.03 |
| 江　苏 | 2.60 | 5.17 | 91.57 | 0.82 | 3.39 | 0.27 | 75.26 | 0.59 | 1.55 |
| 浙　江 | 1.41 | 2.59 | 86.09 | 1.18 | 9.45 | 0.14 | 52.13 | 0.06 | 0.29 |
| 安　徽 | 2.87 | 4.62 | 74.34 | 1.94 | 6.17 | 1.33 | 81.69 | 4.93 | 0.49 |
| 福　建 | 2.29 | 3.18 | 64.48 | 3.93 | 19.40 | 0.84 | 72.71 | 0.61 | 1.52 |
| 江　西 | 4.62 | 3.02 | 30.01 | 1.20 | 1.20 | 7.53 | 83.54 | 18.79 | 4.48 |
| 山　东 | 4.89 | 8.24 | 77.12 | 1.94 | 4.46 | 2.16 | 71.61 | 2.68 | 0.30 |
| 河　南 | 4.93 | 4.31 | 40.57 | 2.62 | 6.04 | 6.33 | 96.11 | 4.10 | 0.41 |
| 湖　北 | 1.92 | 2.59 | 59.85 | 1.33 | 7.67 | 1.39 | 78.51 | 1.49 | 3.89 |
| 湖　南 | 2.14 | 2.55 | 55.00 | 2.22 | 10.68 | 1.31 | 73.54 | 1.42 | 15.10 |
| 广　东 | 2.46 | 4.16 | 77.09 | 3.07 | 14.29 | 0.41 | 71.75 | 1.30 | 3.31 |
| 广　西 | 1.85 | 1.94 | 48.24 | 0.72 | 4.25 | 2.04 | 85.04 | 1.45 | 2.58 |
| 海　南 | 0.10 | 0.19 | 85.80 | 0.02 | 2.27 | 0.03 | 62.75 | 0.03 | 0.02 |
| 重　庆 | 1.11 | 1.76 | 73.89 | 1.27 | 13.10 | 0.16 | 84.05 | 1.00 | 5.99 |
| 四　川 | 4.68 | 3.29 | 32.84 | 1.39 | 3.31 | 7.15 | 67.48 | 4.94 | 1.45 |
| 贵　州 | 1.82 | 1.76 | 44.63 | 1.30 | 6.41 | 1.98 | 75.40 | 3.12 | 5.60 |
| 云　南 | 4.72 | 3.05 | 29.77 | 3.70 | 8.92 | 6.68 | 74.34 | 8.32 | 9.43 |
| 西　藏 | 0.04 | 0.03 | 29.63 | 0.02 | 5.68 | 0.07 | 49.99 | … | 0.06 |
| 陕　西 | 2.03 | 1.79 | 41.18 | 1.34 | 7.50 | 2.47 | 99.13 | 0.99 | 1.36 |
| 甘　肃 | 1.78 | 0.86 | 22.17 | 4.69 | 29.62 | 2.02 | 31.36 | 0.96 | 1.48 |
| 青　海 | 5.23 | 9.07 | 81.25 | 2.97 | 6.50 | 1.53 | 76.96 | 0.42 | 0.34 |
| 宁　夏 | 0.43 | 0.54 | 58.48 | 0.55 | 14.48 | 0.22 | 86.51 | 0.01 | 1.95 |
| 新　疆 | 1.04 | 0.75 | 33.69 | 1.16 | 11.97 | 1.23 | 36.64 | 0.34 | 4.47 |

注：表中“…”表示数值小于汇总数据最低保留位数，但不为“0”。

## 4.5 危险废物

第一次全国污染源普查按照《国家危险废物名录》（环发［1998］89号）中的危险废物名称和代码对危险废物分类、填报、统计；根据国家规定的危险废物鉴别标准和鉴别方法认定的具有危险特性的固体废物，也一并纳入危险废物调查、填报范围。

本次全国污染源普查结果，《国家危险废物名录》中除含多氯苯并二噁英废物无任何企业填报其情况外，其他46种危险废物均有产生。全国工业企业危险废物产生量4573.69万吨，综合利用量1644.81万吨，其中：利用往年贮存量68.82万吨，危险废物综合利用率34.46%；处置量2192.76万吨，其中：处置往年贮存量11.44万吨；本年贮存量81.24万吨，倾倒丢弃量3.94万吨。危险废物往年贮存量4430.35万吨。

### 4.5.1 危险废物产生情况

全国工业源中有危险废物产生的企业9.98万家，危险废物产生量4573.69万吨。

#### 4.5.1.1 分类产生情况

各类危险废物中，含铅废物产生量最大，为1451.28万吨，占工业危险废物产生总量的31.73%。含铅废物主要产生于有色金属矿采选业、有色金属冶炼及压延加工业，产生量分别为1379.87万吨、49.32万吨，占含铅废物产生总量的95.1%和3.4%。湖南省含铅废物产生量大，为1319.05万吨，占全国含铅废物产生量的90.9%。

其次为无机氰化物废物484.59万吨，占工业危险废物产生总量的10.60%。有色金属矿采选业、有色金属冶炼及压延加工业无机氰化物废物产生量大，分别为414.36万吨、68.24万吨，占无机氰化物废物产生总量的85.5%和14.1%。内蒙古、吉林、山东、湖南等省（自治区）无机氰化物废物产生量较大，分别占产生总量的60.1%、13.8%、9.3%和3.6%。

废碱产生量450.74万吨，占工业危险废物产生总量的9.85%。废碱产生量较大的工业行业中，造纸及纸制品业306.65万吨、占废碱产生总量的68.03%；化学原料及化学制品制造业79.12万吨、占17.55%；石油加工炼焦及核燃料加工业47.86万吨、占10.62%；化学纤维制造业11.42万吨、占2.53%。湖南、山东等省废碱产生量大，分别为195.62万吨、144.07万吨，占废碱产生总量的43.4%和31.9%。

石棉废物产生量432.01万吨，占全国工业危险废物产生总量的9.45%。石棉废物主要产生于非金属矿采选业，该行业石棉废物产生量427.58万吨，占石棉废物产生总量的98.9%。青海、新疆等省（自治区）石棉废物产生量大，分别为237.62万吨、177.77万吨，占全国工业源石棉废物产生总量的55.0%和41.1%。

废酸产生量482.52万吨，占全国工业危险废物产生总量的9.15%。化学原料及化学制品制造业废酸产生量267.24万吨，占废酸产生总量的63.86%；黑色金属冶炼及压延加工业71.89万吨、有色金属冶炼及压延加工业23.36万吨、通信设备计算机及其他电子设备制造业12.24万吨、金属制品业11.98万吨，分别占废酸产生总量的17.18%、5.58%、2.93%和2.86%。江苏、湖北、四川、辽宁、山东、浙江等省废酸产生量较大，分别为58.71万吨、45.73万吨、37.13万吨、36.92万吨、32.75万吨和32.28万吨，占废酸产生总量的14.03%、10.93%、8.87%、8.82%、7.83%和7.71%。

含锌废物产生量234.83万吨，占工业危险废物产生总量的5.13%。有色金属冶炼及压延加工业、有色金属矿采选业含锌废物产生量大，分别为108.13万吨、103.65万吨，占工业含锌废物产生总量的46.05%和44.14%。黑色金属冶炼及压延加工业、化学原料及化学制品制造业含锌废物产生量分别为12.67万吨和6.99万吨。湖南、云南、贵州、辽宁、四川、广东等省含锌废物产生量分别为94.15万吨、49.22万吨、17.13万吨、10.22万吨、9.85万吨和9.22万吨，占全国含锌废物产生总量的 40.09%、20.96%、7.30%、4.36%、4.20%、3.93%。

含铬废物产生量 182.20 万吨，占全国工业危险废物产生总量的 3.24%。黑色金属冶炼及压延加工业、化学原料及化学制品制造业含铬废物产生量大，分别为 90.20 万吨、51.17 万吨，占含铬废物产生总量的 60.86% 和 34.53%。皮革毛皮羽毛（绒）及其制品业、有色金属冶炼及压延加工业含铬废物产生量为 3.20 万吨和 1.45 万吨，分别占 2.16% 和 0.98%。含铬废物产生量较大的省（自治区）中，四川 19.40 万吨、占全国工业含铬废物产生总量的 13.09%；湖南 16.01 万吨、占 10.80%；吉林 14.02 万吨、占 9.46%；甘肃 13.03 万吨、占 8.80%；青海 11.62 万吨、占 7.84%；贵州、内蒙古、重庆、山东、浙江分别占 5.74%、5.67%、5.47%、4.79% 和 4.08%。

含铜废物产生量 128.63 万吨，占全国工业危险废物产生总量的 2.81%。通信设备计算机及其他电子设备制造业、有色金属矿采选业、有色金属冶炼及压延加工业含铜废物产生量大，分别为 74.56 万吨、41.44 万吨和 8.33 万吨，分别占含铜废物产生量的 57.97%、32.22% 和 6.48%。广东、江西、江苏、湖南等省含铜废物产生量分别为 47.97 万吨、22.77 万吨、21.89 万吨、18.14 万吨。

废矿物油产生量 81.58 万吨，占全国工业危险废物产生总量的 1.78%。废矿物油产生量大工业行业中，石油加工炼焦及核燃料加工业 33.42 万吨、石油和天然气开采业 17.02 万吨、交通运输设备制造业 6.79 万吨、黑色金属冶炼及压延加工业 5.78 万吨、化学原料及化学制品制造业 5.38 万吨、通用设备制造业 4.20 万吨，分别占全国工业源废矿物油产生总量的 40.96%、20.87%、8.33%、7.08%、6.60% 和 5.14%。废矿物油产生量大的省（自治区、直辖市）中，广东 10.21 万吨、江苏 7.46 万吨、浙江 7.43 万吨、新疆 7.37 万吨、山东 7.08 万吨、辽宁 7.01 万吨、上海 6.69 万吨、河北 4.86 万吨、陕西 4.25 万吨、湖北 3.58 万吨，分别占废矿物油产生总量的 12.51%、9.14%、9.11%、9.04%、8.68%、8.59%、8.20%、5.96%、5.21% 和 4.39%。

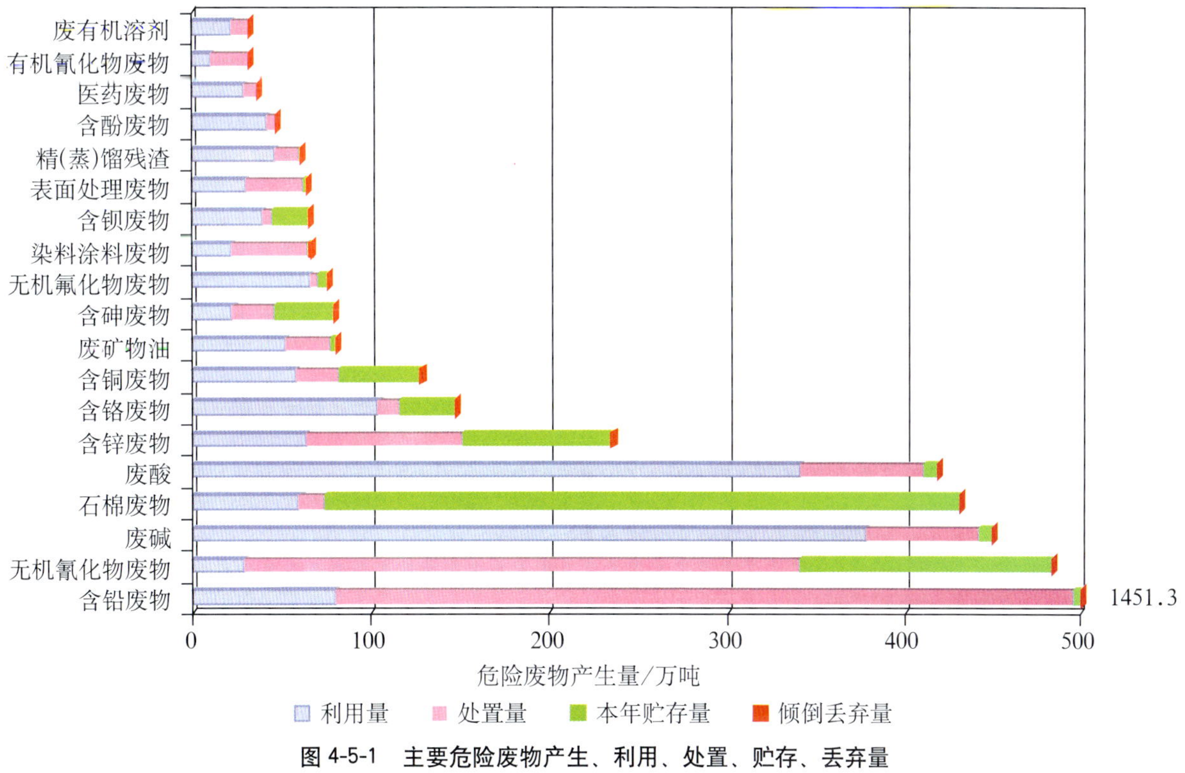


**图 4-5-1 主要危险废物产生、利用、处置、贮存、丢弃量**

含砷废物产生量79.68万吨，占全国工业危险废物产生总量的1.74%。含砷废物产生的主要工业行业为有色金属矿采选业、有色金属冶炼及压延加工业、化学原料及化学制品制造业、非金属矿采选业，产生量分别为40.55万吨、23.29万吨、12.59万吨和3.20万吨，分别占含砷废物产生量的50.89%、29.23%、15.80%和4.02%。山西、湖南、云南、内蒙古、江西、广西等省（自治区）含砷废物产生量较大，分别为41.21万吨、21.31万吨、7.03万吨、3.54万吨、1.54万吨和1.39万吨，分别占全国含砷废物产生总量的51.72%、26.74%、8.82%、4.44%、1.93%和1.74%。

虽然染料涂料废物、废矿物油、表面处理废物、废乳化液的产生量仅占危险废物产生总量的1.46%、1.78%、1.42%和0.49%，但产生这4类危险废物的企业数较多、面较广，分别占产生危险废物企业总数的33.90%、25.42%、11.27%和10.76%。

**表4-5-1　全国各类危险废物产生、综合利用情况**

| 危险废物名称 | 产生情况 | | 综合利用情况 | | | |
|---|---|---|---|---|---|---|
| | 产生量/吨 | 占危废产生总量比例/% | 利用量/吨 | 占利用总量比例/% | 其中：利用往年贮存量/吨 | 利用率/% |
| 合　计 | 45736951 | | 16448065 | | 688230 | 34.46 |
| 含铅废物 | 14512822 | 31.73 | 807027 | 4.91 | 3362 | 5.54 |
| 无机氰化物废物 | 4845924 | 10.60 | 287108 | 1.75 | 4500 | 5.83 |
| 废碱 | 4507366 | 9.85 | 3781590 | 22.99 | 285 | 83.89 |
| 石棉废物 | 4320154 | 9.45 | 788859 | 4.80 | 192000 | 13.82 |
| 废酸 | 4185165 | 9.15 | 3402185 | 20.68 | 131 | 81.29 |
| 含锌废物 | 2348299 | 5.13 | 646544 | 3.93 | 13235 | 26.97 |
| 含铬废物 | 1482005 | 3.24 | 1400078 | 8.51 | 359002 | 70.25 |
| 含铜废物 | 1286308 | 2.81 | 577791 | 3.51 | 0.06 | 44.92 |
| 废矿物油 | 815832 | 1.78 | 603199 | 3.67 | 82091 | 63.87 |
| 含砷废物 | 796838 | 1.74 | 224547 | 1.37 | 864 | 28.07 |
| 无机氟化物废物 | 768663 | 1.68 | 694566 | 4.22 | 31000 | 86.33 |
| 染料、涂料废物 | 669049 | 1.46 | 214484 | 1.30 | 89 | 32.04 |
| 含钡废物 | 664230 | 1.45 | 391519 | 2.38 | 0 | 58.94 |
| 表面处理废物 | 647765 | 1.42 | 302862 | 1.84 | 29 | 46.75 |
| 精（蒸）馏残渣 | 615593 | 1.35 | 463011 | 2.81 | 733 | 75.09 |
| 含酚废物 | 472222 | 1.03 | 414173 | 2.52 | 69 | 87.69 |
| 医药废物 | 375993 | 0.82 | 293002 | 1.78 | 6.8 | 77.93 |
| 有机氰化物废物 | 325877 | 0.71 | 103184 | 0.63 | 0 | 31.66 |
| 废有机溶剂 | 321050 | 0.70 | 217208 | 1.32 | 19.5 | 67.65 |
| 有机溶剂废物 | 272058 | 0.59 | 116677 | 0.71 | 0.01 | 42.89 |
| 有机树脂类废物 | 224802 | 0.49 | 96745 | 0.59 | 12.1 | 43.03 |
| 废乳化液 | 222130 | 0.49 | 98934 | 0.60 | 3.25 | 44.54 |
| 农药废物 | 151903 | 0.33 | 88788 | 0.54 | 0 | 58.45 |
| 新化学品废物 | 147013 | 0.32 | 17502 | 0.11 | 0 | 11.91 |

| 危险废物名称 | 产生情况 | | 综合利用情况 | | | |
|---|---|---|---|---|---|---|
| | 产生量 / 吨 | 占危险废产生总量比例 /% | 利用量 / 吨 | 占利用总量比例 /% | 其中：利用往年贮存量 / 吨 | 利用率 /% |
| 含镍废物 | 101985 | 0.22 | 62498 | 0.38 | 302 | 60.99 |
| 含镉废物 | 72485 | 0.16 | 58191 | 0.35 | 450 | 79.66 |
| 焚烧处置残渣 | 62044 | 0.14 | 56671 | 0.34 | 0 | 91.34 |
| 废卤化有机溶剂 | 43005 | 0.09 | 36386 | 0.22 | 0 | 84.61 |
| 含汞废物 | 41301 | 0.09 | 23023 | 0.14 | 30.9 | 55.67 |
| 爆炸性废物 | 37707 | 0.08 | 36480 | 0.22 | 0 | 96.75 |
| 有机磷化合物废物 | 19667 | 0.04 | 18600 | 0.11 | 0 | 94.57 |
| 含锑废物 | 18559 | 0.04 | 16354 | 0.10 | 0 | 88.12 |
| 废药物、药品 | 17541 | 0.04 | 10396 | 0.06 | 0.21 | 59.27 |
| 含有机卤化物废物 | 16223 | 0.04 | 11302 | 0.07 | 0.20 | 69.66 |
| 感光材料废物 | 15477 | 0.03 | 2693 | 0.02 | 5.30 | 17.37 |
| 含铍废物 | 11702 | 0.03 | 4321 | 0.03 | 0 | 36.92 |
| 含金属羰基化合物废物 | 6175 | 0.01 | 5938 | 0.04 | 10.68 | 95.99 |
| 热处理含氰废物 | 2869 | … | 898 | 0.01 | 0 | 31.30 |
| 含醚废物 | 2199 | … | 982 | 0.01 | 0 | 44.68 |
| 含碲废物 | 1166 | … | 613 | … | 0 | 52.55 |
| 含铊废物 | 415 | … | 22 | … | 0 | 5.23 |
| 含硒废物 | 312 | … | 49 | … | 0 | 15.59 |
| 木材防腐剂废物 | 228 | … | 155 | … | 0 | 67.96 |
| 医院临床废物 | 81 | … | … | … | 0 | … |
| 含多氯联苯废物 | 68 | … | 17 | … | 0 | 25.12 |
| 含多氯苯并呋喃类废物 | 46.5 | … | 0.5 | … | 0 | 1.08 |
| 其他危险废物 | 286633 | 0.63 | 70892 | 0.43 | 0 | 24.73 |

注：表中“…”表示数值小于汇总数据最低保留位数，但不为“0”。

#### 4.5.1.2 分工业行业产生情况

危险废物产生量大的工业行业主要有有色金属矿采选业、化学原料及化学制品制造业、非金属矿采选业、有色金属冶炼及压延加工业、造纸及纸制品业、黑色金属冶炼及压延加工业，危险废物产生量分别为 1981.18 万吨、732.29 万吨、430.49 万吨、341.65 万吨、317.02 万吨和 208.81 万吨，分别占工业危险废物产生总量的 43.32%、16.01%、9.41%、7.47%、6.93% 和 4.57%。上述 6 个行业危险废物产生量合计占总量的 87.71%。

有色金属矿采选业的主要危险废物为：含铅废物产生量 1379.87 万吨、占该行业危险废物产生总量的 69.65%；无机氰化物 414.36 万吨、占 20.91%；含锌废物 103.65 万吨、占 5.23%；含铜废物 41.44 万吨、占 20.9%；含砷废物 40.55 万吨、占 2.05%。

化学原料及化学制品制造业产生的危险废物种类多，几乎包括了普查要求填报的所有危险废物种类，其中：废酸、废碱产生量大，分别为 267.25 万吨和 79.12 万吨，分别占该行业危险废物产生总量的 36.49% 和 10.80%。含钡废物 66.31 万吨，占该行业危险废物产生总量的 9.06%；无机氟化物废物 52.89 万吨，占 7.22%；含铬废物 51.17 万吨、占 6.99%；有机氰化物废物 32.12 万吨、占 4.39%；精(蒸)馏残渣 22.38 万吨、占 3.06%。

非金属矿采选业主要危险废物为石棉废物，产生量 427.26 万吨，占该行业危险废物产生量的 99.25%；其次为含砷废物 3.2 万吨。

造纸及纸制品业废碱产生量大，为 306.65 万吨，占该行业危险废物产生量的 96.73%。

有色金属冶炼及压延加工业产生量大的危险废物有：含锌废物 108.13 万吨、占该行业危险废物产生量的 31.65%；无机氰化物废物 68.24 万吨、占 19.98%；含铅废物 49.32 万吨、占 14.44%；无机氟化物废物 23.47 万吨、占 6.87%；废酸 23.36 万吨、占 6.84%；含砷废物 23.29 万吨、占 6.82%。

黑色金属冶炼及压延加工业含铬废物产生量 90.20 万吨、占该行业危险废物产生量的 43.20%；废酸 71.89 万吨、占 34.43%；含锌废物 12.67 万吨、占 6.07%。

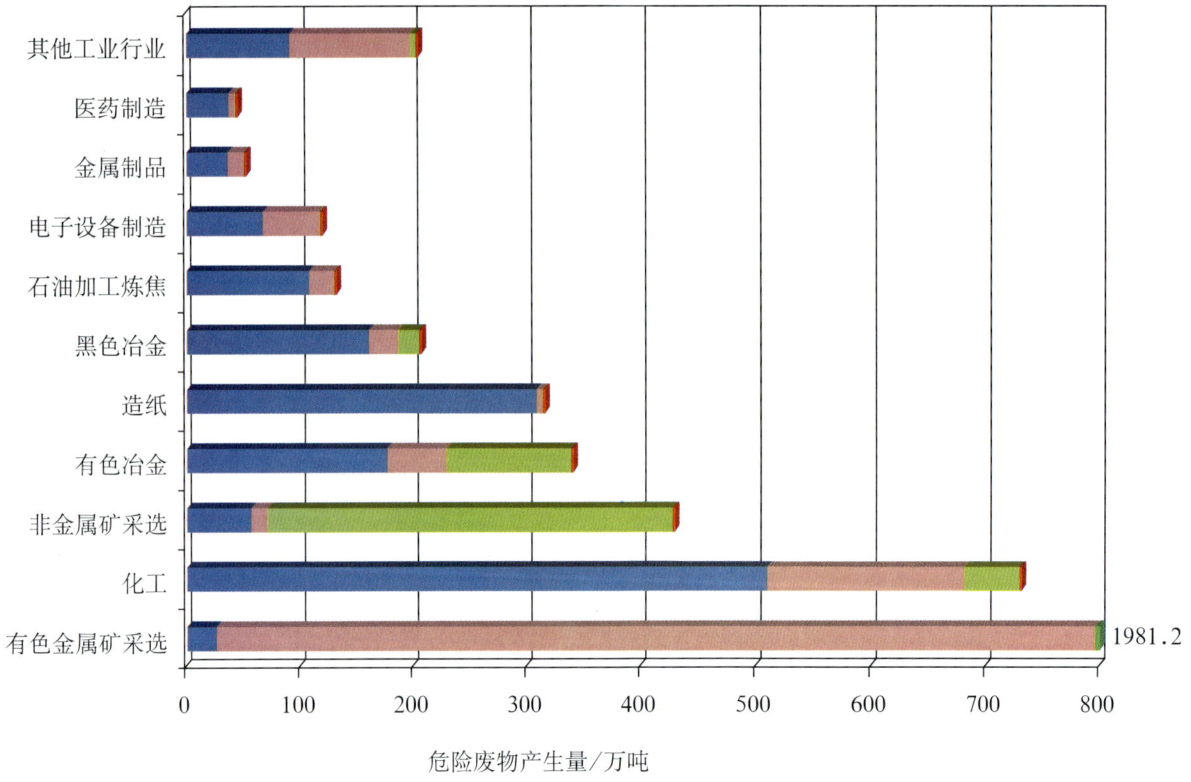


图 4-5-2 全国工业行业危险废物产生、利用、处置、贮存、丢弃量

### 4.5.1.3 分地区产生情况

湖南省危险废物产生量 1701.23 万吨，居全国各地区首位，占全国工业危险废物产生量的 37.20%。主要危险废物为含铅废物 1315.05 万吨，占该省工业危险废物产生量的 77.54%；其次为废碱 195.62 万吨，占 11.50%；含锌废物 94.15 万吨，占 5.53%。

危险废物产生量较大的其他省（区）中，内蒙古危险废物产生量 354.89 万吨，占全国工业危险废物产生总量的 7.76%。主要危险废物为无机氰化物废物、废酸等。

山东危险废物产生量281.4万吨，占全国工业危险废物产生总量的6.15%。主要危险废物为废碱、无机氰化物废物、废酸等。

青海危险废物产生量252.83万吨，占全国工业危险废物产生总量的5.53%。主要危险废物为石棉废物、含铬废物。

新疆危险废物产生量243.32万吨，占全国工业危险废物产生总量的5.32%。主要危险废物为石棉废物、含铅废物、无机氰化物废物、废酸、废矿物油等。

广东危险废物产生量183.66万吨，占全国工业危险废物产生总量的4.02%。广东省工业企业产生的危险废物种类多，《国家危险废物名录》中除含多氯苯并二噁英废物无企业填报外，其他46种危险废物均有工业企业填报产生、处置、利用、贮存等情况。主要危险废物为含铜废物、表面处理废物、染料涂料废物、含酚废物、废矿物油、废碱、含锌废物、废酸、有机树脂类废物、含铅废物等。

江苏危险废物产生量180.99万吨，占全国工业危险废物产生总量的3.96%。主要危险废物为废酸、含铜废物、废碱、表面处理废物、精（蒸）馏残渣、染料涂料废物、废矿物油、有机溶剂废物等。

辽宁危险废物产生量146.75万吨，占全国工业危险废物产生总量的3.21%。主要危险废物为废酸、无机氟化物废物、无机氰化物废物、含锌废物、废碱、废矿物油、废有机溶剂等。

山西危险废物产生量145.24万吨，占全国工业危险废物产生总量的3.18%。主要危险废物为含铅废物、含砷废物、含铜废物、含酚废物、含锌废物等。

吉林危险废物产生量137.98万吨，占全国工业危险废物产生总量的3.02%。主要危险废物为无机氰化物废物、有机氰化物废物、废酸、含铬废物、废有机溶剂等。

云南危险废物产生量113.57万吨，占全国工业危险废物产生总量的2.48%。主要危险废物为含锌废物、无机氟化物废物、含铅废物、废酸、含砷废物、含铜废物、含铬废物等。

浙江危险废物产生量100.60万吨，占全国工业危险废物产生总量的2.20%。主要危险废物为废酸、染料涂料废物、废矿物油、废有机溶剂、表面处理废物、含铬废物等。

### 4.5.2 危险废物综合利用情况

全国工业源危险废物产生量4573.69万吨，综合利用量1644.81万吨，其中：利用往年贮存量68.82万吨，危险废物综合利用率34.46%。

#### 4.5.2.1 分类综合利用情况

危险废物综合利用量中，废酸、废碱综合利用量大，分别为378.16万吨和340.22万吨，占危险废物综合利用量的22.99%和20.68%；废酸、废碱的综合利用率分别为83.89%和81.29%。

含铬废物综合利用量140.01万吨，占工业危险废物综合利用量的8.51%，综合利用率70.25%。

含铅废物综合利用量80.70万吨，占工业危险废物综合利用量的4.91%，综合利用率较低，仅为5.54%。产生量大的有色金属冶炼及压延加工业、有色金属矿采选业含铅废物综合利用量分别为47.27万吨、14.94万吨。有色金属冶炼及压延加工业含铅废物综合利用率为95.84%。有色金属矿采选业含铅废物综合利用率低，仅为1.06%。

石棉废物综合利用量78.88万吨，占工业危险废物综合利用量的4.80%，综合利用率13.82%。

无机氰化物废物综合利用量28.71万吨，占工业危险废物综合利用量的1.75%，综合利用率5.83%。

含锌废物综合利用量64.65万吨，综合利用率26.97%。有色金属冶炼及压延加工业含锌废物综合利用率为40.60%；有色金属矿采选业含锌废物综合利用率0.61%。

含铜废物综合利用量57.78万吨，综合利用率44.92%。其中：通信设备计算机及其他电子设备制造业含铜废物综合利用量为51.96万吨，综合利用率为69.69%，占含铜废物综合利用量的89.93%。有色金属矿采选业、有色金属冶炼及压延加工业含铜废物综合利用率分别为2.32%和31.16%。

废矿物油利用量60.32万吨，综合利用率为63.87%。其中：石油加工、炼焦及核燃料加工业废矿物油综合利用量25.01万吨，综合利用率为74.84%，占废矿物油综合利用总量的41.46%；石油和天然气开采业废矿物油综合利用量14.16万吨，综合利用率为35.04%，占废矿物油综合利用总量的23.48%。

含砷废物综合利用量22.45万吨，综合利用率28.07%。其中：化学原料及化学制品制造业、有色金属冶炼及压延加工业分别占含砷废物综合利用量的55.66%和42.28%。有色金属矿采选业含砷废物产生量大、综合利用量小，综合利用率为1.08%。

#### 4.5.2.2 分工业行业综合利用情况

化学原料及化学制品制造业危险废物综合利用量为544.30万吨，居各工业行业首位，占工业危险废物综合利用量的33.09%；危险废物综合利用率69.69%。

造纸及纸制品业危险废物综合利用量307.93万吨、有色金属冶炼及压延加工业178.37万吨、黑色金属冶炼及压延加工业164.61万吨、石油加工炼焦及核燃料加工业107.98万吨，分别占工业危险废物综合利用总量的18.72%、10.84%、10.01%和6.57%。

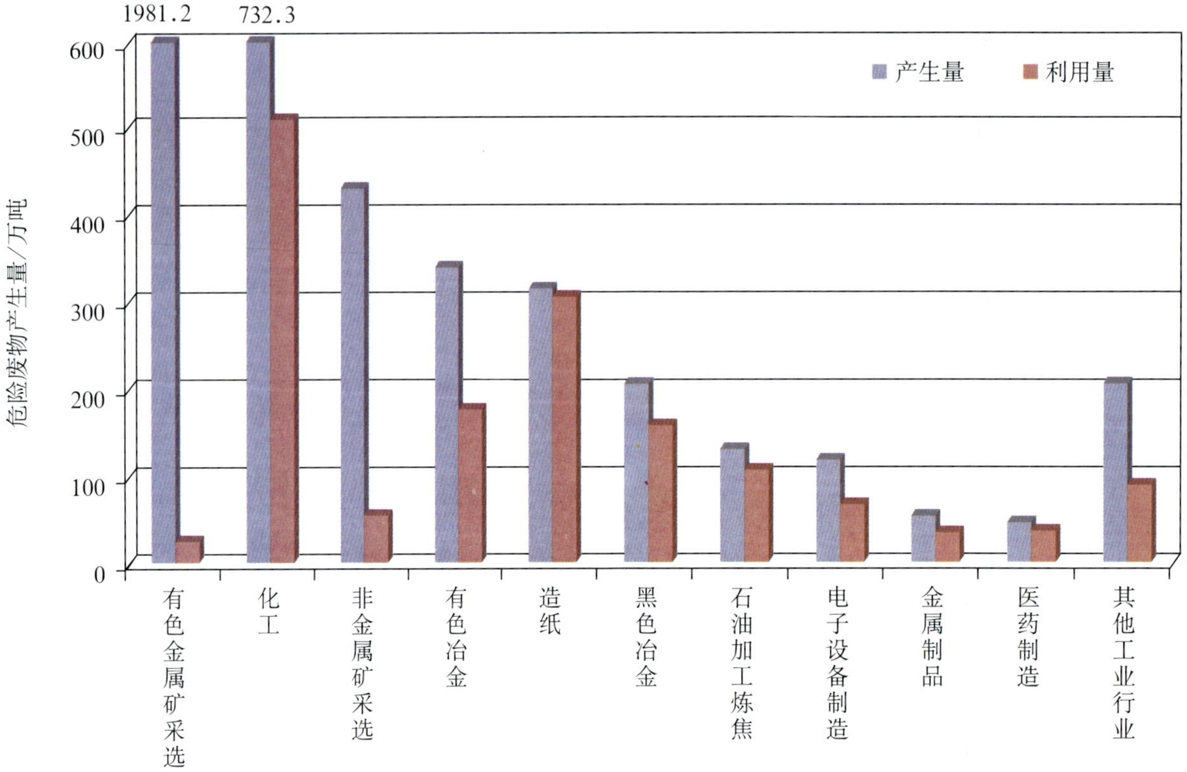


图4-5-3 全国工业行业危险废物产生量、利用量

工业行业危险废物综合利用率分别为：造纸及纸制品业97.13%、石油加工炼焦及核燃料加工业81.22%、黑色金属冶炼及压延加工业76.40%、有色金属冶炼及压延加工业51.78%；石油和天然气开采业25.15%、非金属矿采选业13.16%、化学纤维制造业11.06%、有色金属矿采选业1.31%。

表 4-5-2　全国工业行业危险废物产生、综合利用情况

| 工业行业 | 产生量 / 吨 | 占危险废物产生总量比例 % | 利用量 / 吨 | 占危险废物利用总量比例 /% | 其中：利用往年贮存量 / 吨 | 利用率 /% |
|---|---|---|---|---|---|---|
| 有色金属矿采选业 | 19811835 | 43.32 | 266505 | 1.62 | 7500 | 1.31 |
| 化学原料及化学制品制造业 | 7322909 | 16.01 | 5442965 | 33.09 | 339934 | 69.69 |
| 非金属矿采选业 | 4304922 | 9.41 | 758735 | 4.61 | 192000 | 13.16 |
| 有色金属冶炼及压延加工业 | 3416468 | 7.47 | 1783723 | 10.84 | 14570 | 51.78 |
| 造纸及纸制品业 | 3170243 | 6.93 | 3079283 | 18.72 | 1.0 | 97.13 |
| 黑色金属冶炼及压延加工业 | 2088106 | 4.57 | 1646073 | 10.01 | 50740 | 76.40 |
| 石油加工、炼焦及核燃料加工业 | 1328034 | 2.90 | 1079829 | 6.57 | 1178 | 81.22 |
| 通信设备、计算机及其他电子设备制造业 | 1200924 | 2.63 | 678930 | 4.13 | 38 | 56.53 |
| 金属制品业 | 546068 | 1.19 | 353751 | 2.15 | 25 | 64.78 |
| 医药制造业 | 468119 | 1.02 | 367391 | 2.23 | 7.0 | 78.48 |
| 交通运输设备制造业 | 293418 | 0.64 | 107485 | 0.65 | 36 | 36.62 |
| 纺织业 | 271700 | 0.59 | 93289 | 0.57 | 0.3 | 34.34 |
| 非金属矿物制品业 | 250769 | 0.55 | 198131 | 1.20 | 103 | 78.97 |
| 石油和天然气开采业 | 237948 | 0.52 | 141838 | 0.86 | 81989 | 25.15 |
| 电气机械及器材制造业 | 215555 | 0.47 | 140062 | 0.85 | 38 | 64.96 |
| 通用设备制造业 | 213085 | 0.47 | 102305 | 0.62 | 1.9 | 48.01 |
| 化学纤维制造业 | 138467 | 0.30 | 15331 | 0.09 | 21 | 11.06 |
| 其他工业行业 | 458382 | 1.00 | 192439 | 1.17 | 48 | 41.97 |
| 工业源合计 | 45736951 | 100 | 16448065 | 100 | 688230 | 34.46 |

### 4.5.2.3　分地区综合利用情况

山东省危险废物利用量大，为 246.68 万吨，占全国工业危险废物利用总量的 15.00%。危险废物综合利用率 80.40%。

其次是湖南，危险废物利用量 243.54 万吨，占全国工业危险废物利用总量的 14.81%。危险废物综合利用率仅 14.04%。

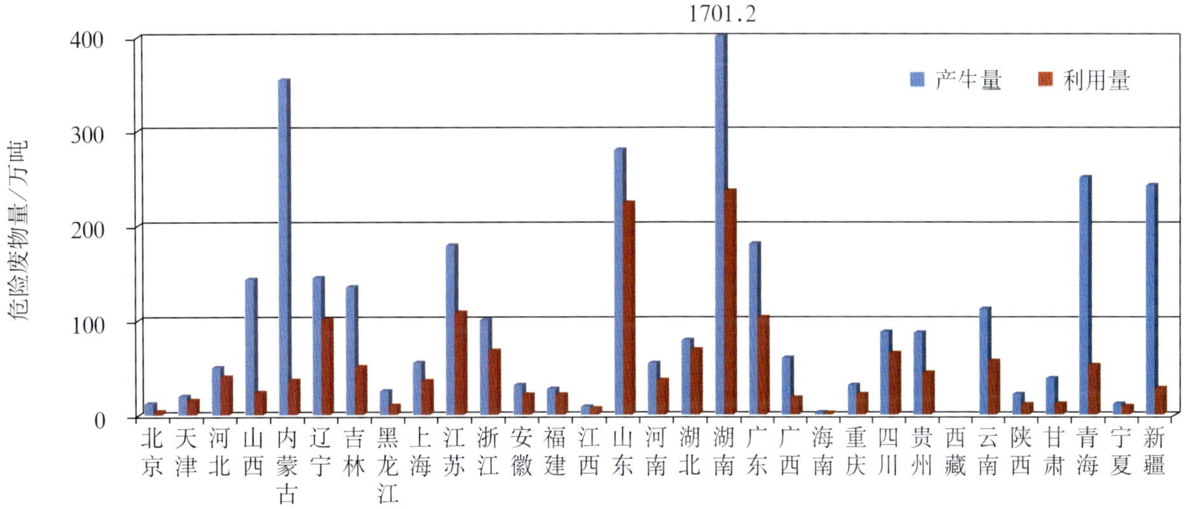


图 4-5-4　全国各地区危险废物产生量、利用量

江苏、广东、辽宁、青海、湖北、浙江、四川、云南等省危险废物综合利用量较大，分别占全国工业危险废物利用总量的6.72%、6.39%、6.31%、4.43%、4.39%、4.27%、4.07%、3.51%；危险废物综合利用率分别为60.98%、57.23%、68.47%、21.20%、87.35%、68.78%、74.67%、50.66%。危险废物产生量较大的内蒙古、新疆，综合利用率仅为10.46%、11.83%。

**表 4-5-3 全国各地区危险废物产生、综合利用情况**

| 地 区 | 产生量 / 吨 | 占工业危险废物产生总量比例 /% | 利用量 / 吨 | 占工业危险废物利用总量比例 /% | 其中：利用往年贮存量 / 吨 | 利用率 /% |
|---|---|---|---|---|---|---|
| 北 京 | 142576 | 0.31 | 65596 | 0.40 | 2 | 46.01 |
| 天 津 | 206547 | 0.45 | 176137 | 1.07 | 0 | 85.28 |
| 河 北 | 517380 | 1.13 | 443838 | 2.70 | 30083 | 79.97 |
| 山 西 | 1452462 | 3.18 | 249503 | 1.52 | 0 | 17.18 |
| 内蒙古 | 3548900 | 7.76 | 376695 | 2.29 | 5480 | 10.46 |
| 辽 宁 | 1467545 | 3.21 | 1038166 | 6.31 | 33385 | 68.47 |
| 吉 林 | 1379839 | 3.02 | 522707 | 3.18 | 0 | 37.88 |
| 黑龙江 | 269109 | 0.59 | 115075 | 0.70 | 0 | 42.76 |
| 上 海 | 570844 | 1.25 | 373524 | 2.27 | 10.7 | 65.43 |
| 江 苏 | 1809922 | 3.96 | 1104345 | 6.71 | 584 | 60.98 |
| 浙 江 | 1005994 | 2.20 | 702872 | 4.27 | 10972 | 68.78 |
| 安 徽 | 332003 | 0.73 | 228409 | 1.39 | 2.5 | 68.80 |
| 福 建 | 296570 | 0.65 | 236100 | 1.44 | 8.9 | 79.61 |
| 江 西 | 105525 | 0.23 | 84458 | 0.51 | 21.0 | 80.02 |
| 山 东 | 2813908 | 6.15 | 2466813 | 15.00 | 204409 | 80.40 |
| 河 南 | 566246 | 1.24 | 378319 | 2.30 | 12.3 | 66.81 |
| 湖 北 | 808784 | 1.77 | 722068 | 4.39 | 15570 | 87.35 |
| 湖 南 | 17012287 | 37.20 | 2435393 | 14.81 | 47264 | 14.04 |
| 广 东 | 1836559 | 4.02 | 1051533 | 6.39 | 422 | 57.23 |
| 广 西 | 621385 | 1.36 | 201534 | 1.23 | 1012 | 32.27 |
| 海 南 | 12536 | 0.03 | 10679 | 0.06 | 300 | 82.80 |
| 重 庆 | 325943 | 0.71 | 348076 | 2.12 | 117726 | 70.67 |
| 四 川 | 892598 | 1.95 | 668911 | 4.07 | 2422 | 74.67 |
| 贵 州 | 885812 | 1.94 | 457080 | 2.78 | 10.0 | 51.60 |
| 云 南 | 1135734 | 2.48 | 576942 | 3.51 | 1534 | 50.66 |
| 陕 西 | 228208 | 0.50 | 131632 | 0.80 | 7500 | 54.39 |
| 甘 肃 | 400127 | 0.87 | 153056 | 0.93 | 13000 | 35.00 |
| 青 海 | 2528354 | 5.53 | 728088 | 4.43 | 192000 | 21.20 |
| 宁 夏 | 130076 | 0.28 | 108211 | 0.66 | 0 | 83.19 |
| 新 疆 | 2433180 | 5.32 | 292305 | 1.78 | 4500 | 11.83 |
| 全国合计 | 45736951 | | 16448065 | | 688230 | 34.46 |

### 4.5.3 危险废物处置情况

全国工业危险废物处置量 2192.76 万吨，其中处置往年贮存量 11.44 万吨，处置率 47.69%。

#### 4.5.3.1 分类处置情况

含铅废物处置量 1324.54 万吨，占工业危险废物处置总量的 60.41%；处置率为 91.27%。

其次为无机氰化物废物，处置量 311.88 万吨，占工业危险废物处置总量的 14.22%；处置率为 64.36%。

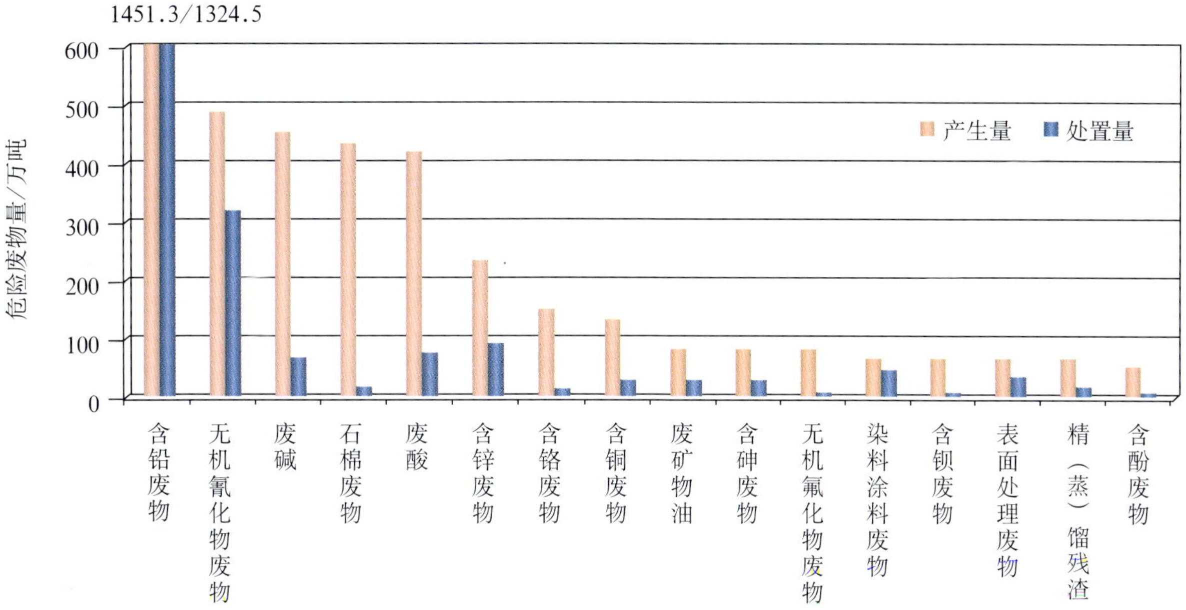


**图 4-5-5 全国主要危险废物产生量、处置量**

其他产生量较大的危险废物中，废碱处置量 66.83 万吨，处置率 14.12%；废酸处置量 70.82 万吨，处置率 16.92%；石棉废物处置量 14.22 万吨，处置率 3.29%；含锌废物处置量 87.55 万吨，处置率 37.28%；含铬废物处置量 16.04 万吨，处置率 8.17%；含铜废物处置量 24.32 万吨，处置率 18.90%；废矿物油处置量 29.60 万吨，处置率 31.43%；含砷废物处置量 23.58 万吨，处置率 29.59%；无机氟化物废物处置量 4.14 万吨，处置率 5.18%；染料涂料废物处置量 43.47 万吨，处置率 64.88%；含钡废物处置量 6.23 万吨，处置率 9.38%；表面处理废物处置量 32.91 万吨，处置率 50.78%；精（蒸）馏残渣处置量 14.59 万吨，处置率 23.64%；分别占工业危险废物处置总量的 3.05%、3.23%、0.65%、3.99%、0.73%、1.11%、1.35%、1.08%、0.19%、1.98%、0.28%、1.50% 和 0.67%。此外，有机氰化物废物、有机溶剂废物处置量较大，分别为 22.28 万吨和 15.19 万吨，处置率为 68.33% 和 55.81%。

表 4-5-4　全国各类危险废物处置情况

| 废物名称 | 产生量/吨 | 占产生总量比例/% | 处置量/吨 | 占处置总量比例/% | 其中：处置往年贮存量/吨 | 处置率/% |
|---|---|---|---|---|---|---|
| 合　计 | 45736951 | | 21927591 | | 114411 | 47.69 |
| 含铅废物 | 14512822 | 31.73 | 13245429 | 60.41 | 14 | 91.27 |
| 无机氰化物废物 | 4845924 | 10.60 | 3118808 | 14.22 | 21 | 64.36 |
| 废碱 | 4507366 | 9.85 | 668343 | 3.05 | 31757 | 14.12 |
| 石棉废物 | 4320154 | 9.45 | 142221 | 0.65 | 1 | 3.29 |
| 废酸 | 4185165 | 9.15 | 708185 | 3.23 | 22 | 16.92 |
| 含锌废物 | 2348299 | 5.13 | 875485 | 3.99 | 72 | 37.28 |
| 含铬废物 | 1482005 | 3.24 | 160411 | 0.73 | 39268 | 8.17 |
| 含铜废物 | 1286308 | 2.81 | 243163 | 1.11 | 20 | 18.90 |
| 废矿物油 | 815832 | 1.78 | 295993 | 1.35 | 39582 | 31.43 |
| 含砷废物 | 796838 | 1.74 | 235847 | 1.08 | 34 | 29.59 |
| 无机氟化物废物 | 768663 | 1.68 | 41417 | 0.19 | 1600 | 5.18 |
| 染料、涂料废物 | 669049 | 1.46 | 434712 | 1.98 | 657 | 64.88 |
| 含钡废物 | 664230 | 1.45 | 62289 | 0.28 | 0 | 9.38 |
| 表面处理废物 | 647765 | 1.42 | 329080 | 1.50 | 120 | 50.78 |
| 精（蒸）馏残渣 | 615593 | 1.35 | 145945 | 0.67 | 398 | 23.64 |
| 含酚废物 | 472222 | 1.03 | 57925 | 0.26 | 0 | 12.27 |
| 有机氰化物废物 | 325877 | 0.71 | 222786 | 1.02 | 100 | 68.33 |
| 废有机溶剂 | 321050 | 0.70 | 103345 | 0.47 | 23 | 32.18 |
| 有机溶剂废物 | 272058 | 0.59 | 151888 | 0.69 | 44 | 55.81 |
| 有机树脂类废物 | 224802 | 0.49 | 123419 | 0.56 | 357 | 54.74 |
| 废乳化液 | 222130 | 0.49 | 118906 | 0.54 | 202 | 53.44 |
| 医药废物 | 375993 | 0.82 | 81903 | 0.37 | 4 | 21.78 |
| 农药废物 | 151903 | 0.33 | 60961 | 0.28 | 0 | 40.13 |
| 含镍废物 | 101985 | 0.22 | 22281 | 0.10 | 14 | 21.83 |
| 感光材料废物 | 15477 | 0.03 | 12694 | 0.06 | 16 | 81.92 |
| 含汞废物 | 41301 | 0.09 | 11012 | 0.05 | 54 | 26.53 |
| 废药物、药品 | 17541 | 0.04 | 6808 | 0.03 | 6 | 38.77 |
| 废卤化有机溶剂 | 43005 | 0.09 | 6581 | 0.03 | 5 | 15.29 |
| 焚烧处置残渣 | 62044 | 0.14 | 5235 | 0.02 | 2 | 8.43 |
| 含有机卤化物废物 | 16223 | 0.04 | 4882 | 0.02 | 1 | 30.09 |
| 新化学品废物 | 147013 | 0.32 | 4369 | 0.02 | 0 | 2.97 |
| 含铍废物 | 11702 | 0.03 | 3681 | 0.02 | 0 | 31.46 |
| 含镉废物 | 72485 | 0.16 | 3445 | 0.02 | 0 | 4.75 |
| 热处理含氰废物 | 2869 | 0.01 | 1434 | 0.01 | 2 | 49.92 |
| 爆炸性废物 | 37707 | 0.08 | 1224 | 0.01 | 1 | 3.24 |

| 废物名称 | 产生量 / 吨 | 占产生总量比例 /% | 处置量 / 吨 | 占处置总量比例 /% | 其中：处置往年贮存量 / 吨 | 处置率 /% |
|---|---|---|---|---|---|---|
| 含醚废物 | 2199 | … | 1212 | 0.01 | 0 | 55.14 |
| 有机磷化合物废物 | 19667 | 0.04 | 1065 | … | … | 5.41 |
| 含锑废物 | 18559 | 0.04 | 820 | … | 12 | 4.35 |
| 含碲废物 | 1166 | … | 546 | … | 0 | 46.79 |
| 含铊废物 | 415 | … | 392 | … | 2 | 94.04 |
| 含金属羰基化合物废物 | 6175 | 0.01 | 236 | … | 0 | 3.82 |
| 含硒废物 | 312 | … | 226 | … | … | 72.30 |
| 医院临床废物 | 81 | … | 80 | … | 0 | 98.32 |
| 木材防腐剂废物 | 228 | … | 53 | … | 0 | 23.26 |
| 含多氯联苯废物 | 68 | … | 51 | … | 0 | 74.83 |
| 含多氯苯并呋喃类废物 | 46.5 | … | 46 | … | … | 98.92 |
| 其他危险废物 | 286633 | 0.63 | 210757 | 0.96 | 0 | 73.53 |

注：表中“…”表示数值小于汇总数据最低保留位数，但不为“0”。

#### 4.5.3.2 分工业行业处置情况

有色金属矿采选业危险废物处置量最大，为 1694.81 万吨，处置率 85.55%。处置的主要危险废物为含铅废物、无机氰化物废物、含锌废物等。

其次为化学原料及化学制品制造业，危险废物处置量 174.82 万吨，处置率 23.32%。其中处置量较大的危险废物有废碱、废酸、有机氰化物废物、染料涂料废物、精（蒸）馏残渣、有机溶剂废物、有机树脂类废物等。

有色金属冶炼及压延加工业危险废物处置量 52.45 万吨，处置率为 15.31%。处置的危险废物主要是无机氰化物废物；其次为含砷废物、无机氟化物废物、含锌废物等。

通信设备计算机及其他电子设备制造业危险废物处置量 51.78 万吨，处置率 43.10%。处置的主要危险废物有含铜废物、表面处理废物、废酸等。

其他工业行业中，石油和天然气开采业、交通运输设备制造业、纺织业、化学纤维制造业危险废物处置率较高，分别为 63.39%、60.78%、63.66% 和 87.15%。

表 4-5-5 全国工业行业危险废物处置情况

| 工 业 行 业 | 产生量 / 吨 | 占产生总量比例 /% | 处置量 / 吨 | 占处置总量比例 % | 其中：处置往年贮存量 / 吨 | 处置率 /% |
|---|---|---|---|---|---|---|
| 有色金属矿采选业 | 19811835 | 43.32 | 16948125 | 77.29 | 0 | 85.55 |
| 化学原料及化学制品制造业 | 7322909 | 16.01 | 1748223 | 7.97 | 40418 | 23.32 |
| 有色金属冶炼及压延加工业 | 3416468 | 7.47 | 524511 | 2.39 | 1601 | 15.31 |
| 通信设备、计算机及其他电子设备制造业 | 1200924 | 2.63 | 517776 | 2.36 | 122 | 43.10 |
| 黑色金属冶炼及压延加工业 | 2088106 | 4.57 | 281311 | 1.28 | 41 | 13.47 |
| 石油加工、炼焦及核燃料加工业 | 1328034 | 2.90 | 239182 | 1.09 | 209 | 17.99 |
| 石油和天然气开采业 | 237948 | 0.52 | 190254 | 0.87 | 39408 | 63.39 |
| 金属制品业 | 546068 | 1.19 | 180548 | 0.82 | 31 | 33.06 |
| 交通运输设备制造业 | 293418 | 0.64 | 178705 | 0.81 | 356 | 60.78 |
| 纺织业 | 271700 | 0.59 | 172997 | 0.79 | 28 | 63.66 |
| 非金属矿采选业 | 4304922 | 9.41 | 162305 | 0.74 |  | 3.77 |
| 化学纤维制造业 | 138467 | 0.30 | 142834 | 0.65 | 22163 | 87.15 |
| 通用设备制造业 | 213085 | 0.47 | 104165 | 0.48 | 96 | 48.84 |
| 医药制造业 | 468119 | 1.02 | 99180 | 0.45 | 17 | 21.18 |
| 造纸及纸制品业 | 3170243 | 6.93 | 81294 | 0.37 | 9501 | 2.26 |
| 电气机械及器材制造业 | 215555 | 0.47 | 70173 | 0.32 | 177 | 32.47 |
| 非金属矿物制品业 | 250769 | 0.55 | 48646 | 0.22 | 135 | 19.34 |
| 其他工业行业 | 458382 | 1.00 | 237362 | 1.08 | 107 | 51.76 |
| 合 计 | 45736951 |  | 21927591 |  | 114411 | 47.69 |

#### 4.5.3.3 分地区处置情况

湖南危险废物处置量大，为 1416.68 万吨，其中：处置往年贮存量 2.21 万吨，处置率 83.14%。危险废物处置量中，含铅废物处置量最大，为 1302.06 万吨；其次为含锌废物，84.59 万吨。

内蒙古危险废物处置量 292.91 万吨，其中：处置往年贮存量 2.81 万吨，处置率 81.74%。处置量大危险废物包括无机氰化物废物等。

广东危险废物处置量 76.26 万吨，处置率 40.97%。其中处置量较大的危险废物有：表面处理废物、染料涂料废物、含铜废物、废碱、废酸、废矿物油、有机树脂类废物等。

江苏危险废物处置量 68.82 万吨，处置率 38.00%。其中处置量较大的危险废物依次为：废酸、含铜废物、染料涂料废物、废碱、表面处理废物、有机树脂类废物、废乳化液、有机溶剂废物、精（蒸）馏残渣、废有机溶剂等。

山西危险废物处置量 32.19 万吨，处置率 22.17%。处置的主要危险废物为含铅废物、含砷废物等。处置量较大的危险废物包括无机氰化物废物、废酸等。

浙江危险废物处置量 30.44 万吨，处置率 30.20%。其中处置的主要危险废物有染料涂料废物、废有机溶剂、废酸、精（蒸）馏残渣、表面处理废物、有机溶剂废物、有机树脂类废物等。

山东危险废物处置量 29.20 万吨，处置率 8.97%。处置量较大的危险废物包括废碱、废矿物油、染料涂料废物、废酸、含酚废物等。

新疆危险废物处置量 27.47 万吨，处置率 11.29%。处置量较大的危险废物为石棉废物、废酸、废矿物油、有机溶剂废物、废碱等。

青海、云南 2 省危险废物处置率低，分别为 0.12% 和 0.93%。

表 4-5-6 全国各地区危险废物处置情况

| 地 区 | 产生量 / 吨 | 占产生总量比例 /% | 处置量 / 吨 | 占处置总量比例 /% | 其中：处置往年贮存量 / 吨 | 处置率 /% |
|---|---|---|---|---|---|---|
| 北 京 | 142576 | 0.31 | 76904 | 0.35 | 392 | 53.66 |
| 天 津 | 206547 | 0.45 | 24994 | 0.11 | 55 | 12.07 |
| 河 北 | 517380 | 1.13 | 69752 | 0.32 | 41 | 13.47 |
| 山 西 | 1452462 | 3.18 | 321953 | 1.47 | 0 | 22.17 |
| 内蒙古 | 3548900 | 7.76 | 2929138 | 13.36 | 28139 | 81.74 |
| 辽 宁 | 1467545 | 3.21 | 188212 | 0.86 | 71 | 12.82 |
| 吉 林 | 1379839 | 3.02 | 177252 | 0.81 | 0 | 12.85 |
| 黑龙江 | 269109 | 0.59 | 150377 | 0.69 | … | 55.88 |
| 上 海 | 570844 | 1.25 | 196260 | 0.90 | 34 | 34.37 |
| 江 苏 | 1809922 | 3.96 | 688173 | 3.14 | 361 | 38.00 |
| 浙 江 | 1005994 | 2.20 | 304352 | 1.39 | 541 | 30.20 |
| 安 徽 | 332003 | 0.73 | 98981 | 0.45 | 1 | 29.81 |
| 福 建 | 296570 | 0.65 | 39527 | 0.18 | 147 | 13.28 |
| 江 西 | 105525 | 0.23 | 11291 | 0.05 | 0 | 10.70 |
| 山 东 | 2813908 | 6.15 | 292006 | 1.33 | 39491 | 8.97 |
| 河 南 | 566246 | 1.24 | 134111 | 0.61 | … | 23.68 |
| 湖 北 | 808784 | 1.77 | 98563 | 0.45 | 11229 | 10.80 |
| 湖 南 | 17012287 | 37.20 | 14166796 | 64.61 | 22059 | 83.14 |
| 广 东 | 1836559 | 4.02 | 762574 | 3.48 | 10095 | 40.97 |
| 广 西 | 621385 | 1.36 | 305022 | 1.39 | 53 | 49.08 |
| 海 南 | 12536 | 0.03 | 1909 | 0.01 |  | 15.23 |
| 重 庆 | 325943 | 0.71 | 76178 | 0.35 | 13 | 23.37 |
| 四 川 | 892598 | 1.95 | 200408 | 0.91 | 1676 | 22.26 |
| 贵 州 | 885812 | 1.94 | 80040 | 0.37 | 1 | 9.04 |
| 云 南 | 1135734 | 2.48 | 10541 | 0.05 | 0 | 0.93 |
| 陕 西 | 228208 | 0.50 | 59633 | 0.27 | 13 | 26.13 |
| 甘 肃 | 400127 | 0.87 | 168899 | 0.77 | 0 | 42.21 |
| 青 海 | 2528354 | 5.53 | 2921 | 0.01 |  | 0.12 |
| 宁 夏 | 130076 | 0.28 | 16104 | 0.07 | 0 | 12.38 |
| 新 疆 | 2433180 | 5.32 | 274720 | 1.25 | 0 | 11.29 |
| 合 计 | 45736951 |  | 21927591 |  | 114411 | 47.69 |

注：表中“…”表示数值小于汇总数据最低保留位数，但不为“0”。

### 4.5.4 危险废物贮存情况

危险废物本年贮存量 812.45 万吨，占危险废物产生量的 17.76%；其中：符合环境保护要求的贮存量 275.64 万吨，占危险废物本年贮存量的 33.93%。危险废物往年贮存量 4430.35 万吨。危险废物符合环境保护要求的本年贮存量比例低，尚有三分之二的本年贮存量（即 536.81 万吨）达不到危险废物贮存污染控制规定要求；危险废物往年贮存量大。危险废物贮存仍存在较大的环境污染风险。

#### 4.5.4.1 分类贮存情况

本年贮存量较大的危险废物中：石棉废物本年贮存量357.92万吨，占产生量的82.85%；其中符合环境保护要求的贮存量比例低，不到本年贮存量的0.01%。

无机氰化物废物本年贮存量144.45万吨，占产生量的29.81%；其中符合环境保护要求的贮存量124.40万吨，占本年贮存量的86.12%。

含锌废物本年贮存量83.94万吨，占产生量的35.75%；其中符合环境保护要求的贮存量60.34万吨，占本年贮存量的71.89%。

含铅废物本年贮存量46.32万吨，占产生量的3.19%；其中符合环境保护要求的贮存量比例低，为10.53万吨，占本年贮存量的22.73%。

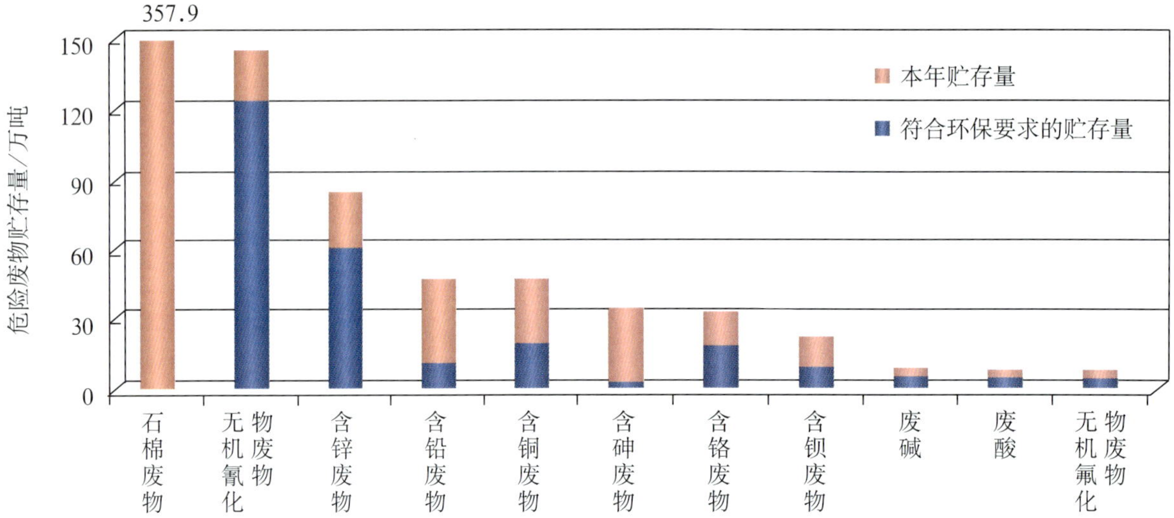


图 4-5-6 全国主要危险废物本年贮存量

含铜废物本年贮存量46.24万吨，占产生量的35.95%；其中符合环境保护要求的贮存量19.64万吨，占本年贮存量的42.49%。

含砷废物本年贮存量33.71万吨，占产生量的42.31%；其中符合环境保护要求的贮存量比例低，为2.86万吨，占本年贮存量的8.47%。

含铬废物本年贮存量31.90万吨，占产生量的21.52%；其中符合环境保护要求的贮存量18.39万吨，占本年贮存量的57.65%。

往年贮存量大的危险废物主要有：石棉废物往年贮存量2775.77万吨，占危险废物往年贮存总量的62.65%。主要集中在非金属矿采选业。新疆、青海等省（自治区）石棉废物往年贮存量大。

无机氰化物废物往年贮存量856.84万吨，占危险废物往年贮存总量的19.34%。主要行业为有色金属矿采选业；往年贮存量较大的地区包括吉林、广西、内蒙古、河北、湖南等省（自治区）。

含铬废物往年贮存量206.35万吨，占危险废物往年贮存总量的4.66%。主要行业为化学原料及化学制品制造业、黑色金属冶炼及压延加工业；辽宁、云南、河南、甘肃、内蒙古、青海、重庆、山东、湖北、湖南等省（自治区、直辖市）含铬废物往年贮存量较大。

表 4-5-7　全国各类危险废物贮存情况

| 危险废物种类 | 本年贮存量/吨 | 占本年贮存总量比例/% | 本年贮存量占产生量比例/% | 其中：符合环保要求的贮存量/吨 | 符合环保要求贮存量占本年贮存量比例/% | 往年贮存量/吨 | 占往年贮存总量比例/% |
|---|---|---|---|---|---|---|---|
| 合计 | 8124537 | | 17.76 | 2756417 | 33.93 | 44303532 | |
| 含铅废物 | 463288 | 5.70 | 3.19 | 105316 | 22.73 | 784430 | 1.77 |
| 无机氰化物废物 | 1444527 | 17.78 | 29.81 | 1243961 | 86.12 | 8568399 | 19.34 |
| 废碱 | 81998 | 1.01 | 1.82 | 57944 | 70.67 | 378319 | 0.85 |
| 石棉废物 | 3579233 | 44.05 | 82.85 | 148 | … | 27757658 | 62.65 |
| 废酸 | 70239 | 0.86 | 1.68 | 48514 | 69.07 | 187226 | 0.42 |
| 含锌废物 | 839438 | 10.33 | 35.75 | 603431 | 71.89 | 1568762 | 3.54 |
| 含铬废物 | 318966 | 3.93 | 21.52 | 183870 | 57.65 | 2063532 | 4.66 |
| 含铜废物 | 462396 | 5.69 | 35.95 | 196449 | 42.49 | 4201 | 0.01 |
| 废矿物油 | 36675 | 0.45 | 4.50 | 29402 | 80.17 | 133455 | 0.30 |
| 含砷废物 | 337140 | 4.15 | 42.31 | 28557 | 8.47 | 154586 | 0.35 |
| 无机氟化物废物 | 65238 | 0.80 | 8.49 | 38474 | 58.97 | 237902 | 0.54 |
| 染料、涂料废物 | 8235 | 0.10 | 1.23 | 4650 | 56.46 | 11357 | 0.03 |
| 含钡废物 | 210135 | 2.59 | 31.64 | 88867 | 42.29 | 79572 | 0.18 |
| 表面处理废物 | 13637 | 0.17 | 2.11 | 8160 | 59.83 | 1898 | … |
| 精（蒸）馏残渣 | 7759 | 0.10 | 1.26 | 4003 | 51.59 | 32615 | 0.07 |
| 含酚废物 | 192 | … | 0.04 | 157 | 81.78 | 168 | … |
| 医药废物 | 771 | 0.01 | 0.20 | 388 | 50.39 | 111 | … |
| 有机氰化物废物 | 4 | | … | 3.6 | 90.64 | 401 | … |
| 废有机溶剂 | 506 | 0.01 | 0.16 | 253 | 49.99 | 113 | … |
| 有机溶剂废物 | 3367 | 0.04 | 1.24 | 3327 | 98.80 | 144 | … |
| 有机树脂类废物 | 4270 | 0.05 | 1.90 | 1587 | 37.17 | 449 | … |
| 废乳化液 | 2380 | 0.03 | 1.07 | 1263 | 53.08 | 428 | … |
| 农药废物 | 2153 | 0.03 | 1.42 | 162 | 7.50 | 1016 | … |
| 新化学品废物 | 125140 | 1.54 | 85.12 | 83765 | 66.94 | 348827 | 0.79 |
| 含镍废物 | 17520 | 0.22 | 17.18 | 1230 | 7.02 | 462 | … |
| 含镉废物 | 11194 | 0.14 | 15.44 | 10791 | 96.40 | 14500 | 0.03 |
| 焚烧处置残渣 | 140 | … | 0.23 | 127 | 90.73 | 34 | … |
| 废卤化有机溶剂 | 39 | … | 0.09 | 35 | 89.39 | 14 | … |
| 含汞废物 | 7327 | 0.09 | 17.74 | 6127 | 83.62 | 1943212 | 4.39 |
| 含锑废物 | 1115 | 0.01 | 6.01 | 6 | 0.49 | 13 | … |
| 废药物、药品 | 154 | … | 0.88 | 127 | 82.47 | 20 | … |
| 含有机卤化物废物 | 40 | … | 0.25 | 39.9 | 99.73 | 5 | … |
| 感光材料废物 | 103 | … | 0.67 | 71 | 69.22 | 23 | … |
| 含铍废物 | 3700 | 0.05 | 31.62 | 0.2 | … | 8001 | 0.02 |
| 热处理含氰废物 | 499 | 0.01 | 17.39 | 492 | 98.56 | 2 | … |
| 木材防腐剂废物 | 20 | … | 8.78 | 20 | 100 | 30 | … |
| 含铊废物 | 3 | … | 0.72 | 0 | 0 | 2 | … |
| 含多氯联苯废物 | 0.04 | … | 0.05 | 0.04 | 100 | 2500 | 0.01 |
| 其他危险废物 | 4996 | 0.06 | 1.48 | 4700 | 94.09 | 19143 | 0.04 |

注：表中“…”表示数值小于汇总数据最低保留位数，但不为“0”。

含锌废物往年贮存量156.88万吨，占危险废物往年贮存总量的3.54%。主要行业为有色金属矿采选业、有色金属冶炼及压延加工业。辽宁、山西、湖南、甘肃等省含锌废物往年贮存量较大。

含铅废物往年贮存量78.44万吨，占危险废物往年贮存总量的1.77%。主要行业为有色金属矿采选业；含铅废物往年贮存量较大的地区有湖南、广西、陕西、山西等省（自治区）。

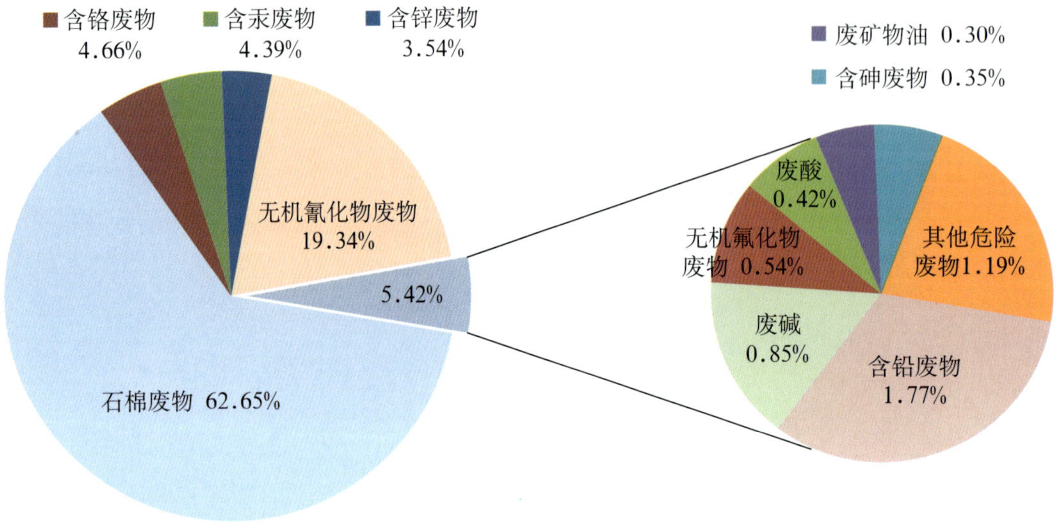


**图4-5-7　全国主要危险废物往年贮存量比例**

#### 4.5.4.2　分工业行业贮存情况

采矿业危险废物本年贮存量大，占工业危险废物本年贮存总量的四分之三以上。其中：非金属矿采选业危险废物本年贮存量为357.59万吨，占全国工业危险废物本年贮存量的44.01%，占该行业危险废物产生量的83.06%。全部为石棉废物。

有色金属矿采选业危险废物本年贮存量260.47万吨，占全国工业危险废物本年贮存量的32.06%，占该行业危险废物产生量的13.15%。其中，符合环境保护要求的贮存量占该行业本年贮存量的61.78%。本年贮存的危险废物主要有无机氰化物废物、含铅废物、含铜废物、含砷废物、含锌废物等。

有色金属冶炼及压延加工业危险废物本年贮存量112.30万吨，占全国工业危险废物本年贮存总量的13.82%；占该行业危险废物产生量的32.87%。其中，符合环境保护要求的贮存量占本年贮存量的64.06%。本年贮存量大的危险废物主要有含锌废物、无机氰化物废物、含砷废物、无机氟化物废物、含铜废物等。

化学原料及化学制品制造业危险废物本年贮存量50.55万吨，占全国工业危险废物本年贮存总量的6.22%；占该行业危险废物产生量的6.90%。其中：符合环境保护要求的贮存量占本年贮存量的52.65%。本年贮存量大的危险废物主要有含铬废物、含钡废物、废碱、废酸、含锌废物、无机氟化物废物等。

黑色金属冶炼及压延加工业危险废物本年贮存量20.93万吨，占全国工业危险废物本年贮存总量的2.58%；占该行业危险废物产生量的10.02%。其中：符合环境保护要求的贮存量占本年贮存量的44.35%。本年贮存量大的危险废物主要为含铬废物等。

危险废物往年贮存量大的工业行业仍为上述的非金属矿采选业、有色金属矿采选业、有色金属冶炼及压延加工业、化学原料及化学制品制造业、黑色金属冶炼及压延加工业等行业。

非金属矿采选业危险废物往年贮存量 2775.76 万吨，占全国工业危险废物往年贮存量的 62.65%。贮存的危险废物主要是石棉废物。

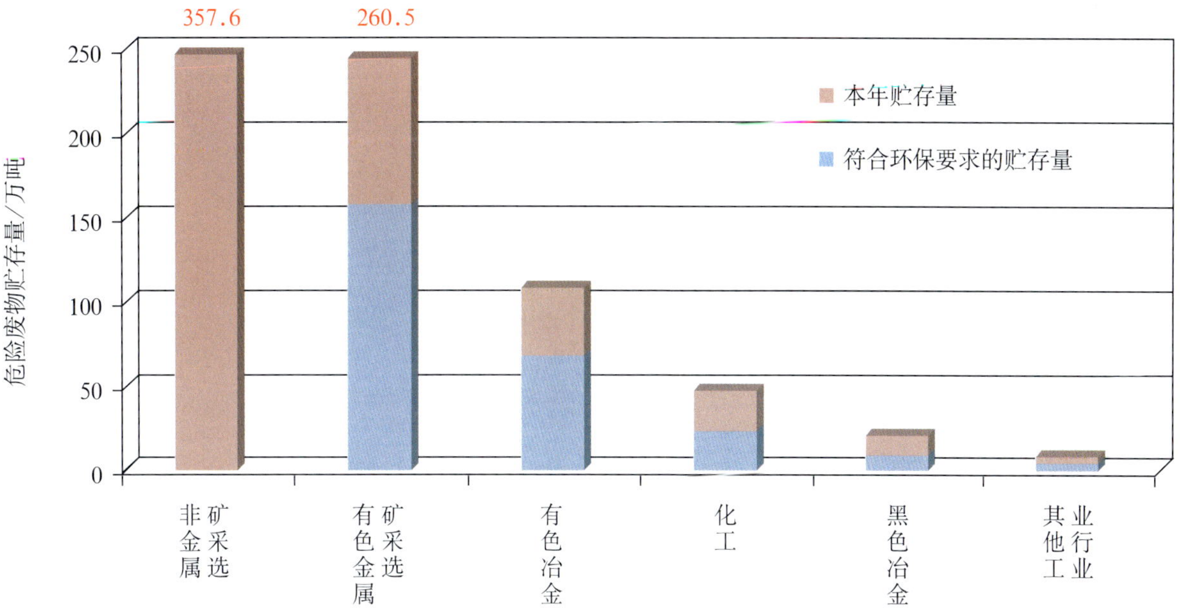


图 4-5-8　全国工业行业危险废物本年贮存量

有色金属矿采选业危险废物往年贮存量 1075.44 万吨，占工业危险废物往年贮存总量的 24.27%；贮存的危险废物主要有无机氰化物废物、含锌废物、含铅废物等。

有色金属冶炼及压延加工业危险废物往年贮存量 287.29 万吨，占工业危险废物往年贮存总量的 6.48%。贮存的危险废物主要有无机氟化物废物、无机氰化物废物、含锌废物、含砷废物等。

化学原料及化学制品制造业危险废物往年贮存量 201.88 万吨，占工业危险废物往年贮存总量的 4.56%。贮存的危险废物主要包括含铬废物、废酸、废碱、含钡废物、无机氟化物废物、精（蒸）馏残渣等。

黑色金属冶炼及压延加工业危险废物往年贮存量 47.61 万吨，主要为含铬废物等。

#### 4.5.4.3　分地区贮存情况

危险废物本年贮存量大的省（区）中，青海危险废物本年贮存量 198.92 万吨，占本地区危险废物产生量的 78.68%；其中，符合环境保护要求的贮存量占本年贮存量的比例低，仅 1.75%。往年贮存量 1191.76 万吨，占全国工业危险废物往年贮存量的 26.90%。贮存量大的危险废物主要是石棉废物。

新疆危险废物本年贮存量 187.04 万吨，占本地区危险废物产生量的 76.87%；其中，符合环境保护要求的贮存量占本年贮存量的 6.18%。往年贮存量 1626.84 万吨，占全国工业危险废物往年贮存量的 36.72%。贮存量大的危险废物主要是石棉废物。

**表 4-5-8　全国工业行业危险废物贮存情况**

| 工 业 行 业 | 本年贮存量/吨 | 占本年贮存总量比例/% | 本年贮存量占产生量比例/% | 其中：符合环保要求的贮存量/吨 | 符合环保要求贮存量占本年贮存量比例/% | 往年贮存量/吨 | 占往年贮存总量比例/% |
|---|---|---|---|---|---|---|---|
| 非金属矿采选业 | 3575882 | 44.01 | 83.06 | | | 27757625 | 62.65 |
| 有色金属矿采选业 | 2604703 | 32.06 | 13.15 | 1609313 | 61.78 | 10754437 | 24.27 |
| 有色金属冶炼及压延加工业 | 1122990 | 13.82 | 32.87 | 719370 | 64.06 | 2872878 | 6.48 |
| 化学原料及化学制品制造业 | 505541 | 6.22 | 6.90 | 266169 | 52.65 | 2018809 | 4.56 |
| 黑色金属冶炼及压延加工业 | 209290 | 2.58 | 10.02 | 92812 | 44.35 | 476058 | 1.07 |
| 石油和天然气开采业 | 27251 | 0.34 | 11.45 | 21336 | 78.29 | 117370 | 0.26 |
| 造纸及纸制品业 | 13688 | 0.17 | 0.43 | 13670 | 99.87 | 43366 | 0.10 |
| 石油加工、炼焦及核燃料加工业 | 10378 | 0.13 | 0.78 | 7262 | 69.97 | 17014 | 0.04 |
| 金属制品业 | 9424 | 0.12 | 1.73 | 8065 | 85.57 | 1793 | … |
| 纺织业 | 2871 | 0.04 | 1.06 | 1217 | 42.37 | 10039 | 0.02 |
| 电气机械及器材制造业 | 5070 | 0.06 | 2.35 | 2638 | 52.04 | 160 | … |
| 交通运输设备制造业 | 3384 | 0.04 | 1.15 | 2052 | 60.65 | 610 | … |
| 非金属矿物制品业 | 3213 | 0.04 | 1.28 | 151 | 4.71 | 256 | … |
| 通用设备制造业 | 2940 | 0.04 | 1.38 | 1002 | 34.08 | 225 | … |
| 通信设备、计算机及其他电子设备制造业 | 1890 | 0.02 | 0.16 | 1612 | 85.32 | 170 | … |
| 医药制造业 | 1238 | 0.02 | 0.26 | 721 | 58.19 | 135 | … |
| 化学纤维制造业 | 1225 | 0.02 | 0.88 | 790 | 64.46 | 224557 | 0.51 |
| 其他工业行业 | 23558 | 0.29 | 5.14 | 8237 | 34.96 | 8029 | 0.02 |
| 合　计 | 8124537 | | 17.76 | 2756417 | 33.93 | 44303532 | |

注：表中“…”表示数值小于汇总数据最低保留位数，但不为“0”。

山西危险废物本年贮存量 88.05 万吨，占本地区危险废物产生量的 60.62%；其中，符合环境保护要求的贮存量占本年贮存量的比例低，仅 0.33%。往年贮存量 82.08 万吨，占全国工业危险废物往年贮存量的 1.85%。贮存的危险废物主要是含铅废物、含锌废物、含砷废物等。

吉林危险废物本年贮存量 67.91 万吨，占本地区危险废物产生量的 49.21%；其中，符合环境保护要求的贮存量占本年贮存量的 97.95%。往年贮存量 421.33 万吨，占全国工业危险废物往年贮存量的 9.51%。贮存量大的危险废物为无机氰化物废物等。

云南危险废物本年贮存量 54.99 万吨，占本地区危险废物产生量的 48.41%；其中，符合环境保护要求的贮存量占本年贮存量的 81.53%。往年贮存量 45.58 万吨，占全国工业危险废物往年贮存量的 1.03%。贮存的危险废物主要有含铬废物、含砷废物、无机氟化物废物、含锌废物等。

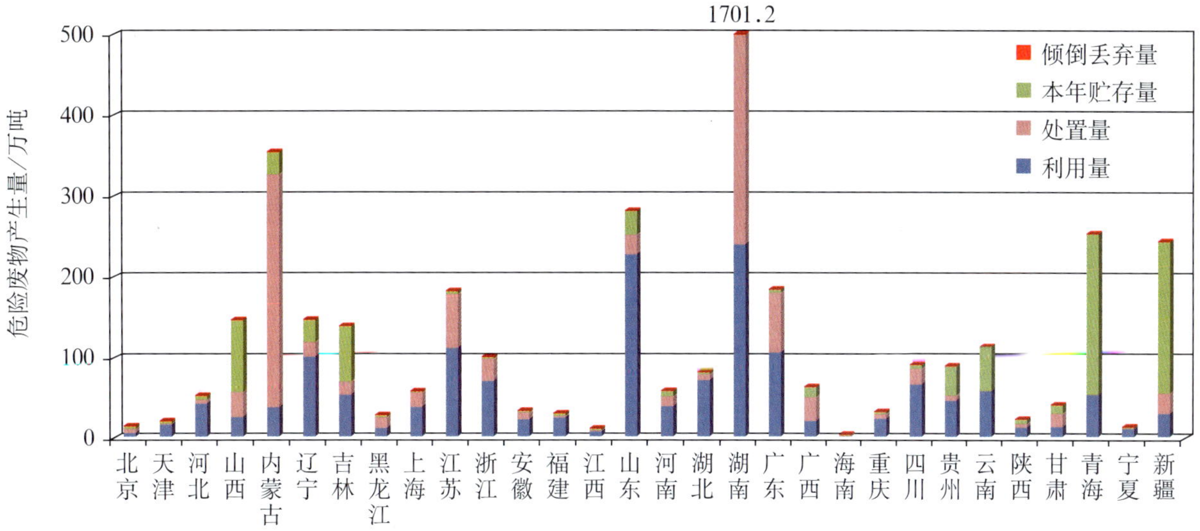


**图 4-5-9　全国各地区危险废物利用、处置、贮存、丢弃量**

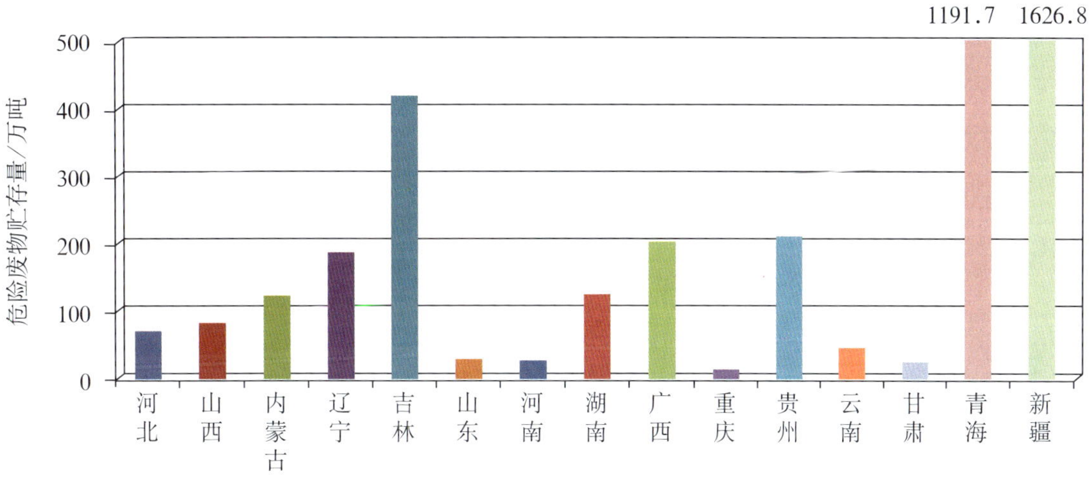


**图 4-5-10　部分地区危险废物往年贮存量**

湖南危险废物本年贮存量 47.69 万吨，占本地区危险废物产生量的 2.80%；其中，符合环境保护要求的贮存量占本年贮存量的 78.32%。往年贮存量 127.85 万吨，占全国工业危险废物往年贮存量的 2.89%。贮存量大的危险废物主要包括无机氰化物废物、含铅废物、含锌废物、含铬废物、含砷废物等。

贵州危险废物本年贮存量 34.87 万吨，占本地区危险废物产生量的 39.36%；其中，符合环境保护要求的贮存量占本年贮存量的 28.93%。往年贮存量 210.78 万吨，占全国工业危险废物往年贮存量的 4.76%。无机氟化物废物、含钡废物、含汞废物等贮存量较大。

山东危险废物本年贮存量 29.90 万吨，占本地区危险废物产生量的 10.63%；其中，符合环境保护要求的贮存量占本年贮存量的 96.76%。往年贮存量 30.75 万吨，占全国工业危险废物往年贮存量的 0.69%。贮存量大的主要危险废物为含铬废物、无机氰化物废物、废矿物油等。

此外，内蒙古、辽宁、广西、河北等省、自治区危险废物往年贮存量较大，分别为 126.18 万吨、188.26 万吨、200.47 万吨、69.13 万吨，占全国工业危险废物往年贮存量的 2.85%、4.25%、4.52% 和 1.56%；贮存量较大的危险废物为：内蒙古主要为无机氰化物废物、含铬废物等；辽宁主要为含锌废物、含铬废物、无机氰化物废物等；广西主要为无机氰化物废物、含铅废物、无机氟化物废物等；河北主要为无机氰化物废物、含铬废物等。

### 4.5.5 危险废物倾倒丢弃情况

全国工业危险废物倾倒丢弃量 3.94 万吨，其中倾倒丢弃量较大的有：染料涂料废物 1.24 万吨，占工业危险废物倾倒丢弃总量的 32.04%；废碱 0.75 万吨，占 18.98%；废酸 0.47 万吨，占 11.95%；含铜废物 0.30 万吨，占 7.56%；表面处理废物 0.23 万吨，占 5.93%；废乳化液 0.21 万吨，占 5.37%；石棉废物 0.18 万吨，占 4.68%；废矿物油 0.16 万吨，占 4.16%。

此外，含重金属（铬、铅、镉、汞等）废物、有机溶剂废物、含氰化物废物、含砷废物、焚烧处置残渣等均有倾倒丢弃情况，造成环境危害的风险大。

**表 4-5-9 全国各地区危险废物贮存情况**

| 地 区 | 本年贮存量/吨 | 占本年贮存总量比例/% | 本年贮存量占产生量比例/% | 其中：符合环保要求的贮存量/吨 | 符合要求贮存量占本年贮存量比例/% | 往年贮存量/吨 | 占往年贮存总量比例/% |
|---|---|---|---|---|---|---|---|
| 北 京 | 469 | 0.01 | 0.33 | 285 | 60.62 | 367 | … |
| 天 津 | 5471 | 0.07 | 2.65 | 393 | 7.18 | 52.5 | … |
| 河 北 | 33102 | 0.41 | 6.40 | 32921 | 99.46 | 691337 | 1.56 |
| 山 西 | 880524 | 10.84 | 60.62 | 2947 | 0.33 | 820794 | 1.85 |
| 内蒙古 | 274807 | 3.38 | 7.74 | 213067 | 77.53 | 1261805 | 2.85 |
| 辽 宁 | 272550 | 3.35 | 18.57 | 168367 | 61.77 | 1882600 | 4.25 |
| 吉 林 | 679039 | 8.36 | 49.21 | 665109 | 97.95 | 4213289 | 9.51 |
| 黑龙江 | 3219 | 0.04 | 1.20 | 714 | 22.17 | 5547 | 0.01 |
| 上 海 | 754 | 0.01 | 0.13 | 592 | 78.52 | 141 | … |
| 江 苏 | 17257 | 0.21 | 0.95 | 6956 | 40.31 | 20033 | 0.05 |
| 浙 江 | 9699 | 0.12 | 0.96 | 7184 | 74.08 | 16636 | 0.04 |
| 安 徽 | 2311 | 0.03 | 0.70 | 757 | 32.75 | 1617 | … |
| 福 建 | 20276 | 0.25 | 6.84 | 4482 | 22.11 | 6045 | 0.01 |
| 江 西 | 8319 | 0.10 | 7.88 | 4318 | 51.90 | 2110 | … |
| 山 东 | 298989 | 3.68 | 10.63 | 289299 | 96.76 | 307506 | 0.69 |
| 河 南 | 52758 | 0.65 | 9.32 | 33242 | 63.01 | 241021 | 0.54 |
| 湖 北 | 11053 | 0.14 | 1.37 | 4916 | 44.48 | 111157 | 0.25 |
| 湖 南 | 476923 | 5.87 | 2.80 | 373524 | 78.32 | 1278485 | 2.89 |
| 广 东 | 24867 | 0.31 | 1.35 | 18571 | 74.68 | 85871 | 0.19 |
| 广 西 | 114466 | 1.41 | 18.42 | 89663 | 78.33 | 2004666 | 4.52 |
| 海 南 | 208 | 0.00 | 1.66 | 203 | 97.59 | 300 | … |
| 重 庆 | 12611 | 0.16 | 3.87 | 1333 | 10.57 | 177453 | 0.40 |
| 四 川 | 26354 | 0.32 | 2.95 | 21523 | 81.67 | 52407 | 0.12 |
| 贵 州 | 348685 | 4.29 | 39.36 | 100892 | 28.93 | 2107791 | 4.76 |
| 云 南 | 549785 | 6.77 | 48.41 | 448217 | 81.53 | 455801 | 1.03 |
| 陕 西 | 43696 | 0.54 | 19.15 | 39777 | 91.03 | 115591 | 0.26 |
| 甘 肃 | 90951 | 1.12 | 22.73 | 76701 | 84.33 | 256356 | 0.58 |
| 青 海 | 1989207 | 24.48 | 78.68 | 34884 | 1.75 | 11917625 | 26.90 |
| 宁 夏 | 5761 | 0.07 | 4.43 | 74 | 1.28 | 700 | … |
| 新 疆 | 1870427 | 23.02 | 76.87 | 115506 | 6.18 | 16268428 | 36.72 |
| 合 计 | 8124537 | | 17.76 | 2756417 | 33.93 | 44303532 | |

注：表中“…”表示数值小于汇总数据最低保留位数，但不为“0”。

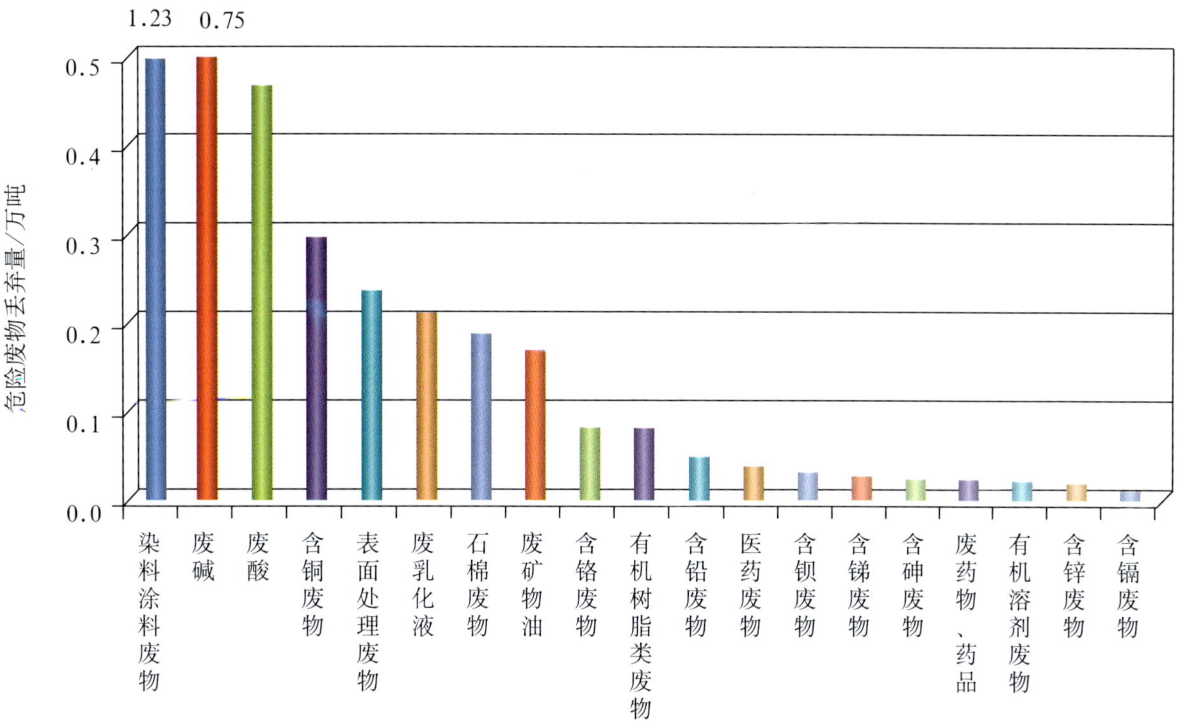


**图 4-5-11　全国主要危险废物倾倒丢弃量**

化学原料及化学制品制造业危险废物倾倒丢弃量 0.65 万吨，占全国工业危险废物倾倒丢弃总量的 16.58%，居各工业行业首位；倾倒的主要危险废物包括染料涂料废物、含钡废物、废酸、医药废物、有机溶剂废物等。

其次为造纸及纸制品业，危险废物倾倒丢弃量 0.55 万吨，占危险废物倾倒丢弃总量的 13.91%；倾倒的主要危险废物为废碱等。

交通运输设备制造业危险废物倾倒丢弃量 0.42 万吨，占危险废物倾倒丢弃总量的 10.75%；倾倒的主要危险废物为废酸、染料涂料废物、废乳化液、废矿物油等。

通用设备制造业危险废物倾倒丢弃量 0.38 万吨，占危险废物倾倒丢弃总量的 9.58%；倾倒的主要危险废物为石棉废物、废酸、染料涂料废物、废乳化液等。

**表 4-5-10　全国各类危险废物倾倒丢弃情况**

| 危险废物名称 | 产生量 / 吨 | 倾倒丢弃量 / 吨 | 占倾倒丢弃总量比例 /% | 占产生量比例 /% | | | |
|---|---|---|---|---|---|---|---|
| | | | | 利用率 | 处置率 | 本年贮存 | 倾倒丢弃 |
| 合计 | 45736951 | 39399 | | 34.46 | 47.69 | 17.76 | 0.09 |
| 含铅废物 | 14512822 | 455 | 1.15 | 5.54 | 91.27 | 3.19 | … |
| 无机氰化物废物 | 4845924 | … | … | 5.83 | 64.36 | 29.81 | … |
| 废碱 | 4507366 | 7476 | 18.98 | 83.89 | 14.12 | 1.82 | 0.17 |
| 石棉废物 | 4320154 | 1843 | 4.68 | 13.82 | 3.29 | 82.85 | 0.04 |
| 废酸 | 4185165 | 4709 | 11.95 | 81.29 | 16.92 | 1.68 | 0.11 |
| 含锌废物 | 2348299 | 139 | 0.35 | 26.97 | 37.28 | 35.75 | 0.01 |
| 含铬废物 | 1482005 | 820 | 2.08 | 70.25 | 8.17 | 21.52 | 0.06 |
| 含铜废物 | 1286308 | 2979 | 7.56 | 44.92 | 18.90 | 35.95 | 0.23 |

| 危险废物名称 | 产生量/吨 | 倾倒丢弃量/吨 | 占倾倒丢弃总量比例/% | 占产生量比例/% | | | |
|---|---|---|---|---|---|---|---|
| | | | | 利用率 | 处置率 | 本年贮存 | 倾倒丢弃 |
| 废矿物油 | 815832 | 1639 | 4.16 | 63.87 | 31.43 | 4.50 | 0.20 |
| 含砷废物 | 796838 | 203 | 0.51 | 28.07 | 29.59 | 42.31 | 0.03 |
| 无机氟化物废物 | 768663 | 43 | 0.11 | 86.33 | 5.18 | 8.49 | 0.01 |
| 染料、涂料废物 | 669049 | 12363 | 31.38 | 32.04 | 64.88 | 1.23 | 1.85 |
| 含钡废物 | 664230 | 286 | 0.73 | 58.94 | 9.38 | 31.64 | 0.04 |
| 表面处理废物 | 647765 | 2335 | 5.93 | 46.75 | 50.78 | 2.11 | 0.36 |
| 精（蒸）馏残渣 | 615593 | 8 | 0.02 | 75.09 | 23.64 | 1.26 | … |
| 含酚废物 | 472222 | 0.5 | … | 87.69 | 12.27 | 0.04 | … |
| 医药废物 | 375993 | 328 | 0.83 | 77.93 | 21.78 | 0.20 | 0.09 |
| 有机氰化物废物 | 325877 | 3 | 0.01 | 31.66 | 68.33 | … | … |
| 废有机溶剂 | 321050 | 35 | 0.09 | 67.65 | 32.18 | 0.16 | 0.01 |
| 有机溶剂废物 | 272058 | 169 | 0.43 | 42.89 | 55.81 | 1.24 | 0.06 |
| 有机树脂类废物 | 224802 | 737 | 1.87 | 43.03 | 54.74 | 1.90 | 0.33 |
| 废乳化液 | 222130 | 2116 | 5.37 | 44.54 | 53.44 | 1.07 | 0.95 |
| 农药废物 | 151903 | 0 | 0 | 58.45 | 40.13 | 1.42 | 0 |
| 新化学品废物 | 147013 | 2.20 | 0.01 | 11.91 | 2.97 | 85.12 | … |
| 含镍废物 | 101985 | 1.77 | … | 60.99 | 21.83 | 17.18 | … |
| 含镉废物 | 72485 | 105 | 0.27 | 79.66 | 4.75 | 15.44 | 0.14 |
| 焚烧处置残渣 | 62044 | … | … | 91.34 | 8.43 | 0.23 | … |
| 废卤化有机溶剂 | 43005 | 4.33 | 0.01 | 84.61 | 15.29 | 0.09 | 0.01 |
| 含汞废物 | 41301 | 22.74 | 0.06 | 55.67 | 26.53 | 17.74 | 0.06 |
| 爆炸性废物 | 37707 | 0 | 0 | 96.75 | 3.24 | 0.01 | 0 |
| 有机磷化合物废物 | 19667 | 0 | 0 | 94.57 | 5.41 | 0.02 | 0 |
| 含锑废物 | 18559 | 282 | 0.72 | 88.12 | 4.35 | 6.01 | 1.52 |
| 废药物、药品 | 17541 | 189 | 0.48 | 59.27 | 38.77 | 0.88 | 1.08 |
| 含有机卤化物废物 | 16223 | 0 | 0 | 69.66 | 30.09 | 0.25 | 0 |
| 感光材料废物 | 15477 | 7.58 | 0.02 | 17.37 | 81.92 | 0.67 | 0.04 |
| 含铍废物 | 11702 | 0 | 0 | 36.92 | 31.46 | 31.62 | 0 |
| 含金属羰基化合物废物 | 6175 | 1.5 | … | 95.99 | 3.82 | 0.16 | 0.02 |
| 热处理含氰废物 | 2869 | 40 | 0.10 | 31.30 | 49.92 | 17.39 | 1.39 |
| 含醚废物 | 2199 | 0.6 | … | 44.68 | 55.14 | 0.16 | 0.03 |
| 含碲废物 | 1166 | 8 | 0.02 | 52.55 | 46.79 | 0.01 | 0.64 |
| 含铊废物 | 415 | 0 | 0 | 5.23 | 94.04 | 0.73 | 0 |
| 含硒废物 | 312 | 37.5 | 0.10 | 15.60 | 72.30 | 0.10 | 12.00 |
| 木材防腐剂废物 | 228 | 0 | 0 | 67.96 | 23.26 | 8.78 | 0 |
| 医院临床废物 | 81 | 0 | 0 | 0.01 | 98.32 | 1.66 | 0 |
| 含多氯联苯废物 | 68 | 0 | 0 | 25.12 | 74.83 | 0.05 | 0 |
| 含多氯苯并呋喃类废物 | 47 | 0 | 0 | 1.08 | 98.92 | … | 0 |
| 其他危险废物 | 286633 | 10.03 | 0.03 | 24.73 | 73.53 | 1.74 | … |

注：表中“…”表示数值小于汇总数据最低保留位数，但不为“0”。

表 4-5-11 全国工业行业危险废物倾倒丢弃情况

| 工业行业 | 产生量/吨 | 倾倒丢弃量/吨 | 占丢弃总量比例/% | 占产生量比例/% | | | |
|---|---|---|---|---|---|---|---|
| | | | | 利用率 | 处置率 | 本年贮存 | 倾倒丢弃 |
| 有色金属矿采选业 | 19811835 | 1.50 | … | 1.30 | 85.55 | 13.15 | … |
| 化学原料及化学制品制造业 | 7322909 | 6533 | 16.58 | 69.69 | 23.32 | 6.90 | 0.09 |
| 非金属矿采选业 | 4304922 | 1.2 | … | 13.16 | 3.77 | 83.06 | … |
| 有色金属冶炼及压延加工业 | 3416468 | 1414 | 3.59 | 51.78 | 15.31 | 32.87 | 0.04 |
| 造纸及纸制品业 | 3170243 | 5481 | 13.91 | 97.13 | 2.27 | 0.43 | 0.17 |
| 黑色金属冶炼及压延加工业 | 2088106 | 2214 | 5.62 | 76.40 | 13.47 | 10.02 | 0.11 |
| 石油加工、炼焦及核燃料加工业 | 1328034 | 30 | 0.08 | 81.22 | 17.99 | 0.78 | … |
| 通信设备、计算机及其他电子设备制造业 | 1200924 | 2489 | 6.32 | 56.53 | 43.10 | 0.16 | 0.21 |
| 金属制品业 | 546068 | 2400 | 6.09 | 64.78 | 33.06 | 1.73 | 0.44 |
| 医药制造业 | 468119 | 334 | 0.85 | 78.48 | 21.18 | 0.26 | 0.07 |
| 交通运输设备制造业 | 293418 | 4236 | 10.75 | 36.62 | 60.78 | 1.15 | 1.44 |
| 纺织业 | 271700 | 2570 | 6.52 | 34.34 | 63.66 | 1.06 | 0.95 |
| 非金属矿物制品业 | 250769 | 1016 | 2.58 | 78.97 | 19.34 | 1.28 | 0.41 |
| 石油和天然气开采业 | 237948 | 1 | … | 25.15 | 63.39 | 11.45 | … |
| 电气机械及器材制造业 | 215555 | 465 | 1.18 | 64.96 | 32.47 | 2.35 | 0.22 |
| 通用设备制造业 | 213085 | 3773 | 9.58 | 48.01 | 48.84 | 1.38 | 1.77 |
| 化学纤维制造业 | 138467 | 1261 | 3.20 | 11.06 | 87.15 | 0.88 | 0.91 |
| 其他工业行业 | 458382 | 5179 | 13.15 | 41.97 | 51.76 | 5.14 | 1.13 |
| 合计 | 45736951 | 39399 | | 34.46 | 47.69 | 17.76 | 0.09 |

注：表中“…”表示数值小于汇总数据最低保留位数，但不为“0”。

危险废物倾倒丢弃量较大的省（自治区、直辖市）中，广东危险废物倾倒丢弃量 0.81 万吨，倾倒丢弃量大的危险废物为染料涂料废物、含铜废物等。

重庆危险废物倾倒丢弃量 0.68 万吨，倾倒丢弃的危险废物主要为废碱、染料涂料废物、石棉废物、表面处理废物、废矿物油等。

湖北危险废物倾倒丢弃量 0.39 万吨，倾倒丢弃的危险废物主要为染料涂料废物、废碱、废酸等。

湖南危险废物倾倒丢弃量 0.25 万吨，倾倒丢弃的危险废物主要为废乳化液、含铜废物、含锑废物、染料涂料废物、含铅废物、含铬废物、含镉废物等。

安徽危险废物倾倒丢弃量 0.23 万吨，倾倒丢弃的危险废物主要为染料涂料废物、废酸、废矿物油、废乳化液等。

辽宁危险废物倾倒丢弃量 0.21 万吨，其中废碱、石棉废物等倾倒丢弃量大。

内蒙古危险废物倾倒丢弃量 0.19 万吨，其中废酸倾倒丢弃量大。

江西危险废物倾倒丢弃量 0.15 万吨，倾倒丢弃量较大的危险废物有染料涂料废物、废酸、含砷废物、含铬废物等。

广西危险废物倾倒丢弃量 0.14 万吨，其中废酸、石棉废物、有机树脂类废物等倾倒丢弃量大。

表 4-5-12 全国各地区危险废物倾倒丢弃情况

| 地 区 | 产生量 / 吨 | 倾倒量 / 吨 | 占丢弃总量比例 /% | 占产生量比例 /% | | | |
|---|---|---|---|---|---|---|---|
| | | | | 利用率 | 处置率 | 本年贮存 | 倾倒丢弃 |
| 北 京 | 142576 | 0 | 0 | 46.01 | 53.66 | 0.33 | … |
| 天 津 | 206547 | 0 | 0 | 85.28 | 12.07 | 2.65 | … |
| 河 北 | 517380 | 813 | 2.06 | 79.97 | 13.47 | 6.40 | 0.16 |
| 山 西 | 1452462 | 482 | 1.22 | 17.18 | 22.17 | 60.62 | 0.03 |
| 内蒙古 | 3548900 | 1879 | 4.77 | 10.46 | 81.74 | 7.75 | 0.05 |
| 辽 宁 | 1467545 | 2073 | 5.26 | 68.47 | 12.82 | 18.57 | 0.14 |
| 吉 林 | 1379839 | 840 | 2.13 | 37.88 | 12.85 | 49.21 | 0.06 |
| 黑龙江 | 269109 | 437 | 1.11 | 42.76 | 55.88 | 1.20 | 0.16 |
| 上 海 | 570844 | 351 | 0.89 | 65.43 | 34.38 | 0.13 | 0.06 |
| 江 苏 | 1809922 | 1092 | 2.77 | 60.98 | 38.00 | 0.96 | 0.06 |
| 浙 江 | 1005994 | 585 | 1.48 | 68.78 | 30.20 | 0.96 | 0.06 |
| 安 徽 | 332003 | 2306 | 5.85 | 68.80 | 29.81 | 0.70 | 0.69 |
| 福 建 | 296570 | 824 | 2.09 | 79.60 | 13.28 | 6.84 | 0.28 |
| 江 西 | 105525 | 1478 | 3.75 | 80.02 | 10.70 | 7.88 | 1.40 |
| 山 东 | 2813908 | … | … | 80.40 | 8.97 | 10.63 | … |
| 河 南 | 566246 | 1070 | 2.72 | 66.81 | 23.68 | 9.32 | 0.19 |
| 湖 北 | 808784 | 3898 | 9.89 | 87.35 | 10.80 | 1.37 | 0.48 |
| 湖 南 | 17012287 | 2498 | 6.34 | 14.04 | 83.15 | 2.80 | 0.01 |
| 广 东 | 1836559 | 8103 | 20.57 | 57.23 | 40.97 | 1.36 | 0.44 |
| 广 西 | 621385 | 1427 | 3.62 | 32.27 | 49.08 | 18.42 | 0.23 |
| 海 南 | 12536 | 40 | 0.10 | 82.80 | 15.24 | 1.66 | 0.32 |
| 重 庆 | 325943 | 6817 | 17.30 | 70.67 | 23.37 | 3.87 | 2.09 |
| 四 川 | 892598 | 1023 | 2.60 | 74.66 | 22.26 | 2.95 | 0.11 |
| 贵 州 | 885812 | 17.9 | 0.05 | 51.60 | 9.04 | 39.36 | … |
| 云 南 | 1135734 | 0 | 0 | 50.66 | 0.93 | 48.41 | … |
| 陕 西 | 228208 | 759 | 1.93 | 54.39 | 26.13 | 19.15 | 0.33 |
| 甘 肃 | 400127 | 220 | 0.56 | 35.00 | 42.21 | 22.73 | 0.06 |
| 青 海 | 2528354 | 138 | 0.35 | 21.20 | 0.12 | 78.67 | 0.01 |
| 宁 夏 | 130076 | 0 | 0 | 83.19 | 12.38 | 4.43 | … |
| 新 疆 | 2433180 | 227 | 0.58 | 11.83 | 11.29 | 76.87 | 0.01 |
| 合 计 | 45736951 | 39399 | | 34.46 | 47.69 | 17.76 | 0.09 |

注：表中“…”表示数值小于汇总数据最低保留位数，但不为“0”。

表 4-5-13 全国危险废物产生、综合利用、处置、贮存、倾倒丢弃量汇总

| 危险废物种类 | 产生量 / 吨 | 利用量 / 吨 | 其中：利用往年贮存量 / 吨 | 处置量 / 吨 | 其中：处置往年贮存量 / 吨 | 本年贮存量 / 吨 | 其中：符合环保要求贮存量 / 吨 | 往年贮存量 / 吨 | 倾倒丢弃量 / 吨 |
|---|---|---|---|---|---|---|---|---|---|
| 合计 | 45736951 | 16448065 | 688230 | 21927591 | 114411 | 8124537 | 2756417 | 44303532 | 39399 |
| 含铅废物 | 14512822 | 807027 | 3362 | 13245429 | 14 | 463288 | 105316 | 784430 | 455 |
| 无机氰化物废物 | 4845924 | 287108 | 4500 | 3118808 | 21 | 1444527 | 1243961 | 8568399 | … |
| 废碱 | 4507366 | 3781590 | 285 | 668343 | 31757 | 81998 | 57944 | 378319 | 7476 |
| 石棉废物 | 4320154 | 788859 | 192000 | 142221 | 1 | 3579233 | 148 | 27757658 | 1843 |
| 废酸 | 4185165 | 3402185 | 131 | 708185 | 22 | 70239 | 48514 | 187226 | 4709 |
| 含锌废物 | 2348299 | 646544 | 13235 | 875485 | 72 | 839438 | 603431 | 1568762 | 139 |
| 含铬废物 | 1482005 | 1400078 | 359002 | 160411 | 39268 | 318966 | 183870 | 2063532 | 820 |
| 含铜废物 | 1286308 | 577791 | … | 243163 | 20 | 462396 | 196449 | 4201 | 2979 |
| 废矿物油 | 815832 | 603199 | 82091 | 295993 | 39582 | 36675 | 29402 | 133455 | 1639 |
| 含砷废物 | 796838 | 224547 | 864 | 235847 | 34 | 337140 | 28557 | 154586 | 203 |
| 无机氟化物废物 | 768663 | 694566 | 31000 | 41417 | 1600 | 65238 | 38474 | 237902 | 43 |
| 染料、涂料废物 | 669049 | 214484 | 89 | 434712 | 657 | 8235 | 4650 | 11357 | 12363 |
| 含钡废物 | 664230 | 391519 | 0 | 62289 | 0 | 210135 | 88867 | 79572 | 286 |
| 表面处理废物 | 647765 | 302862 | 29 | 329080 | 120 | 13637 | 8160 | 1898 | 2335 |
| 精（蒸）馏残渣 | 615593 | 463011 | 733 | 145945 | 398 | 7759 | 4003 | 32615 | 8 |
| 含酚废物 | 472222 | 414173 | 69 | 57925 | 0 | 192 | 157 | 168 | 1 |
| 医药废物 | 375993 | 293002 | 7 | 81903 | 4 | 771 | 388 | 111 | 328 |
| 有机氰化物废物 | 325877 | 103184 | 0 | 222786 | 100 | 4 | 3.6 | 401 | 3 |
| 废有机溶剂 | 321050 | 217208 | 20 | 103345 | 23 | 506 | 253 | 113 | 35 |
| 有机溶剂废物 | 272058 | 116677 | … | 151888 | 44 | 3367 | 3327 | 144 | 169 |
| 有机树脂类废物 | 224802 | 96745 | 12 | 123419 | 357 | 4270 | 1587 | 449 | 737 |
| 废乳化液 | 222130 | 98934 | 3 | 118906 | 202 | 2380 | 1263 | 428 | 2116 |
| 农药废物 | 151903 | 88788 | 0 | 60961 | 0 | 2153 | 162 | 1016 | 0 |
| 新化学品废物 | 147013 | 17502 | 0 | 4369 | 0 | 125140 | 83765 | 348827 | 2 |
| 含镍废物 | 101985 | 62498 | 302 | 22281 | 14 | 17520 | 1230 | 462 | 2 |
| 含镉废物 | 72485 | 58191 | 450 | 3445 | 0 | 11194 | 10791 | 14500 | 105 |
| 焚烧处置残渣 | 62044 | 56671 | 0 | 5235 | 2 | 140 | 127 | 34 | … |
| 废卤化有机溶剂 | 43005 | 36386 | 0 | 6581 | 5 | 39 | 35 | 14 | 4 |
| 含汞废物 | 41301 | 23023 | 31 | 11012 | 54 | 7327 | 6127 | 1943212 | 23 |
| 爆炸性废物 | 37707 | 36480 | 0 | 1224 | 1 | 2.7 | 1.7 | 2 | 0 |
| 有机磷化合物废物 | 19667 | 18600 | 0 | 1065 | 1 | 3 | 3 | 0.5 | 0 |
| 含锑废物 | 18559 | 16354 | 0 | 820 | 12 | 1115 | 6 | 13 | 282 |
| 废药物、药品 | 17541 | 10396 | … | 6808 | 6 | 154 | 127 | 20 | 189 |

| 危险废物种类 | 产生量/吨 | 利用量/吨 | 其中：利用往年贮存量/吨 | 处置量/吨 | 其中：处置往年贮存量/吨 | 本年贮存量/吨 | 其中：符合环保要求贮存量/吨 | 往年贮存量/吨 | 倾倒丢弃量/吨 |
|---|---|---|---|---|---|---|---|---|---|
| 含有机卤化物废物 | 16223 | 11302 | … | 4882 | 1 | 40 | 40 | 5 | 0 |
| 感光材料废物 | 15477 | 2693 | 5 | 12694 | 16 | 103 | 71 | 23 | 8 |
| 含铍废物 | 11702 | 4321 | 0 | 3681 | 0 | 3700 | … | 8001 | 0 |
| 含金属羰基化合物废物 | 6175 | 5938 | 11 | 236 | 0 | 10 | 10 | 11 | 2 |
| 热处理含氰废物 | 2869 | 898 | 0 | 1434 | 2 | 499 | 492 | 2 | 40 |
| 含醚废物 | 2199 | 982 | 0 | 1212 | 0 | 4 | 4 | 0 | 1 |
| 含碲废物 | 1166 | 613 | 0 | 546 | 0 | … | … | 0 | 8 |
| 含铊废物 | 415 | 22 | 0 | 392 | 2 | 3 | 0 | 2 | 0 |
| 含硒废物 | 312 | 49 | 0 | 226 | … | … | … | … | 38 |
| 木材防腐剂废物 | 228 | 155 | 0 | 53 | 0 | 20 | 20 | 30 | 0 |
| 医院临床废物 | 81 | 0.01 | 0 | 80 | 0 | 1 | 1 | 0 | 0 |
| 含多氯联苯废物 | 68 | 17 | 0 | 51 | 0 | … | … | 2500 | 0 |
| 含多氯苯并呋喃类废物 | 46.5 | 0.5 | 0 | 46.0 | 0 | 0 | 0 | … | 0 |
| 其他危险废物 | 286633 | 70892 | 0 | 210757 | 0 | 4974 | 4680 | 19130 | 10 |

注：表中“…”表示数值小于汇总数据最低保留位数，但不为“0”。

**表 4-5-14　全国危险废物产生、综合利用、处置、贮存、倾倒丢弃量比例分析**

| 危险废物名称 | 各类危险废物占全国总量的比例/% | | | | | | 符合环保要求贮存量占本年贮存量比例/% | 占本类危险废物产生量比例/% | | | |
|---|---|---|---|---|---|---|---|---|---|---|---|
| | 产生量 | 利用量 | 处置量 | 本年贮存量 | 倾倒丢弃量 | 往年贮存量 | | 利用率 | 处置率 | 本年贮存 | 倾倒丢弃 |
| 合计 | | | | | | | 33.93 | 34.46 | 47.69 | 17.76 | 0.09 |
| 含铅废物 | 31.73 | 4.91 | 60.41 | 5.70 | 1.15 | 1.77 | 22.73 | 5.54 | 91.27 | 3.19 | … |
| 无机氰化物废物 | 10.60 | 1.75 | 14.22 | 17.78 | … | 19.34 | 86.12 | 5.83 | 64.36 | 29.81 | … |
| 废碱 | 9.85 | 22.99 | 3.05 | 1.01 | 18.98 | 0.85 | 70.67 | 83.89 | 14.12 | 1.82 | 0.17 |
| 石棉废物 | 9.45 | 4.80 | 0.65 | 44.05 | 4.68 | 62.65 | … | 13.82 | 3.29 | 82.85 | 0.04 |
| 废酸 | 9.15 | 20.68 | 3.23 | 0.86 | 11.95 | 0.42 | 69.07 | 81.29 | 16.92 | 1.68 | 0.11 |
| 含锌废物 | 5.13 | 3.93 | 3.99 | 10.33 | 0.35 | 3.54 | 71.89 | 26.97 | 37.28 | 35.75 | … |
| 含铬废物 | 3.24 | 8.51 | 0.73 | 3.93 | 2.08 | 4.66 | 57.65 | 70.25 | 8.17 | 21.52 | 0.06 |
| 含铜废物 | 2.81 | 3.51 | 1.11 | 5.69 | 7.56 | 0.01 | 42.49 | 44.92 | 18.90 | 35.95 | 0.23 |
| 废矿物油 | 1.78 | 3.67 | 1.35 | 0.45 | 4.16 | 0.30 | 80.17 | 63.87 | 31.43 | 4.50 | 0.20 |
| 含砷废物 | 1.74 | 1.37 | 1.08 | 4.15 | 0.51 | 0.35 | 8.47 | 28.07 | 29.59 | 42.31 | 0.03 |
| 无机氟化物废物 | 1.68 | 4.22 | 0.19 | 0.80 | 0.11 | 0.54 | 58.97 | 86.33 | 5.18 | 8.49 | … |
| 染料、涂料废物 | 1.46 | 1.30 | 1.98 | 0.10 | 31.38 | 0.03 | 56.46 | 32.04 | 64.88 | 1.23 | 1.85 |
| 含钡废物 | 1.45 | 2.38 | 0.28 | 2.59 | 0.73 | 0.18 | 42.29 | 58.94 | 9.38 | 31.64 | 0.04 |
| 表面处理废物 | 1.42 | 1.84 | 1.50 | 0.17 | 5.93 | … | 59.83 | 46.75 | 50.78 | 2.11 | 0.36 |

| 危险废物名称 | 各类危险废物占全国总量的比例 /% | | | | | | 符合环保要求贮存量占本年贮存量比例 /% | 占本类危险废物产生量比例 /% | | | |
|---|---|---|---|---|---|---|---|---|---|---|---|
| | 产生量 | 利用量 | 处置量 | 本年贮存量 | 倾倒丢弃量 | 往年贮存量 | | 利用率 | 处置率 | 本年贮存 | 倾倒丢弃 |
| 精（蒸）馏残渣 | 1.35 | 2.81 | 0.67 | 0.10 | 0.02 | 0.07 | 51.59 | 75.09 | 23.65 | 1.26 | … |
| 含酚废物 | 1.03 | 2.52 | 0.26 | … | … | … | 81.78 | 87.69 | 12.27 | 0.04 | … |
| 医药废物 | 0.82 | 1.78 | 0.37 | 0.01 | 0.83 | … | 50.39 | 77.93 | 21.78 | 0.20 | 0.09 |
| 有机氰化物废物 | 0.71 | 0.63 | 1.02 | … | 0.01 | … | 90.64 | 31.66 | 68.34 | … | … |
| 废有机溶剂 | 0.70 | 1.32 | 0.47 | 0.01 | 0.09 | … | 49.99 | 67.65 | 32.18 | 0.16 | 0.01 |
| 有机溶剂废物 | 0.59 | 0.71 | 0.69 | 0.04 | 0.43 | … | 98.80 | 42.89 | 55.81 | 1.24 | 0.06 |
| 有机树脂类废物 | 0.49 | 0.59 | 0.56 | 0.05 | 1.87 | … | 37.17 | 43.03 | 54.74 | 1.90 | 0.33 |
| 废乳化液 | 0.49 | 0.60 | 0.54 | 0.03 | 5.37 | … | 53.08 | 44.54 | 53.44 | 1.07 | 0.95 |
| 农约废物 | 0.33 | 0.54 | 0.28 | 0.03 | 0 | … | 7.50 | 58.45 | 40.13 | 1.42 | 0 |
| 新化学品废物 | 0.32 | 0.11 | 0.02 | 1.54 | 0.01 | 0.79 | 66.94 | 11.91 | 2.97 | 85.12 | … |
| 含镍废物 | 0.22 | 0.38 | 0.10 | 0.22 | … | … | 7.02 | 60.99 | 21.83 | 17.18 | … |
| 含镉废物 | 0.16 | 0.35 | 0.02 | 0.14 | 0.27 | 0.03 | 96.40 | 79.66 | 4.75 | 15.44 | 0.15 |
| 焚烧处置残渣 | 0.14 | 0.34 | 0.02 | … | … | … | 90.73 | 91.34 | 8.43 | 0.23 | … |
| 废卤化有机溶剂 | 0.09 | 0.22 | 0.03 | … | 0.01 | … | 89.39 | 84.61 | 15.29 | 0.09 | 0.01 |
| 含汞废物 | 0.09 | 0.14 | 0.05 | 0.09 | 0.06 | 4.39 | 83.62 | 55.67 | 26.53 | 17.74 | 0.06 |
| 爆炸性废物 | 0.08 | 0.22 | … | … | 0 | … | 62.41 | 96.75 | 3.24 | 0.01 | 0 |
| 有机磷化合物废物 | 0.04 | 0.11 | … | … | 0 | … | 100 | 94.57 | 5.41 | 0.02 | 0 |
| 含锑废物 | 0.04 | 0.10 | … | 0.01 | 0.72 | … | 0.49 | 88.12 | 4.35 | 6.01 | 1.52 |
| 废药物、药品 | 0.04 | 0.06 | 0.03 | … | 0.48 | … | 82.47 | 59.27 | 38.77 | 0.88 | 1.08 |
| 含有机卤化物废物 | 0.04 | 0.07 | 0.02 | … | 0 | … | 99.73 | 69.66 | 30.09 | 0.25 | 0 |
| 感光材料废物 | 0.03 | 0.02 | 0.06 | … | 0.02 | … | 69.22 | 17.37 | 81.92 | 0.66 | 0.05 |
| 含铍废物 | 0.03 | 0.03 | 0.02 | 0.05 | 0 | 0.02 | … | 36.92 | 31.46 | 31.62 | 0 |
| 含金属羰基化合物废物 | 0.01 | 0.04 | … | … | … | … | 100 | 95.99 | 3.82 | 0.16 | 0.03 |
| 热处理含氰废物 | 0.01 | 0.01 | 0.01 | 0.01 | 0.10 | | 98.56 | 31.30 | 49.92 | 17.39 | 1.39 |
| 含醚废物 | … | 0.01 | 0.01 | … | … | 0 | 100 | 44.67 | 55.14 | 0.16 | 0.03 |
| 含碲废物 | … | … | … | … | 0.02 | 0 | 100 | 52.55 | 46.80 | 0.01 | 0.64 |
| 含铊废物 | … | … | … | … | 0 | … | 0 | 5.23 | 94.04 | 0.73 | 0 |
| 含硒废物 | … | … | … | … | 0.10 | … | 6.13 | 15.59 | 72.30 | 0.11 | 12.00 |
| 木材防腐剂废物 | … | … | … | … | 0 | … | 100 | 67.96 | 23.26 | 8.78 | 0 |
| 医院临床废物 | … | … | … | … | 0 | 0 | 100 | 0.01 | 98.33 | 1.66 | 0 |
| 含多氯联苯废物 | … | … | … | … | 0 | 0.01 | 100 | 25.12 | 74.83 | 0.05 | 0 |
| 含多氯苯并呋喃类废物 | … | … | … | 0 | 0 | … | 0 | 1.08 | 98.92 | … | 0 |
| 其他危险废物 | 0.63 | 0.43 | 0.96 | 0.06 | 0.03 | 0.04 | 94.08 | 24.73 | 73.53 | 1.74 | … |

注：表中“…”表示数值小于汇总数据最低保留位数，但不为“0”。

表 4-5-15　全国各地区危险废物产生、综合利用、处置、贮存、倾倒丢弃量

| 地区 | 产生量/吨 | 占全国产生量比例/% | 利用量/吨 | 其中：利用往年贮存量/吨 | 处置量/吨 | 其中：处置往年贮存量/吨 | 本年贮存量/吨 | 其中：符合环保要求的贮存量/吨 | 倾倒丢弃量/吨 | 往年贮存量/吨 | 占全国往年贮存量比例/% |
|---|---|---|---|---|---|---|---|---|---|---|---|
| 北京 | 142576 | 0.31 | 65596 | 2 | 76904 | 392 | 469 | 285 | 0 | 367 | … |
| 天津 | 206547 | 0.45 | 176137 | 0 | 24994 | 55 | 5471 | 393 | 0 | 52.5 | … |
| 河北 | 517380 | 1.13 | 443838 | 30083 | 69752 | 41 | 33102 | 32921 | 813 | 691337 | 1.56 |
| 山西 | 1452462 | 3.18 | 249503 | 0 | 321953 | 0 | 880524 | 2947 | 482 | 820794 | 1.85 |
| 内蒙古 | 3548900 | 7.76 | 376695 | 5480 | 2929138 | 28139 | 274807 | 213067 | 1879 | 1261805 | 2.85 |
| 辽宁 | 1467545 | 3.21 | 1038166 | 33385 | 188212 | 71 | 272550 | 168367 | 2073 | 1882600 | 4.25 |
| 吉林 | 1379839 | 3.02 | 522707 | 0 | 177252 | 0 | 679039 | 665109 | 840 | 4213289 | 9.51 |
| 黑龙江 | 269109 | 0.59 | 115075 | 0 | 150377 | 0.02 | 3219 | 714 | 437 | 5547 | 0.01 |
| 上海 | 570844 | 1.25 | 373524 | 10.7 | 196260 | 34 | 754 | 592 | 351 | 141 | … |
| 江苏 | 1809922 | 3.96 | 1104345 | 584 | 688173 | 361 | 17257 | 6956 | 1092 | 20033 | 0.05 |
| 浙江 | 1005994 | 2.20 | 702872 | 10972 | 304352 | 541 | 9699 | 7184 | 585 | 16636 | 0.04 |
| 安徽 | 332003 | 0.73 | 228409 | 2.5 | 98981 | 0.5 | 2311 | 757 | 2306 | 1617 | … |
| 福建 | 296570 | 0.65 | 236100 | 8.9 | 39527 | 147 | 20276 | 4482 | 824 | 6045 | 0.01 |
| 江西 | 105525 | 0.23 | 84458 | 21.0 | 11291 | 0 | 8319 | 4318 | 1478 | 2110 | … |
| 山东 | 2813908 | 6.15 | 2466813 | 204409 | 292006 | 39491 | 298989 | 289299 | 0.01 | 307506 | 0.69 |
| 河南 | 566246 | 1.24 | 378319 | 12.3 | 134111 | 0.2 | 52758 | 33242 | 1070 | 241021 | 0.54 |
| 湖北 | 808784 | 1.77 | 722068 | 15570 | 98563 | 11229 | 11053 | 4916 | 3898 | 111157 | 0.25 |
| 湖南 | 17012287 | 37.20 | 2435393 | 47264 | 14166796 | 22059 | 476923 | 373524 | 2498 | 1278485 | 2.89 |
| 广东 | 1836559 | 4.02 | 1051533 | 422 | 762574 | 10095 | 24867 | 18571 | 8103 | 85871 | 0.19 |
| 广西 | 621385 | 1.36 | 201534 | 1012 | 305022 | 53 | 114466 | 89663 | 1427 | 2004666 | 4.52 |
| 海南 | 12536 | 0.03 | 10679 | 300 | 1909 |  | 208 | 203 | 40 | 300 | … |
| 重庆 | 325943 | 0.71 | 348076 | 117726 | 76178 | 12.7 | 12611 | 1333 | 6817 | 177453 | 0.40 |
| 四川 | 892598 | 1.95 | 668911 | 2422 | 200408 | 1676 | 26354 | 21523 | 1023 | 52407 | 0.12 |
| 贵州 | 885812 | 1.94 | 457080 | 10.0 | 80040 | 0.5 | 348685 | 100892 | 17.9 | 2107791 | 4.76 |
| 云南 | 1135734 | 2.48 | 576942 | 1534 | 10541 | 0 | 549785 | 448217 | 0 | 455801 | 1.03 |
| 陕西 | 228208 | 0.50 | 131632 | 7500 | 59633 | 13.1 | 43696 | 39777 | 759 | 115591 | 0.26 |
| 甘肃 | 400127 | 0.87 | 153056 | 13000 | 168899 | 0 | 90951 | 76701 | 220 | 256356 | 0.58 |
| 青海 | 2528354 | 5.53 | 728088 | 192000 | 2921 |  | 1989207 | 34884 | 138 | 11917625 | 26.90 |
| 宁夏 | 130076 | 0.28 | 108211 | 0 | 16104 | 0 | 5761 | 73.9 | 0 | 700 | … |
| 新疆 | 2433180 | 5.32 | 292305 | 4500 | 274720 | 0 | 1870427 | 115506 | 227 | 16268428 | 36.72 |
| 合计 | 45736951 |  | 16448065 | 688230 | 21927591 | 114411 | 8124537 | 2756417 | 39399 | 44303532 |  |

注：表中“…”表示数值小于汇总数据最低保留位数，但不为“0”。

表 4-5-16　全国工业行业危险废物产生、综合利用、处置、贮存、倾倒丢弃量

| 工业行业 | 产生量/吨 | 占全国产生量比例/% | 利用量/吨 | 其中：利用往年贮存量/吨 | 处置量/吨 | 其中：处置往年贮存量/吨 | 本年贮存量/吨 | 其中：符合环保要求贮存量/吨 | 倾倒丢弃量/吨 | 往年贮存量/吨 | 占全国往年贮存量比例/% |
|---|---|---|---|---|---|---|---|---|---|---|---|
| 有色金属矿采选业 | 19811835 | 43.32 | 266505 | 7500 | 16948125 | 0 | 2604703 | 1609313 | 1.50 | 10754437 | 24.27 |
| 化学原料及化学制品制造业 | 7322909 | 16.01 | 5442965 | 339934 | 1748223 | 40418 | 505541 | 266169 | 6533 | 2018809 | 4.56 |
| 非金属矿采选业 | 4304922 | 9.41 | 758735 | 192000 | 162305 |  | 3575882 |  | 1.2 | 27757625 | 62.65 |
| 有色金属冶炼及压延加工业 | 3416468 | 7.47 | 1783723 | 14570 | 524511 | 1601 | 1122990 | 719370 | 1414 | 2872878 | 6.48 |
| 造纸及纸制品业 | 3170243 | 6.93 | 3079283 | 1.0 | 81294 | 9501 | 13688 | 13670 | 5481 | 43366 | 0.10 |
| 黑色金属冶炼及压延加工业 | 2088106 | 4.57 | 1646073 | 50740 | 281311 | 41.4 | 209290 | 92812 | 2214 | 476058 | 1.07 |
| 石油加工、炼焦及核燃料加工业 | 1328034 | 2.90 | 1079829 | 1178 | 239182 | 209 | 10378 | 7262 | 30 | 17014 | 0.04 |
| 通信设备、计算机及其他电子设备制造业 | 1200924 | 2.63 | 678930 | 38 | 517776 | 122 | 1890 | 1612 | 2489 | 170 | … |
| 金属制品业 | 546068 | 1.19 | 353751 | 25 | 180548 | 31.4 | 9424 | 8065 | 2400 | 1793 | … |
| 医药制造业 | 468119 | 1.02 | 367391 | 7.0 | 99180 | 17.4 | 1238 | 721 | 334 | 135 | … |
| 交通运输设备制造业 | 293418 | 0.64 | 107485 | 36 | 178705 | 356 | 3384 | 2052 | 4236 | 610 | … |
| 纺织业 | 271700 | 0.59 | 93289 | 0.3 | 172997 | 27.8 | 2871 | 1217 | 2570 | 10039 | 0.02 |
| 非金属矿物制品业 | 250769 | 0.55 | 198131 | 103 | 48646 | 135 | 3213 | 151 | 1016 | 256 | … |
| 石油和天然气开采业 | 237948 | 0.52 | 141838 | 81989 | 190254 | 39408 | 27251 | 21336 | 1.05 | 117370 | 0.26 |
| 电气机械及器材制造业 | 215555 | 0.47 | 140062 | 38 | 70173 | 177 | 5070 | 2638 | 465 | 160 | … |
| 通用设备制造业 | 213085 | 0.47 | 102305 | 1.9 | 104165 | 96.4 | 2940 | 1002 | 3773 | 225 | … |
| 化学纤维制造业 | 138467 | 0.30 | 15331 | 21 | 142834 | 22163 | 1225 | 790 | 1261 | 224557 | 0.51 |
| 其他工业行业 | 458382 | 1.00 | 192439 | 48 | 237362 | 107 | 23558 | 8237 | 5179 | 8029 | 0.02 |
| 合计 | 45736951 |  | 16448065 | 688230 | 21927591 | 114411 | 8124537 | 2756417 | 39399 | 44303532 |  |

## 4.6 放射性污染源

本节放射性污染源包括伴生放射性污染源、工业源电磁辐射的设备、工业用放射源及其设备和工业源射线装置。

本次工业源普查对象中，放射性污染源普查对象 15948 家，其中符合普查技术规定要求的伴生放射性污染源 1433 家；有电磁辐射设备的普查对象 3944 家，工业用电磁辐射设备 9391 台；有放射源的普查对象 7620 家，放射源 52311 枚；有射线装置的普查对象 2951 家，工业用射线装置 8100 台。

### 4.6.1 伴生放射性污染源

#### 4.6.1.1 普查矿产资源范围的确定

按照《放射性污染源普查监测技术规定》和《伴生放射性污染源普查监测有关问题的说明》的要求，伴生放射性污染源是指伴生放射性矿物资源开采、冶炼和加工企业（产业活动单位）；普查主要选定稀土、铌 / 钽、锆石和氧化锆、锡、铅 / 锌矿、铜、铁、磷酸盐、煤（包括煤矸石）、铝、钒等 11 类矿产资源，作为伴生放射性污染源普查的矿产资源范围。全国各地区可以根据本地区产业结构特点和污染源普查的需要选择特征污染物，进行普查。

鉴于伴生放射性矿物资源中放射性水平受成矿条件等多种因素的影响，开采或冶炼加工上述 11 类矿产的矿山或冶炼加工企业其中的矿石或原材料不一定都含有较高的放射性水平（按照《GB 18871—2002 电离辐射防护与辐射源安全基本标准》任何公众成员一年内所受有效剂量预计为 10 $\mu$ Sv 量级或更小的，可以予以豁免，对环境基本无影响），因此需要对其进行初测，以确定取样监测分析对象。初测方法和依据：(1) 矿石或主要原材料（如精矿）中 U、Th 系核素的含量大于 0.1Bq/g（可查阅矿石或精矿的全成分分析报告获得该数据）；(2) 矿石或主要原材料（如精矿）表面 1m 处的 $\gamma$ 剂量率超出“当地本底水平＋ 50nGy/h”；(3) 主要废物（如尾矿、尾渣）表面 1m 处的 $\gamma$ 辐射空气吸收剂量率超出“当地本底水平 +50nGy/h”作为确定监测对象和范围的准则。只要满足上述三个条件中的一条，就必须按下述方法对该企业进一步取样监测。

（一）矿石或主要原材料（如精矿）、主要废物（如尾矿、尾渣）表面 1m 处的 $\gamma$ 剂量率超出“当地本底水平＋ 50nGy/h”，但不超出“当地本底水平 +150nGy/h”的，取样监测 (1) 原料：总 U、$^{232}$Th、$^{226}$Ra 放射性活度浓度；(2) 固体废物（尾矿、废渣、废石）：总 U、$^{232}$Th、$^{226}$Ra 放射性活度浓度。

（二）矿石或主要原材料（如精矿）、主要废物（如尾矿、尾渣）表面 1m 处的 $\gamma$ 剂量率超出“当地本底水平＋ 150nGy/h”的，取样监测 (1) 废液（废水）：总 $\alpha$、总 $\beta$ 放射性比活度；(2) 原料：总 U、$^{232}$Th、$^{226}$Ra 放射性活度浓度；(3) 固体废物（尾矿、废渣、废石）：总 U、$^{232}$Th、$^{226}$Ra 放射性活度浓度，以及废水的总 $\alpha$、总 $\beta$ 放射性活度浓度。

由于这次普查监测的工作量比较大，时间紧，监测单位技术力量有限，所以在实际工作中未对气态流出物进行统一监测。在选择监测的核素时，本应对 Th 系的天然核素镭 -224 和镭 -228 进行监测，但是考虑到全国各地区辐射环境监管单位监测这些核素存在一定的困难，为了保证普查工作的有效实施，所以没有要求进行监测。

#### 4.6.1.2 普查对象情况

各省（自治区、直辖市）监测工作按照国家污染源普查统一要求完成，共完成初测 11000 多家，确定符合普查技术规定要求的伴生放射性污染源普查对象 1433 家，其中：伴生放射性矿产开采企业 876 家，矿产品开采量 2.671 亿吨；伴生放射性矿产冶炼加工企业 587 家，原料（原矿、精矿）实际使用量 1.908 亿吨。由于普查中将伴生矿开采企业与冶炼加工企业分别统计，就会出现既是开采企业又是冶炼加工企业的情况，这类企业共有 30 家属于重复统计，在伴生放射性污染源普查对象总数已扣除。为了方便统计全国各地区伴生放射性污染源企业数，将这 30 家企业按照冶炼加工企业统计、分析。这些企业产生的工业固体废物中含放射性固体废物量（含放射性固体废物产生量）共 1.714 亿吨。

表 4-6-1 全国各地区伴生放射性污染源基本情况

| 地 区 | 伴生矿产采矿企业数 / 家 | 伴生矿产冶炼加工企业数 / 家 | 矿产品开采量 / 吨 | 原料实际使用量 / 吨 | 含放射性固废产生量 / 吨 |
|---|---|---|---|---|---|
| 北 京 | 8 | 2 | 32790000 | 4400000 | 1571340 |
| 天 津 | 1 | 2 | 1000 | 280000 | 0 |
| 河 北 | 4 | 1 | 187169 | 8429255 | 171443 |
| 山 西 | 236 | 78 | 132533913 | 30695792 | 31506049 |
| 内蒙古 | 4 | 15 | 20716516 | 23801505 | 43116643 |
| 辽 宁 | 12 | 5 | 24555622 | 1067879 | 8836760 |
| 吉 林 | 2 | 0 | 11129 | 0 | 17751 |
| 黑龙江 | 16 | 9 | 6060695 | 5002675 | 3118699 |
| 江 苏 | 0 | 27 | 0 | 4075996 | 859891 |
| 浙 江 | 8 | 34 | 412000 | 22387096 | 4581065 |
| 安 徽 | 7 | 2 | 749922 | 50192 | 237685 |
| 福 建 | 18 | 26 | 1608615 | 8364255 | 4623881 |
| 江 西 | 25 | 5 | 3231375 | 7933 | 1498086 |
| 山 东 | 2 | 25 | 40050 | 8078020 | 5969345 |
| 河 南 | 4 | 18 | 4498708 | 1942872 | 2258825 |
| 湖 北 | 55 | 5 | 3049373 | 51836 | 1824660 |
| 湖 南 | 86 | 54 | 2635683 | 1160211 | 793143 |
| 广 东 | 22 | 36 | 1650133 | 7485228 | 1849990 |
| 广 西 | 16 | 54 | 2560582 | 4682859 | 499949 |
| 海 南 | 33 | 1 | 72038 | 2813405 | 22350 |
| 重 庆 | 67 | 15 | 2525421 | 631389 | 404355 |
| 四 川 | 69 | 75 | 10137119 | 9128524 | 5644635 |
| 贵 州 | 20 | 28 | 4128078 | 22459204 | 10793430 |
| 云 南 | 82 | 29 | 32877219 | 9913327 | 19557078 |
| 西 藏 | 16 | 0 | 291404 | 0 | 651819 |
| 陕 西 | 23 | 18 | 808056 | 5104335 | 4587459 |
| 甘 肃 | 20 | 6 | 5384916.00 | 1250580 | 2602586 |
| 青 海 | 10 | 0 | 1840935.00 | 0 | 38999 |
| 宁 夏 | 0 | 4 | 0.00 | 2458690 | 3174300 |
| 新 疆 | 10 | 13 | 1262278.60 | 5085172 | 10563918 |
| 全国总计 | 876 | 587 | 267108950 | 190808230 | 171376133 |

表 4-6-2 各类伴生放射性污染源基本情况

| 矿产资源名称 | 伴生矿产采矿企业数 / 家 | 伴生矿产冶炼加工企业数 / 家 | 矿产品开采量 / 吨 | 原料实际使用量 / 吨 | 含放射性固废产生量 / 吨 |
|---|---|---|---|---|---|
| 稀土 | 10 | 59 | 54354 | 5750964 | 1438232 |
| 铌 / 钽 | 3 | 8 | 67192 | 5680 | 82423 |
| 锆石 | 42 | 25 | 260513 | 116760 | 59778 |
| 锡 | 15 | 5 | 3746044 | 92671 | 3400753 |
| 铅 / 锌 | 55 | 42 | 1914114 | 1789113 | 2046025 |
| 铜 | 43 | 14 | 9385606 | 2190856 | 10874565 |
| 铁 | 81 | 61 | 59747614 | 29474032 | 74637249 |
| 磷酸盐 | 22 | 56 | 13462703 | 7161495 | 7749948 |
| 煤 | 550 | 168 | 158018374 | 114481144 | 49372819 |
| 煤矸石 | 68 | 33 | 7837644 | 6471336 | 3653813 |
| 铝 | 10 | 31 | 1921009 | 9691098 | 4954666 |
| 矾 | 25 | 12 | 1995164 | 204639 | 2054320 |
| 其他矿 | 64 | 102 | 4238621 | 13378440 | 7525149 |
| 合计 | 876（988） | 587（616） | 267108950 | 190808230 | 171376133 |

注：由于存在一个企业开采多种矿产资源的情况，所以按照矿产资源统计企业数有重复，括号中表示按矿产资源统计企业数。

表 4-6-3 全国各重点流域伴生放射性污染源基本情况

| 流 域 | 伴生矿产采矿企业数 / 家 | 伴生矿产冶炼加工企业数 / 家 | 矿产品开采量 / 吨 | 原料实际使用量 / 吨 | 含放射性固废产生量 / 吨 |
|---|---|---|---|---|---|
| 松花江 | 17 | 9 | 6060695.00 | 5002675.00 | 3118698.72 |
| 辽河 | 13 | 5 | 24566751.40 | 1067879.00 | 8854510.76 |
| 海河 | 112 | 34 | 60882335.67 | 33777800.76 | 18998761.33 |
| 黄河 | 159 | 104 | 90845535.00 | 44582412.28 | 36606635.16 |
| 淮河 | 4 | 28 | 2302050.00 | 9922292.36 | 6916143.60 |
| 长江 | 366 | 218 | 31950583.73 | 35623430.88 | 23379032.45 |
| 东南诸河 | 25 | 46 | 1490614.90 | 30166803.40 | 9018924.41 |
| 珠江 | 92 | 116 | 17894221.79 | 23689282.20 | 9697764.95 |
| 西南诸河 | 58 | 9 | 15512372.05 | 649902.00 | 12148712.10 |
| 西北诸河 | 30 | 18 | 15603790.60 | 6325752.14 | 42636949.31 |
| 合计 | 876 | 587 | 267108950.14 | 190808230.02 | 171376132.79 |

#### 4.6.1.3 企业分布情况

（一）全国各地区伴生放射性污染源企业分布

我国伴生放射性污染源主要分布在山西、四川、湖南、云南和重庆，分别为 310 家、143 家、131 家、107 家和 82 家，共有伴生放射性污染源 773 家，占全国总量的 53.9%，5 省（直辖市）分别占全国的 21.63%、9.98%、9.14%、7.47% 和 5.72%。这 5 个地区是我国煤、有色金属和黑色金属的主要产区。北京、天津、吉林、河北、宁夏、安徽和青海伴生放射性污染源，均不超过 10 家，7 省合计 40 家，所占比例不到全国总量的 2.79%。上海市按照技术规定进行初测后，没有发现符合要求的伴生放射性污染源。

表 4-6-4 全国各地区伴生放射性污染源表

| 名称 | 伴生放射性污染源数 / 家 | 百分比 /% | 名称 | 伴生放射性污染源数 / 家 | 百分比 /% |
|---|---|---|---|---|---|
| 北京 | 10 | 0.70 | 湖北 | 60 | 4.18 |
| 天津 | 3 | 0.21 | 湖南 | 131 | 9.14 |
| 河北 | 4 | 0.28 | 广东 | 58 | 4.05 |
| 山西 | 310 | 21.63 | 广西 | 70 | 4.88 |
| 内蒙古 | 19 | 1.33 | 海南 | 34 | 2.37 |
| 辽宁 | 17 | 1.19 | 重庆 | 82 | 5.72 |
| 吉林 | 2 | 0.14 | 四川 | 143 | 9.98 |
| 黑龙江 | 23 | 1.61 | 贵州 | 48 | 3.35 |
| 江苏 | 27 | 1.88 | 云南 | 107 | 7.47 |
| 浙江 | 42 | 2.93 | 西藏 | 16 | 1.12 |
| 安徽 | 7 | 0.49 | 陕西 | 34 | 2.37 |
| 福建 | 44 | 3.07 | 甘肃 | 26 | 1.81 |
| 江西 | 30 | 2.09 | 青海 | 10 | 0.70 |
| 山东 | 27 | 1.88 | 宁夏 | 4 | 0.28 |
| 河南 | 22 | 1.54 | 新疆 | 23 | 1.61 |
| 全国总计 | 1433 | 100 | | | |

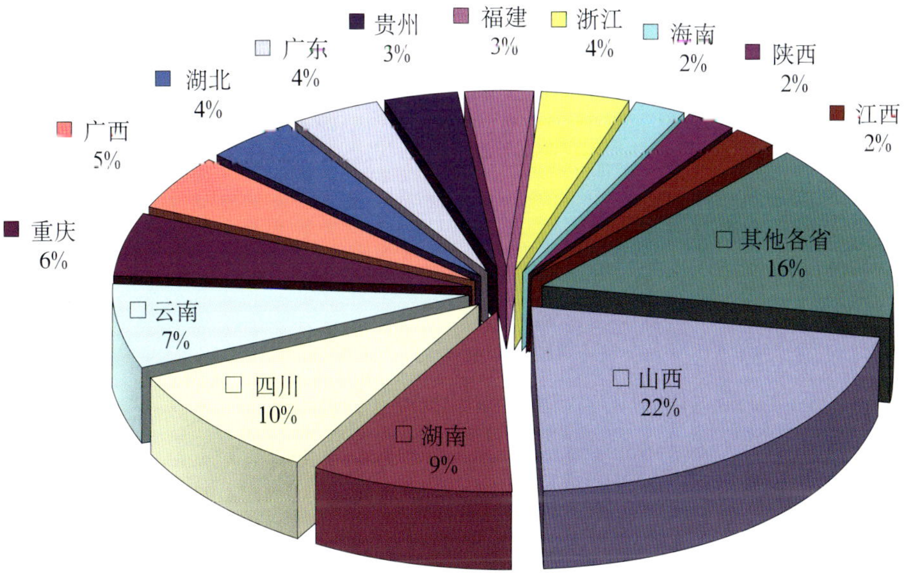


图 4-6-1 全国各地区伴生放射性污染源比例

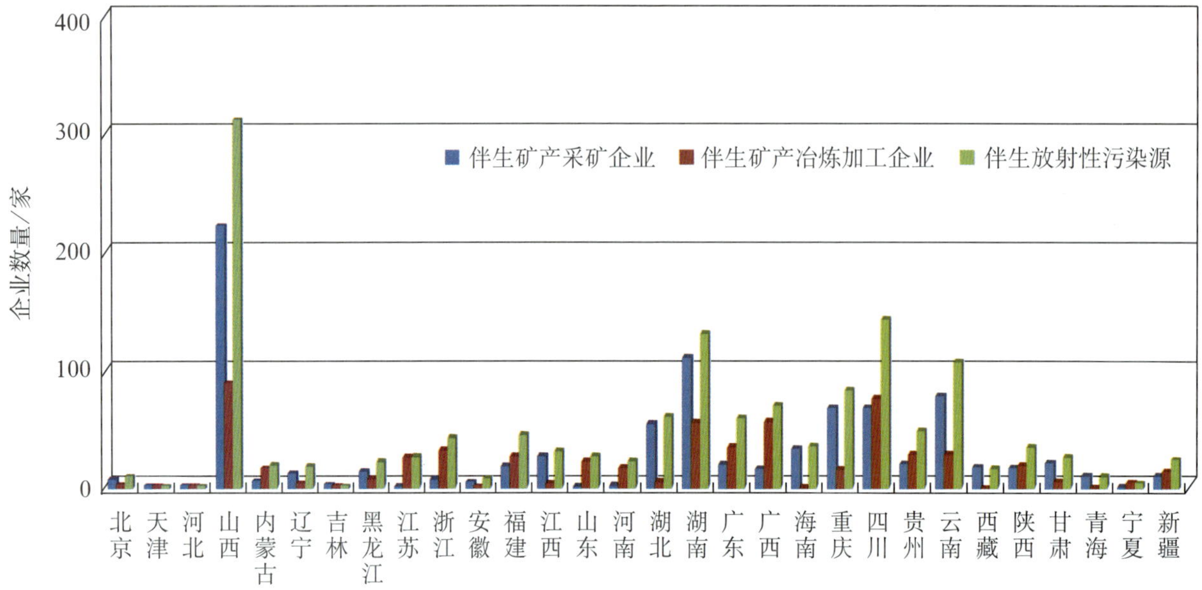


图 4-6-2　全国各地区伴生放射性污染源分布情况

（二）各类伴生放射性矿产资源企业情况

表 4-6-5　各类伴生放射性污染源企业分布

| 矿产资源名称 | 企业总数 / 家 | 百分比 /% |
|---|---|---|
| 稀土 | 69 | 4.30 |
| 铌 / 钽 | 11 | 0.69 |
| 锆石 | 67 | 4.18 |
| 锡 | 20 | 1.25 |
| 铅 / 锌 | 97 | 6.05 |
| 铜 | 57 | 3.55 |
| 铁 | 142 | 8.85 |
| 磷酸盐 | 78 | 4.86 |
| 煤 | 718 | 44.76 |
| 煤矸石 | 101 | 6.30 |
| 铝 | 41 | 2.56 |
| 矾 | 37 | 2.31 |
| 其他矿 | 166 | 10.35 |
| 合计 | 1604（1433） | 100 |

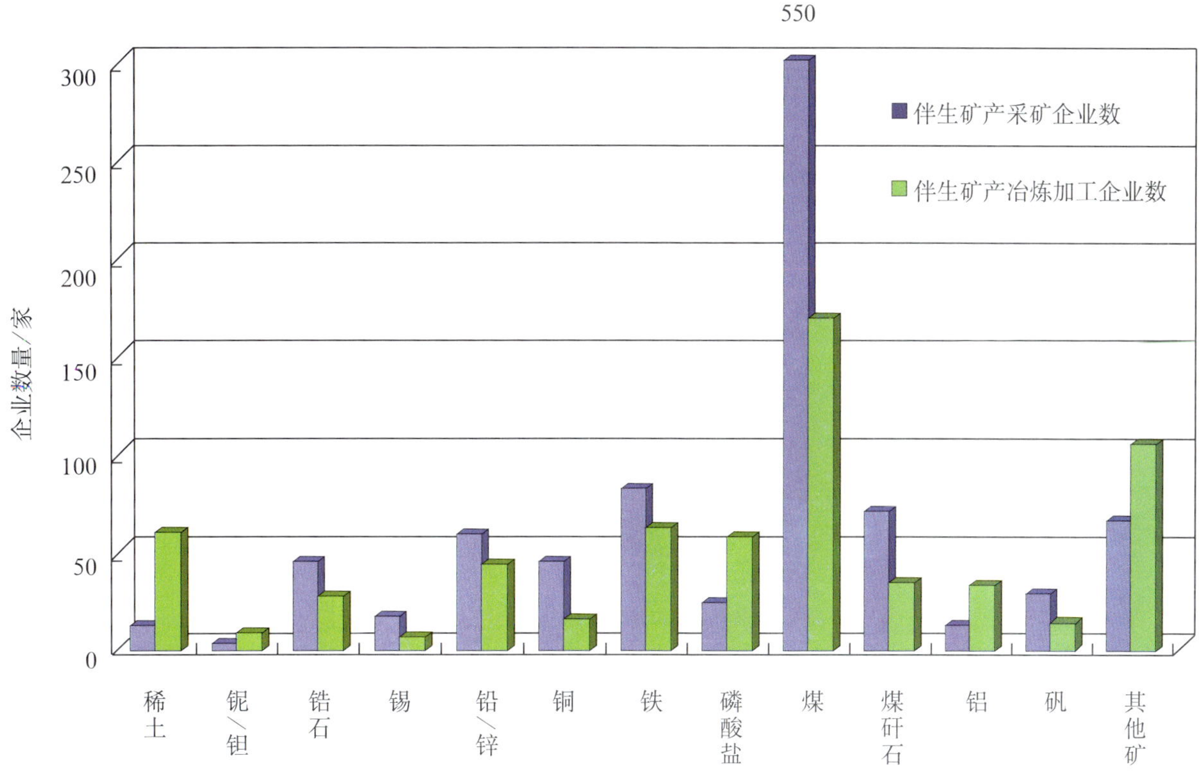


**图 4-6-3　各类伴生放射性矿产资源企业分布**

伴生放射性矿产资源开采与冶炼加工企业全国共有 1433 家，但是按照矿产资源统计开采和冶炼加工企业数量，由于存在一个企业开采多种矿产资源的情况，所以企业数量统计有重复（表 4-6-5 中企业家数合计项括号中表示实际伴生放射性污染源企业数），为了说明我国各类伴生放射性矿产资源企业分布情况，按使用开采和冶炼加工企业数量合计进行分析。我国伴生放射性污染源企业主要是煤（含煤矸石）、铁和铅 / 锌，共 1058 家，占总企业数的 73.8%；其中，煤（含煤矸石）819 家、铁 142 家和铅 / 锌矿 97 家，分别占总企业数的 44.76%、8.85% 和 6.05%。其他矿企业 166 家，所占比例 10.35%。

#### 4.6.1.4　含放射性固体废物产生情况

（一）全国各地区含放射性固体废物产生量

全国伴生放射性污染源对固体废物普查监测按照如下要求，矿石或主要原材料（如精矿）、主要废物(如尾矿、尾渣)表面 1m 处的 γ 剂量率超出“当地本底水平 + 50nGy/h”,就对固体废物(尾矿、废渣、废石）取样监测总铀、钍 -232、镭 -226 放射性活度浓度，确定企业产生的工业固体废物中含放射性固体废物量（含放射性固体废物产生量）。全国普查合计 1.714 亿吨，其中内蒙古、山西、云南、贵州和新疆废物产生量分别为 4312 万吨、3151 万吨、1955 万吨、1079 万吨、1056 万吨，合计 1.155 亿吨，占全国总计的 67.4%，上述各省分别占全国总量的 25.16%、18.38%、11.41%、6.30% 和 6.16%。

表 4-6-6 全国各地区伴生放射性污染源含放射性固体废物基本情况

| 地 区 | 含放射性固废产生量 / 吨 | 百分比 /% |
|---|---|---|
| 北 京 | 1571340 | 0.92 |
| 天 津 | 0 | 0 |
| 河 北 | 171442.8 | 0.102 |
| 山 西 | 31506048.6 | 18.38 |
| 内蒙古 | 43116643 | 25.16 |
| 辽 宁 | 8836760 | 5.16 |
| 吉 林 | 17750.8 | 0.016 |
| 黑龙江 | 3118698.8 | 1.82 |
| 江 苏 | 859891.4 | 0.50 |
| 浙 江 | 4581064.6 | 2.67 |
| 安 徽 | 237685 | 0.14 |
| 福 建 | 4623881.1 | 2.70 |
| 江 西 | 1498086.1 | 0.87 |
| 山 东 | 5969345.4 | 3.48 |
| 河 南 | 2258825.3 | 1.32 |
| 湖 北 | 1824660 | 1.06 |
| 湖 南 | 793143 | 0.46 |
| 广 东 | 1849989.8 | 1.08 |
| 广 西 | 499949.2 | 0.29 |
| 海 南 | 22350 | 0.01 |
| 重 庆 | 404354.7 | 0.24 |
| 四 川 | 5644634.5 | 3.29 |
| 贵 州 | 10793430 | 6.30 |
| 云 南 | 19557078 | 11.41 |
| 西 藏 | 651818.6 | 0.38 |
| 陕 西 | 4587459.3 | 2.68 |
| 甘 肃 | 2602585.6 | 1.52 |
| 青 海 | 38999 | 0.02 |
| 宁 夏 | 3174300 | 1.85 |
| 新 疆 | 10563918.4 | 6.16 |
| 全国总计 | 171376133 | 100 |

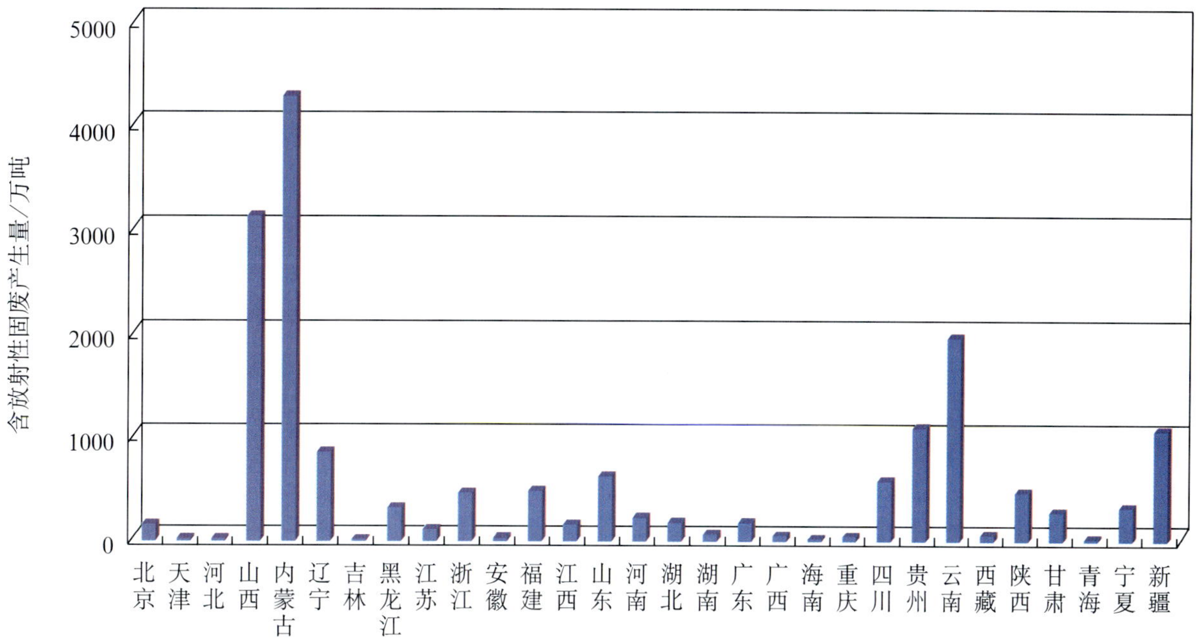


图 4-6-4　全国各地区伴生放射性污染源产生含放射性固体废物量

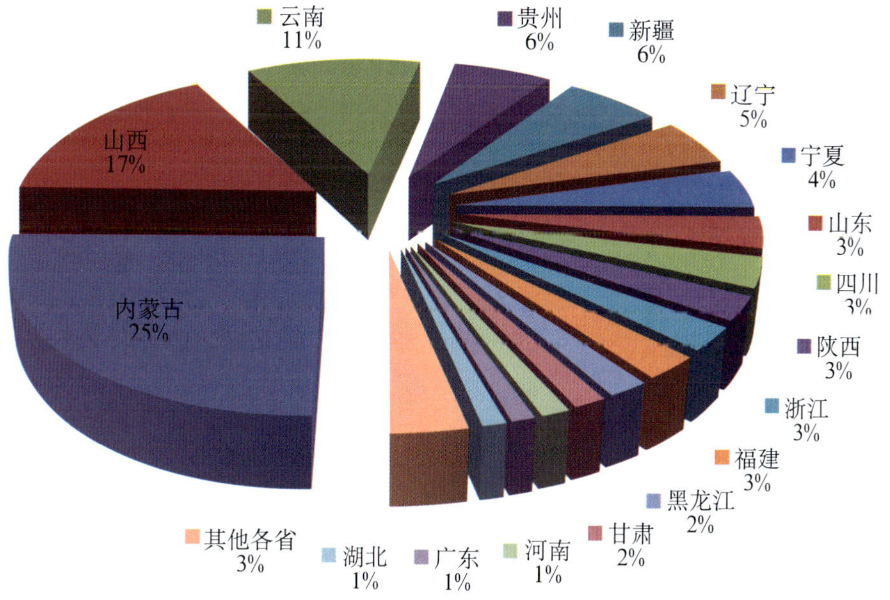


图 4-6-5　全国各地区伴生放射性污染源产生含放射性固体废物比例

（二）各类伴生放射性污染源含放射性固体废物产生量

各类伴生放射性污染源企业产生的工业固体废物中含放射性固体废物量（含放射性固体废物产生量）较大的矿产种类是铁、煤和铜，固体废物产生量分别为 7464 万吨、4937 万吨和 1087 万吨，占全部含放射性固体废物产生量的 43.55%、28.81% 和 6.35%，这三类矿产生的含放射性固体废物量 1.35 亿吨，占全部的 78.7%。主要是这三类矿产资源的开采量和冶炼加工原料使用量较多，固体废物产生量相应较多。

表 4-6-7 各类伴生放射性污染源含放射性固体废物产生量

| 矿产资源名称 | 含放射性固体废物产生量 / 吨 | 固体废物百分比 /% |
|---|---|---|
| 稀土矿 | 1438232 | 0.84 |
| 铌 / 钽矿 | 82423 | 0.048 |
| 锆石矿 | 59778 | 0.035 |
| 锡矿 | 3400753 | 1.985 |
| 铅 / 锌矿 | 2046025 | 1.19 |
| 铜矿 | 10874565 | 6.35 |
| 铁矿 | 74637249 | 43.55 |
| 磷酸盐 | 7749948 | 4.52 |
| 煤矿 | 49372819 | 28.81 |
| 煤矸石 | 3653813 | 2.13 |
| 铝矿 | 4954666 | 2.89 |
| 矾矿 | 2054320 | 1.20 |
| 其他矿 | 7525149 | 4.39 |
| 合计 | 171376133 | 100 |

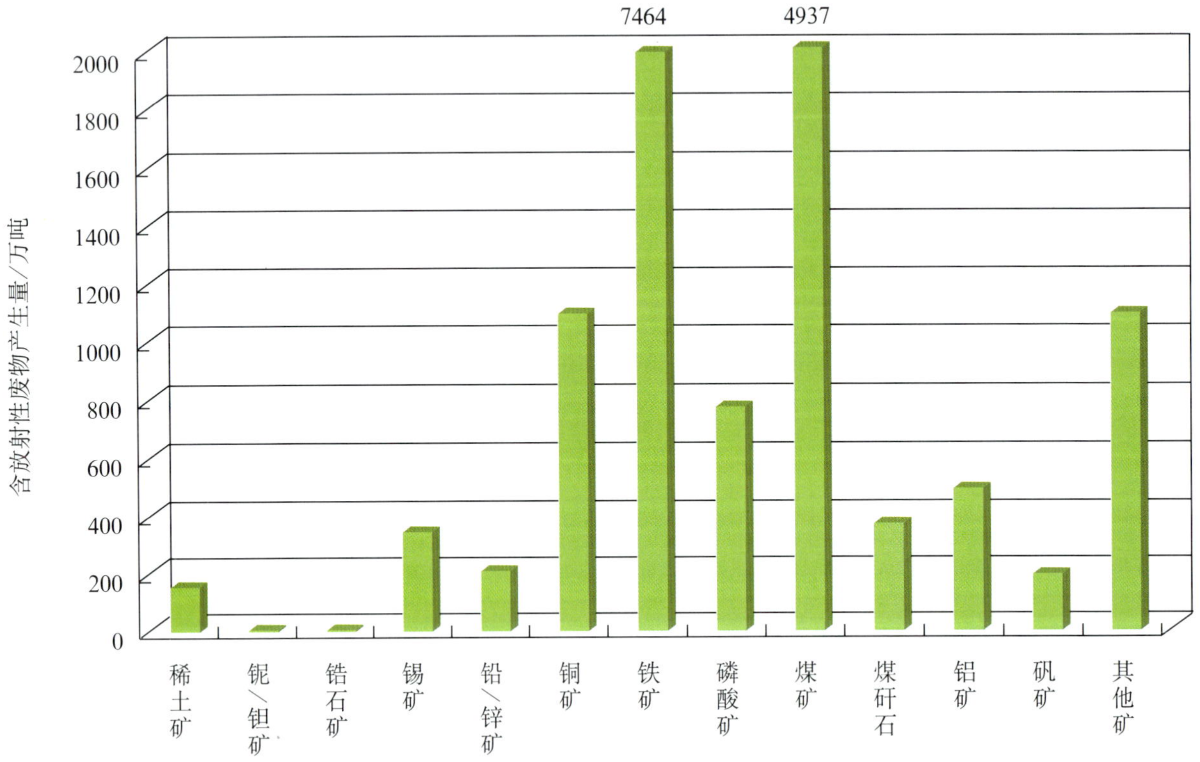


图 4-6-6 各类伴生放射性污染源含放射性固体废物产生量

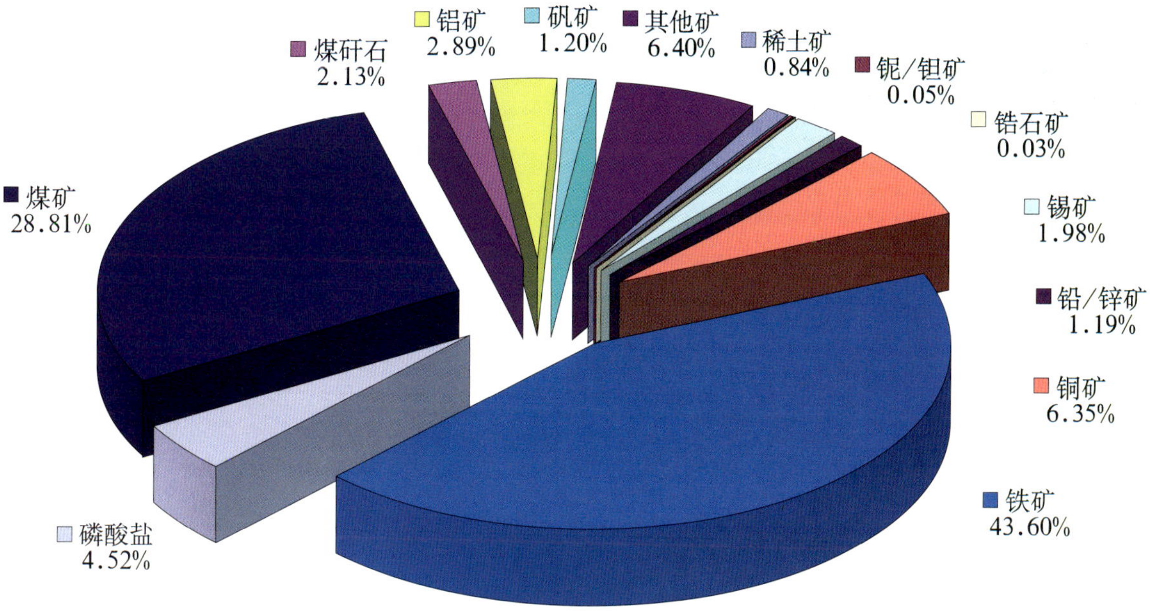


**图 4-6-7　各类伴生放射性污染源产生含放射性工业固体废物比例**

### 4.6.1.5　伴生放射性矿产品和原料、固体废物放射性核素情况

（一）伴生放射性矿产品和原料（原矿、精矿）

伴生放射性矿产品和原矿（原矿、精矿）中不同种类的矿产资源，不同核素的活度浓度分布不同，并且分布范围较大。

（1）总铀

伴生放射性矿产品和原矿中总铀平均活度浓度大于 1000 贝可 / 千克的矿产有稀土、铌 / 钽、锆石和钒矿，铅 / 锌矿中总铀平均活度浓度大于 500 贝可 / 千克。其中稀土中总铀最高活度浓度达到 78000 贝可 / 千克，铅 / 锌矿中总铀最高活度浓度达到 34749 贝可 / 千克，放射性水平较高。总铀平均活度大于等于 1000 贝可 / 千克的开采和使用企业共 117 家，占全国伴生放射性污染源企业的 8%，矿产品开采量为 590.4 万吨、原料使用量 248.2 万吨。

（2）钍 -232

伴生放射性矿产品和原矿中钍 -232 平均活度浓度大于 1000 贝可 / 千克的，有稀土、铌 / 钽、锆石和钒矿。其中稀土中钍 -232 最高活度浓度达到 137000 贝可 / 千克，钒中钍 -232 最高活度浓度达到 27000 贝可 / 千克，放射性水平较高。钍 -232 平均活度大于等于 1000 贝可 / 千克的开采和使用企业共 68 家，占全国伴生放射性污染源企业的 4.6%，矿产品开采量为 61.2 万吨、原料使用量 643.9 万吨。

（3）镭 -226

伴生放射性矿产品和原矿中镭 -226 平均活度浓度大于 1000 贝可 / 千克的矿产有铌 / 钽、稀土和锆石；钒和锡矿中镭 -226 平均活度浓度大于 500 贝可 / 千克；其中铌 / 钽矿中镭 -226 最高活度浓度达到 57486 贝可 / 千克，稀土中镭 -226 最高活度浓度达到 30200 贝可 / 千克，锆石中镭 -226 最高活度浓度达到 13935 贝可 / 千克，放射性水平较高。镭 -226 平均活度浓度大于等于 1000 贝可 / 千克的开采和使用企业共 123 家，占全国伴生放射性污染源企业的 8.4%，矿产品开采量为 200.8 万吨、原料使用量 135.4 万吨。

**表 4-6-8 伴生放射性矿矿产品和原料中总铀基本情况**

| 矿产资源名称 | 平均活度浓度 /（贝可 / 千克） | 最大活度浓度 /（贝可 / 千克） | 平均 γ 辐射空气吸收剂量率 /（nGy/h） | 最大 γ 辐射空气吸收剂量率 /（nGy/h） |
|---|---|---|---|---|
| 稀土 | 4267 | 78000 | 5709 | 32671 |
| 铌 / 钽 | 4476 | 21500 | 3263 | 8023 |
| 锆石 | 1289 | 6500 | 1592 | 5830 |
| 锡 | 218 | 778 | 272 | 838 |
| 铅 / 锌 | 649 | 34749 | 173 | 1029 |
| 铜 | 142 | 1065 | 170 | 493 |
| 铁 | 270 | 6978 | 162 | 1234 |
| 磷酸盐 | 349 | 2721 | 243 | 2473 |
| 煤 | 383 | 167403 | 153 | 2552 |
| 煤矸石 | 171 | 1321 | 135 | 242 |
| 铝 | 482 | 1220 | 323 | 910 |
| 矾 | 1036 | 12200 | 280 | 968 |
| 其他矿 | 503 | 5029 | 422 | 5940 |

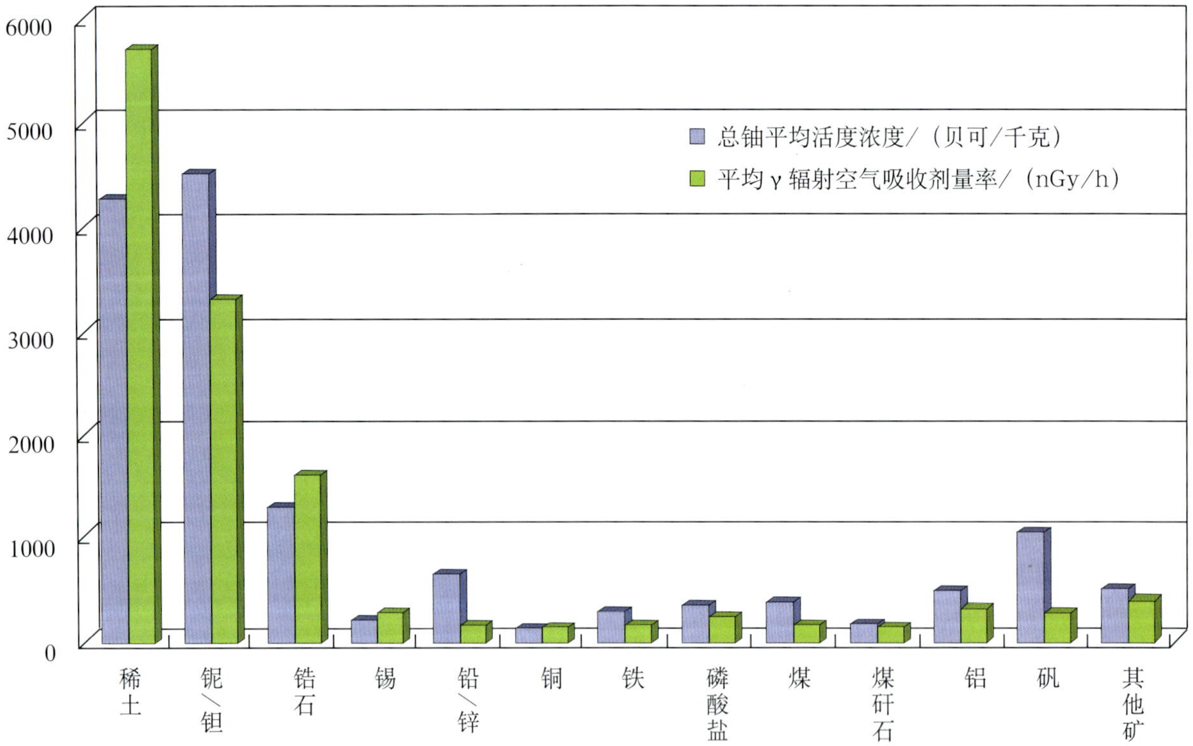


**图 4-6-8 伴生矿总铀平均活度浓度图**

表 4-6-9 伴生放射性矿开采企业矿产品和原料中钍 -232 基本情况

| 矿产资源名称 | 平均活度浓度 /（贝可 / 千克） | 最大活度浓度 /（贝可 / 千克） | 平均 γ 辐射空气吸收剂量率 /（nGy/h） | 最大 γ 辐射空气吸收剂量率 /（nGy/h） |
|---|---|---|---|---|
| 稀土 | 13103 | 137000 | 5，709 | 32671 |
| 铌 / 钽 | 2015 | 9242 | 3，263 | 8023 |
| 锆石 | 1733 | 10200 | 1，592 | 5830 |
| 锡 | 133 | 872 | 272 | 838 |
| 铅 / 锌 | 69 | 2729 | 173 | 1029 |
| 铜 | 34 | 183 | 170 | 493 |
| 铁 | 68 | 2597 | 162 | 1234 |
| 磷酸盐 | 28 | 1527 | 243 | 2473 |
| 煤 | 51 | 910 | 153 | 2552 |
| 煤矸石 | 82 | 241 | 135 | 242 |
| 铝 | 240 | 638 | 323 | 910 |
| 矾 | 1501 | 27000 | 280 | 968 |
| 其他矿 | 508 | 16535 | 422 | 5940 |

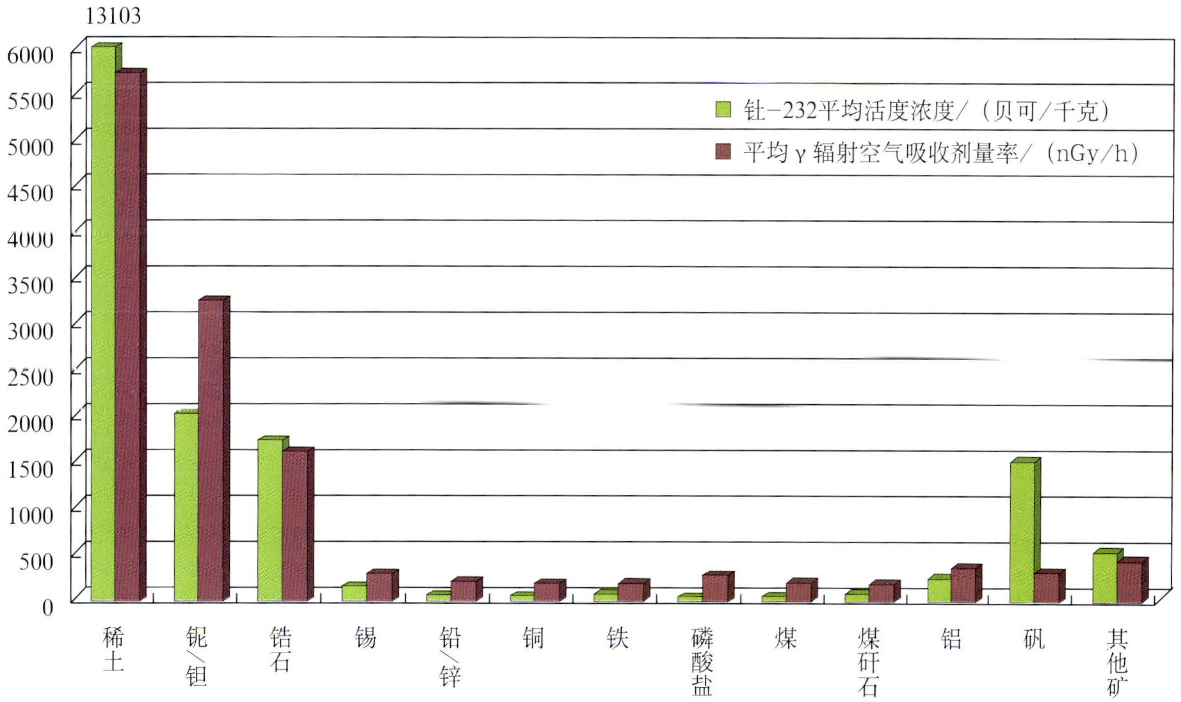


图 4-6-9 伴生矿钍 -232 平均活度浓度

表 4-6-10　各类伴生放射性矿矿产品、原料中总铀不同活度浓度范围企业情况

| 矿产资源名称 | 各类伴生放射性矿矿产品总铀不同活度浓度 $C$ 范围企业情况 | | | | | |
|---|---|---|---|---|---|---|
| | $100 \leqslant C \leqslant 500$ 贝可 / 千克 | | $500 < C < 1000$ 贝可 / 千克 | | $C \geqslant 1000$ 贝可 / 千克 | |
| | 企业数 / 家 | 矿产品开采量 / 吨 | 企业数 / 家 | 矿产品开采量 / 吨 | 企业数 / 家 | 矿产品开采量 / 吨 |
| 稀土 | 1 | 50000 | 0 | 0 | 4 | 235 |
| 铌 / 钽 | 1 | 120 | 0 | 0 | 1 | 0 |
| 锆石 | 9 | 16459 | 18 | 13194 | 12 | 223920 |
| 锡 | 7 | 3256329 | 2 | 78158 | 0 | 0 |
| 铅 / 锌 | 6 | 110922 | 3 | 4725 | 4 | 65480 |
| 铜 | 20 | 3987904 | 1 | 300 | 2 | 365 |
| 铁 | 23 | 23753985 | 2 | 365000 | 6 | 850780 |
| 磷酸盐 | 5 | 5871544 | 10 | 2563270 | 0 | 0 |
| 煤 | 182 | 71122229 | 26 | 1508669 | 35 | 4089375 |
| 煤矸石 | 35 | 5042724 | 0 | 0 | 1 | 23000 |
| 铝 | 2 | 78464 | 4 | 1660545 | 2 | 7000 |
| 矾 | 8 | 582580 | 5 | 726630 | 9 | 642554 |
| 其他矿 | 16 | 3050683 | 5 | 49340 | 9 | 1266 |
| 合计 | 315 | 116923944 | 76 | 6969831 | 85 | 5903975 |

| 矿产资源名称 | 使用各类伴生放射性矿原料（原矿、精矿）中总铀不同活度浓度 $C$ 范围企业情况 | | | | | |
|---|---|---|---|---|---|---|
| | $100 \leqslant C \leqslant 500$ 贝可 / 千克 | | $500 < C < 1000$ 贝可 / 千克 | | $C \geqslant 1000$ 贝可 / 千克 | |
| | 企业数 / 家 | 原料使用量 / 吨 | 企业数 / 家 | 原料使用量 / 吨 | 企业数 / 家 | 原料使用量 / 吨 |
| 稀土 | 10 | 154780 | 1 | 2000 | 4 | 8890 |
| 铌 / 钽 | 0 | 0 | 1 | 450 | 4 | 3096 |
| 锆石 | 2 | 22000 | 2 | 13246 | 5 | 61151 |
| 锡 | 1 | 2100 | 1 | 8310 | 0 | 0 |
| 铅 / 锌 | 11 | 100924 | 2 | 37128 | 1 | 200 |
| 铜 | 2 | 1061 | 1 | 90750 | 0 | 0 |
| 铁 | 9 | 2687100 | 0 | 0 | 0 | 0 |
| 磷酸盐 | 39 | 6309275 | 1 | 600 | 2 | 108474 |
| 煤 | 26 | 25083679 | 3 | 72000 | 5 | 1121625 |
| 煤矸石 | 15 | 4450097 | 0 | 0 | 0 | 0 |
| 铝 | 17 | 4995484 | 7 | 1462754 | 2 | 8450 |
| 矾 | 4 | 62919 | 2 | 20100 | 2 | 7530 |
| 其他矿 | 26 | 8776940 | 9 | 117564 | 7 | 1163294 |
| 合计 | 162 | 52646360 | 30 | 1824902 | 32 | 2482710 |

表 4-6-11　各类伴生放射性矿矿产品、原料中钍 -232 不同活度浓度范围企业情况

| 矿产资源名称 | 各类伴生放射性矿矿产品钍 -232 不同活度浓度 *C* 范围企业情况 | | | | | |
|---|---|---|---|---|---|---|
| | 100 ≤ *C* ≤ 500 贝可 / 千克 | | 500 ＜ *C* ＜ 1000 贝可 / 千克 | | *C* ≥ 1000 贝可 / 千克 | |
| | 企业数 / 家 | 矿产品开采量 / 吨 | 企业数 / 家 | 矿产品开采量 / 吨 | 企业数 / 家 | 矿产品开采量 / 吨 |
| 稀土 | 2 | 52550 | 0 | 0 | 3 | 175 |
| 铌 / 钽 | 0 | 0 | 1 | 120 | 1 | 0 |
| 锆石 | 2 | 4096 | 10 | 18110 | 27 | 231367 |
| 锡 | 3 | 43839 | 1 | 72 | 0 | 0 |
| 铅 / 锌 | 5 | 86600 | | | 1 | 25 |
| 铜 | 4 | 2347 | | | | |
| 铁 | 11 | 21230716 | 1 | 6400 | 1 | 374300 |
| 磷酸盐 | 1 | 11000 | | | 0 | 0 |
| 煤 | 42 | 2726268 | 4 | 540000 | | |
| 煤矸石 | 7 | 1033410 | | | | |
| 铝 | 6 | 1738709 | 0 | 0 | | |
| 矾 | 0 | 0 | 2 | 79400 | 0 | 0 |
| 其他矿 | 11 | 268459 | 2 | 4280 | 2 | 6080 |
| 合计 | 91 | 27029994 | 21 | 648382 | 38 | 611947 |

| 矿产资源名称 | 使用各类伴生放射性矿原料（原矿、精矿）中钍 -232 不同活度浓度 *C* 范围企业情况 | | | | | |
|---|---|---|---|---|---|---|
| | 100 ≤ *C* ≤ 500 贝可 / 千克 | | 500 ＜ *C* ＜ 1000 贝可 / 千克 | | *C* ≥ 1000 贝可 / 千克 | |
| | 企业数 / 家 | 原料使用量 / 吨 | 企业数 / 家 | 原料使用量 / 吨 | 企业数 / 家 | 原料使用量 / 吨 |
| 稀土 | 5 | 24400 | 4 | 11800 | 17 | 2798286 |
| 铌 / 钽 | 2 | 2290 | 1 | 450 | 2 | 806 |
| 锆石 | 2 | 35656 | 7 | 60766 | 3 | 11200 |
| 锡 | 0 | 0 | 1 | 8310 | 0 | 0 |
| 铅 / 锌 | 0 | 0 | | | 0 | 0 |
| 铜 | 1 | 192 | | | | |
| 铁 | 2 | 13604920 | 0 | 0 | 0 | 0 |
| 磷酸盐 | 2 | 355164 | | | 0 | 0 |
| 煤 | 11 | 8874313 | 0 | 0 | | |
| 煤矸石 | 5 | 647250 | 0 | 0 | | |
| 铝 | 23 | 4786688 | 3 | 1680000 | | |
| 矾 | 0 | 0 | | | 2 | 113000 |
| 其他矿 | 11 | 8606225 | 4 | 425020 | 6 | 760422 |
| 合计 | 64 | 36937098 | 20 | 2186346 | 30 | 3683714 |

表 4-6-12　各类伴生放射性矿矿产品、原料中镭 –226 不同活度浓度范围企业情况

| 矿产资源名称 | 各类伴生放射性矿矿产品镭 -226 不同活度浓度 C 范围企业情况 | | | | | |
|---|---|---|---|---|---|---|
| | 100 ≤ C ≤ 500 贝可 / 千克 | | 500 < C < 1000 贝可 / 千克 | | C ≥ 1000 贝可 / 千克 | |
| | 企业数 / 家 | 矿产品开采量 / 吨 | 企业数 / 家 | 矿产品开采量 / 吨 | 企业数 / 家 | 矿产品开采量 / 吨 |
| 稀土 | 1 | 110 | 0 | 0 | 4 | 175 |
| 铌 / 钽 | 0 | 0 | 0 | 0 | 2 | 120 |
| 锆石 | 2 | 550 | 2 | 150 | 35 | 252873 |
| 锡 | 7 | 3266585 | 1 | 71033 | 1 | 20 |
| 铅 / 锌 | 8 | 154862 | 0 | 0 | 5 | 40685 |
| 铜 | 17 | 3030628 | 1 | 300 | 0 | 0 |
| 铁 | 20 | 23397114 | 3 | 429300 | 6 | 640480 |
| 磷酸盐 | 8 | 10898433 | 10 | 2563270 | 0 | 0 |
| 煤 | 75 | 8811962 | 30 | 3080970 | 19 | 688429 |
| 煤矸石 | 10 | 154680 | 1 | 18000 | | |
| 铝 | 6 | 1739709 | 2 | 6300 | | |
| 矾 | 4 | 589400 | 12 | 801744 | 4 | 380120 |
| 其他矿 | 15 | 2599193 | 3 | 14540 | 10 | 5046 |
| 合计 | 173 | 54645726 | 65 | 6985607 | 86 | 2007948 |

| 矿产资源名称 | 使用各类伴生放射性原料（原矿、精矿）中镭 -226 不同浓度 C 范围企业情况 | | | | | |
|---|---|---|---|---|---|---|
| | 100 ≤ C ≤ 500 贝可 / 千克 | | 500 < C < 1000 贝可 / 千克 | | C ≥ 1000 贝可 / 千克 | |
| | 企业数 / 家 | 原料使用量 / 吨 | 企业数 / 家 | 原料使用量 / 吨 | 企业数 / 家 | 原料使用量 / 吨 |
| 稀土 | 12 | 137870 | 2 | 107000 | 3 | 9900 |
| 铌 / 钽 | 1 | 360 | 0 | 0 | 5 | 3546 |
| 锆石 | 0 | 0 | 0 | 0 | 12 | 107622 |
| 锡 | 3 | 13341 | 0 | 0 | 1 | 8310 |
| 铅 / 锌 | 6 | 40238 | 1 | 36879 | 2 | 449 |
| 铜 | 1 | 39000 | 2 | 91619 | 0 | 0 |
| 铁 | 5 | 889145 | 1 | 900000 | 0 | 0.00 |
| 磷酸盐 | 46 | 6613944 | 2 | 33100 | 2 | 108474 |
| 煤 | 4 | 1105160 | 4 | 682142 | 3 | 24591 |
| 煤矸石 | 4 | 1478137 | 1 | 38000 | | |
| 铝 | 26 | 6466688 | 0 | 0 | | |
| 矾 | 1 | 1134 | 5 | 81885 | 3 | 120150 |
| 其他矿 | 24 | 164996 | 14 | 467969 | 6 | 967672 |
| 合计 | 133 | 16950014 | 32 | 2438594 | 37 | 1354169 |

表 4-6-13　伴生放射性矿开采企业矿产品和原料中镭 -226 基本情况

| 矿产资源名称 | 平均活度浓度 /（贝可 / 千克） | 最大活度浓度 /（贝可 / 千克） | 平均 γ 辐射空气吸收剂量率 /（nGy/h） | 最大 γ 辐射空气吸收剂量率 /（nGy/h） |
|---|---|---|---|---|
| 稀土 | 5292 | 30200 | 5709 | 32671 |
| 铌 / 钽 | 18131 | 57486 | 3263 | 8023 |
| 锆石 | 3510 | 13935 | 1592 | 5830 |
| 锡 | 540 | 4276 | 272 | 838 |
| 铅 / 锌 | 465 | 16274 | 173 | 1029 |
| 铜 | 163 | 874 | 170 | 493 |
| 铁 | 288 | 14265 | 162 | 1234 |
| 磷酸盐 | 407 | 2056 | 243 | 2473 |
| 煤 | 212 | 24021 | 153 | 2552 |
| 煤矸石 | 118 | 682 | 135 | 242 |
| 铝 | 289 | 798 | 323 | 910 |
| 矾 | 908 | 3980 | 280 | 968 |
| 其他矿 | 744 | 8048 | 422 | 5940 |

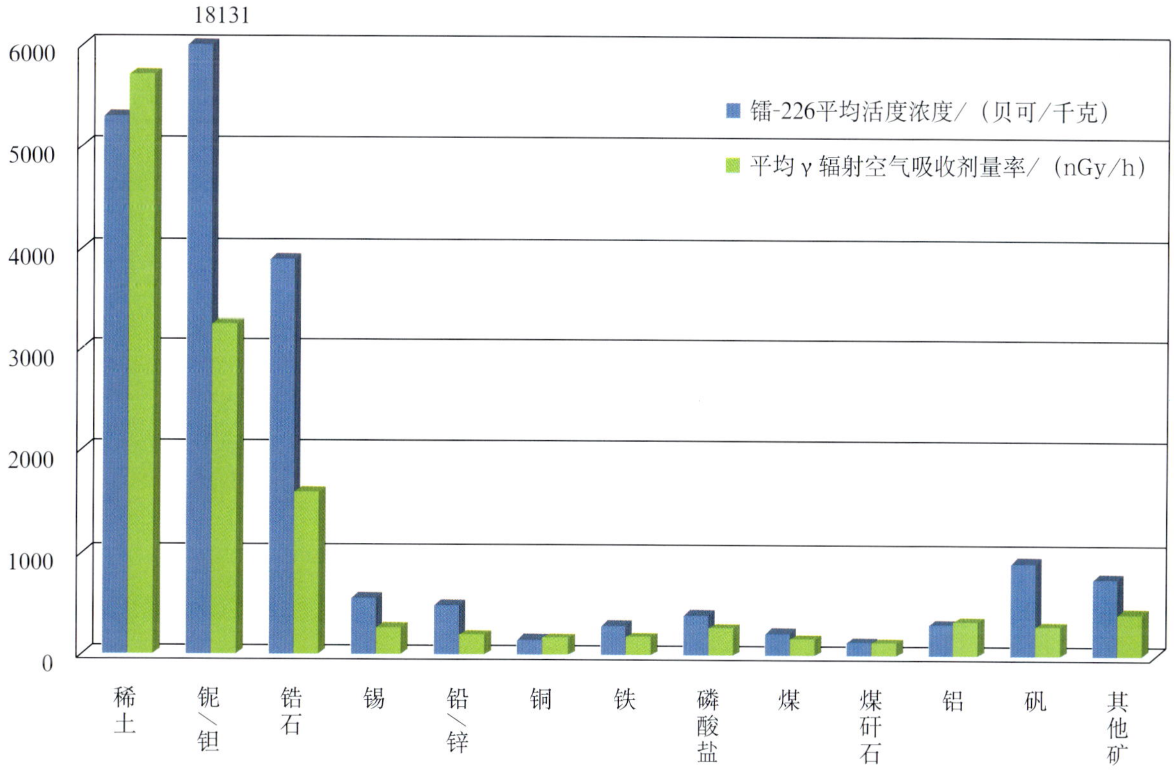


图 4-6-10　伴生矿镭 -226 平均活度浓度

（二）伴生放射性污染源含放射性固体废物核素情况

伴生放射性矿开采企业和冶炼加工企业在开发利用矿产资源过程中，虽然产生的含放射性固体废物不同，但最终进入环境，所以统一进行分析。

（一）总铀

伴生放射性矿开采和冶炼加工企业产生工业固体废物中含放射性废物中总铀平均活度浓度大于1000贝可/千克的矿产，主要是铌/钽、稀土和锆石，其产生固体废物量分别为8.24万吨、143.8万吨和5.98万吨；总铀平均活度浓度小于1000贝可/千克，大于500贝可/千克，主要是锡和矾矿，产生废物量分别为340.1万吨、205.4万吨，这5类废物合计量703.452万吨，占含放射性固体废物总量的4%，所占比例较小，但放射性水平较高。其中，稀土固体废物中总铀最高活度浓度达到83044贝可/千克，铌/钽固体废物中总铀最高活度浓度达到36310贝可/千克，放射性水平较高。磷酸盐产生的固体废物中总铀平均活度浓度小于100贝可/千克，说明磷酸盐固废中并不富集铀。

铌/钽在矿产品和原料中总铀平均活度浓度4476贝可/千克，小于固体废物中总铀平均活度浓度7725贝可/千克，说明总铀富集在工业固体废物中，使得固废放射性水平增高。

固体废物中总铀平均活度浓度大于等于100贝可/千克的企业463家，共产生固体废物6062.1万吨，分别占企业总数的31.6%和废物总量的34.5%；其中，有215家采煤和用煤企业产生固体废物3826.7万吨，43家铁开采和冶炼加工企业产生废物626.1万吨，其他矿开采和冶炼加工企业70家产生废物591.5万吨，这3类企业总数和固体废物合计量分别占该活度浓度范围企业总数和固体废物合计量的70.8%和83.2%。

总铀平均活度浓度大于1000贝可/千克的企业62家，产生固体废物320.6万吨，分别占企业总数的4.2%和总废物量的1.8%；其中有8家其他矿开采和冶炼加工企业产生废物83.4万吨（应在下一步工作中详细分析），18家采煤和用煤企业产生固体废物79.6万吨，7家矾矿开采和冶炼加工企业产生废物16.5万吨，这3类企业总数和固体废物合计量占该活度浓度范围企业总数和固体废物合计量的53.2%和56%。

（二）钍-232

伴生放射性矿开采和冶炼加工企业产生工业固体废物中含放射性废物中钍-232平均活度浓度大于1000贝可/千克，主要是稀土、铌/钽，产生固体废物量分别为143.8万吨、8.24万吨；小于1000贝可/千克，大于500贝可/千克，主要是锡，产生固体废物量为340.1万吨。这3类废物合计量492.14万吨，占含放射性固体废物总量的2.8%，所占比例较小，但放射性水平较高。其中，稀土固体废物中钍-232最高活度浓度达到51718贝可/千克，铌/钽固体废物中总铀最高活度浓度达到21775贝可/千克，放射性水平较高。

铅/锌、铜、磷酸盐、矾矿、煤及煤矸石产生的固体废物中钍-232平均活度浓度小于100贝可/千克，说明这些矿产资源产生的固废中不富集钍-232。

铌/钽在矿产品和原料中钍-232平均活度浓度2015贝可/千克，小于开发利用中产生固体废物中钍-232平均活度浓度4191贝可/千克，说明钍-232富集在工业固体废物中，使得固废放射性水平增高。

固体废物中钍-232平均活度浓度大于等于100贝可/千克的企业259家，共产生固体废物8154.2万吨，分别占企业总数的17.7%和总废物量的46.4%；其中有18家铁开采和冶炼加工企业产生废物4338.5万吨，106家采煤和用煤企业产生固体废物2764万吨，铝开采和冶炼加工企业11家产生废物 400.4 万吨，这 3 类企业总数和固体废物合计量占该活度浓度范围企业总数和固体废物合计量的 52.1% 和 92%。

钍 -232 平均活度浓度大于 1000 贝可 / 千克的 33 家，产生固体废物 1714.9 万吨，分别占企业总数的 2.3% 和总废物量的 9.8%；其中有 2 家铁开采和冶炼加工企业产生固体废物 1666.1 万吨，20 家稀土开采和冶炼加工企业产生废物 23.7 万吨，这 2 类企业总数和固体废物合计量占该活度浓度范围企业总数和固体废物合计量的 66.7% 和 99.9%。

（三）镭 -226

伴生放射性矿开采和冶炼加工企业产生工业固体废物中含放射性废物中镭 -226 平均活度浓度大于 1000 贝可 / 千克，主要是铌 / 钽和锡矿，产生固体废物量分别为 8.24 万吨和 340.1 万吨；小于 1000 贝可 / 千克，大于 500 贝可 / 千克主要是锆石和钒，产生固体废物量为 205.4 万吨和 5.98 万吨。这 4 类废物合计量 559.72 万吨，占含放射性固体废物总量的 3.2%，所占比例较小，但放射性水平较高。

煤矸石产生的固废中镭 -226 平均活度浓度小于 100 贝可 / 千克，说明煤矸石产生的固废中不富集镭 -226。

固体废物中镭 -226 平均活度浓度大于等于 100 贝可 / 千克的企业 390 家，共产生固体废物 5542.1 万吨，分别占企业总数的 26.6% 和总废物量的 31.6%；其中有 156 家采煤和用煤企业产生废物 2965.1 万吨，31 家磷酸盐开采和冶炼加工企业产生固体废物 681.8 万吨，35 家铁开采和冶炼加工企业产生固体废物 406.7 万吨，10 家铝开采和冶炼加工企业产生废物 400.4 万吨，这 4 类企业总数和固体废物合计量占该活度浓度范围企业总数和固体废物合计量的 59.5% 和 80.4%。

镭 -226 平均活度浓度大于 1000 贝可 / 千克的 43 家，产生固体废物 160.7 万吨，分别占企业总数的 3% 和总废物量的 0.9%；其中有 9 家其他矿开采和冶炼加工企业产生固体废物 83.6 万吨，7 家采煤和用煤企业产生废物 20.8 万吨，6 家钒开采和冶炼加工企业产生废物 42.2 万吨，这 3 类企业总数和固体废物合计量占该活度浓度范围企业总数和固体废物合计量的 51.2% 和 91.2%。

**表 4-6-14　伴生放射性污染源含放射性固体废物中总铀基本情况**

| 矿产资源名称 | 平均活度浓度 /（贝可 / 千克） | 最大活度浓度 /（贝可 / 千克） | 平均 γ 辐射空气吸收剂量率 /（nGy/h） | 最大 γ 辐射空气吸收剂量率 /（nGy/h） |
|---|---|---|---|---|
| 稀土 | 1948 | 83044 | 3249 | 48344 |
| 铌 / 钽 | 7725 | 36310 | 1624 | 7634 |
| 锆石 | 1026 | 9908 | 358 | 1500 |
| 锡 | 922 | 2850 | 601 | 1482 |
| 铅 / 锌 | 118 | 715 | 130 | 303 |
| 铜 | 142 | 1630 | 153 | 385 |
| 铁 | 246 | 6028 | 189 | 1177 |
| 磷酸盐 | 65 | 724 | 91 | 331 |
| 煤 | 225 | 7600 | 162 | 987 |
| 煤矸石 | 191 | 763 | 115 | 328 |
| 铝 | 402 | 1398 | 300 | 615 |
| 钒 | 813 | 2096 | 264 | 760 |
| 其他矿 | 338 | 2968 | 200 | 1180 |

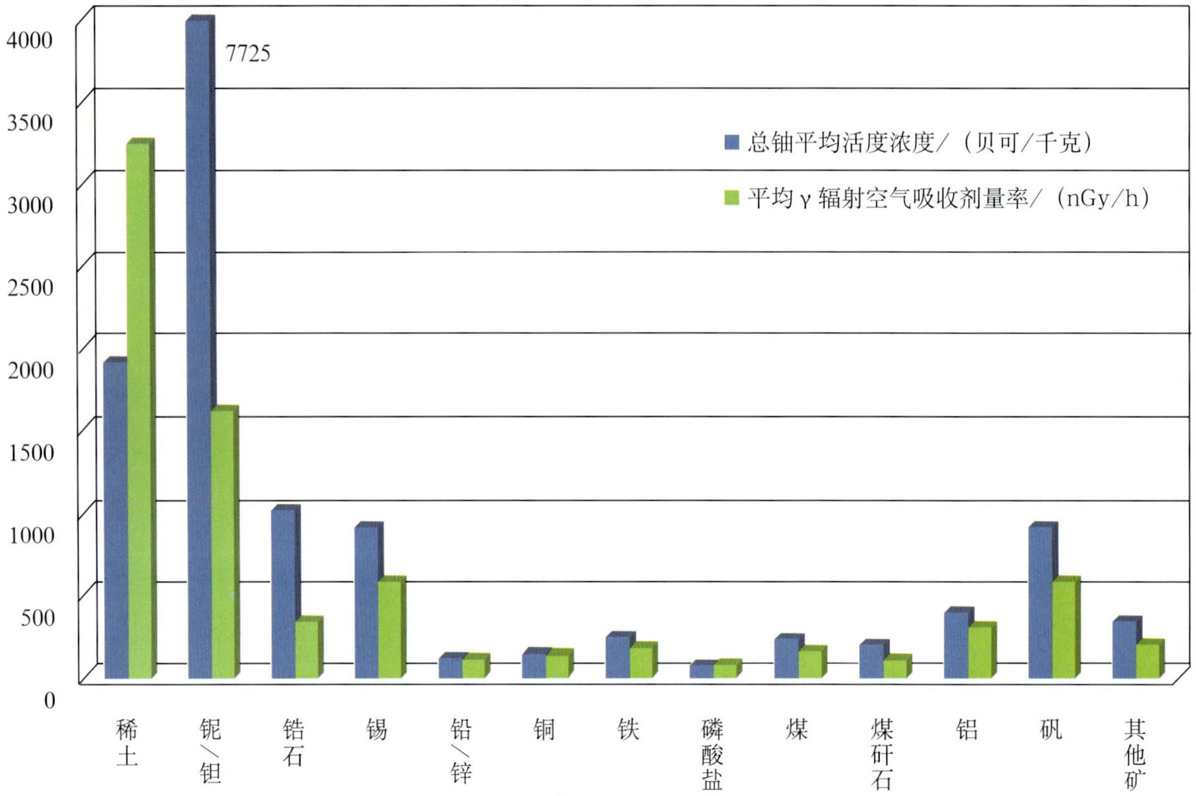


图 4-6-11　伴生矿含放射性固废中总铀平均活度浓度

表 4-6-15　伴生放射性污染源含放射性固体废物中钍-232 基本情况

| 矿产资源名称 | 平均活度浓度/（贝可/千克） | 最大活度浓度/（贝可/千克） | 平均γ辐射空气吸收剂量率/（nGy/h） | 最大γ辐射空气吸收剂量率/（nGy/h） |
|---|---|---|---|---|
| 稀土 | 4327 | 51718 | 3249 | 48344 |
| 铌/钽 | 4191 | 21775 | 1624 | 7634 |
| 锆石 | 327 | 2120 | 358 | 1500 |
| 锡 | 802 | 3160 | 601 | 1482 |
| 铅/锌 | 38.4 | 137 | 130 | 303 |
| 铜 | 36 | 145 | 153 | 385 |
| 铁 | 135 | 2289 | 189 | 1177 |
| 磷酸盐 | 15 | 131 | 91 | 331 |
| 煤 | 91 | 910 | 162 | 987 |
| 煤矸石 | 92 | 212 | 115 | 328 |
| 铝 | 349 | 694 | 300 | 615 |
| 钒 | 73 | 771 | 264 | 760 |
| 其他矿 | 119 | 1390 | 200 | 1180 |

表 4-6-16　伴生放射性污染源含放射性固体废物中镭 –226 基本情况

| 矿产资源名称 | 平均活度浓度 /（贝可 / 千克） | 最大活度浓度 /（贝可 / 千克） | 平均 γ 辐射空气吸收剂量率 /（nGy/h） | 最大 γ 辐射空气吸收剂量率 /（nGy/h） |
|---|---|---|---|---|
| 稀土 | 238 | 3382 | 3249 | 48344 |
| 铌 / 钽 | 7212 | 34751 | 1624 | 7634 |
| 锆石 | 945 | 7202 | 358 | 1500 |
| 锡 | 1377 | 4350 | 601 | 1482 |
| 铅 / 锌 | 195 | 2049 | 130 | 303 |
| 铜 | 155 | 2380 | 153 | 385 |
| 铁 | 247 | 9908 | 189 | 1177 |
| 磷酸盐 | 176 | 1042 | 91 | 331 |
| 煤 | 326 | 92178 | 162 | 987 |
| 煤矸石 | 79 | 415 | 115 | 328 |
| 铝 | 282 | 581 | 300 | 615 |
| 矾 | 675 | 1692 | 264 | 760 |
| 其他矿 | 435 | 4720 | 200 | 1180 |

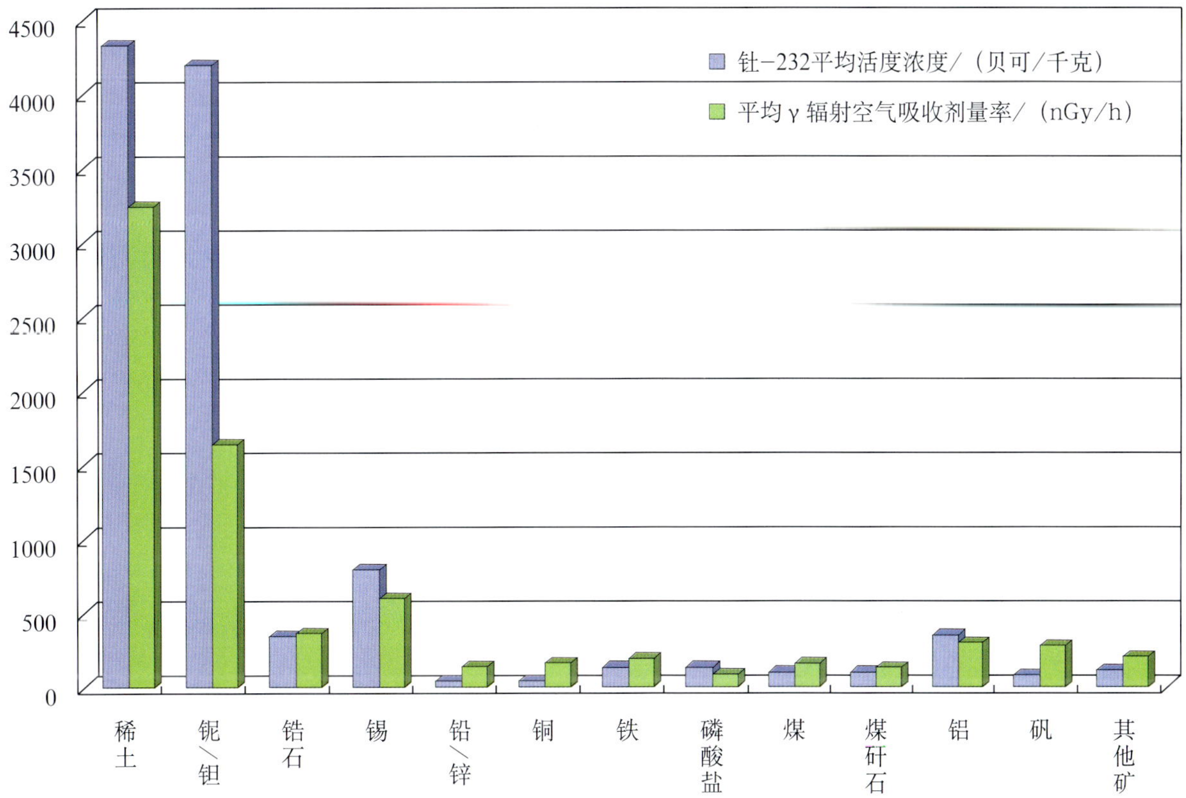


图 4-6-12　伴生矿含放射性固废中钍 –232 的平均活度浓度

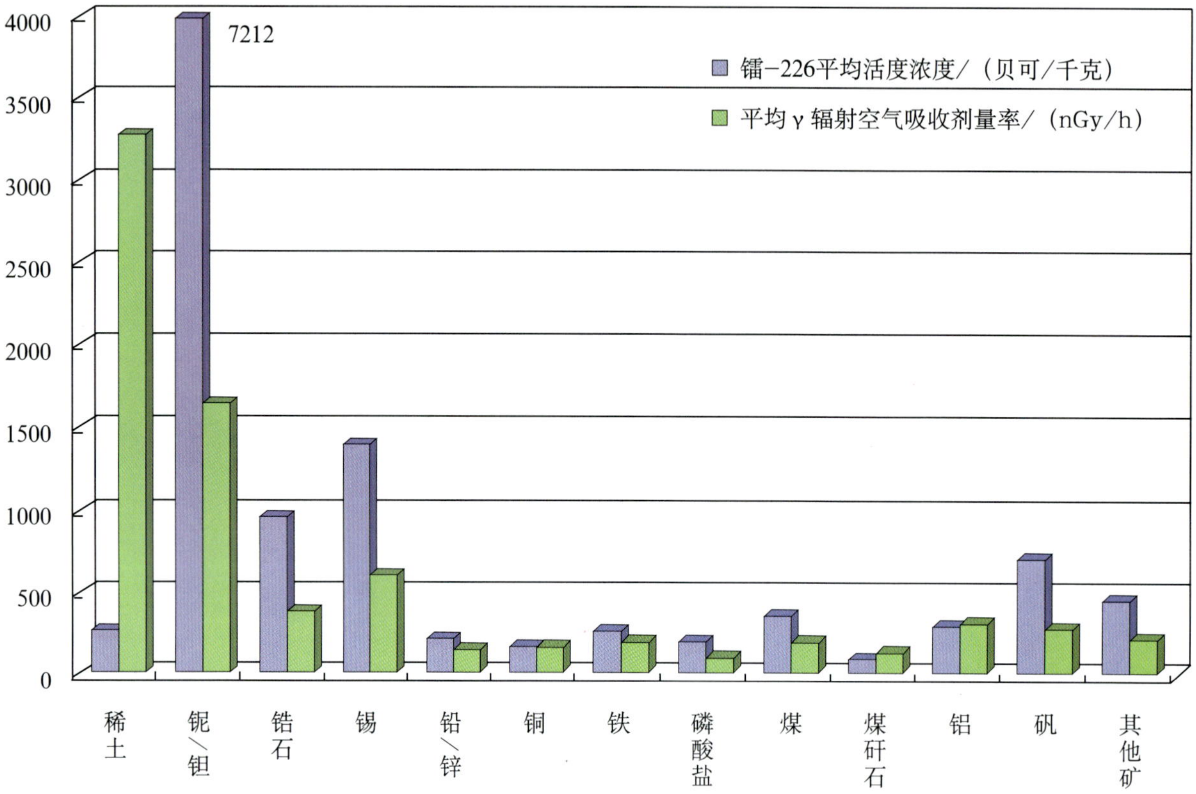


图 4-6-13　伴生矿含放射性固废中镭-226 的平均活度浓度

表 4-6-17　各类伴生放射性污染源含放射性固废中总铀活度浓度范围企业情况

| 矿产资源名称 | 总铀不同活度浓度 $C$ 范围 /（贝可 / 千克） | | | | | |
|---|---|---|---|---|---|---|
| | $100 \leqslant C \leqslant 500$ | | $500 < C < 1000$ | | $C \geqslant 1000$ | |
| | 企业数 / 家 | 固废产生量 / 吨 | 企业数 / 家 | 固废产生量 / 吨 | 企业数 / 家 | 固废产生量 / 吨 |
| 稀土 | 6 | 17286 | 0 | 0 | 7 | 2500 |
| 铌 / 钽 | 0 | 50 | 0 | 0 | 5 | 3121 |
| 锆石 | 4 | 5725 | 2 | 25 | 5 | 29631 |
| 锡 | 5 | 871775 | 0 | 0 | 4 | 9100 |
| 铅 / 锌 | 11 | 297880 | 2 | 24484 | 0 | 0 |
| 铜 | 13 | 2146991 | 1 | 4900 | 1 | 786 |
| 铁 | 33 | 4932577 | 7 | 1263855 | 3 | 64503 |
| 磷酸盐 | 7 | 401647 | 1 | 31687 | 0 | 0 |
| 煤 | 176 | 35458866 | 21 | 2012196 | 18 | 795825 |
| 煤矸石 | 30 | 2401264 | 1 | 29880 | 0 | 0 |
| 铝 | 3 | 1038850 | 5 | 1522000 | 4 | 10 |
| 矾 | 5 | 395100 | 6 | 779102 | 7 | 165107 |
| 其他矿 | 54 | 4866859 | 8 | 214122 | 8 | 833778 |
| 合计 | 347 | 52834869 | 54 | 5882251 | 62 | 1904361 |

表 4-6-18　各类伴生放射性污染源含放射性固废中钍 –232 不同活度浓度范围企业情况

| 矿产资源名称 | 钍 -232 不同活度浓度 $C$ 范围 /（贝可 / 千克） | | | | | |
|---|---|---|---|---|---|---|
| | $100 \leqslant C \leqslant 500$ | | $500 < C < 1000$ | | $C \geqslant 1000$ | |
| | 企业数 / 家 | 固废产生量 / 吨 | 企业数 / 家 | 固废产生量 / 吨 | 企业数 / 家 | 固废产生量 / 吨 |
| 稀土 | 4 | 110421 | 0 | 0 | 20 | 237152 |
| 铌 / 钽 | 1 | 50 | 0 | 0 | 4 | 3121 |
| 锆石 | 6 | 29622 | 2 | 1665 | 3 | 5757 |
| 锡 | 2 | 108172 | 1 | 4573 | 3 | 4527 |
| 铅 / 锌 | 5 | 61193 | | | 0 | 0 |
| 铜 | 2 | 111203 | | | | |
| 铁 | 15 | 26691168 | 1 | 32188 | 2 | 16661262 |
| 磷酸盐 | 1 | 128658 | | | 0 | 0 |
| 煤 | 102 | 27510323 | 4 | 130079 | | |
| 煤矸石 | 18 | 1599565 | | | | |
| 铝 | 8 | 3083775 | 3 | 920000 | | |
| 钒 | 1 | 126000 | 1 | 66000 | 0 | 0 |
| 其他矿 | 45 | 3421885 | 4 | 493296 | 1 | 4 |
| 合计 | 210 | 62982035 | 16 | 1647801 | 33 | 16911823 |

表 4-6-19 各类伴生放射性污染源含放射性固废中镭 -226 不同活度浓度范围企业情况

| 矿产资源名称 | 镭 -226 不同活度浓度 $C$ 范围 /（贝可 / 千克） | | | | | |
|---|---|---|---|---|---|---|
| | $100 \leqslant C \leqslant 500$ | | $500 < C < 1000$ | | $C \geqslant 1000$ | |
| | 企业数 / 家 | 固废产生量 / 吨 | 企业数 / 家 | 固废产生量 / 吨 | 企业数 / 家 | 固废产生量 / 吨 |
| 稀土 | 6 | 140987 | 3 | 1695 | 3 | 1319 |
| 铌 / 钽 | 0 | 26549 | 1 | 1326 | 3 | 3336 |
| 锆石 | 4 | 319776 | 1 | 9237 | 6 | 24798 |
| 锡 | 4 | 8059651 | 0 | 0 | 4 | 9100 |
| 铅 / 锌 | 12 | 3003875 | 1 | 17032 | 1 | 14904 |
| 铜 | 15 | 1860525 | 0 | 0 | 1 | 786 |
| 铁 | 31 | 3722831 | 2 | 289520 | 2 | 54599 |
| 磷酸盐 | 30 | 6785825 | 0 | 0 | 1 | 31687 |
| 煤 | 132 | 29023549 | 17 | 420181 | 7 | 207838 |
| 煤矸石 | 11 | 1405565 | 0 | 0 | | |
| 铝 | 7 | 3083588 | 3 | 920000 | | |
| 矾 | 6 | 502358 | 6 | 414868 | 6 | 422083 |
| 其他矿 | 48 | 3923383 | 7 | 222556 | 9 | 836453 |
| 合计 | 306 | 51517836 | 41 | 2296415 | 43 | 1606903 |

### 4.6.2 工业源电磁辐射设备情况

电磁辐射设备（设施）频率大于 500 赫且功率 5 千瓦以上，产生的电磁能和辐射强度一般就可能达到或者超过国家规定的下限值，所以纳入普查范围。

工业源有电磁辐射设备的普查对象 3944 家，工业用电磁辐射设备 9391 台，分别占全国全部有电磁辐射设备普查对象（包括工业源和生活源）的 73.3% 和设备数量的 81.9%。我国电磁辐射设备拥有和使用分布与各地经济发展水平以及产业结构等因素有关，主要分布在浙江、上海和江苏，分别为 2390 台、2190 台和 668 台，所占比例分别为 25.45%、23.32% 和 7.11%，合计占工业源全国的 55.88%；全国各地区工业电磁辐射设备标称功率合计量较高的有浙江、河南和江苏，分别占全国工业源标称功率总计 3563 万千瓦的 21.23%、19.55% 和 6.25%。河北、重庆、辽宁、山东、广东和安徽有电磁辐射设备比例分别在 2.5%～5.5%，共有 2269 台，占全国比例的 24.2%，不足浙江省拥有数量；其他 22 个省电磁辐射设备比例都在 2% 以下。

在国民经济行业分类中，我国工业电磁辐射设备绝大部分用于制造业，其比例达到 99.63%，其中通用设备制造业、金属制品业、黑色金属冶炼及压延加工业和交通运输设备制造业使用的电磁辐射设备数为 4220 台、1253 台、1019 台和 833 台，合计为 7325 台，其比例分别为 44.97%、13.33%、10.85% 和 8.84%，占全部工业源电磁辐射设备数量的 78%。

电磁辐射设备按照用途和功能分为高频熔炼设备等 15 种设备（具体名称见表 4-6-22），其中广泛应用于工业是高频熔炼设备、高频焊接设备和高频淬火设备，其数量分别为 3822 台、3293 台和 1136 台，共计 8251 台，比例分别为 40.7%、35% 和 12%，占全部电磁辐射设备的 87.2%。

工业源电磁辐射设备中大于等于 3MHz 的高频设备数量为 463 台，占工业用电磁辐射设备的 4.9%，主要是高频熔炼设备和塑料热合压花熔接箔印设备；小于 3MHz 中频设备数量为 8928 台。截至 2007 年年底，工业电磁辐射设备终止使用 142 台，在用 9249 台。

表 4-6-20　全国各地区工业用电磁辐射设备基本情况

| 地　区 | 有电磁辐射设备普查对象 / 家 | 电磁辐射设备数 / 台 | 全国各地区设备占全国的比例 /% | 电磁辐射设备标称功率合计 / 千瓦 | 标称功率占全国的比例 /% |
|---|---|---|---|---|---|
| 北　京 | 29 | 112 | 1.19 | 10818.1 | 0.30 |
| 天　津 | 38 | 63 | 0.67 | 13565.2 | 0.38 |
| 河　北 | 299 | 515 | 5.48 | 158655.14 | 4.45 |
| 山　西 | 46 | 82 | 0.87 | 15546.8 | 0.44 |
| 内蒙古 | 27 | 43 | 0.46 | 14493.5 | 0.41 |
| 辽　宁 | 234 | 394 | 4.20 | 177050.6 | 5.00 |
| 吉　林 | 23 | 65 | 0.69 | 8745.1 | 0.25 |
| 黑龙江 | 27 | 52 | 0.55 | 49461 | 1.39 |
| 上　海 | 365 | 2190 | 23.32 | 163379.45 | 4.59 |
| 江　苏 | 314 | 668 | 7.11 | 222680.0 | 6.25 |
| 浙　江 | 1176 | 2390 | 25.45 | 756338.3 | 21.23 |
| 安　徽 | 118 | 264 | 2.81 | 104020.5 | 2.92 |
| 福　建 | 72 | 177 | 1.88 | 159443.4 | 4.47 |
| 江　西 | 54 | 106 | 1.13 | 26759 | 0.75 |
| 山　东 | 158 | 347 | 3.70 | 196450.5 | 5.51 |
| 河　南 | 86 | 157 | 1.67 | 696702.3 | 19.55 |
| 湖　北 | 74 | 139 | 1.48 | 60213 | 1.69 |
| 湖　南 | 88 | 141 | 1.50 | 57656 | 1.62 |
| 广　东 | 148 | 301 | 3.21 | 34417 | 0.97 |
| 广　西 | 47 | 89 | 0.95 | 40711 | 1.14 |
| 海　南 | 6 | 21 | 0.22 | 152345 | 4.28 |
| 重　庆 | 210 | 448 | 4.77 | 139759 | 3.92 |
| 四　川 | 82 | 141 | 1.50 | 38569 | 1.08 |
| 贵　州 | 27 | 62 | 0.66 | 36239.5 | 1.02 |
| 云　南 | 58 | 130 | 1.38 | 165846 | 4.65 |
| 西　藏 | 1 | 1 | 0.01 | 5 | 0.0001 |
| 陕　西 | 77 | 155 | 1.65 | 24653 | 0.69 |
| 甘　肃 | 30 | 48 | 0.51 | 10694 | 0.30 |
| 青　海 | 12 | 46 | 0.49 | 16374 | 0.46 |
| 宁　夏 | 10 | 23 | 0.24 | 9455 | 0.27 |
| 新　疆 | 8 | 21 | 0.22 | 2143 | 0.06 |
| 全国总计 | 3944 | 9391 | 100 | 3563188.41 | 100 |

**表 4-6-21　各行业电磁辐射设备基本情况**

| | 行业类别 | 有电磁辐射设备普查对象/家 | 电磁辐射设备数/台 | 设备占全行业的比例/% |
|---|---|---|---|---|
| 农、林、牧、渔业 | 农业服务业 | 1 | 1 | 0.01 |
| 采矿业 | 煤炭开采和洗选业 | 1 | 1 | 0.01 |
| | 黑色金属矿采选业 | 3 | 4 | 0.04 |
| | 有色金属矿采选业 | 3 | 3 | 0.03 |
| | 石油和天然气开采业 | 4 | 10 | 0.11 |
| | 小计 | 11 | 18 | 0.19 |
| 制造业 | 黑色金属冶炼及压延加工业 | 540 | 1019 | 10.85 |
| | 文教体育用品制造业 | 21 | 59 | 0.63 |
| | 通用设备制造业 | 1702 | 4220 | 44.97 |
| | 医药制造业 | 37 | 66 | 0.70 |
| | 非金属矿物制品业 | 71 | 156 | 1.66 |
| | 食品制造业 | 16 | 19 | 0.20 |
| | 电气机械及器材制造业 | 65 | 217 | 2.31 |
| | 纺织业 | 26 | 56 | 0.60 |
| | 交通运输设备制造业 | 345 | 833 | 8.84 |
| | 专用设备制造业 | 195 | 501 | 5.34 |
| | 塑料制品业 | 76 | 166 | 1.77 |
| | 工艺品及其他制造业 | 17 | 79 | 0.84 |
| | 印刷业和记录媒介的复制 | 7 | 11 | 0.12 |
| | 饮料制造业 | 2 | 3 | 0.03 |
| | 有色金属冶炼及压延加工业 | 125 | 270 | 2.87 |
| | 废弃资源和废旧材料回收加工业 | 7 | 7 | 0.07 |
| | 金属制品业 | 520 | 1253 | 13.33 |
| | 通信设备、计算机及其他电子设备制造业 | 51 | 239 | 2.56 |
| | 皮革、毛皮、羽毛（绒）及其制品业 | 7 | 13 | 0.14 |
| | 化学原料及化学制品制造业 | 27 | 48 | 0.50 |
| | 石油加工、炼焦及核燃料加工业 | 1 | 5 | 0.05 |
| | 橡胶制品业 | 5 | 6 | 0.075 |
| | 纺织服装、鞋、帽制造业 | 5 | 19 | 0.20 |
| | 仪器仪表及文化、办公用机械制造业 | 14 | 22 | 0.23 |
| | 造纸及纸制品业 | 1 | 1 | 0.01 |
| | 烟草制品业 | 5 | 6 | 0.06 |
| | 农副食品加工业 | 15 | 23 | 0.24 |
| | 家具制造业 | 10 | 12 | 0.13 |
| | 化学纤维制造业 | 4 | 8 | 0.085 |
| | 木材加工及木、竹、藤、棕、草制品业 | 9 | 19 | 0.20 |
| | 小计 | 3926 | 9356 | 99.63 |
| | 电力、热力的生产和供应业 | 6 | 16 | 0.17 |
| | 合计 | 3944 | 9391 | 100 |

表 4-6-22　电磁辐射设备分类基本情况表

| 电磁设备分类名称 | 电磁辐射设备数 / 台 | 百分比 /% | 频率大于等于 3MHz 的设备数量 / 台 |
|---|---|---|---|
| 高频熔炼设备 | 3822 | 40.70 | 116 |
| 高频淬火设备 | 1136 | 12.10 | 18 |
| 高频焊接设备 | 3293 | 35.07 | 17 |
| 塑料热合、压花、热接、箔印设备 | 332 | 3.54 | 87 |
| 高频干燥处理机 | 88 | 0.94 | 35 |
| 高频灭菌处理机 | 27 | 0.29 | 6 |
| 介质加热联动机 | 143 | 1.52 | 69 |
| 微波加热设备 | 94 | 1.00 | 13 |
| 微波灭菌设备 | 34 | 0.36 | 11 |
| 微波干燥设备 | 70 | 0.75 | 29 |
| 超声清洗 | 120 | 1.28 | 5 |
| 超声焊接 | 34 | 0.36 | |
| 超声探测 | 22 | 0.23 | 1 |
| 超声检测（超声探伤、超声成像、超声测厚） | 120 | 1.28 | 20 |
| 射频溅射镀膜设备 | 56 | 0.60 | 36 |
| 合计 | 9391 | 100 | 463 |

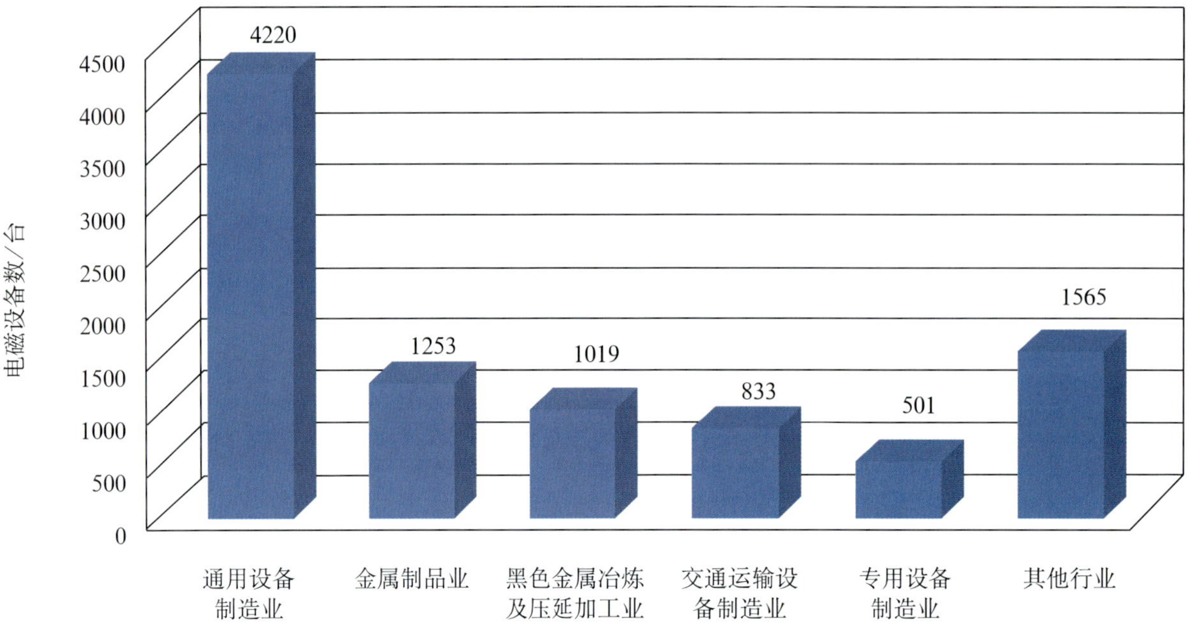


图 4-6-14　各行业中电磁辐射设备分布情况

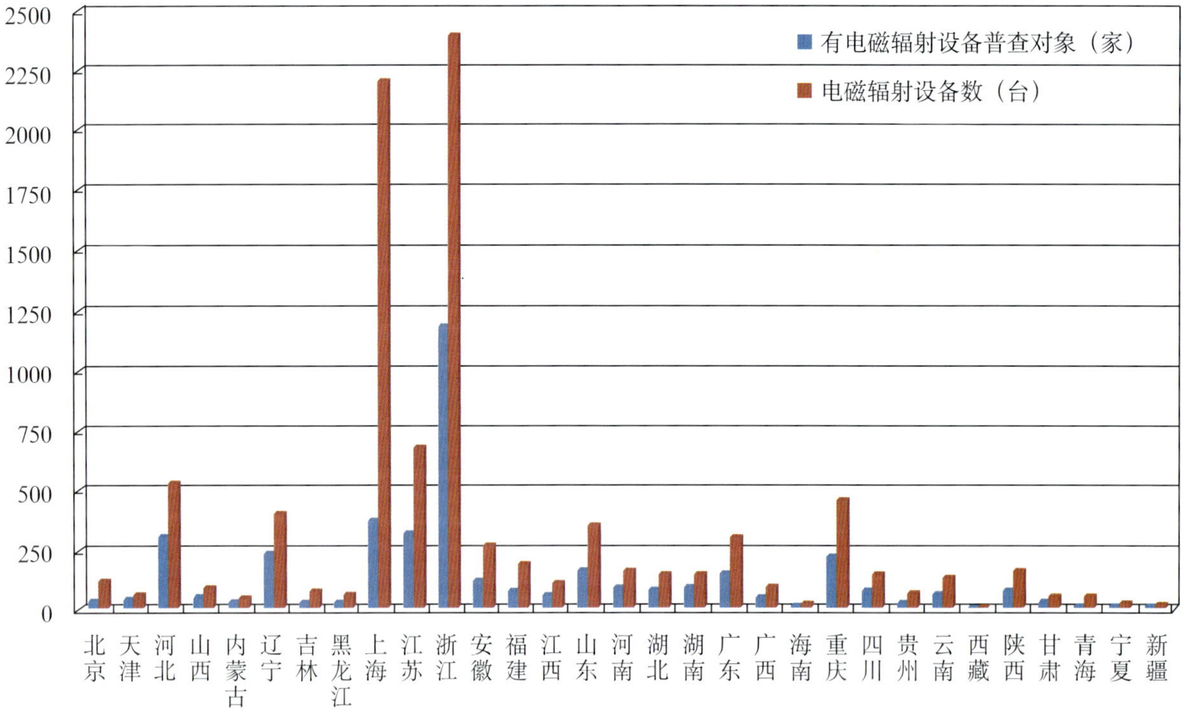


图 4-6-15(a)　各地区工业用电磁辐射设备数量统计图

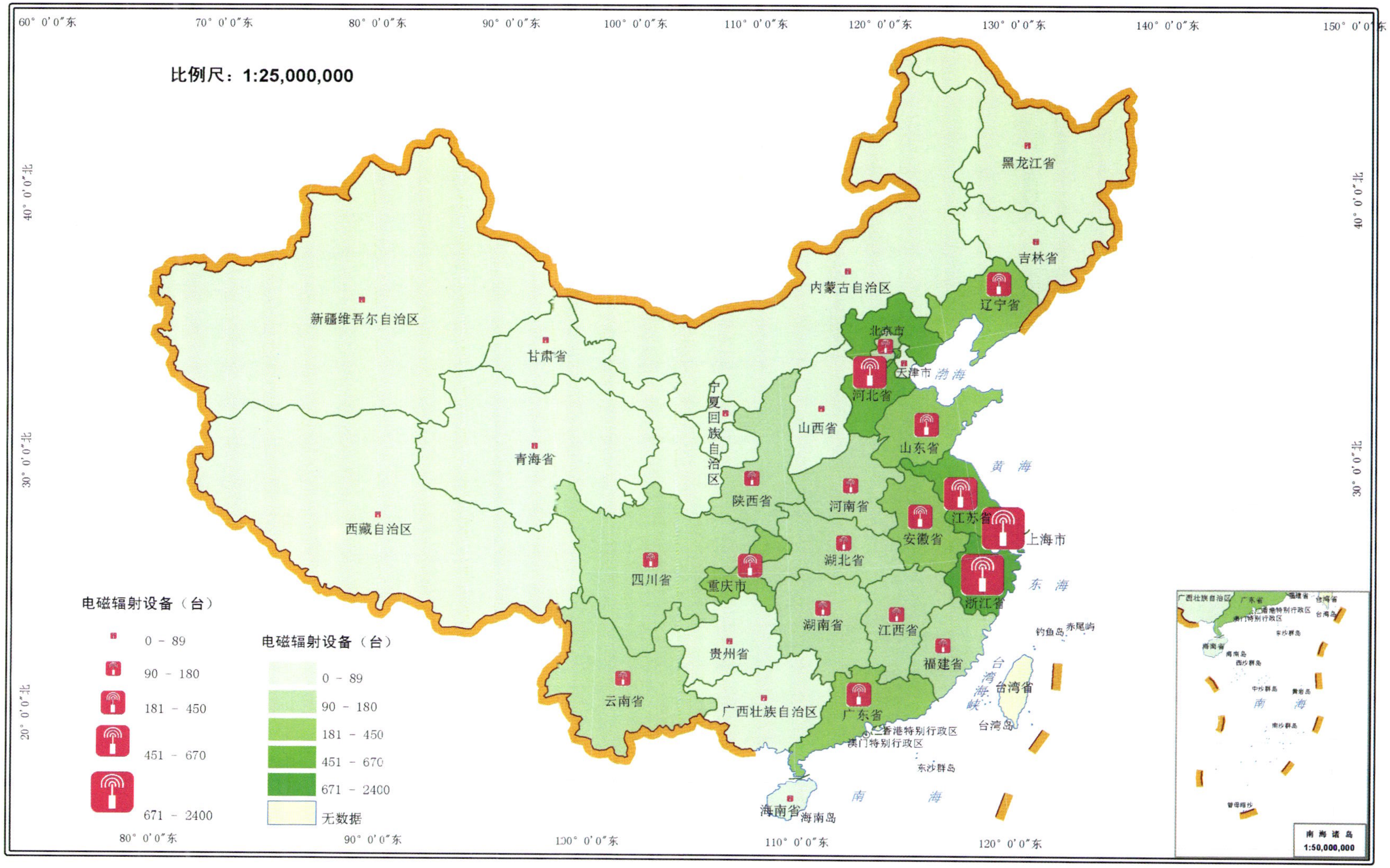


图 4-6-15（b） 全国各地区工业源中电磁辐射设备分布

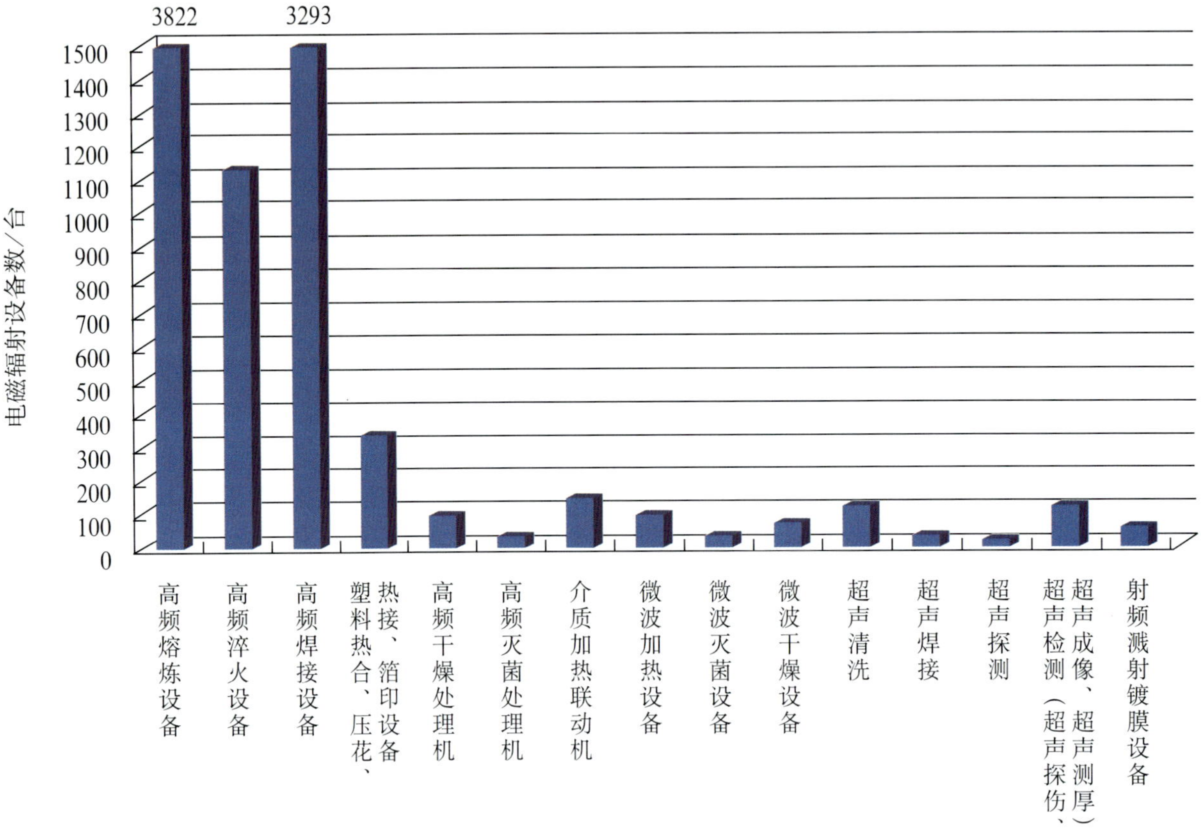


图 4-6-16　工业源各类电磁辐射设备数量分布

### 4.6.3　工业用放射源及含放射源设备情况

工业源中有放射源的普查对象 7620 家，工业用放射源（密封放射源）52311 枚，分别占全国全部有放射源普查对象（包括工业源和生活源）的 89.8% 和放射源的 92.5%。我国放射源设备拥有和使用分布与各地经济发展水平以及产业结构等因素有关，主要分布在广东、江苏、河南、河北、山东和浙江，分别为 7916 枚、5174 枚、3833 枚、3782、3598 枚和 3260 枚，分别占全国工业源放射源总数的 15.1%、9.89%、7.3%、7.2% 和 6.9% 和 6.2%，6 省放射源合计占全国的 52.7%；青海、海南、宁夏和西藏 4 省工业源使用放射源共 642 枚，仅占全国的 1.22%。

在国民经济行业分类中，我国含放射源设备主要用于制造业，其比例达到 80.38%，其中黑色金属冶炼及压延加工业，非金属矿物制品业，通信设备计算机及其他电子设备制造业和化学原料及化学制品制造业中，使用的放射源数量分别为 9501 枚、7018 枚、4666 枚和 4585 枚，合计为 25770 枚，占全部工业用放射源数量的比例为49.4%。

含有放射源的设备按照用途和功能分为 γ 源辐照设备等15种设备（具体名称见表4-6-25），其中广泛应用于工业是料位计、测厚仪、核子秤、静电消除仪和密度仪，这些设备中使用放射源的数量分别是13905枚、8613枚、7763枚、4765枚和4529枚，合计39575枚，比例分别为26.58%、16.46%、14.84%、9.11%和8.66%，合计占工业用放射源总数的75.65%。

截至2007年年底，工业放射源终止使用的有2417枚，约占全部工业放射源的4.6%；在用工业放射源49984枚，占全部工业放射源的95.4%。

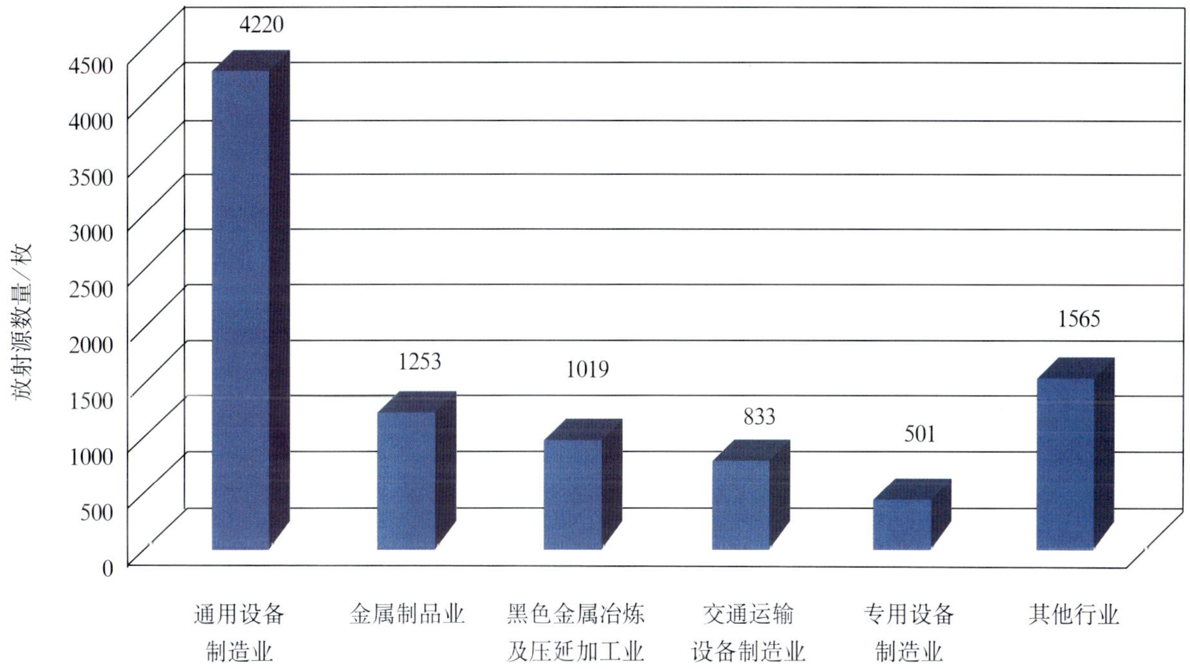


**图4-6-17 各行业工业源中放射源数量分布情况**

表 4-6-23 全国各地区工业用放射源基本情况

| 地 区 | 有含放射源设备普查对象 / 家 | 放射源数量 / 枚 | 全国各地区占全国的比例 /% |
|---|---|---|---|
| 北 京 | 63 | 660 | 1.26 |
| 天 津 | 102 | 1005 | 1.92 |
| 河 北 | 609 | 3598 | 6.88 |
| 山 西 | 372 | 1867 | 3.57 |
| 内蒙古 | 159 | 1248 | 2.39 |
| 辽 宁 | 238 | 2129 | 4.07 |
| 吉 林 | 113 | 690 | 1.32 |
| 黑龙江 | 139 | 1444 | 2.76 |
| 上 海 | 115 | 1442 | 2.76 |
| 江 苏 | 629 | 5174 | 9.89 |
| 浙 江 | 502 | 3260 | 6.23 |
| 安 徽 | 192 | 1153 | 2.20 |
| 福 建 | 277 | 1146 | 2.19 |
| 江 西 | 164 | 812 | 1.55 |
| 山 东 | 554 | 3782 | 7.23 |
| 河 南 | 344 | 3833 | 7.33 |
| 湖 北 | 171 | 1124 | 2.15 |
| 湖 南 | 265 | 758 | 1.45 |
| 广 东 | 871 | 7916 | 15.13 |
| 广 西 | 257 | 934 | 1.79 |
| 海 南 | 41 | 210 | 0.40 |
| 重 庆 | 123 | 756 | 1.44 |
| 四 川 | 268 | 849 | 1.62 |
| 贵 州 | 213 | 653 | 1.25 |
| 云 南 | 319 | 1435 | 2.74 |
| 西 藏 | 6 | 22 | 0.04 |
| 陕 西 | 198 | 1815 | 3.47 |
| 甘 肃 | 138 | 1177 | 2.25 |
| 青 海 | 27 | 256 | 0.49 |
| 宁 夏 | 33 | 154 | 0.29 |
| 新 疆 | 118 | 1009 | 1.93 |
| 全国总计 | 7620 | 52311 | 100 |

表 4-6-24　各行业放射源基本情况

| | 行业类别 | 有含放射源设备普查对象/家 | 放射源数量/枚 | 占全行业的比例/% |
|---|---|---|---|---|
| 采矿业 | 煤炭开采和洗选业 | 576 | 2713 | 5.19 |
| | 石油和天然气开采业 | 86 | 2192 | 4.19 |
| | 黑色金属矿采选业 | 90 | 1002 | 1.92 |
| | 有色金属矿采选业 | 151 | 670 | 1.28 |
| | 非金属矿采选业 | 21 | 47 | 0.090 |
| | 其他采矿业 | 1 | 3 | 0.006 |
| | 小计 | 925 | 6627 | 12.67 |
| 制造业 | 农副食品加工业 | 212 | 915 | 1.75 |
| | 食品制造业 | 18 | 37 | 0.075 |
| | 饮料制造业 | 97 | 234 | 0.45 |
| | 烟草制品业 | 81 | 1468 | 2.81 |
| | 纺织业 | 34 | 229 | 0.44 |
| | 纺织服装、鞋、帽制造业 | 3 | 16 | 0.03 |
| | 皮革、毛皮、羽毛（绒）及其制品业 | 2 | 2 | 0.004 |
| | 木材加工及木、竹、藤、棕、草制品业 | 213 | 326 | 0.62 |
| | 家具制造业 | 4 | 20 | 0.038 |
| | 造纸及纸制品业 | 409 | 1721 | 3.29 |
| | 印刷业和记录媒介的复制 | 14 | 21 | 0.04 |
| | 文教体育用品制造业 | 3 | 7 | 0.013 |
| | 石油加工、炼焦及核燃料加工业 | 150 | 1926 | 3.68 |
| | 化学原料及化学制品制造业 | 414 | 4585 | 8.76 |
| | 医药制造业 | 27 | 107 | 0.20 |
| | 化学纤维制造业 | 51 | 460 | 0.88 |
| | 橡胶制品业 | 22 | 75 | 0.14 |
| | 塑料制品业 | 209 | 486 | 0.93 |
| | 非金属矿物制品业 | 2661 | 7018 | 13.42 |
| | 黑色金属冶炼及压延加工业 | 1177 | 9501 | 18.16 |
| | 有色金属冶炼及压延加工业 | 169 | 2994 | 5.72 |
| | 金属制品业 | 187 | 684 | 1.31 |
| | 通用设备制造业 | 101 | 306 | 0.58 |
| | 专用设备制造业 | 55 | 201 | 0.38 |
| | 交通运输设备制造业 | 30 | 241 | 0.46 |
| | 电气机械及器材制造业 | 43 | 117 | 0.22 |
| | 通信设备、计算机及其他电子设备制造业 | 26 | 4666 | 8.92 |
| | 仪器仪表及文化、办公用机械制造业 | 31 | 1396 | 2.67 |
| | 工艺品及其他制造业 | 46 | 2287 | 4.37 |
| | 小计 | 6489 | 42046 | 80.38 |
| 电力、燃气及水的生产和供应业 | 电力、热力的生产和供应业 | 189 | 3500 | 6.69 |
| | 燃气生产和供应业 | 6 | 112 | 0.21 |
| | 水的生产和供应业 | 11 | 26 | 0.05 |
| | 小计 | 206 | 3638 | 6.95 |
| | 合计 | 7620 | 52311 | 100 |

表 4-6-25　不同类别含放射源设备中放射源基本情况

| 含放射源设备名称 | 放射源数量 / 枚 | 百分比 /% |
|---|---|---|
| γ 源辐照设备 | 3340 | 6.38 |
| γ 射线集装箱检查系统 | 6 | 0.011 |
| γ 射线探伤机 | 511 | 0.98 |
| 料位计 | 13905 | 26.58 |
| 测井仪 | 1554 | 2.97 |
| 测厚仪 | 8613 | 16.46 |
| 液位计 | 3505 | 6.70 |
| 核子秤 | 7763 | 14.84 |
| 密度仪 | 4529 | 8.66 |
| 湿度计 | 35 | 0.067 |
| 水分仪 | 1270 | 2.43 |
| 静电消除仪 | 4765 | 9.11 |
| 穆斯堡尔谱仪 | 239 | 0.46 |
| 校验源 | 1769 | 3.38 |
| 其他含放射源设备 | 507 | 0.97 |
| 合计 | 52311 | 100 |

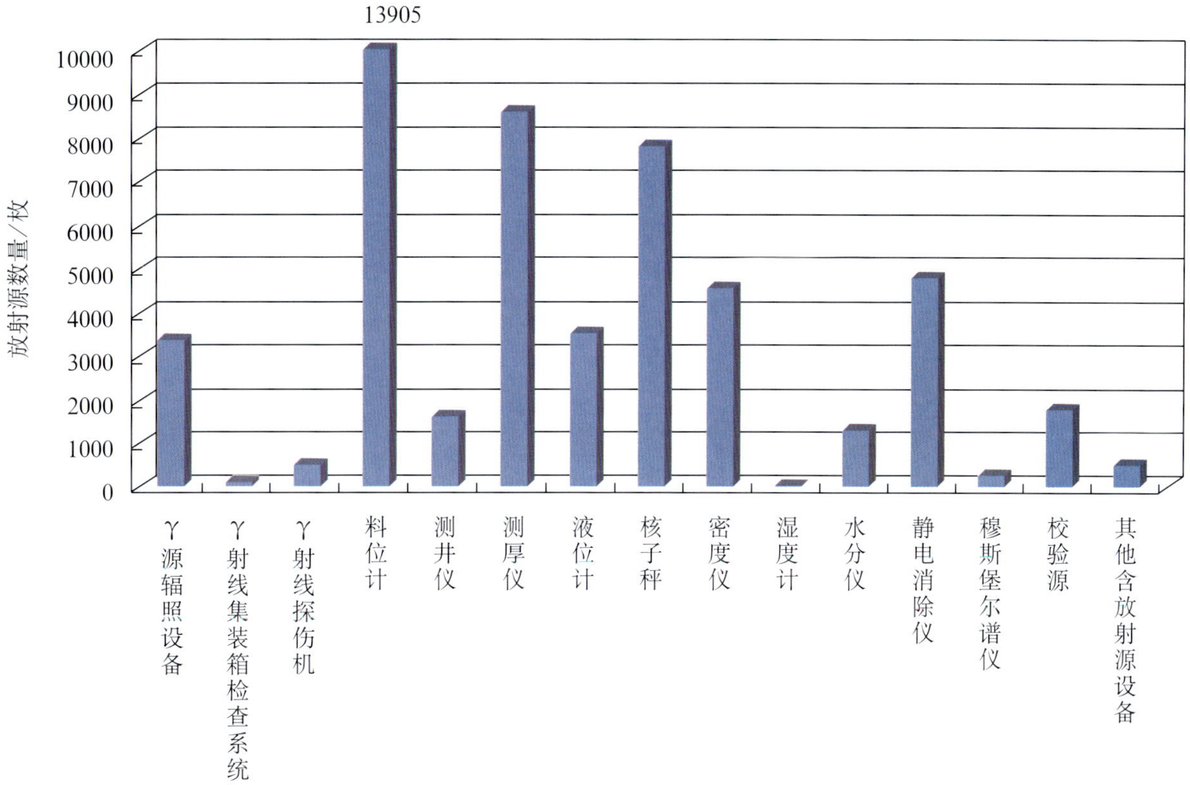


图 4-6-18　不同类别含放射源设备使用放射源数量分布情况

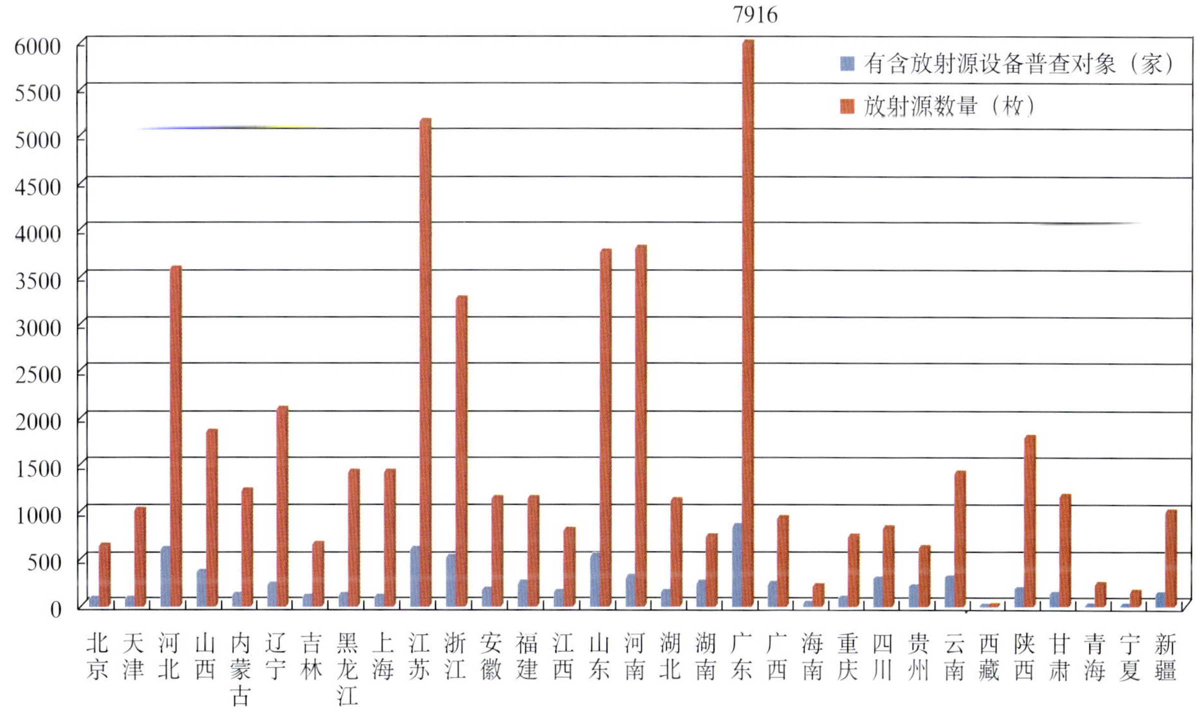


图 4-6-19（a）　各地区工业用放射源设备数量统计图

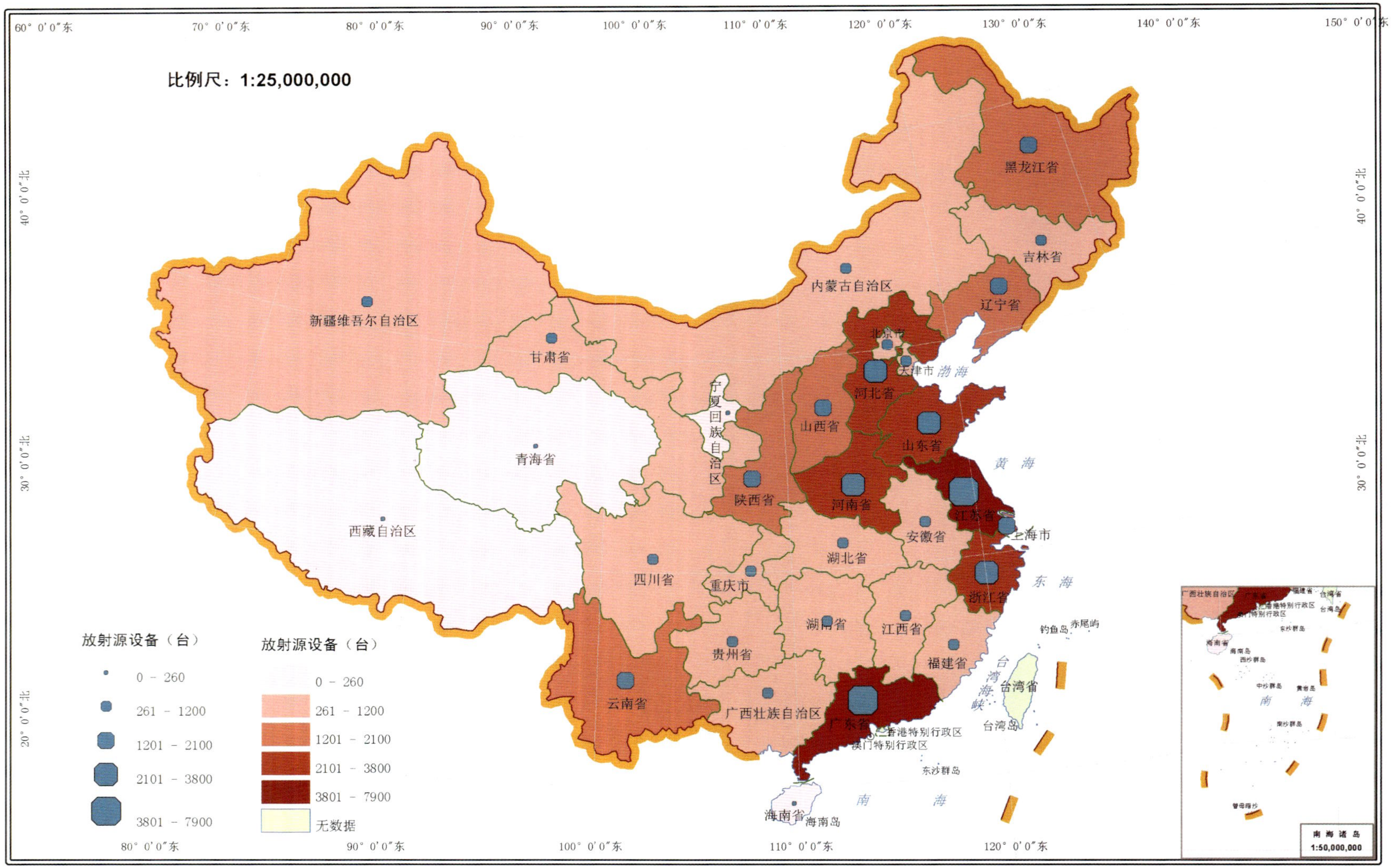


图 4-6-19（b） 全国各地区工业源中放射源分布

#### 4.6.4 工业源射线装置情况

工业源中有射线装置的普查对象 2951 家，工业用射线装置 8100 台，分别占全国全部有射线装置普查对象（包括工业源和生活源）的 9.99% 和全部射线装置的 12.63%。

我国射线装置拥有和使用分布与各地经济发展水平以及产业结构等因素有关，主要分布在江苏、上海、浙江、广东和辽宁，分别为 1881 台、611 台、573 台、529 台和 513 台，分别占全国工业源射线装置总数的 23.22%、7.54%、7.07%、6.5% 和 6.33%，5 省（直辖市）射线装置合计为 4107 台，占全国工业用射线装置的 50.7%；吉林、江西、贵州、内蒙古、青海、宁夏、海南等每个省（自治区）使用工业用射线装置数量不到全国 1%，6 省共有 282 台工业用射线装置，仅占全国工业用射线装置的 3.48%，这次普查未发现西藏工业源中使用射线装置。

在国民经济行业分类中，我国工业用射线装置主要用于制造业，其比例达到 93.11%，其中通用设备制造业，通信设备计算机及其他电子设备制造业，金属制品业和专用设备制造业中，使用的射线装置分别为 1685 台、1197 台、943 台和 851 台，合计为 4676 台，其全国总数的比例为 57.7%。

广泛应用于工业的射线装置主要是 X 射线探伤机和其他工业用 X 射线机，共有 7785 台，占全部工业用射线装置的 96.1%；工业 CT 机、加速器和中子发生器共 315 台。

工业用射线装置中 Ⅰ 类射线装置数量为 28 台、Ⅱ 类射线装置数量为 5855 台和Ⅲ类射线装置数量为 2208 台，Ⅱ类射线装置所比例较高，为 72.3%。

截至 2007 年年底，工业用射线装置中终止使用的有 376 台，约占全部工业用射线装置的 4.64%；在用工业用射线装置 7724 台，占全部工业用射线装置的 95.36%。

表 4-6-26　全国各地区射线装置基本情况

| 地　区 | 有射线装置普查对象 / 家 | 射线装置数量 / 台 | 各地区占全国的比例 /% |
|---|---|---|---|
| 北　京 | 79 | 293 | 3.62 |
| 天　津 | 79 | 209 | 2.58 |
| 河　北 | 104 | 230 | 2.84 |
| 山　西 | 51 | 138 | 1.70 |
| 内蒙古 | 21 | 48 | 0.59 |
| 辽　宁 | 166 | 513 | 6.33 |
| 吉　林 | 45 | 76 | 0.94 |
| 黑龙江 | 54 | 185 | 2.28 |
| 上　海 | 203 | 611 | 7.54 |
| 江　苏 | 627 | 1881 | 23.22 |
| 浙　江 | 231 | 573 | 7.07 |
| 安　徽 | 48 | 84 | 1.04 |
| 福　建 | 57 | 111 | 1.37 |
| 江　西 | 28 | 63 | 0.78 |
| 山　东 | 184 | 443 | 5.47 |
| 河　南 | 138 | 325 | 4.01 |
| 湖　北 | 88 | 312 | 3.85 |
| 湖　南 | 37 | 91 | 1.12 |
| 广　东 | 223 | 529 | 6.53 |
| 广　西 | 30 | 86 | 1.06 |
| 海　南 | 1 | 1 | 0.01 |
| 重　庆 | 68 | 148 | 1.83 |
| 四　川 | 122 | 312 | 3.85 |
| 贵　州 | 26 | 60 | 0.74 |
| 云　南 | 43 | 111 | 1.37 |
| 西　藏 | | | 0 |
| 陕　西 | 97 | 235 | 2.90 |
| 甘　肃 | 44 | 160 | 1.98 |
| 青　海 | 8 | 19 | 0.23 |
| 宁　夏 | 9 | 15 | 0.19 |
| 新　疆 | 40 | 238 | 2.94 |
| 全国总计 | 2951 | 8100 | 100 |

表 4-6-27　射线装置分类基本情况

| 射线装置名称 | 射线装置数量 / 台 | 百分比 /% |
|---|---|---|
| X 射线探伤机 | 5217 | 64.41 |
| 工业 CT 机 | 75 | 0.93 |
| 其他工业用 X 射线机 | 2568 | 31.70 |
| 加速器 | 126 | 1.56 |
| 中子发生器 | 114 | 1.41 |
| 合计 | 8100 | 100 |

表 4-6-28 各行业射线装置基本情况

| | 行业类别 | 有射线装置普查对象/家 | 射线装置数/台 | 占全行业的比例/% |
|---|---|---|---|---|
| 采矿业 | 煤炭开采和洗选业 | 7 | 18 | 0.22 |
| | 石油和天然气开采业 | 39 | 247 | 3.05 |
| | 黑色金属矿采选业 | 2 | 9 | 0.11 |
| | 有色金属矿采选业 | 7 | 14 | 0.17 |
| | 非金属矿采选业 | 1 | 2 | 0.025 |
| | 小计 | 56 | 290 | 3.58 |
| 制造业 | 农副食品加工业 | 4 | 7 | 0.09 |
| | 食品制造业 | 7 | 16 | 0.20 |
| | 饮料制造业 | 22 | 41 | 0.51 |
| | 烟草制品业 | 2 | 4 | 0.05 |
| | 纺织服装、鞋、帽制造业 | 1 | 2 | 0.025 |
| | 皮革、毛皮、羽毛（绒）及其制品业 | 1 | 1 | 0.012 |
| | 木材加工及木、竹、藤、棕、草制品业 | 8 | 9 | 0.11 |
| | 造纸及纸制品业 | 11 | 26 | 0.32 |
| | 印刷业和记录媒介的复制 | 3 | 7 | 0.09 |
| | 文教体育用品制造业 | 2 | 5 | 0.06 |
| | 石油加工、炼焦及核燃料加工业 | 24 | 122 | 1.51 |
| | 化学原料及化学制品制造业 | 108 | 291 | 3.59 |
| | 医药制造业 | 9 | 13 | 0.16 |
| | 化学纤维制造业 | 4 | 8 | 0.10 |
| | 橡胶制品业 | 43 | 122 | 1.51 |
| | 塑料制品业 | 19 | 28 | 0.35 |
| | 非金属矿物制品业 | 142 | 249 | 3.07 |
| | 黑色金属冶炼及压延加工业 | 132 | 578 | 7.14 |
| | 有色金属冶炼及压延加工业 | 71 | 216 | 2.67 |
| | 金属制品业 | 420 | 943 | 11.64 |
| | 通用设备制造业 | 648 | 1685 | 20.80 |
| | 专用设备制造业 | 294 | 851 | 10.51 |
| | 交通运输设备制造业 | 278 | 731 | 9.02 |
| | 电气机械及器材制造业 | 114 | 261 | 3.22 |
| | 通信设备、计算机及其他电子设备制造业 | 361 | 1197 | 14.78 |
| | 仪器仪表及文化、办公用机械制造业 | 38 | 89 | 1.10 |
| | 工艺品及其他制造业 | 22 | 39 | 0.48 |
| | 废弃资源和废旧材料回收加工业 | 1 | 1 | 0.012 |
| | 小计 | 2789 | 7542 | 93.11 |
| 电力、燃气及水的生产和供应业 | 电力、热力的生产和供应业 | 104 | 265 | 3.27 |
| | 燃气生产和供应业 | 2 | 3 | 0.037 |
| | 小计 | 106 | 268 | 3.31 |
| | 合计 | 2951 | 8100 | 100 |

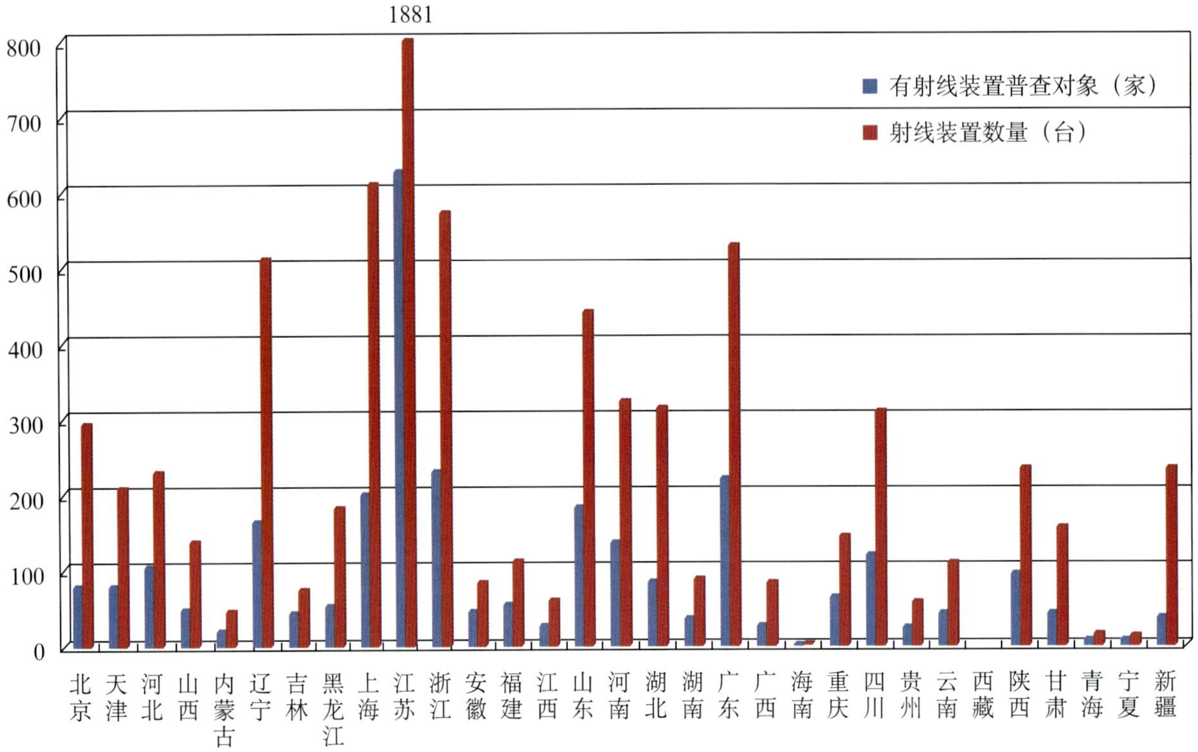


图 4-6-20（a） 各地区工业用射线装置数量统计图

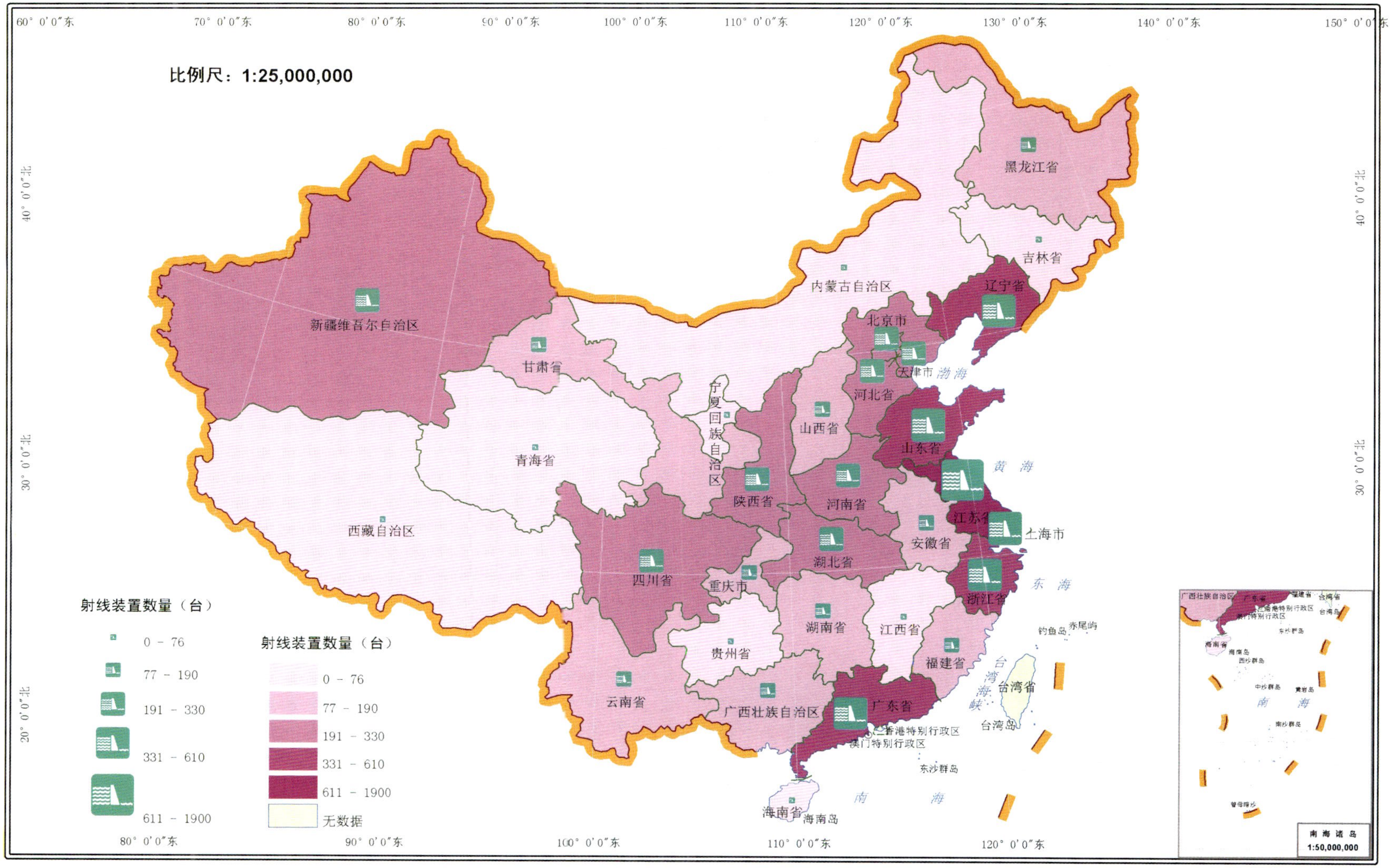


图 4-6-20（ɔ） 全国各地区工业源中射线装置分布

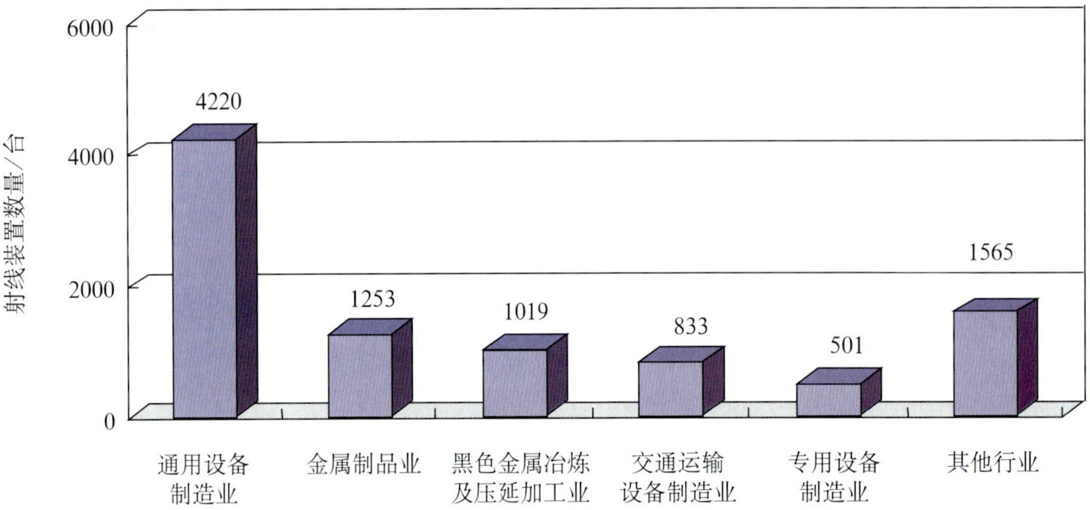


**图 4-6-21　各行业工业源射线装置数量分布情况**

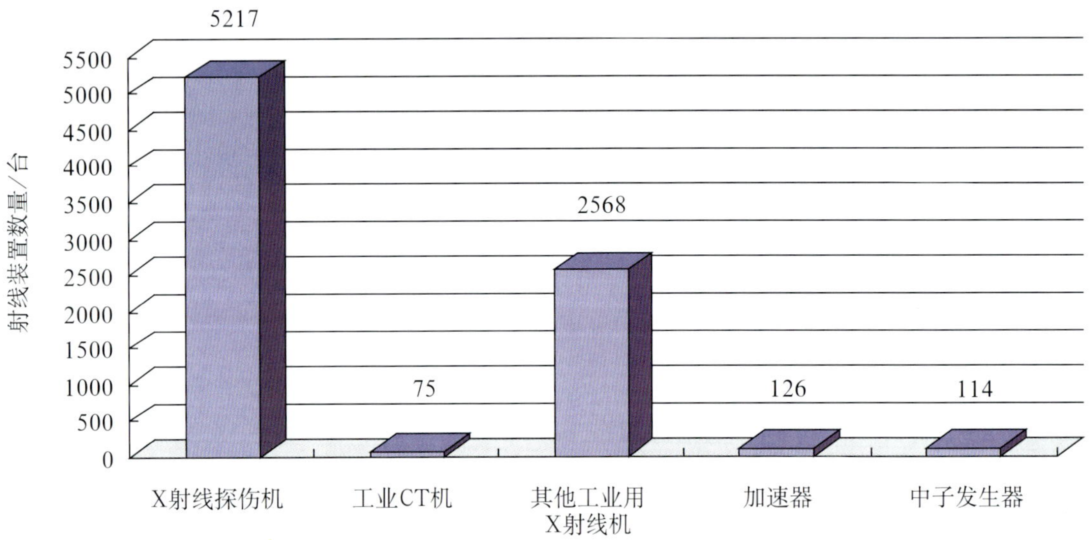


**图 4-6-22　工业源不同射线装置数量分布情况**

## 4.7　工业源小结

### 4.7.1　工业污染源数量多，污染物排放量大

第一次全国污染源普查覆盖了 39 个大类工业行业，普查工业源 157.6 万家。

全国工业源废水排放量 236.66 亿吨，其中：化学需氧量排放量 715.1 万吨、氨氮 30.4 万吨、石油类 6.6 万吨、挥发酚 0.75 万吨、氰化物 794.1 吨、砷 184.9 吨、铬 1643 吨、铅 191 吨、镉 36.9 吨、汞 1.4 吨。

工业源废气排放量 612275.2 亿米$^3$，其中：烟尘排放量 982.01 万吨，工业粉尘排放量 764.68 万吨；二氧化硫排放量 2119.75 万吨，氮氧化物排放量 1188.44 万吨，氟化物排放量 2.38 万吨。

工业源固体废物倾倒丢弃量 4914.87 万吨，不符合环保要求的本年贮存量 38713.48 万吨。

### 4.7.2 工业源区域分布差异大，结构性污染矛盾突出

工业源总体上呈东密西疏的区域分布，东部沿海 11 个省、直辖市工业源总数为 114.9 万多家，占全国工业源总数的 73%；工业废水化学需氧量和工业二氧化硫排放量分别占全国工业源的 56.81% 和 42.60%。西部 10 个地区工业源总数 16.4 万家，占全国工业源总数的 10.4%；工业废水化学需氧量和工业二氧化硫排放量分别占全国工业源的 17.19% 和 23.50%。

部分行业排放污染物占工业污染物排放总量的比例高，包括造纸及纸制品业、石油加工炼焦及核燃料加工业、化学原料及化学制品制造业、化学纤维制造业、非金属矿物制品业、黑色金属冶炼及压延加工业、有色金属冶炼及压延加工业、电力热力的生产和供应业等行业，这些行业企业占全国工业源总数的 21.65%。中西部地区这些行业企业数比例高，部分省、自治区这些行业企业占工业源总数的比例超过 40%；东部沿海省、市虽然这些行业企业比例较低，但工业企业总数大，这些行业企业绝对数量依然较大。

造纸及纸制品业、化学原料及化学制品制造业工业、纺织业等 3 个行业工业废水化学需氧量排放量 366.72 万吨，占工业废水化学需氧量排放量的 51.28%。化学原料及化学制品制造业、有色金属冶炼及压延加工业、石油加工炼焦及核燃料加工业等 3 个行业工业废水氨氮排放量 18.86 万吨，占工业废水氨氮排放量的 62.11%。石油加工炼焦及核燃料加工业、化学原料及化学制品制造业、黑色金属冶炼及压延加工业、造纸及纸制品业等 4 个行业工业废水挥发酚排放量 0.70 万吨，占全国工业废水挥发酚排放量的 93.92%。

化学原料及化学制品制造业、有色金属冶炼及压延加工业、有色金属矿采选业等 3 个行业工业废水砷排放量 165 吨，占全国工业废水砷排放量的 89.35%。

重金属排放的主要行业为有色金属冶炼及压延加工业、有色金属矿采选业、化学原料及化学制品制造业。3 个行业工业废水铅、镉、汞的排放量分别占全国工业源排放量的 87.89%、95.37%、81.84%。

黑色金属冶炼及压延加工业、有色金属冶炼及压延加工业、化学原料及化学制品制造业、电力热力的生产和供应业、石油加工炼焦及核燃料加工业、非金属矿物制品业等 5 个行业工业废气中颗粒物（烟尘和粉尘）排放量占全国工业废气颗粒物排放量的 76.09%，二氧化硫排放量占全国工业二氧化硫排放量的 88.52%。

### 4.7.3 工业废水污染物排放情况

北方地区由于河流径流量小，工业废水污染物排放对河流水质压力大，排污负荷强度高。长江、珠江、东南诸河污染物排放量大，但河流径流量大，相对负荷强度低，部分地区重金属负荷强度大。在继续推进各流域废水污染物排放总量控制的同时，必须加强流域特征污染物即重金属污染的防治。

受工业产业布局、废水污染物排放量大、地表径流量小等因素综合影响，北方各流域工业废水污染物排放对水环境压力大，排污负荷强度高，尤以海河流域为重，辽河、黄河次之。本次污染源普查的工业废水 10 种污染物中，海河流域化学需氧量、氨氮、石油类、挥发酚、氰化物、铬、铅、汞等 8 种污染物的排污负荷强度均居各流域首位，其中，化学需氧量、氨氮、石油类的排污负荷强度为全国平均水平的 20～30 倍。辽河、黄河流域化学需氧量、氨氮、石油类、挥发酚、氰化物、砷、铅、镉、汞等污染物的排污负荷强度均高于全国平均水平，并在各流域中位居前列。辽河流域化学需氧量、氨氮的排污负荷强度分别为全国平均水平的 4 倍、3 倍以上。黄河流域化学需氧量、氨氮的排污负荷强度分别为全国平均水平的 3 倍、7 倍；挥发酚排放量占全国工业废水挥发酚排放量的 32.19%，在各流域中居首位，排污负荷强度为全国平均水平的 14 倍。

长江、东南诸河、珠江流域工业废水化学需氧量排放量分别占全国工业废水化学需氧量排放量的27.51%、16.37%、12.47%，分别居各流域第1位、第2位、第3位；氨氮排放量分别占全国工业废水氨氮排放量的35.23%、8.77%、12.59%，分别居各流域第1位、第6位、第3位。但由于这些流域水资源量相对北方河流大，排污负荷强度相对较小。

受矿产资源分布及相应的开采、冶炼、加工利用工业布局影响，湖南暨湘江流域工业废水砷、铅、镉、汞排放量大，致使长江流域工业废水砷、铅、镉、汞排放量分别占全国工业源排放量的60.12%、48.74%、66.79%、41.14%，排放量居各流域首位，排污负荷强度高于全国平均水平。

珠江流域工业废水砷、铅、镉、汞排放量分别占全国源排放量的8.61%、18.97%、9.38%、11.97%，砷、铅排放量居各流域第2位，镉、汞排放量居各流域第3位。

珠江、东南诸河工业废水铬排放量大，分别占全国工业废水铬排放量的44.04%和36.27%，居各流域前2位；排污负荷强度位全国平均水平的2.7倍和4.9倍。主要排放行业为金属制品业、皮革毛皮羽毛（绒）及其制品业。

### 4.7.4 工业源废气污染物排放情况

工业废气污染物排放量总体上北方重于南方、东部大于西部，部分地区排放集中、排放强度高。

工业废气颗粒物（烟尘和粉尘）排放量大、排位居前列的省、自治区主要集中在北京、天津周边的环渤海及华北地区。河北、山西、山东、辽宁、内蒙古5个省、自治区及北京、天津2市工业废气颗粒物排放量合计达645.5万吨，占全国工业废气颗粒物排放总量的36.96%。河北、山西、辽宁、山东等省工业废气颗粒物排放强度（单位辖区面积排放量）为全国平均排放强度的3.8～5.2倍。北京、天津工业废气颗粒物排放强度为全国平均排放强度的1.9倍和3.7倍。

山东、河北、内蒙古、山西、辽宁工业废气二氧化硫排放量也位居各省、自治区前列，5个省、自治区及北京、天津2市工业废气二氧化硫排放量合计达740.9万吨，占全国工业废气颗粒物排放总量的34.95%。山西、辽宁、河北、山东工业二氧化硫排放强度为全国平均值的3.4～5.4倍。北京、天津工业二氧化硫排放强度分别为全国平均水平的2.6倍和8.9倍。

废气污染物排放强度高、排放对大气环境压力大的另一集中区域为以长三角地区为中心的上海、江苏、浙江等省、市。上海、江苏、浙江3个省市工业废气颗粒物排放量占全国工业废气颗粒物排放量的9.46%，排放强度为全国平均排放强度的4.3倍；3省、市工业二氧化硫排放量占全国工业二氧化硫排放量的10.34%，排放强度为全国平均水平的4.6倍。

河南工业废气污染物排放量较大，工业二氧化硫排放量位居全国第3位，占全国工业二氧化硫排放量的6.12%，排放强度为全国平均水平的3.5倍；颗粒物排放量占全国工业废气颗粒物排放量的5.53%，排放强度为全国平均值的3.2倍。

此外，安徽、重庆、湖南、福建等省、市工业废气颗粒物排放强度为全国平均排放强度的2～2.5倍。

广东、湖南、陕西工业二氧化硫排放量较大，分别占全国工业二氧化硫排放量的4%以上；重庆、广东、宁夏工业二氧化硫排放强度较高，为全国平均排放强度的2.4～3.3倍。

### 4.7.5 工业固体废物情况

工业固体废物产生量大，涉及企业范围广，贮存量很大，处置、贮存压力凸显，资源化、减量化需求迫切，新增贮存尚有相当比例不符合环境保护要求。

全国工业源产生固体废物的企业101.97万家。工业固体废物产生量385214.19万吨，其中：尾矿产生量占31.54%，煤矸石占10.65%，粉煤灰占8.83%，冶炼废渣占8.07%，炉渣占5.01%，企业废水处理设施污泥占 0.58%，脱硫石膏占 0.58%，其他固体废物占 34.50%。

工业固体废物综合利用量 180464.95 万吨，其中利用往年贮存量 2124.44 万吨，固体废物综合利用率为 46.3%。冶炼废渣、炉渣综合利用率达到 85% 以上；尾矿综合利用率为 15.4%。

工业固体废物处置量 44060.88 万吨，其中：处置往年贮存量 1964.05 万吨，固体废物处置率 10.9%。工业固体废物本年贮存量 159861.98 万吨，其中：符合环保要求的贮存量 121148.50 万吨，占本年贮存量的 75.8%。

工业固体废物倾倒丢弃量 4914.87 万吨，其中：尾矿占 21.42%，煤矸石占 6.25%，污泥占 3.09%，炉渣占 2.19%，冶炼废渣占 1.70%，粉煤灰占 0.33%，其他废物占 64.99%。放射性废物无倾倒丢弃。

工业固体废物往年贮存量 643038.96 万吨，其中：尾矿往年贮存量最大，占工业固体废物往年贮存量的 60.23%；粉煤灰占 11.05%，煤矸石占 6.53%，炉渣占 1.18%，冶炼废渣占 1.14%，其他废物占 19.67%。

### 4.7.6 危险废物情况

工业源危险废物种类多、产生量大、综合利用率低、符合环境保护要求的贮存量比例低，高毒高危废物有倾倒丢弃现象，环境污染风险高。

全国工业源有 9.98 万家企业产生危险废物，《国家危险废物名录》中含多氯苯并二噁英废物无工业企业报告产生，其他 46 种危险废物均有产生。

全国工业企业危险废物产生量 4573.69 万吨，综合利用量 1644.81 万吨，其中：利用往年贮存量 68.82 万吨；综合利用率 34.46%。危险废物处置量 2192.76 万吨，其中：处置往年贮存量 11.44 万吨；处置率 47.69%。

危险废物本年贮存量 812.45 万吨，占危险废物产生量的 17.76%；其中：符合环境保护要求的贮存量 275.64 万吨，仅占本年危险废物贮存量的 33.93%。尚有三分之二的本年贮存量未达到危险废物贮存污染控制规定要求，危险废物贮存仍存在较大的环境污染风险。

危险废物往年贮存量大，为 4430.35 万吨。危险废物往年贮存量大的工业行业为非金属矿采选业、有色金属矿采选业、有色金属冶炼及压延加工业、化学原料及化学制品制造业、黑色金属冶炼及压延加工业等行业。往年贮存量大的危险废物主要有石棉废物、无机氰化物废物、含铬废物、含铅废物等。

危险废物倾倒丢弃量 3.94 万吨，其中染料涂料废物、废碱、废酸、含铜废物、表面处理废物等倾倒丢弃量较大。虽然含重金属（铬、铅、镉、汞等）废物、有机溶剂废物、含氰化物废物、含砷废物等倾倒丢弃量小，但其具有高毒性，造成环境危害的风险大。

### 4.7.7 放射性污染源情况

伴生放射性污染源分布广，部分种类矿产品或少数企业所用原材料、产生的固体废物放射性水平高，伴生放射性煤矿的采选及煤炭使用潜在危害性强。

经过对 11000 多家企业稀土、铌 / 钽、锆石和氧化锆、锡、铅 / 锌矿、铜、铁、磷酸盐、煤（包括煤矸石）、铝和钒等 11 类矿产资源开采企业、冶炼加工企业的初测，认定伴生放射性污染源 1433 家，其中：伴生放射性矿产开采企业 876 家，冶炼加工企业 587 家（其中 30 家既是开采企业又是冶炼加工企业）。伴生放射性矿产品开采量 2.671 亿吨，原料（原矿、精矿）实际使用量 1.908 亿吨。

伴生放射性污染源企业主要集中在煤（含煤矸石）、铁、铅 / 锌 3 种矿产的开采、冶炼加工企业，数量分别为 819 家、142 家和 97 家，分别占伴生放射性污染源企业总数的 44.76%、8.85% 和 6.05%。

稀土、铌/钽、锆石矿产品和原矿（原矿、精矿）放射性水平高，其平均 γ 辐射空气吸收剂量率分别为 5709nGy/h、3263nGy/h 和 1592nGy/h；总铀、钍-232、镭-226 放射性核素平均活度浓度均大于 1000 贝克/千克。伴生放射性煤中总铀平均活度浓度为 383 贝克/千克，但个别煤矿的煤中总铀最大活度浓度高达 167403 贝克/千克。

伴生放射性污染源企业分布广泛，除上海外，其他省市均有伴生放射性污染源。其中：地处我国煤、有色金属和黑色金属主要产区的山西、四川、湖南、云南和重庆，分别有伴生放射性污染源企业 310 家、143 家、131 家、107 家和 82 家，合计占全国伴生放射性污染源总数的 53.9%。

全国伴生放射性污染源含放射性固体废物产生量共 1.714 亿吨，其中内蒙古、山西、云南、贵州和新疆等省、自治区分别为 4312 万吨、3151 万吨、1955 万吨、1079 万吨、1056 万吨，合计占全部含放射性固体废物产生量的 67.4%。铁、煤、铜 3 种伴生放射性矿产开采、冶炼加工或利用企业的含放射性固体废物产生量较大，分别为 7464 万吨、4937 万吨和 1087 万吨，占全部含放射性固体废物产生量的 43.55%、28.81% 和 6.35%。

稀土、铌/钽伴生放射性矿产开采、冶炼加工产生的固体废物放射性水平高，其平均 γ 辐射空气吸收剂量率分别为 3249nGy/h、1624nGy/h 和 1592nGy/h；铌/钽伴生放射性矿产开采、冶炼加工产生的固体废物中总铀、镭-226 平均活度浓度大于 7000 贝克/千克，钍-232 平均活度浓度大于 4000 贝克/千克。稀土伴生放射性矿产开采、冶炼加工产生的固体废物中总铀、钍-232 平均活度浓度分别为 1948 贝克/千克和 4327 贝克/千克。伴生放射性煤的采选、用煤产生的固体废物中总铀、镭-226 平均活度浓度分别为 225 贝克/千克和 326 贝克/千克，但最大活度浓度分别高达 7600 贝克/千克和 92178 贝克/千克。煤炭的采选、利用涉及面广，且对其伴生放射性易被忽略，因而存在危害的风险，应引起重视。

# 编辑说明

《第一次全国污染源普查资料文集》(以下简称《文集》)是一套系列丛书。这套《文集》共8卷，包括之一《污染源普查公报与大事记》、之二《污染源普查文献汇编》、之三《污染源普查工作总结》、之四《污染源普查技术报告》、之五《污染源普查数据集》、之六《污染源普查图集》、之七《污染源普查产排污系数手册》、之八《污染源普查培训教材》。这套《文集》所用各地的数据资料，均来源于2009年5月（工业源、生活源和集中式污染治理设施）和2009年7月（农业源）各地普查办报送的最终数据。

参与这项工作的人员比较多且变动大，为客观反映每位同志的工作，现将有关情况说明如下。

1. 关于编委成员。《文集》的编写以"第一次全国污染源普查工作办公室"的同志为主，但有些同志在办公室的工作时间比较短，而《文集》编委又不宜过多，经研究，编委成员只将在污染源普查工作办公室全职工作两年以上者列入，其他参与与《文集》编写有关工作的同志在相关章节执笔人中体现。

2.《污染源普查公报与大事记》由隋筱婵、张治忠、高嵘、刘艳青同志执笔，集体讨论修改成稿。

3.《污染源普查文献汇编》由陈斌、赵建中、陈善荣、朱建平、佟羽、张治忠、高嵘同志整理、编辑。毛玉如、江希流二位同志分别参与了有关部分编写工作。沈阳市环保局骆虹同志、济南市环保局付军华同志和青岛市环保局谢依民同志分别参与了其中"9项普查技术规定"和"5项工作细则"的编写工作。

4.《污染源普查工作总结》由隋筱婵、张珺、叶琛同志执笔，集体讨论修改成稿。地方工作总结由各省（自治区、直辖市）污染源普查办公室提供。

5.《污染源普查技术报告》共分9章：第一章至第三章由孔益民、潘文、马晓溪、谢依民同志执笔；第四章由景立新、罗建军、安海蓉、骆虹同志执笔；第五章由曹东、江希流、高月香同志执笔；第六章由沈鹏、佟羽、毛玉如同志执笔；第七章由王利强、刘艳青、付军华同志执笔；第八章由张战胜、张治忠、姬刚同志执笔；第九章由陈斌、赵建中、陈善荣、朱建平同志执笔，集体讨论修改成稿。

6.《污染源普查数据集》由陈斌、赵建中、陈善荣、朱建平、曹东、孔益民、景立新、佟羽、张治忠、隋筱婵、张战胜、沈鹏、王利强同志主要参与，北京联盈同创信息技术有限公司为技术支持单位共同编制。

7.《污染源普查图集》由陈斌、赵建中、陈善荣、朱建平、曹东、孔益民、张治忠、沈鹏、佟羽、景立新、隋筱婵同志主要参与，北京联盈同创信息技术有限公司为技术支持单位共同编制。

8.《污染源普查产排污系数手册》由中国环境科学研究院（负责工业源产排污系数）、环境保护部华南环境科学研究所（负责生活源和集中式污染治理设施产排污系数）牵头，联合相关行业协会共同编制，具体参加单位及人员见"手册"的说明。

9.《污染源普查培训教材》共分6部分，分别由以下同志执笔：

工业源普查教材：景立新、骆虹、罗建军、佟羽、刘艳青、安海蓉、周涛；

农业源普查教材：刘宏斌、江希流、刘东生、陈永杏、高月香、成振华、李绪兴；

生活源普查教材：毛玉如、陈志良、安海蓉、张治忠、潘文；

集中式污染治理设施普查教材：付军华、谢依民、吴彩霞、高嵘；

普查员和普查指导员工作细则：隋筱婵、张珺、马晓溪、叶琛；

数据处理教材：曹东、孔益民、张战胜、沈鹏、王利强。

10. 农业部科教司的王衍亮和方放同志，虽然没有具体参与《文集》编辑工作，但《文集》中大量农业源普查资料的获取与他们三年多时间的辛勤工作分不开，需要特别加以说明。

11. 污染源普查工作基本结束后，普查办大多数同志回到原单位工作。赵建中、张治忠同志为《文集》后期的编辑出版做了大量组织协调工作，需要特别加以感谢。

12. 特别要提出的是，国务院第一次全国污染源普查领导小组办公室主任王玉庆同志，在文集审核、定稿、编辑、出版全过程中倾注了大量心血，为文集最终出版作出了突出贡献，在此深表敬意。

编　者

二〇一一年六月

# 后　记

《第一次全国污染源普查资料文集》是污染源普查工作成果的具体体现。这一成果是全国环保、农业、统计及有关部门和几十万普查工作人员，在国务院与地方各级人民政府领导下，历经3年时间，不懈努力、辛勤劳动获得的。及时整理、编辑出版这些成果资料，使政府有关部门、广大人民群众、科研人员及社会各界了解普查情况、开发利用普查成果，是十分必要又非常有意义的一件大事。

在普查资料编纂委员会指导下，《文集》的编纂工作主要由第一次全国污染源普查工作办公室的同志完成，他们为此付出了很多心血。在此过程中，得到了环境保护部领导及相关司、局的关心和支持。中国环境科学出版社许多同志不辞辛劳，为《文集》的出版作了大量的编辑工作。北京联盈同创信息技术有限公司参与并大力支持了《污染源普查数据集》、《污染源普查图集》的编制。测绘出版社为编制《污染源普查图集》做了很多工作。在此一并表示由衷的感谢！

至《文集》出版这项工作历时4年半，相关数据、资料收集整理过程中会有不尽人意之处，希望读者谅解指正。

王玉庆

二〇一一年六月